# 技术通史

姜振寰◎著

中国社会科学出版社

图书在版编目（CIP）数据

技术通史／姜振寰著 . —北京：中国社会科学出版社，2017.12
ISBN 978 - 7 - 5203 - 0003 - 2

Ⅰ. ①技…　Ⅱ. ①姜…　Ⅲ. ①技术史—研究　Ⅳ. ①N09

中国版本图书馆 CIP 数据核字（2017）第 047461 号

| | |
|---|---|
| 出 版 人 | 赵剑英 |
| 选题策划 | 刘　艳 |
| 责任编辑 | 刘　艳 |
| 责任校对 | 陈　晨 |
| 责任印制 | 戴　宽 |

| | |
|---|---|
| 出　　版 | 中国社会科学出版社 |
| 社　　址 | 北京鼓楼西大街甲 158 号 |
| 邮　　编 | 100720 |
| 网　　址 | http://www.csspw.cn |
| 发 行 部 | 010 - 84083685 |
| 门 市 部 | 010 - 84029450 |
| 经　　销 | 新华书店及其他书店 |

| | |
|---|---|
| 印刷装订 | 北京君升印刷有限公司 |
| 版　　次 | 2017 年 12 月第 1 版 |
| 印　　次 | 2017 年 12 月第 1 次印刷 |

| | |
|---|---|
| 开　　本 | 787×1092　1/16 |
| 印　　张 | 33 |
| 插　　页 | 2 |
| 字　　数 | 649 千字 |
| 定　　价 | 138.00 元 |

# 目　录

# 前　　言

　　人类的生存与延续、社会的发展与进步就是一场人类改造自然、认识自然以主动顺应自然规律的历史。人类为了改造自然、创造更适合人类生存的条件和环境，不断地创造相应的手段和方法，这就是技术。技术活动是人类须臾不离的基本活动。技术的起源与人类的起源一样久远，技术的历史描述的是，人类如何利用技术手段从茹毛饮血、刀耕火种一直发展到今天这样发达的现代社会的过程。

　　英国工业革命之后，由于强力的动力机械的发明，极大地增强了人类改造自然的能力。在短短的二三百年中，地球几乎全部被人类所改造，开山辟地地修筑公路、铁路，成千上万的汽车在日夜奔驰，城市规模越来越大，家庭的电气化设备齐全，人们的生活已经十分便利。社会生产与生活已经从机械化、电气化向信息化过渡，不但人的体力劳动大为减弱，人的脑力劳动也在被机器取代，一种全新的生产和生活方式正在形成。造成这一变化的基础，是技术的进步与发展。

　　我国进入 21 世纪后，科学技术史也同其他学科一样，随着国力的增强进入了空前活跃的时期。但是总体看来，科学史无论是通史还是专门史的著作都较多，而技术史特别是技术通史却几近阙如。早在 1985 年，我在时任中共中央顾问委员会委员、中国自然辩证法研究会副理事长的李昌同志领导下进行中国技术发展战略研究时①，即组织哈尔滨工业大学、东北工学院、华中工学院、成都科技大学、大连工学院等六所工科院校联合翻译出版英国牛津版《技术史》，该书共 8 卷，是在英国帝国化学公司（ICI）资助下，自 1950 年开始编写，1955 年开始出版，用了 23 年才出齐的。在我国当时出版经费还较为困难的情况下，仅出版了后 3 卷的简装本即无力再进行下去。2002 年，上海科技教育出版社决定重新翻译出版这套书，经过译校者和出版社的共同努力，牛津版《技术史》汉译本于 2004 年正式出版（出版了正文 7 卷，800 多万字，索引卷未译出）。牛津版《技术史》是国际科学技术史学界公认的权威性著作，此书的出版为我国科学技术史的研究与

---

① 详见拙著《哲学与社会视野中的技术》，中国社会科学出版社 2005 年版，第 277—300 页。

教学提供了一部基本素材。但是这套书部头太大，也给读者带来许多不便。国外的几部较为简明的技术通史类著作都是 20 世纪中叶出版的，都写作至 20 世纪中叶前，而且对东方特别是中国部分介绍得不多。

牛津版《技术史》的汉译本出版不久，我就考虑编写一部简明的既可以为一般读者使用，也可以作为大专院校历史学、科学技术史、经济史、哲学、科技哲学等专业的教学参考书，内容涵盖自远古至 20 世纪末的技术通史。

2005 年开始筹划这本书的写作时我已年过六十，刚辞去哈尔滨工业大学人文学院院长职务，但是还在担任《哈尔滨工业大学学报》（社会科学版）主编，而且有几位博士生需要指导，还有一些教学、科研及社会工作，只能挤时间进行资料的收集整理和初稿的写作。2011 年我辞去学报主编工作后，终于有时间较为集中地进行学习、研究和写作了。此间联合科学技术史学界同行在中国科学技术出版社吕建华总编支持下，创办了《技术史论坛》系列丛书，完成了日本技术史学家中山秀太郎先生《技术史入门》的重新翻译和教育部哲学社会科学后期资助重点项目《社会文化科学背景下的技术编年史（远古—1900）》，到 2013 年底我退休前最终完成了本书的初稿。

初稿写成后，即印出几册样书，向国内同行征求意见，2015 年 5 月中国社会科学出版社排出清样后，在 2 年内又进行了多次修订和增删。

技术包括的门类众多，任何一部技术史如同任何一部史书的写作一样，不可能包罗一切，选材和写作深度往往会受到作者知识结构和个人偏好的影响。为了写作的方便同时也是为了读者阅读的方便，本书将技术的历史分为若干相对独立的时期（章），对每个时期的重要技术事项归纳整理成若干节，尽量将重要事件的时间、地点、人物、情节、结果说清楚，并对每个历史时期的社会、科学状况设一专节介绍。在绪论中，从技术哲学的角度研究了技术史的理论问题；在最后一章中，则从技术社会学的角度探讨了技术发展与社会的关系问题。同时精选了具有学术价值的历史性插图，做到图文并茂，以达到知识性、科学性、可读性和趣味性的结合。

本书对中国部分分设古代、近现代两章进行介绍。这里遇到的问题是，中国古代文献对技术的介绍不但数量不多，而且十分简略，号称中国古代的"四大发明"，除了造纸、印刷术有简约的文字记载外，黑火药、指南针是何时何人所为并不清楚，毕昇的活字印刷也仅在沈括的《梦溪笔谈》中有段记述，至于毕昇是何人，具体发明时间、发明原因与过程，发明后的使用情况皆不清楚。而中国近现代部分独创性的技术发明又甚少，更多地表现为西方技术的移植。这在一定程度上影响了全书写作风格的统一。

书中涉及大量外国人名、地名，一般采用习惯译名，无习惯译名的按辛华编的各类译名手册（商务印书馆）处理，外国人名尽量写出全名和生卒年代。

本书编写中，得到哈尔滨工业大学科学与工业技术研究院领导的支持，科技史与发展战略研究中心的陈朴副教授在人名核准方面给予帮助，研究生刘贺、李秋霞、赵思琦对人名索引进行了认真编排。夫人王雅珍女士对本书的语言文字进行了订正。中国社会科学出版社冯斌先生在本书的审定稿、内容编排及版式各方面作了许多工作，责任编辑刘艳对书稿进行了认真的编辑加工。本书参考了国内外大量文献和资料，由于篇幅所限，仅选出主要著作列于书后。这里，向对本书的编写和出版给予支持的诸位，表示衷心的谢意；向本书所参考的著作、文献作者的先驱性工作表示敬意。

本书得到"中央高校基本科研业务费专项资金"的资助。

本书的差错不足之处，诚望读者批评指正。

姜振寰

2017 年 5 月 20 日

# 绪　　论

技术史是研究和记载人类从事技术活动的历史。

作为一门学科，技术史的起源可以追溯到 18 世纪。1772 年，德国格廷根大学教授贝克曼（Beickmann，Johan 1739—1811）创设"工艺学"（Technologie，又译"技术学"）讲座，"工艺学"包括现在的工程学和工程技术史两部分内容，一般认为，技术史学科由此开始形成。19 世纪后，德国出现了一批技术史著作，如《发明的历史文稿》（Beickmann：*Beiträge zur Geschichte der Erfindungens*，1780—1805）、《技术史》（Karmarsch：*Geschichte der Technologie*，1872）、《机械工艺史报告》（Rühlman：*Vorträge über Geschichte der Technischen Mechanik*，1885）、《蒸汽机发展史》（Matschoss：*Die Entwicklung der Dampfmaschine*，1908）等，可以说，技术史作为一门学科最早是在德国形成并发展起来的。

进入 20 世纪后，技术史研究在许多国家开展起来，在技术通史方面，最为权威的是在英国帝国化学公司（ICI）资助下，由牛津大学出版社用了 20 多年时间出版的由辛格（Singer，Charles 1876—1960）、威廉姆斯（Williams，Trevor Illtyd 1921—1996）等主编的《技术史》（*A History of Technology*，1 ~ 5 卷，1955—1958；6 ~ 7 卷，1978），此外还有法国多马斯（Daumas，Maurice 1910—1984）的《技术通史》（*Histoire générale des techniques*，1962）、苏联技术史学家兹渥雷金（Зворыкии，Анатолий Алексеевич 1901—1988）等人编写的《技术史》（*История Техники*，1962）等。[①]

20 世纪八九十年代，出现了几部技术简史类著作，如剑桥大学出版社出版的美国巴萨拉（Basalla，George.）的《技术发展简史》（*The Evolution of Technology*，1988）、法国色伊（Seuil）出版社出版的雅科米（Jacomy，B.）的《技术史》（*Une histoire des techniques*，1990），此外还有大量技术专门史问世，如计算机史、航空史、航天史、电动车史、兵器史等。

---

① 姜振寰：《技术社会史引论》，辽宁人民出版社、辽宁教育出版社 1997 年版，第 68—76 页。

研究技术史，有几个理论问题是应当首先搞清楚的，下面对技术概念、技术与科学的关系、技术的历史分期以及技术史研究的方法论问题作一介绍。

# 一 技术概念与范畴

在西方，"技术"一词来源于希腊语，Technology 的希腊语词根是 τεχνη，指的是技艺、技巧，是手艺人的活动与技能，也泛指一般的艺术造型。事实上，技术是一个很难给出全面而确切定义的概念，目前对技术的定义大体上有三类：一类是词书的定义，一类是学术共同体经过长年的论争最后趋向一致的定义，第三类是某些哲学家、思想家的定义。

（一）一些辞书中关于技术的定义

中国《辞海》中对技术的定义："（1）泛指根据生产实践经验和自然科学原理而发展成的各种工艺操作方法和技能，如电工技术、木工技术、激光技术、作物栽培技术、育种技术等。（2）除操作技术外，广义地讲，还包括相应的生产工具和其它物质设备，以及生产的工艺过程或作业程序、方法。"①

日本《广辞苑》中对技术的定义："在实际中应用科学改变或加工自然物，以满足人类生活需要的技能。"②

苏联《哲学百科全书》中对技术的定义："技术一词源于希腊文 τεχνη——技能、技艺、能力，是社会运动的工具和技能的系统，是经过一定历史过程而发展着的劳动技能、技巧、经验和知识，是认识和利用自然力及其规律的手段。技术是社会生产力的组成部分，是构成每个特定社会结构的物质基础。"③

美国《简编不列颠百科全书》中对技术的定义："技术是人类活动的一个专门领域。技术一词出自希腊文 techne（工艺、技能）与 logos（词、讲话）的组合，指对造型艺术与应用技术的论述。当它在 17 世纪英语中出现时，仅指各种技艺。到 20 世纪初，技术的含义才逐渐扩大，它涉及到工具、机器及其使用方法和过程。到 20 世纪后半期，技术被定义为'人类改变或控制客观环境的手段和方法'，人类在制造工具的过程中产生了技术，而现代技术的最大特点是它与科学的结合。"④

（二）学术共同体对技术的定义

日本、苏联和中国学术界均对技术概念、本质、功能进行过长时间的研讨，

---

① 《辞海》，上海辞书出版社 1980 年版，第 669 页。

② ［日］新村出：《廣辞苑》，东京：岩波書店 1969 年版，第 529 页。

③ ［苏］瓦尔科夫：《哲学百科全书》，转引自邹珊刚主编《技术与技术哲学》，知识出版社 1987 年版，第 15 页。

④ 《简编不列颠百科全书》（中文版），中国大百科全书出版社 1985 年版，第 233 页。

形成了在相应学术共同体中被相对认可的技术概念。

**日本**　1932 年，哲学家户坂润（1900—1945）从生产力的规定出发，创立了技术定义的"手段说"。哲学家相川春喜（1909—1953）进而提出："按历史唯物论的观点，所谓技术，是人类社会物质生产力一定阶段的社会劳动的物质手段体系。"由此创立了关于技术定义的"体系说"。这两个定义当时在日本学术界引起激烈争论。① 1946 年，物理学家武谷三男（1911—2000）提出自认为是建之于本体论阶段的技术定义："技术是人类在生产实践中对客观规律的有意识的应用。"由此创立了关于技术定义的"应用说"②。

**苏联**　1962 年，苏联开始对现代科学技术革命开展有组织的系统研究，在这场研究中基本统一于兹渥雷金在其《技术史》一书中提出的定义："技术以物质资料的生产为目的，根据对自然的认识，在社会生产和社会生活中发展着的人类活动的手段，在社会生产领域，技术可以理解为人类劳动的手段。"即广义的技术是人类"活动"的手段，狭义的技术是人类"劳动"的手段。

**中国**　20 世纪 80 年代初，国务院召开了两次关于"新的技术革命与我国对策"的研讨会，技术成为研讨中必须界定的概念，学术界经过几年的探讨，基本上统一于"技术是人类改造自然、创造人工自然的方法与手段的总和"这一认识上。③

（三）国外一些哲学家、思想家对技术的定义

主要见诸一些哲学家、经济学家及社会学家的论著和文章中，这些定义虽然相互间差异很大，但是可以帮助我们从哲学的角度加深对技术本质的理解，其中较为典型的如：

19 世纪末，德国技术哲学家卡普（Kapp，Ernst 1808—1896）曾通过对工具形状和作用机理的分析，认为技术是人体器官结构和功能外在化的工具，一切技术手段都可以理解为以人的器官为原型，并认为人通过工具不断创造自己，人类的历史就是一部改善工具的历史。④

20 世纪后，技术概念引起了哲学家们的广泛兴趣。

德国存在主义哲学创始人海德格尔（Heidegger，Martin 1889—1976）认为："技术是一种真理或展现，特别现代技术是一种展现，它揭示自然并同自然较量，以产生一

海德格尔

①　[日] 中村静治：《技術論論争史》，青木书店 1975 年版，第 163—241 页。

②　[日] 武谷三男：《武谷三男著作集》（第 1 卷），劲草书房 1983 年版，第 139 页。

③　姜振寰：《近代技术革命》，科学普及出版社 1985 年版，第 1 页。

④　[美] 米切姆：《技术哲学概论》，殷登祥、曹南燕等译，天津科学技术出版社 1999 年版，第 6 页。

雅斯贝尔斯

种独立贮存起来和可以传递的能量。"进而认为，"现代技术的本质使人步入一种展现的道路，通过这种展现，无论何处的实在物，都或多或少明显地变成存货"。现代技术是一种具有"揭示"和"较量"特点的展现，现代技术也是一种解蔽方式（对自然的开发、改变、贮藏、分配、转换）。

德国存在主义哲学家雅斯贝尔斯（Jaspers，Karl Theodor 1883—1969）认为，人对自然的认识和对自然规律的把握，是构成技术可能性的前提，技术在于人的追求、操作和执行，是人为了达到一定目的的中介手段。

法国技术哲学家埃吕尔（Ellul，Jacques 1921—1994）认为，技术是一种文化现象、历史现象，当代社会已变成一个"技术社会"，在这个"技术社会"中，技术是"在人类活动的每一个领域理性获得并完全合理有效的（在一定发展阶段）方法的总和"。并认为技术制造出一个无所不能的世界，具有自身规律而排斥一切传统。

美国社会哲学家、历史学家芒福德（Mumford，Lewis 1895—1990）认为应当将与人生活的多种需要和愿望相一致，以一种民主方式为了实现人的多种多样的潜能起作用的技术，称作综合技术；将以工作和权力为中心基于科学智力和大量生产的，其目的主要在于经济扩张、物质丰盈和军事优势的技术，称作单一技术或权力主义的技术。①

芒福德

德国社会学家韦伯（Weber，Max 1864—1920）认为："某项活动的技术是我们头脑中对该项活动进行实施的必要手段的总和，与该项活动最终确定的方向的指向和目标相比，合理的技术就是有意识、有条理地实施已经明确了方向的手段，并依据经验、思考将这一合理性推向其最高阶段——科学认识的阶段。技术无处不在——它存在于整个活动之中，但它又无处可见——如果人们看重的是活动的结果的话。"②

马克思·韦伯

俄罗斯哲学家罗津（Розин，Вадим Маркович 1937—）

① ［美］卡尔·米切姆：《技术哲学概论》，殷登祥、曹南燕译，天津科学技术出版社 1999 年版，第 21 页。

② ［法］让-伊夫·戈菲：《技术哲学》，董茂永译，商务印书馆 2000 年版，第 22 页。

认为，技术是产生于自然界的物质和物体生成以及再造过程中的思想的现实存在，技术的主观含义是探寻实现目的的正确途径的艺术，其客观含义是在一定范围内实现人的主观能动性的方法和手段的稳定集合。①

罗津

（四）评析

"技术"一词，中国古已有之，最早见诸《汉书·艺文志》："汉兴有仓公（即淳于意），今其技术晻昧。"在《史记·货殖传》中记有："医方诸食技术之人，焦神极能，为重糈也。"可见，在中国古代技术一词指的是方术、医术。但是，后来用医术、方术、技艺、开物取代了"技术"一词。这个词在唐朝时传入日本，日本的启蒙思想家西周（1829—1897）在 1870 年翻译西方书籍时，将 Technology 用从中国引进的"技术"一词对译。19 世纪末 20 世纪初，康有为、梁启超翻译日文书籍时，又引回中国。

在早期工业化时期，"技术"这一概念既受传统文化的影响，又受工业化的影响，反映出一种很强的机械唯物论倾向。20 世纪后，由于人类活动领域空前扩展，改造自然能力空前增强，又赋予"技术"一词更多的内涵。从广义上讲，"技术"这一概念几乎达到无所不包的程度，不但包含传统的技艺、技能、技巧和工艺、设计、技术原理的构思、技术方案的确定等这些"软"的成分，也包括加工制造所需的产品、设备、工具等"硬"的成分，还包括与生产物质产品无关的人的其他活动领域的方法和手段。

从狭义上讲，技术通常指人类改造自然、创造人工自然的方法、手段和活动的总和，是在人类历史过程中发展着的劳动技能、技巧、经验和知识，是构成社会生产力的重要部分。技术属于创造物质财富的实践领域，是劳动技能、生产经验和科学知识的物化形态。

# 二　科学与技术

科学活动和技术活动是人类认识自然、改造自然或重塑人工自然的两大基本活动。自从自然科学从自然哲学中分化出来成为一种独立的社会建制之后，科学与技术二者之间的关系一直是模糊不清的。19 世纪的许多经典著作中很少谈到技术，经常谈的是科学，但其所谈的科学往往不是现代意义上的科学而是技术。20 世纪以来，科学和技术已经泾渭分明，成为使用频率很高的两个术语，但是许多

---

① В. М. Розин. Философия Техники —от египетских пирамид до виртуальных реальностей, Москва NOTA BENE，2001.

人对其含义并不十分清楚。

（一）科学概念及其与技术的关系

科学是人类有意识地认识自然、探索未知世界的活动的总称（或总和），其成果表现为人类认识自然所形成的知识体系。这种有意识的认知、探索活动只有当人类社会达到一定阶段，生产力有了相当的提高，使人的剩余劳动价值被一种社会规则集中在少数人手里时，他们当中个别人开始思考自然现象的成因或企图以非神灵思维解释自然时，科学才开始萌芽，而这就是众所周知的作为近代西方科学源流的古希腊科学的起源。

西周

在西方，古代并不存在"科学"这一概念，对自然的认识活动归之于"自然哲学"，其成果也多用"知识"来表述。随着近代科学革命的出现，由拉丁语 Scietia（知识）开始演变出英语的 Science（科学）。我国使用的"科学"一词，是 1870 年日本的西周在翻译西方书籍时，用日语汉字"科"（分门别类）和"学"（学问）创造的"科学"一词与 Science 对译而成的。中国古代的两个词"穷理"（追求事物的终极原理）和"格物致知"（分析事物以达到对事物的了解）似有科学探究的意思。西周在西文术语日译方面做了很多工作，由于他将许多西方术语用日文汉字进行组合或借用，其中不少如经济、社会、产业革命、物理学、化学、电气等社会科学、自然科学和工程技术方面的词汇在 20 世纪初被直接引入中国。

关于科学与技术的关系可以从以下几方面理解：

（1）科学和技术具有不同的历史起源，而且是按各自的道路发展的。技术的产生几乎与人类的起源一样久远，当类人猿用树枝挖掘食物，用石块打制石器时，技术就产生了。而科学有文字记载的历史不足 3000 年，即使认为从古埃及人起就开始了科学活动，也仅 6000 余年，与 300 多万年的人类起源相比，科学的历史很短。或者说，人类的生产和生活是与技术活动密切结合在一起的，科学是社会发展到一定程度后某些人的特殊探索活动，而不是与人类生存须臾不离的普遍活动。

（2）人类从事科学和技术活动的目的是不同的。从事科学活动的主要目的是认识自然，揭示未知领域，经常是在好奇心、对未知事物探究的心理作用下进行的，因此其功利性不强，而人类从事技术活动则是在要改造自然、创造更适合人类生存的环境、更适用的器物的目的下进行的，因而有很强的功利主义成分。由于技术的发明、革新直接涉及利益和财富，因此必须有明确的法律加以维护，才能够激发人们从事技术开发和技术发明的积极性。

（3）科学与技术活动的特点不同。科学是一种精神性劳动，虽然科学研究要求人的思想是自由开放的，但是它总要受到社会意识形态的约束。而技术更注重实践性和生产性，受社会意识的影响相对要少。

（4）二者的最高成果的表述方式不同。科学研究的最高成果称作"发现"，而技术活动的最高成果称作"发明"。这是两个在本质上截然不同的概念。"发现"是指自然界原本存在之物，被人类首次认识的过程；"发明"则指自然界原本不存在之物，被人类首次创造或制造出来的过程。

近代以来，科学与技术的关系十分密切。一项科学发现经常很快成为新技术原理的基础而导致技术发明。同时，由于科学研究向更深的物质微观层次和更广的宇宙空间的扩展以及极限实验条件的限制，已经不可能仅凭借人的器官和传统的实验手段去进行科学研究了，需要借助于更新的技术发明、技术手段和技术方法才能完成。

由上述分析可知，科学和技术是人类两个不同的活动领域，人类从事科学活动的目的是认识自然，揭示未知，而从事技术活动的目的是为了自身的生存与存续去改造自然。改造自然是技术活动的永恒主题，在人与自然的关系上，人永远是个"人类中心主义者"，当然这里有个理性与非理性的问题。

（二）经验性技术与科学性技术

技术本身是个历史性概念，在近代科学产生之前的技术，是从事技术的人经过师傅的言传身教，自己在长期的技术活动中习得的一种技艺、技巧和技能，有很强的经验性成分。技能包括完成具体工艺的许多技巧，而这些技巧的获得经常是偶然的，或者是若干次试错法的总结，而且技能中更有许多"只能意会，不能言传"的知识。在以手工工具为主要技术手段的古代，经验是主要的。经验需要积累，需要有多年的工艺实践，不仅需要向别人学习，更需要的是"自悟"、总结和探索，即"干中学"。古代的工匠们利用其所掌握的技能、技艺和技巧创造出优秀的古代物质文明，许多物品即使用现代的技术手段也是很难仿制的。

英国工业革命后特别是 19 世纪后以机器生产为特征的技术，则更多地表现为科学的应用。前者可称为"经验性技术"，后者也可称为"科学性技术"。经验性技术有一定的不自觉的科学原理的应用，科学性技术也有在科学原理指导下的技能、技艺和技巧，以及个人的悟性。

18 世纪可以看作是经验性技术向科学性技术过渡的时代，真正的科学性技术起源于 19 世纪的电力技术革命，这时期的许多技术发明都是在一定的科学知识指导下完成的。到 20 世纪，电子技术、生物技术、原子能技术等所谓的高技术，其科学化程度已经十分充分，技术在这里已不再是技能和经验，而表现为科学原理在技术设计和技术工艺中的应用。正如法国哲学家让·拉特利尔（Jean Ladriere

1921—2007）所谈："现代技术构成了一个利用物质系统，同时又是一个往其中注入新信息的行为系统，它按照在知识领域中科学研究所提供的模型，在行为领域中组织自身。"①

科学性的技术可以通过文字做出记述，形成专业化的讲义或著作，如《电机制造工艺学》《锻压工艺学》等，人们通过这种文字记述即可以理解或掌握这门技术。这样，通过集中培训或学习就能"批量化"地培养出掌握一定技术的工人来。但是，在具体工作场所的工人也还需要一定的技能。在流水线上工作的工人，其工作性质是单一的，所需要的是"熟练"，而这"熟练"却不是在学校在书本上可以学得到的，必须经过长时间的实际技术操练，通过"经验"来获得。而且在现代的技术场所，也存在一些仅凭现代技术手段无法完成的工作，这里更需要的是人的技能，特别是生产中的一些技术细节和诀窍，只有技能才有可能解决。

## 三　技术的历史分期

技术的历史演变本来是一个连续的过程，在这一过程中，技术经历着质的变革和量的渐进积累而呈现出一定的阶段性，不同历史时期的技术有其不同的特征，不同历史时期的技术的形态也有所不同，因此，对技术的历史分期的研究是认识技术发展逻辑的基础。

（一）分期方案的多元化

由于研究者专业、研究路线及出发点的不同，对技术历史的分期有多种方案。

为了能够系统而且较为全面地描述技术发展的历史，技术通史著作中一般都是按古代、近代、现代这三个阶段加以撰写的，牛津版《技术史》是一部资料丰富的国际技术史巨著，内容涵盖自远古到 20 世纪 50 年代技术发展的历史。正文7 卷每一卷都是一个相对独立的历史时期：

第一卷，远古至古代帝国衰落；

第二卷，地中海文明与中世纪；

第三卷，文艺复兴至工业革命；

第四卷，工业革命；

第五卷，19 世纪下半叶；

第六卷，20 世纪（上）；

第七卷，20 世纪（下）。

---

① ［法］让·拉特利尔：《科学和技术对文化的挑战》，吕乃基等译，商务印书馆 1997 年版，第44 页。

苏联技术史学家兹渥雷金等在 1962 年编写的《技术史》① 一书中，将全书分为 4 篇 35 章，各篇的篇名为：

（1）前资本主义生产方式的技术（18 世纪前）；

（2）资本主义胜利与确立时期的技术（18 世纪末至 19 世纪 70 年代）；

（3）垄断资本主义时期的技术（19 世纪 70 年代至 1917 年）；

（4）伟大的十月社会主义革命后的技术。

技术的产生与发展在于人的社会需求，一种社会需求欲望的满足又会产生更新更高的社会需求，由此推动技术的不断发展。因此，上述技术通史的分期方案有很强的实证性，且将技术发展纳入社会大系统中加以阐释，但是其哲理性不强，因为它是按社会史的推演对技术的历史进行分期的。不过这类分期方案由于对各历史时期的科学、生产与社会有一定的考虑，因此有一定的综合性特点。

一些哲学家也很关注技术史的分期，如：

日本机械史学家石谷清干（1917—2011）认为，技术发展的根本动因是控制和动力的矛盾，由此将技术的发展分为无工具、天然工具、工具制造工具、复合工具、机器、复合机器、机器体系七个历史时期。②

德国哲学家谢勒（Scheler, Max 1874—1928）在 1928 年写作的《知识社会学问题》（*Problems of Sociology of knowledge*）中将技术发展分为四个历史时期：

（1）从巫术技术向武器和工具等实用技术的过渡；

（2）从母权制的用锄耕作技术到用犁耕作的农业和城堡的兴起；

（3）从传统的手工工具到科学的可以独立驱动的发动机；

（4）从早期资本主义生产制到以煤为能源的生产体系。

美国的汤德尔（Tondl, Ladislav）在 1974 年写作的《关于技术与技术科学概念》（*On the Concept of Technology and Technological Sciences*）中，根据技术装置（工具或设备）的变化将技术史分为三个时期：

（1）工具时期——工具由人的体力所驱动，人借助于工具作用于劳动对象，按加工目标由人去控制工艺过程；

（2）机器时期——机器由动力源、传动机构和特殊的工作机组成，动力源是畜力、风力和水力以及后来更为强大的热机，但工程的控制仍由人进行；

（3）自动装置时期——机器应用了控制调节的控制论原理，不需要人直接控制，而是由人设定的程序去控制其运行。其进一步发展则是学习机和自组织系统

---

① А. А. Зворыкин, И. И. Осьмова, В. И. Черныщев, С. В. Шухардин. История техники. Москва Издтельство обществено экономика. 1962.

② ［日］石谷清幹：《人間，技術，エネルギ》，《日本機械学会志》第 78 卷，第 676 號。

的研究将取消人的干预，机器的自动化程序将进一步提高。①

（二）以主导技术更迭为依据的分期方案

作为人类对自然物、人造物加工以创造和改善自身生存条件的生产技术，其基本的技术手段的发展过程大体如下：

**简单工具　→　复杂工具　→　机器　→　自动化生产体系**
（古代前期）　（古代后期）　（近代）　　（现代）

古代的生产工具无论如何进步，无论是石制、木制、铜制还是铁制的，仍然是工具，而不是机器。近代早期的机器尽管构造简单粗陋、笨拙，但它毕竟是机器而不是工具，其生产效率比若干工具的组合还要高得多。或者说，古代的技术更多的是技能、技艺以及世代相传、师徒相传的诀窍和技巧，这种常年才能习得的技能和技巧，在近代特别是现代技术中已经被精确的非人工测量和控制所取代。

笔者在 1981 年曾对近代技术史分期问题进行探讨，提出以"主导技术"的更迭作为技术史分期的依据，对近代技术史进行了分期。②

"主导技术"之所以称为主导而不是主要，是因为其不但重要而且具有时代的导向性和时代的统制性。由于任何技术发展绝非是孤立的，围绕主导技术的发展，总会形成与之相关的一群技术，即主导技术群。

以主导技术和主导技术群的更迭作为技术史分期的原则，可以推广至对整个技术历史分期的研究。

构成自然界的基本因素是物质、能量和信息，而构成技术的基本因素是材料、动力和控制，三者有十分明显的对应性：

$$\text{自然} \begin{cases} \text{物质——材料} \\ \text{能量——动力} \\ \text{信息——控制} \end{cases} \text{技术}$$

在技术的基本结构中，材料技术、动力技术、控制技术诸因素在技术发展的不同历史时期，所处的地位不同，达到的水平不同，三者间的这种不平衡性是导致技术发展中主导技术更迭的主要原因。如果把技术史追溯到近代技术产生之前的古代，这个问题可以更为清楚，下图描绘的是历史上主导技术更迭的过程示意。

---

① ［德］F. 拉普：《技术哲学导论》，刘武等译，辽宁科学技术出版社 1986 年版，第 22—26 页。
② 姜振寰：《关于近代技术史分期的理论探讨》，载《自然辩证法论文集》，人民出版社 1983 年版，第 390—417 页。

历史上主导技术更迭的过程示意（黑体表示主导技术）

| 时代<br>分类 | 古代 | 近代 | 现代 |
|---|---|---|---|
| 材料 | **石器加工 金属冶炼** | 铁及其合金 | 人工材料 地球存在各类元素 |
| 动力 | 人力 畜力 自然力 | **蒸汽动力 电力** | 电力(化石能源 原子能 自然能) |
| 控制 | 人工控制 | 机械控制 机电控制 | **信息控制(电子计算机 微电子)** |

在古代，材料及其加工技术占有明显的主导地位。将古代历史分为石器时代、青铜时代、铁器时代已为史学界所认同。古代技术活动中的动力主要是人的体力和畜力，后来还利用自然力（风力和水力），利用风力的风车自中世纪在北欧普及后，发展成今天风力发电站所用的风力涡轮机。利用水力的水车在公元前的中国即已出现，到今天则发展成水力发电使用的水力涡轮机。蒸汽机、内燃机出现后，风力和水力都成为次要的动力形式。古代人的技术活动，只能是人工控制，受人脑的支配。

18 世纪中叶后，瓦特（Watt, James 1736—1819）对行星齿轮机构和后来曲柄连杆机构的采用，使原来只能进行往复直线运动的蒸汽抽水机，变成可以在任何场合使用的"万能动力机"，形成了以"蒸汽机"为主导技术的主导技术群，由此使技术的历史进入近代第一个时期。在这一过程中，工厂的出现、生产的机械化、铁路的普及，使社会生产力突飞猛进。铁和铁合金（钢）成为主要的生产材料，控制方式也从机械式发展到后来的机电式，由此开始了社会生产的机械化。

19 世纪中叶后，近代技术进入了第二个发展时期。蒸汽动力虽然成为当时生产的基本动力，但其效率不高、结构笨重、动力传动方式复杂等弊端已经制约着大工业生产的发展，由于当时电磁学的进步，电力技术开始产生，到 19 世纪 70年代后已开始部分取代蒸汽动力。到 20 世纪初，随着水电技术、热电技术、电工材料和送变电技术的进步，电力技术已经成为这一时期的主导技术，由此开始了社会生产和社会生活的电气化。

电能是由一次能源转换得到的二次能源，它在能源的合理开发、输送、分配方面起着中介作用，它使人类可以更广泛、更方便、更有效地利用一切能源。因此，从能源动力变革的角度看，电力技术是蒸汽动力技术革命的继续，是能源动力技术革命的更高阶段，它奠定了当代能源利用方式的基础。

进入 20 世纪后，由于材料、能源已多元化，所不足的恰在于"控制技术"。因此 20 世纪以来技术发展的基本趋势是，以电子计算机为核心的信息控制技术向一切生产、生活和社会领域渗透，以实现其最优化和综合自动化，这种渗透正在从根本上改变传统生产、生活和管理的面貌，开始了社会生产、生活和管理的自动化。

综上所述，在古代技术中起主导的是材料技术的变革，近代则是动力技术的变革，而现代主要体现在控制技术的变革方面，由此也揭示了主要技术手段由工具到机器再到自动化生产体系的发展过程。

## 四 技术史研究的方法论

技术史同其他历史学科一样，是研究者超越时空间隔对技术历史的反求建构，需要研究者对技术发展的史实进行发掘、整理、考证和描述，并对史实作出评价和解释，以重建技术发展的具体过程。其历史的客观性既受材料占有情况的约束，也受作为技术史研究主体的研究者素质所左右。研究者的素质是指研究者个人的知识结构、哲学素养、逻辑能力、善于采用的研究方法及偏好。也就是说，任何一部技术史著作，虽然都是技术发展的历史反映，却都有其各自的侧重或特色，历史认识的相对性是十分明显的。但是，技术史与其他历史学科相比，又有其独特之处。它可以借助史料考证、考古（工业考古、技术考古、物理考古），特别是它可以借助一些一直延续至今的传统技术的存在、技术原理的推演来弄清楚各历史时期技术发展的史实。因此，它又有较强的实证性。

一般来说，科学家的理论思维都较强，文化素质也较高，科学理论、科学概念的历史演进是为科学家所重视的，这就使得科学史研究不但有大量的历史文献、著作可资利用，而且科学家本人在这方面的建树也是相当可观的。而从事技术工作的往往注重眼前的生产实践，经常要解决的是"怎么做"的问题，一般缺乏历史主义传统，但更具有现实性。在漫长的农业社会中，技术被视为雕虫小技，是登不上大雅之堂的，从事技术活动的大都是文化水平不高的"下里巴人"阶层，即使是开辟近代技术的先驱人物，也主要是些学徒出身的工匠。技术史研究的困难在于文献匮乏、资料零散，这也决定了科学史学家与技术史学家在研究纲领、研究路线上都存在差异。

传统的技术史学方法主要是传统的历史学研究方法的移植。传统的历史学研究方法大体有三种：第一种方法是发掘考证和记录历史史实，这可以称为历史方法或史料学的研究方法；第二种方法是根据史实（主要表现为经过一定的考证或者核实的史料）进行各种比较性研究，归纳分析以阐明一些"法则"性的内容；第三种方法是根据史实及其逻辑关系以及一定的历史背景线索，通过"虚构"、"想象"等手法，编纂出"类故事"情节，进行历史的、艺术的再创造，以完成历史的撰写。①

---

① ［英］A. L. 汤恩比：《历史研究》，上海人民出版社1986年版，第54—58页。

　　第一种方法对技术史研究来说，显然是件基础性的工作，技术史研究中的工业考古、技术复原、史料考证等均属此类。技术史史料的搜集整理和考证，是一项为他人作嫁衣的艰苦的基础性工作，虽然有"整辑排比谓之史纂，参互搜讨谓之史考，皆非史学"之说，但是没有史料考证工作为基础的史学研究，只能是无本之木、无源之水的杜撰。

　　第二种方法是为一般技术史理论研究所常用的。技术史的内容虽然纷纭复杂，但并不是杂乱无章的，这就为史学的理论研究提供了条件。传统的技术史理论研究，主要用的是归纳、分析、类比等方法，当代其他学科的一些新方法，如统计方法、系统方法等在这里是大有用武之地的。

　　第三种方法是撰写技术通史的主要方法。但是这里常看到的是采取抓一条或几条主线以统率全局的做法。这种做法的弊病在于经常导致简单的因果决定论，由此构成了人为选择的技术历史的线性发展与其实际内容的丰富多彩间的矛盾，而且也容易使研究者由于倾注于技术的纵向发展而忽视了其横向的联系。

　　传统的研究方法，是经过几代人的努力而形成的，绝不能因为它存在这样或那样的不足而轻易否定，而且，这些方法至今仍不失为技术史研究的主要方法。技术发展的复杂性以及它与其他社会因素关联的密切，使得研究者很难用一种或几种方法穷尽其研究内容。不断地吸收其他学科的研究方法，不但可以使技术史研究出现一个"百花齐放"的局面，也可以增加我们对技术发展认识的广度和深度。

　　在当代，技术史研究内容十分丰富，技术史与考古学、人类学、社会史、文化史密切结合，其素材、观点、结论互为补充，互相启迪，已经取得许多重要研究成果。技术史研究如同一般历史学一样，历史唯物主义是其基本指导思想。我们把过去的事物称作历史，无论你喜欢还是不喜欢，它都是客观的历史存在，都需要去挖掘整理。德国哲学家黑格尔（Hegel, Georg Wilhelm Friedrich 1770—1831）认为，存在之物有其合理性。在技术的历史中，有不少技术事件虽然不符合现代科学知识，但是其历史功能是不容否定的。炼金术士在炼金过程中认识了许多物质的自然属性，还导致了黑火药的发明和医药化学、近代化学的形成；按中国风水说盖房子要坐北朝南，这对北半球的建筑而言是十分合理的，因为它符合房屋采光和取暖的要求。

# 第一章　技术的起源及早期发展

## 第一节　技术的萌芽

### 一　人类的诞生

技术是人类改造自然、创造适合人类生存环境的方法与手段，是人类得以延续与进化、社会得以存续与进步的基本条件。技术的历史即人类从事技术活动的历史，与人类的历史一样久远。从猿向人进化过程中起决定性作用的不仅是大脑的变化，还要考虑技术的产生与进化，而这正是人与其他动物的根本性区别。

图1—1　拉马克

在地球上，28亿年前已经有细菌及藻类，5.7亿年前出现了水生的无脊椎动物。进入寒武纪（距今5.7亿—5.1亿年）后，绝大多数生物门类开始出现，由此开始了地球上高级生物的发育史。

1809年，法国博物学家拉马克（Lamarck，Jean Baptiste 1744—1829）在其《动物哲学》一书中，最早提出了生物进化及人是由猿进化来的学说。英国生物学家达尔文（Darwin，Charles Robert 1809—1882）在《物种起源》（1859）及《人类起源及性选择》（1871）两书中，提出了人猿同祖论，系统地论证了人类和类人猿间的亲缘关系，指出人类是由古代的一种类人猿进化而来的。在这一基础上，1876年恩格斯（Engels，Friedrich 1820—1895）在《劳动在从猿到人转变中的作用》一文中认为，由于直立行走使人的手获得自由，由此产生了劳动，而劳动又使人类进行社会性的协作。在这种社会性的劳动中产生了语言，大脑以及各感觉器官也随之发展。由于意识、抽象思维能力、推理能力的

图1—2　达尔文

发展又对劳动和语言产生反作用，进一步促进了劳动和语言的丰富。① 恩格斯的这一思想已经得到学术界的公认。

1863 年，赫胥黎（Huxley, Thomas Henry 1825—1895）发表《人类在自然界的位置》，进一步提出人是由猿进化的学说。1868 年，德国生物学家海克尔（Haeckel, Ernst 1834—1919）在其《自然创造史》一书中，预言了在东南亚有可能发现联结人与猿的中间动物。此前，1856 年在欧洲的尼安德特山洞中就发现了一具古人类化石（尼安德特人）。受海克尔《自然创造史》一书的启发，1891 年，荷兰人类学家杜布瓦（Dubois, Eugene 1858—1940）在爪哇发现了古人类头盖骨和牙齿化石，1894 年，他将这个人猿之间的生物命名为直立猿人。

进入 20 世纪后，人类起源与进化的脉络在众多古生物学家和考古学家努力下，逐渐明晰。1924 年，南非古人类学家达尔特（Dart, Raymond Arthur 1893—1988）对在南非塔元格斯采石场发现的一块类似人类的头盖骨化石进行鉴定后，认为这是距今 300 万年前一个 6 岁左右的古猿的头盖骨，命名为南非古猿。1929 年，在中国北京周口店发现了古人类牙齿及头盖骨化石，定名为"北京猿人"。1959 年，英国考古学家利基夫妇（Leakey, Louis Seymour Bazett 1903—1972 and Mayer Douglas 1913—1996）发现了"东非猿人"头骨化石。1974 年后，考古学家们在非洲相继发现了距今 600 万—400 万年的南非古猿化石或遗迹。

图 1—3　利基

南非古猿是人猿分离后最早的类人猿，从南方古猿分化出来的不同种群，大都已经灭绝。现代人种起源问题有"多源说"和"单源说"两派。多源说最早为研究北京猿人而著称的德国人类学家魏敦瑞（Weidenreich, Franz 1873—1948）所提出，他认为现代人是在某一些特定地区发展起来的，后来向周边地区扩散而形成不同的人种。20 世纪 60 年代后，先进的年代测定手段应用于考古学，人类进化的时间尺度更趋精确：在距今 300 万—30 万年间，类人猿从以树上活动为主逐渐

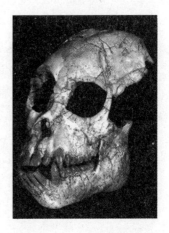

图 1—4　非洲古猿

变为以地面活动为主，手脚分化，进化到直立人阶段，目前发现的有爪哇猿人、北京猿人、海德堡猿人等；距今 30 万—10 万年直立人进化为早期智人，目前发

---

① ［德］恩格斯：《劳动在从猿到人转变中的作用》，《马克思恩格斯选集》第 3 卷，人民出版社 1976 年版。

现的有尼安德特人、罗德西亚人以及中国的丁村人、马坝人、长阳人等；距今 10 万年早期智人进化为晚期智人。1971 年，利基教授根据自己的研究，提出人类起源于非洲的"单源说"（一祖论），即人类同出一源。他认为现代人类祖先发祥于东非月亮山麓，由此经尼罗河、撒哈拉沙漠向外扩散。古埃及早期，尼罗河流域即被这些尼格罗种人占据。[①] 1987 年后，美国分子生物学家通过对人胎盘细胞粒线体中遗传物质 DNA 的研究，认为现代人均起源于 10 万年前东非的一位黑色尼格罗人种的妇女，此前的古人类因第四冰河纪的到来而灭绝。这是典型的人种起源"单源论"，这一学说已得到学界的支持。

晚期智人已经遍布欧亚美各大洲，形成了不同的人种，如高加索人种（白种）、蒙古利亚人种（黄种）和尼格罗—澳大利亚人种（黑种）。在 20 世纪中叶前，曾将印第安人列为第四个人种即红种人，后来考古发现印第安人是在距今 4 万—5 万年前的蒙古利亚人越过白令海峡到达美洲的，因此印第安属于蒙古利亚人种。也有人将尼格罗—澳大利亚人种再细分为黑种人和棕种人两类。[②]

原始人最初只是简单地以采集植物果实、挖掘植物地下根茎、捕捉动物为食。为了获取食物以及同野兽搏斗自卫，他们开始使用石头及木棒，从而增强了双手的独立性和灵活性，逐渐学会了对石头及木棒的加工，以制成最合用的武器或工具。大脑的不断完善，双手的不断灵巧，经验的不断积累，提高了人类的生存能力。

## 二 石器

人类最早制造的工具是以遍布自然界的各种岩石为材料的，在考古学上按这些石制工具形态及加工方法把人类早期生产活动划分为旧石器时代（距今 50 万—1 万年，各不同文明地区时间略有差异）、中石器时代（距今 15000—7000 年）、新石器时代（距今 7000—4000 年）三个阶段，也有人将石器时代划分为旧石器和新石器两个时代[③]。当然，人类祖先在工具制造上不仅使用岩石，还使用各种兽骨及木材。木器在古老的人类生活中，曾起过重要的作用，用兽骨制成的钓钩、缝针等在石器时代一直作为一种纤细的工具在使用，只是用这类材料特别是用木材制造的工具易腐而很难留存至今，因此，在考古学上大量发现的原始工具是石器。

---

① G. 磨赫塔尔主编：《非洲通史》第 2 卷，联合国教科文组织《非洲通史》国际科学委员会出版，1981 年，巴黎。中译本由中国对外翻译出版公司出版，1985 年，第 27 页。

② 见［英］赫·乔·韦尔斯《世界史纲——生物和人类的简明史》第 11 章，吴文藻、谢冰心、费孝通等译，人民出版社 1981 年版。

③ 1807 年，丹麦博物馆馆长汤姆森（Thomsen, Christian Jürgensen 1788—1865）将馆藏古代工具器物分为石器、青铜器、铁器三类，这是对古代工具器物的最早分类，后被学界广为采用。

旧石器时代一般使用的是打制石器，加工粗糙的最原始的工具是石槌及手斧。石槌及手斧都属于砍砸器，手斧是通过刮削石块或石板周边，使之具有锋利边缘的舌状工具。到旧石器后期，发明了石刃法，即将一块石头打制成许多块薄形石片，再进一步加工成石锥、石刀等工具。石刃法有间接打击和碰击两种方法，所用的材料多为打裂后会形成锋利边缘的黑曜石、燧石等。在中国周口店发现的北京猿人遗迹中，有大量被敲碎的石块，除砍砸器外还有刮削和锥刺用的石器，这些石器可能是北京猿人将石料带回洞中加工而成的。旧石器时代晚期的许多工具和武器已经是复合式的。矛头一般用兽骨、鹿角或燧石制成，用植物纤维或兽皮绳捆在木制的长柄上。一些燧石刀片上也安有木制或骨制手柄。在旧石器晚期的遗迹中，还出土有纽扣、骨针、骨锥及着衣的雕像，说明当时已经开始穿着可能是兽皮缝制的衣物。中石器时代出现了制作精巧的细石器，如石制的箭镞、标枪头及鱼叉头等。这一时期，开始广泛使用装有木柄的石斧、石镐。使用这些工具可以更有效地砍伐树木，制造木桨、木犁以及建造房屋。在西亚还出现了用于农作物收割的石镰

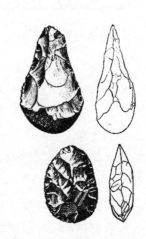

图1—5　旧石器时代早期的手斧

和用于粮食加工的石臼、石杵。这些工具的使用为人类的定居、村落的形成提供了条件。随着工具加工技术的进步，在中石器时代出现了原始的农耕和畜牧业。

中石器时代的一项重要技术发明是石器穿孔法。最初的穿孔法是在石器两面用石槌打出圆锥形凹坑，然后用石锥旋转研磨钻孔，钻孔时要使用作为研磨剂的沙子和水。到新石器时代出现了管状锥。这种管状锥用中空的兽骨或中空植物茎制成锥管，用金属或石材制成锥杆及锥头，在研磨中也要使用沙子和水作研磨剂。开始时是用手捻动锥杆钻孔，后来发展成用弓杆和皮条制成的弓钻。弓钻的使用使钻孔效率有了很大提高，公元前2500年古埃及陵墓的壁画中就画有使用原始弓钻的情景。旧石器时代的石斧是用绳将石斧与木柄捆绑在一起的，效率很低，而在石斧上穿孔将其与木柄连为一体，可以使石斧成为效率很高的具有多种用途的生产工具。后来，在土地开垦和农作物种植中又使用了带柄的石镐、石锄。这些带柄工具的使用，极大地提高了劳动效率。由于农耕及畜牧业的发展，工具的需求大为增加，由此产生了专门从事采石和专门制作石器的石匠。

新石期时代石器的加工更为精细，石器刃部的加工普遍采用了研磨技术。在一些早期农耕遗迹中，出土了大量经过磨制的石制农具，如磨制的石斧，带孔的环石、石锹、石镐等，还出土有各种石制兵器。

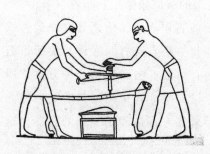

图1—6 弓钻（古埃及，B.C.1450）

新石器时代石器的加工工艺开始复杂化。对石料的选择、破碎、成型、磨制、钻孔等均有了一定的要求，而且由于多年的经验积累，石器工具的形状更符合力学原理，增加了刃部的锋利程度，以减少使用时的阻力，减轻了劳动强度。例如，在制造石斧时，要选用容易研磨的由微细石粒组成的玄武岩或闪绿岩等火成岩材料，先用石锤打出石斧形，然后再用砂岩研磨刃部，最后钻孔安柄，一般为木柄。[1] 这样磨制的石斧，效率已达70%~80%，也就是说，它的效率并不比现代手斧的效率低多少。新石器时代的工具种类大为增多，除农业使用的石犁、石刀、石锄、石镰外，还制造出各种木工工具、狩猎工具和武器。

原始文化也就是石器时代文化，它占据了人类历史99.75%的时间，大体可以区分如下：

旧石器时代——打制石器，剥片石器，人工取火，弓箭发明，狩猎；

中石器时代——石器钻孔，弓箭应用，农耕，畜牧；

新石器时代——磨制石器，纺织，制陶，手工业，村落开始形成。

工具缓慢而不断地进步，促进了农耕与畜牧业的社会分工，以及农业与以制造工具和武器为主的手工业的分工，形成了人类历史上最初的社会经济结构。生产的产品增多，又产生了早期的产品交换，由此导致了原始公社制的解体和私有制的产生。工具是人类从事生产劳动的基本物质手段，是人类意志与自然物取得统一的中介，对人类的生存和进化、社会的形成和发展有着极为重要的作用，一部工具的进化史，可以很好地反映人类从事生产活动的历史和社会变革的历史。

### 三 火的利用

目前，人类最早用火的遗迹是在北京郊外的周口店山洞中发现的，距今50万—60万年。

瑞典地质学家安德松（Anddersson, Johan Gunnar 1874—1960）在担任中华民国农商部地质调查所顾问时，开始对中国各地进行资源调查。1918年在周口店附近的山洞中发现了各种动物骨化石，瑞典乌普萨拉大学非常重视这一发现，派出奥地利古生物学家日丹斯基（Zdansky, Otto 1894—1988）于1926年对周口店附近的山洞进行挖掘，在大量动物化石中发现了两颗古人齿化石。这一发现在世界

---

① K. P. オークリー：《石器時代の技術》，国分，木村訳．ニューサイエンス社1971年版，第33页。

上引起了很大的轰动，洛克菲勒财团资助了这一挖掘。1927 年，发现了第三颗古人类臼齿化石。1928 年后，年轻的中国考古学者杨钟健（1897—1979）、裴文中（1904—1982）等人参加了挖掘工作，又发现了多颗古人类臼齿化石和下颚骨化石。1929 年，主持发掘工作的加拿大古人类学家步达生（Black，Davidson 1884—1934）与裴文中等人在挖掘中，发现了完整的古人类头盖骨，后来又出土了 9 块头盖骨和 7 块大腿骨。遗憾的是，在抗日战争中这些珍贵的古人类化石在向美国转运的途中遗失。

在发现北京猿人化石的同时，还发现了大量烧焦的兽骨、灰烬及木炭，最厚的灰烬达 6 米，篝火在这里可能燃烧过很长的时间。这大量的灰烬和木炭，说明北京猿人不但懂得用火，而且还掌握了保存火的技术。野生动物是怕火的，原始人从怕火到接近火，学会用火，是经历了一个漫长的历史时期的。这一时期大体经过了四个阶段：接近火；玩火；短时或偶然用火；经常用火。人类经过多次接触火，了解到火的特性，进而学会了取火及保存火的技术。[①]

通过对北京猿人的遗物考证，可以知道北京猿人已经将火用来照明、取暖、烧制食物和防御野兽了。对西班牙安布洛纳峡谷遗迹进行考察的美国地质学家鲍威尔（Powell，John Wesley 1834—1902）认为，当时的猿人已经用火围捕野象，他们在峡谷中燃火，并用点着火的木棒追赶动物。[②]

古代的发火方式有两类，摩擦式及火花式。日本女子营养大学人类学实验室曾经对古代发火方式做了复原试验。结果表明，发火时间比人们预想的要快得多。摩擦发火的关键是要使摩擦产生的木粉振飞起来，这些木粉受高热在 10～40 秒内即可发火；火花式的关键是需要有干燥易燃的引火用的火绒，一般打击 1～2 下即可发火。火花式取火法可能起源于打制燧石，但其实际应用还在于火绒的发明。

古代人的发火技术一直流传到现在。南非布须曼（Bushman）的原住民用捻钻的方式大约在 1 分钟内即可发火。新几内亚的原住民用来回拉动一根绕在干树枝上的藤的方式，在 30 秒内即可发火。

人工取火和用火，是人类进化史上的重大技术事件，对于人类生活条件的改善和生存起了重要的作用。火既可以取暖，防御野兽，又可以烧煮食物，使人类祖先开始从生食向熟食过渡。熟食不但扩展了人类的食物范围，防止因细菌所致的各种疾病，还可以使人体吸收更多的营养，促进大脑及身体的发育。用火还可以烧制陶器，从而改善了食物加工和贮藏技术。正是由于火的使用，才使人类逐渐发现了某类石块（矿石）加热时会变软，会融化，由此导致了金属冶炼技术的产生，扩展了材料的选择和利用范围。

---

① 〔日〕岩城正夫：《原始技術史入門》，新生出版 1976 年版，第 26 页。
② 〔日〕寺田和夫、日高敏隆：《人類の創世紀》，講談社 1973 年版，第 207—209 页。

## 第二节 制陶、狩猎与农耕

### 一 制陶技术的起源

大约在新石器时代，人类发明了制造陶器的技术。

制陶技术没有单一的起源，距今 10000—8000 年，人类已经知道黄土烧制后会变硬，开始制造陶器。世界上许多地方，陶器可能是由于古人类在编制的木器或竹器上涂黏土想使之耐火而逐渐发明的，但这只是个推测，尚缺乏考古佐证材料。古代人最早的熟食方法是在用黏土涂抹的编织或木制的容器里倒入水，再放入烧热的石头，靠石头烫沸水将食物煮制。陶器出现后，才用火直接把水烧开煮制食物。

图 1—7　制陶（古埃及，B. C. 2500）

最初，陶器是用手工捏制成型的，为了在干燥和烧制时不至于干裂，在黏土中渗入沙子或细石粒。为保持形状不变，也渗入植物纤维，成型干燥后再煅烧。早期的陶器是露天煅烧的，温度为 600℃ ~ 800℃，陶坯受热不匀且不易烧透，烧成的陶器表面呈红褐、灰褐、黑褐等不同颜色。

公元前 4000 年左右在现伊朗地区出现了圆筒形陶窑。陶窑是制陶技术的一项重大发明，在陶窑中陶器与火是分开的，这样既可以节约燃料，又可以使热量集中获得高温，还有助于大量生产。窑中的烧制温度已达 1000℃ 左右，由于火力均匀，陶器颜色较为一致，有较强的硬度和耐水性。最早的陶窑是竖直形的，后来出现了陶坯受热均匀、烧制质量容易控制的水平窑。公元前 4000 年左右，中近东已经出现在陶器表面施釉的技术。

图 1—8　陶轮（古埃及，
B. C. 1800）

大约在公元前 3500 年，古人类发明了陶轮。现存最古老的陶轮是 1930 年在苏美尔的乌尔出土的一个陶窑遗迹中发现的，是公元前 3250 ± 250 年左右的，用黏土制作，为了增大转动惯量，圆盘很厚，有一定重量，在轴承处还涂有沥青，可见古人类已经知道在旋转部分使用润滑油脂了。这种陶轮的使用，提高了制造圆形陶器的效率，制成品外形也较为统一。其后在埃及（B. C. 3000）、印度（B. C. 2500）、古希腊（B. C. 1800）、罗马（B. C. 750）均使用陶轮制造陶器。公元前 2000 年左右，中近东出现了脚踏式陶轮。公元前 700 年左右，快轮制陶法已相当普及。烧制成的陶器虽然有较好的耐水性和耐火性，但是较为笨重且容易破碎，不便移动。

制陶最初是女人的工作，后来由于陶窑及旋转陶轮的发明，要求的技术熟练程度更高了，由此产生了专门从事陶器生产的工匠，制陶成为具有专门技艺的男人的工作。在公元前 2000 年左右，出现了专营制陶的作坊。

中国在 1 万年前即开始制作灰褐色的粗制陶器，公元前 2000 年左右已经用陶窑生产陶器，公元前 1700 年左右使用了陶轮，商代最早使用了釉。出土的青釉陶器用高岭土制坯，经 1200℃ 高温焙烧而成，表面施釉，吸水性低，质地坚硬，其胎质和釉的化学成分同宋、明的瓷器十分相近，已属于原始的青瓷器。

图 1—9　陶鬶（龙山文化）

陶器的发明和使用对原始村落的形成和定居的农业生活，起了促进作用，使古人类除烧烤食物外还增加了蒸煮的方法，扩展了食物加工方式，而且，陶制容器可以贮存粮食和水，这正是定居生活必备的器具。陶制工具如纺轮、陶刀之类也被发明出来。

## 二　狩猎技术

原始人类最早是以狩猎、采集、捕捞为生的。在北京猿人化石出土的同时，还出土了大量的鹿骨、马骨、猪骨、牛骨、象骨等动物化石，北京猿人可能已经食用各种动物了。

古人类在长期的渔猎生活中，发明了各种工具和方法。这些工具大体可以分为以打击为主的棍棒、标枪、投石器以及抛掷用的石块、飞棒、石弹等；以刺杀为主的石刀、矛、鱼叉、弓箭、钓钩等；围捕用的围栏、陷阱、绞索、套索、流星锤、暗套、套绳、投绳以及网捕用的围网等三类，材质包括木材、兽骨、石材、植物纤维等。捕鱼用的鱼叉和钓钩都开有倒刺。木矛、木棒是当时使用最为普遍的武器，也是最早的工具。到了中石器时代，古人类发明了带石制枪头的木矛及

图1—10 狩猎（古埃及，B.C.1400）

投枪器，这种投枪器投射距离可达数十米，是人手直接投射距离的两倍。此外还发明了甩球。甩球大约在旧石器中期就开始使用，这种工具是用绳拴住石球，投出后石球缠绕在动物或鸟的脚或颈上而将之捕获。澳大利亚、古埃及和非洲原住民还发明了一种可以旋转飞行的所谓回转飞镖（也称飞去来器，boomerang），甩出后若击不中猎物还会返回。这种飞镖大约在1万年前即开始使用，澳大利亚原住民没有发明弓箭，回转飞镖是他们的主要狩猎工具。古人类在投掷方面已达到相当高的准确度，在旧石器晚期还出现了投石器，它可以将石弹投得更远。

弓箭是旧石器后期发明的，在法国、西班牙和北非的一些旧石器时代的岩洞墙壁上，画有人持弓箭围猎的图画。弓箭大约到中石器及新石器初期才广泛流行起来，目前最古老的弓箭是在丹麦霍尔姆加德出土的，属于中石器时代，是一种榆木制成的圆木弓，长约140厘米，箭有1米多长，箭头上安有石制的箭镞，尾部捆有羽毛以使箭飞行稳定。简单的弓是用有一定弹性的木材或动物角制成的，后来为了增加弓的弹力开始用动物筋键黏合作为弓的背衬，长度为1～2米。弓弦则用兽皮、植物纤维、动物筋腱制成，并在弓上开口供瞄准用，此外为提高杀伤效果还发明了毒箭。进入新石器时代后，箭镞是磨制的，形式亦多样化，有的骨制箭镞还磨制出倒钩。

东南亚、印度尼西亚及中美洲的一些原住民发明了"吹箭"，这是一种利用人的肺活量作为推进动力的发射武器。箭很轻，长30厘米左右，箭头带毒，箭尾有绒毛制的髓托以防止吹射时空气泄漏，吹筒一般采用茎腔较长的植物茎如芦苇类的茎，制作精巧，长为2～4米，在50米内命中率很高。

弓箭的发明是人类长期智慧积累的结晶，这已经是一种复合性武器，包含很明显的力学原理和材料学知识，成为现代射远武器的先驱。恩格斯指出："弓箭对于蒙昧时代，正如

图1—11 围捕野兽（旧石器晚期）

铁剑对于野蛮时代和火器对于文明时代一样，乃是决定性的武器。"[1]

弓箭的发明，使人类从大型集团性狩猎转向小型狩猎活动，猎捕的动物大为增多，而且人也不必再与动物直接接触捕杀，提高了狩猎的安全性。

### 三　农耕、畜牧的起源

大约距今 1 万年前，由于弓箭、套网、陷阱等狩猎技术的发明，一些草食动物的驯化，以及农具加工技术的进步，一些部族开始从狩猎生活向畜牧生活过渡，从采集生活向农耕生活过渡。农业作为主要经济活动手段并在社会经济结构中占主导的历史，即农业社会，经历了原始公社制后期、奴隶制及封建制三个阶段。如果从生产工具的材料上划分，则经历了石器、青铜器、铁器三个阶段，在这漫长的人类历史中，生产力水平乃至技术的进步一直是缓慢的，甚至经历了若干次的迂回倒退。

目前发现最早反映农耕畜牧的遗迹，是位于西亚"肥沃新月形"地区附近的一些山麓地带。在公元前 6500 年左右的查尔莫（现伊拉克境内）遗迹中，出土了原始大麦和小麦的种子以及用黑曜石和燧石制作的石锤、石锹、石皿、石杵等工具。还发现了大量山羊、绵羊、狗等家畜以及尚未驯化的猪、牛、马等动物遗迹。在伊朗、土耳其、叙利亚的一些公元前 7000 年左右的遗迹中，出土了单粒及双粒小麦栽培品种，由此可以断定，西亚已经开始从采集向农耕、从狩猎向畜牧转变。

图 1—12　犁地和锄地（古埃及，B. C. 1900）

农耕的起源是单源还是多源即农耕是由一个地区发生后传至世界各地，还是在多个地区各自独立地出现而后传向各地，目前争论不一。美国的农史学家索尔（Sauer，Carl Ortwin 1889—1975）在 20 世纪 50 年代提出单源论观点，他认为东南亚的根栽农耕是世界历史上出现最早的，农耕是由东南亚向西亚、东亚传播开来的。

日本的中尾佐助（1916—1993）根据对不同地区作物品种、栽培技术、作物加工方式、食用方法的研究，提出了农耕起源的多源说。他认为，农耕各自独立

---

① ［德］恩格斯：《家庭、私有制和国家的起源》，载《马克思恩格斯选集》第 4 卷，人民出版社 1972 年版，第 19 页。

图1—13　桔槔灌溉（古埃及，B. C. 1500）

地发源于四个地区：发源于东南亚的根栽农耕文化，发源于非洲及印度的热带干草原农耕文化，发源于地中海气候地区的地中海农耕文化，发源于中南美洲的新大陆农耕文化。其中最古老的是东南亚根栽农耕文化，以芋头、香蕉、甘蔗等为主要栽培作物。①

农耕是由于人类早期长期采集野生植物而发展起来的。最古老的栽培植物有稻、麦、粟、稷、高粱、玉蜀黍、白菜、棉、麻、茶等，这在距今四五千年前的许多古人类文化遗迹中已有大量发现。作为蔬菜的油菜、莴苣的栽培历史也是相当久远的，在古埃及、古希腊时期都是主要的蔬菜。菠菜原产于土耳其、波斯一带，是由野生种培育而来的。胡萝卜产自地中海，在新石器时代已有栽培。在古埃及第四王国之前，橄榄油已成为中东及埃及的主要食用油。中国的黄豆、印度的绿豆、欧洲的蚕豆及豌豆均是在新石器时代成为栽培作物。粮食作物的单粒小麦（二倍体，2组7条染色体）在西亚于公元前7000年前即被栽培成功，其后很快传入埃及和欧洲，二粒小麦（四倍体，4组7条染色体）和大麦于公元前5000年在美索不达米亚②北部耶莫新石器时代被栽培成功。在新石器时代中后期，黑麦、燕麦、荞麦类在西亚、南欧被栽培成功，这类作物大多是由一些生长条件要求不高的田间野草发展而来的。公元前5000年后西亚的农耕文化传至巴尔干半岛，1000年后传至多瑙河、莱茵河流域；公元前3000年，传至不列颠、俄罗斯草原。

公元前6000—前5000年，中国北方从分布于黄河流域的狗尾草培育出粟，即谷子，从分布于华北与西北的野糜子培育出黍，中国南方长江流域的河姆渡遗迹中，出土了稻谷遗迹及石斧、骨耜。西周时已种植黍、稷、麦、菽、稻等粮食作物以及瓜果。

亚麻在公元前3000年的巴比伦、古埃及被栽培，早期主要是为了榨油，后成为当地的重要纺织原料。而大麻是中国人的重要纤维来源，公元前5000年已被栽培，起源于印度的棉花在公元前5世纪后传入地中海地区。各种作物的栽培成功，促进了农业的发展和人类定居生活的稳定，而且随着农业的发展，各种专用农具也开始出现。美索不达米亚成为中东重要的农业区，苏美尔和后来的巴比伦都开始修建常年的农业灌溉工程。

---

① ［日］中尾佐助：《栽培作物と農耕の起源》，岩波书店1966年版，第17页。
② 古希腊人将两河流域称作美索不达米亚，也称"新月形肥沃地带。"

　　由于农作物有一定的生长期，使从事农耕的人与土地密切结合，适于定居生活的村落由此形成。农业的收获量较为稳定，人的劳动开始有了初步的分工，并有了一定的闲暇时间，家庭副业、家禽的饲养成为农耕生活的重要补充。畜力的使用主要也是农耕文化的产物，从事农耕的民族也少量饲养牲畜，将畜牧业作为农业生产的副业，为农业生产提供畜力，为农村生活提供肉食。

　　畜牧大约是与农耕在同一时期产生的。对畜牧的起源有宗教起源说以及经济要求说两类，其实在畜牧业的兴起中，宗教因素与经济因素都是存在的，其中主要是为了得到肉、皮、蛋、毛的经济因素。专门从事畜牧业的民族或部落形成了游牧民族，他们拥有一群牲畜，为寻求草地和水源而到处奔波，由于他们远离人群，在文明开化方面落后于从事农业的民族或部落，他们经常用牲畜与农耕民族进行粮食及各种生活日用品、工具的交换。

　　大约在公元前 1.2 万年，狗最早被驯化，主要是帮助打猎，看守家园。而后是群生性的有蹄类动物得到驯化。

　　公元前 8000 年左右，在西亚沙漠绿洲地区，当天气干旱时草地会缩小，人和生活在绿洲的野羊因食料减少而向绿洲中心地区集中，这时人们就可以捕捉集中在绿洲的羊群，在围猎中也经常将整群的羊捉住，进行喂养，以供随时食用和供宗教仪式作为牺牲。绵羊和山羊在西亚的扎格洛

图1—14　动物驯化（古埃及，B.C.2500）

斯山脉一带被驯化，驯化后的羊发生了很大的变异，母绵羊不再长角，皮毛变细，山羊角由镰状变为螺旋状。牛在公元前 9000—前 8000 年在现土耳其地区被驯化；公元前 8000—前 7000 年，水牛在中国南方被驯化。在古代东方的农耕部落中，牛既是农业生产的重要畜力，在举行宗教仪式时要用牛作为供品，一些从事农耕的部落逐渐发展成以养牛为主的农牧民。

　　猪大约是在 7000 年前在中国和西亚被驯化的，马和骆驼被驯化的时间较晚，马是在公元前 3000 年左右在中亚的草原上被驯化的，双峰骆驼和单峰骆驼都是在公元前 1000 年左右分别在亚洲中部和阿拉伯地区被驯化的。中美洲印第安人驯化了火鸡，南美洲印第安人驯化了羊驼。美洲本来有各种动物，但绝大部分被印第安人猎杀灭绝。[①]

　　这样，这些草食动物依靠人采集食料（草类）而生存，而人则依靠这些动物

---

　　① ［日］梅卓忠夫：《狩獵と遊牧の世界》，講談社 1976 年版，第 140 页。

协助运输，还可以以这些动物的肉和乳作为食物维持生存，这就形成了家畜与人的共生关系。从整群地喂养到整群地放牧，游牧民族（部落）由此而形成。

人类经过漫长的以采集、狩猎、捕捞为主要经济活动手段的原始社会后，逐渐过渡到以农耕畜牧为主要经济活动手段的农业社会。

### 四    印第安的贡献①

4万—5万年前，美洲就有人居住。这些人大部分来自亚洲东北部的蒙古利亚部落，小部分来自南太平洋岛屿上的人如波利尼西亚人。迄今为止，在美洲还没发现类人猿、其他灵长目动物以及猿人或直立人的化石，出土的古人类化石都是生活于距今4万—2.5万年的智人的。

最早进入美洲的人经过几万年的迁徙，到了1.2万年前，处于旧石器时代的原始美洲人已遍布美洲大陆各地。当意大利航海家哥伦布（Columbus, Christopher 1451—1506）发现美洲时，全美印第安人数为1500万～2500万人，由于地广人稀，部族繁多，各部落间在人种形态、语言及生活方式上有很大差异。印第安人对人类的贡献有两方面，其一是对美洲的早期开发，这为后来的殖民者的进一步开发提供了条件；其二也是最为重要的是其农业成就对人类的贡献。

人类进入文明时代的基础是农业，或者说只有农业才能给人类提供稳定的食物来源。公元前8000年前，秘鲁沿海一带的印第安人即发展了最早的农业，到公元前3000年，美洲大部分地区均开始了农业生产。值得注意的是，印第安人没有驯化成可用于农耕的牲畜，也未使用金属农具和车轮，他们的农业生产活动是十分原始的。然而，他们在漫长的时间里，独自培育出大量农作物、蔬菜和瓜果。

公元前6700—前5000年，印第安人已经栽培西葫芦、鳄梨；公元前5000—前3400年，印第安人开始栽培辣椒、苋菜、菜豆、南瓜，并将玉米培育成农作物。玉米可能起源于大刍草（Zeamexicana）或马加草（Tripsacum），后来发展出20多个玉米品种。16世纪，玉米从西印度群岛、墨西哥和秘鲁传入南欧，后由意大利传入西亚和北欧。玉米传入南欧后起初仅作为观赏植物栽培，后来才成为农作物。葡萄牙航海家麦哲伦（Magellan, Ferdinand 1480—1521）将玉米传入菲律宾，后由菲律宾传入中国。

此外，马铃薯、甘薯、木薯、山药均是印第安人培育成功的。马铃薯在南美洲西部的安第斯山区的秘鲁、玻利维亚已有2000多年的栽种历史，1570年前引入西班牙，后传至英格兰、爱尔兰，16世纪后传至德国、意大利。甘薯则是在16世纪前传入欧洲的。玉米传至欧亚后，成为一种耐旱，可在丘陵、山地种植的环

---

①  印第安（Inaians）一词是哥伦布发现新大陆时，误将新大陆当成印度，对其上的原住民称作印第安（西班牙语 indios），即印度人。我国在翻译中将印第安之后又加上个"人"字，为遵从习惯，本书有时也使用"印第安人"。

境适应性极强、产量很高的粮
食作物，而高产的薯类又成为
人类食物的重要补充。

　　在豆类作物方面，如豇豆、
芸豆、赤豆、菜豆以及许多种豆
角均是印第安人培育成功的。花
生、向日葵、菠萝、草莓、可
可、番茄、黄瓜也是印第安人培
育成功的。

　　在经济作物方面，印第安
人培育的橡胶树对人类的贡献

图1—15　阿兹台克大金字塔

和现代社会的发展更是无法估量。印第安人3000多年前即开始栽种棉花，美洲棉
在英国产业革命时期几乎是英国棉纺织业的主要原材料，为此美国南部的棉花种
植园得到迅速发展，导致大量非洲黑人被当作奴隶贩卖到美国种植棉花。

　　烟草是印第安人作为药材培育栽种的，巴西人称为 tabaco。1558 年传至西班
牙，1565 年后传入英格兰及南欧，1575 年西班牙人将烟草带至菲律宾。烟草传入
欧洲后最早也是作为药物使用的，但不久后即成为一种易令人上瘾的嗜好品。

　　有人统计，现在世界上可以作为食品的农作物一半以上出自印第安人的手。[1]
由于高产的玉米、薯类被引入旧大陆，在很大程度上解决了人口增长问题。现代
人类经几万年的繁衍，到 16 世纪全世界人口仅为 5 亿人左右。17 世纪以来人口
的剧增，除了科学技术进步的贡献外，来自美洲大陆的各种农产品的贡献是十分
巨大的，而且，这些农产品极大地丰富了人们的饮食品种和结构，更极大地丰富
了人们的饮食营养。

## 第三节　金属的使用

### 一　青铜器

　　在漫长的石器时代，制造工具的材料主要是石材，但缝针、鱼钩和一些细小
的装饰器物多使用兽骨以及金、银、铜等天然金属。这些金属与岩石的一个重要
区别，就是具有延展性。人类使用金属是文明的一个新形态，几乎世界各古代民
族在使用金属方面，都是先使用铜，后来才使用铁。古代人最早使用的是自然铜，
用于加工各种器物，但是由于其质地过软还不可能用于工具和武器制造方面，而

---

　　① ［美］M. 汉弗莱：《美洲史》第一章 "没有上帝的美洲"，王笑东译，民主与建设出版社 2003 年
版。

图1—16 铜制嵌板（美索不达米亚，B. C. 3000前）

能够用于工具、武器制造，熔点又低的是铜锡合金，即青铜。

人类早期使用的天然金属，是作为一般岩石块来加工石器用的。随着用火技术的进步以及陶器技术的发展，发现了金属的热塑性并发明了用矿石冶炼金属的技术。公元前3500年左右，苏美尔人已经掌握了冶炼铜的技术，并铸成各种器物。不久后即掌握了将铜和锡混合熔化以得到比纯铜更为坚硬的青铜的技术。公元前3000年左右，苏美尔人已经掌握了金、银、铅、铜、锑、青铜等熔点较低的金属的冶炼技术。一般认为，西方的冶炼技术起源于中亚，再由中亚向中欧、北欧、西欧及东方传开的。

表1—1　　　　　　　　　　采矿、冶金技术的早期发展

| 时间 | 石器时代—B. C. 3500 | 埃及前王朝时代（B. C. 3500—B. C. 3000） | 金属器时代（I）（B. C. 3000—B. C. 2200） | 金属器时代（II）（B. C. 2200—B. C. 1200） | 铁器时代早期（B. C. 1200—B. C. 500） | 铁器时代后期（B. C. 500—50） |
|---|---|---|---|---|---|---|
| 采矿技术 | 露天作业，后发展成圆锥形矿坑、斜井及竖井，出现坑道 | 带坑道的正方形及圆形竖井，采用矿井换气技术，使用支柱、铜制工具 | 对露头矿进行有组织采掘，有台阶的竖井，掩埋旧坑道 | 带支柱的竖井，手工排水，宽形坑道，铜制工具普及 | 设立排水坑，大规模采矿使用铁制工具 | 用机械排水，矿石运输用车，矿井换气 |
| 冶金技术 | | 锻造、熔融、铸造、氧化铜矿石还原制取铜 | 用方铅矿制银，自然通风进行氧化还原，用磁铁矿制取可锻铁，出现铅、锑、锡、铜合金 | 低型竖炉，风箱鼓风，熔烧硫化矿普及 | 锻铁经表面硬化制造钢，淬火、回火 | 用铜及异极矿制黄铜，高型竖炉 |
| 矿石岩石 | 开采燧石、黑曜石、花岗岩、闪绿岩、石灰岩、自然金属块等 | 石膏，大理石，盐岩，自然金属（金、银、陨铁、铜），露头铜矿 | 氧化铜矿，碳酸铜矿，方铅矿，锡石 | 含金石英矿脉，硫化铜矿 | 氧化铁矿（褐铁矿、红铁矿） | 磁铁矿，菱铁矿，黄铁矿 |

资料来源：（1）[英]辛格等：《技术史》第1卷，王前等译，上海科技教育出版社2004年版。

（2）[英]泰利柯特：《世界冶金史》，华觉明、周曾雄译，科学技术文献出版社1986年版。

铜是人类使用最早的金属，在这同时或在此之前，金、银等易熔易加工的金属也已经使用，但其用途没有铜广泛。中近东一带，自然铜很快枯竭，在铜的冶炼中最早使用的是埋藏较浅且易于用木炭加热还原为金属的赤铜矿石、蓝铜矿石，

之后则使用了埋藏较深而分布很广的黄铜矿石、辉铜矿石以及铜与铁、锑、砷等金属或非金属混合的矿石。

从出土的公元前3500年左右的美索不达米亚遗迹中，可知当时已经用铸造方法制造铜器。最早使用的铸模是一种开放型的，后来使用了石制铸模、烧结的黏土铸模以及复合铸模。在铸造艺术品及装饰品等精细铸件时，使用了"失蜡铸造法"。据考古发掘可知，至少在公元前3000年左右，已经有了青铜制品，到公元前2000年左右古埃及已经广泛使用青铜。整体来看，人类早期在使用纯铜的同时还使用铜与锡、铅、锑、砷、锌等金属的合金，美索不达米亚地区出土的早期青铜器大部分是铅青铜或锑青铜。而人为地控制铜、锡含量，用纯铜和纯锡制造青铜的技术，则是冶炼技术已相当成熟后的事。由于青铜的熔点较低、铸造性能好、冷却后质地较硬，因此除了用青铜制作饰物及祭器外，还广泛用于兵器制造。

图1—17 铸造青铜门（古埃及，B. C. 1500）

## 二 铁器

西亚在公元前3000年左右即已经熔融炼铁，但是真正意义上的铁器时代，开始于公元前1200年左右。铁矿分布较广，铁器造价比青铜器要低，可以用来制造一般的生产工具。当时，欧洲及近东地区是使用熔炼青铜的木炭炉冶炼铁矿石的，由于达不到铁完全熔化的温度，因此炼成的铁是一种有气孔的海绵状的"块炼铁"，这是一种铁的糊状小颗粒与矿渣混杂在一起的块状铁，将这种块状铁经过多次加热锻打，可以将矿渣打出，剩下的部分成为可锻铁（熟铁）。

出土最早的铁制品，是用陨铁加工制造的，已发现古埃及第四王朝到第十二王朝的陨铁制品。陨铁中含有锰，加工出来的铁制品有较强的硬度，其性质有点像锰钢。这种陨铁用当时冶炼铜及青铜的炉子是无法处理的，出土的大部分早期铁制品，都是用处理石块的方法，将陨铁破碎成小块，再加工成指轮、护符和各种动物模型的。目前，还没有发现这种陨铁的加工与后来铁的冶炼有什么联系。

公元前1400—前1200年，中亚的赫悌人已经掌握了用矿石炼铁以及用渗碳法加工锻铁使之表面钢化的技术。后来这一技术向中近东传播，公元前1200—前

1000 年，小亚细亚周围已经开始用矿石炼铁和在锻铁表面渗碳制造钢。

为了将锻铁变成钢，首先使锻铁与木炭接触并反复加热、锤击以使表面渗碳，然后淬火，迅速冷却以保持钢在红热时的金相结构，最后还要回火，将之缓慢冷却使内部结构均匀，以保持钢的韧性。加热的温度、淬火的方法和速度、回火的时间和温度左右着这一技术的成败与否。

在欧洲，这一技术是从南意大利向博洛尼亚（又译波伦亚，Bologna）周围的翁布利亚（Umbria）传播的。古埃及在公元前900—前700年掌握了渗碳、淬火技术，罗马时代开始认识到回火的作用，并对回火进行了各种试验。

腓尼基人将冶铁技术带到了巴勒斯坦，这里出土了公元前1180年左右的铁制工具及熔铁炉。在美索不达米亚，随着亚述王尼努尔特二世（Tukulrti-Ninurta Ⅱ B. C. 889—B. C. 884 在位）登基而进入了铁器时代。到萨尔贡二世（Sargon Ⅱ B. C. 722—B. C. 706 在位）时期，已经开始大规模用铁。但据史料记载，这里并不炼铁，而是从北叙利亚和小亚细亚购买铁坯运到这里加工成工具和武器的。

在早期，由于铁的熔炼加工比青铜复杂、困难得多，而且制得的是可锻铁（熟铁），质地比青铜要软，因此用途有限，主要用于制造装饰品。青铜虽然也在兵器及工具制造方面有一定的应用，但由于社会生产力水平低下，社会需求有限，大部分还是用来制造各种装饰品，特别是各种祭祀用品，当时主要的生产工具还是石器，至多也是"金石并用"。到了铁器时代，由于渗碳、淬火、回火工艺的进步，铁制武器和工具的强度、硬度和韧度方面都远比青铜器、石器优越，铁很快即取代了青铜和石材，成为武器和工具生产的主要材料。铁制的大斧成为砍伐森林的重要工具，铁制的犁、锄、镐对农业生产的提高起了很大的作用。

## 第四节　手工业技术

### 一　纺织

人类最早的衣物是用兽皮制作的，后来才使用树的韧皮、棉麻等天然纤维以及牛羊等动物毛纺织成的布料制作衣服。现存最古老的纺织物是在埃及的法尤姆（El Faiyum）及拜达里（El Badri）两处公元前5000年的遗迹中出土的，是一种亚麻平织物。在北欧还出土了公元前2500年左右的平纹亚麻织品。公元前3000年，埃及、美索不达米亚、巴勒斯坦一带主要使用亚麻，印度则使用当地出产的一种木棉为纺织材料。公元前1000年左右，印度已经有了栽培

图 1—18　立式亚麻织机（古埃及，
B. C. 1900）

种的棉花，美洲大陆大约在公元前 3000 年就培育出栽培种的棉花。

印度棉花在成书于公元前 425 年希罗多托斯（Herodotos B. C. 484—B. C. 425）的《历史》（Historial）及普林尼（Plinius 23—79）的《自然史》（Naturalis historia）中均有记载。羊皮及羊毛在古埃及被认为是不洁之物，羊毛织物最早在公元前 1000 年出现在斯堪的纳维亚，后传至希腊、罗马。同一时期，亚麻传至中欧，后来传至希腊和罗马。

纺纱是将抽出的纤维并合成纱线的过程。最早的纱线是手工搓捻成的，将纤维抽出并捻成丝的方法经历了不用工具的纺纱（线）法（手捻法）及使用纺锤（锭子）的纺纱（线）法两个阶段。在欧洲后一种方法一直延续到 13 世纪。纺纱的纤维主要是麻、兽毛特别是羊毛及棉花。纺纱时，纱线被拉出后缠绕在一个可以旋转的纺锤上，纺锤只是一个小棒，为保持旋转的动量，其下还有一个石制或陶制的锭盘，为了加强纱线的强度，有时还要将 2~3 根纱线搅和在一起。

图 1—19　纺纱（古埃及，B. C. 1900）

最早的织布方法是在立木与织布者腰间，或横木与屋梁或两个横木间张拉经纱，用手工编织纬纱。到公元前 3000 年左右在古埃及出现立式亚麻织机，公元前 1900 年左右在古埃及开始使用将两根横木上下安置以张拉经纱的立式织机。与这两种织机类似的织机在一些游牧民族中现在也还在使用。公元前 2500 年左右，巴勒斯坦和古希腊使用一种用重锤张拉经纱的织机，但没有留传下来。

近代工场手工业作坊出现以前，纺纱织布一直是家庭副业，是专门由妇女们从事的工作。在公元前 500 年左右，埃及的亚麻布、印度的棉布和中国的丝绸，古希腊、罗马的呢绒已达到相当精美的织造水平。西罗马灭亡后，罗马人开创的高水平的呢绒织造技术在欧洲开始衰退，但是在拜占庭帝国保持了下来。

波斯由于其所处的有利地理位置，成为东方的中国、东南方的印度与西南方的拜占庭之间的贸易中心，而东西方的纺织品是其主要贸易物资。

中国自汉代开辟了到达中亚的"丝绸之路"后,[①] 这条贸易通路将中国的丝绸及瓷器等源源不断地运向中亚、近东及欧洲。唐朝后,中国经海上贸易向南亚及波斯输出了大量丝绸,这些丝绸对欧洲纺织业产生了巨大的影响。6 世纪中叶,印度僧人经由新疆把中国蚕种带到东罗马,此后欧洲也开始了养蚕和丝绸纺织。

## 二　制革

在旧石器时代,古人类已经使用动物的生皮,然而,什么时间在什么地方用什么方法将这种坚硬而易腐坏的生皮,变成柔软易保存的皮革,并不十分清楚。大概一开始是将兽皮干燥后用脂肪或动物脑进行鞣制使之柔软,这是后来制作鞣制皮革(羊、鹿等软皮)及抛光革方法的基础。另一种方法是将兽皮上的毛发去除后放于温暖湿润处使其表皮腐败,然后将表面的这层腐败层刮掉,只留用较软的真皮。

图 1—20　制革 (古埃及, B. C. 1450)

在旧石器时代的遗迹中,发现了用于剥兽皮用的骨刀和石刀,以及用油脂处理兽皮制成的皮革。生皮在湿润柔软的情况下,可以用硬的物体或湿沙子作为芯型,使之干燥后形成一定的形状,古代人运用皮革的这一性质制成了各种形状的革容器。在距今大约 6000 年的古埃及坟墓中,发现了用于加工革制容器的黏土芯型。用这种方法制成的革容器,干燥后很结实耐用,这种方法至今在苏丹、撒哈拉、埃塞俄比亚、印度等地方仍在使用。

在古代,除上述方法外还用熏制法保存皮革,熏制皮革的过程类似于中国南方民间熏制腊肉的过程,一直到现在,爱斯基摩人及北美印第安人也还采用熏制法保存皮革。

为了使皮革颜色变白,古人类很早就使用明矾鞣革漂白,现在已经发现许多古埃及王国时代的白色皮革。这种方法在亚述、巴比伦、腓尼基、印度也很流行。古希腊人用这种皮革制靴,罗马人则在许多方面使用这种皮革,出现了一批鞣革及制造革带、马具、盾牌、葡萄酒袋、水袋、皮鞋的工匠。随着各部落、城邦间战争频繁,皮革大量用来制作盾牌、刀剑护套以及弓弦及箭袋。西班牙在公元 8 世纪被阿拉伯人征服后,在本民族原有技术基础上又吸收了外来技术,发明了质量极为优秀的科尔多瓦革 (cordwain),并染成各种染色,在制成品上镶嵌金、银

---

① "丝绸之路"一词,系德国地理学家费迪南·冯·李希霍芬 (Ferdinand von Richthofen 1833—1905) 于 1870 年在《关于河南和陕西的报告》中创用的。

装饰。西班牙的皮件，特别是皮鞋在当时已名噪整个欧洲。

皮革在古代应用极为广泛，而且在人们的生产和生活中都有重要地位。在陶器发明使用前，已经使用生革成型的各种容器，此外还用革条编织衣物或用骨针缝制皮革衣服，用革纽带制成强韧的绳索。革制容器广泛用于狩猎、捕鱼、农业生产及日常生活中。到古希腊时代，用皮革制作衣服、鞋等日用品已相当普及，但主要是富人才用得起。古希腊的首领们都爱穿青色的皮外套，穷人穿的是木底皮鞋，而上流社会的妇女则穿一种用多层皮革制成的底厚达七八厘米的"高靴"。

无论是东方还是西方，人们几乎都在用皮革制作小船。使用这种船的历史相当久远，从新石器时代一直延续到铁器时代。

## 三　木工

木工技术是人类社会出现较早的一种技术，在近代以前，木结构是一切机械的基础。木工技术既是建筑中不可缺少的，也是人们日常生活（如家具）及生产（如木制农具）不可缺少的，它与石器技术、金属技术互相补充，成为人类早期社会的重要技术领域。

木材是人类最早用来制作工具的材料。一根木棒，既可以自卫又可以向野兽进攻，还可以用来挖掘地下植物块根，而且其加工是极为简单和容易的。木材的使用历史和人类的历史同样长久，直到今天还有着广泛的用途。然而，由于木材易腐，只有在极为特殊的情况下才能保存下来。根据考古发现可知，石器时代有大量证据可以间接证明木材曾被大量使用过，出土的旧石器时代早期的石器中，就有用于刮削木材的石制凹刃刮削器。许多旧石器时代中晚期的岩画中，画有弓

图 1—21　家具制造（古埃及，B. C. 1450）

箭、长矛、棍棒，进一步证明了木材使用历史的久远。最早的木器加工是使用石制工具如石斧、钝背利刃的石刀、石凿、石锛，许多石制工具钻有孔，以安装木柄。在斯堪的纳维亚、中近东出土了公元前 6000—前 5000 年的安有木柄的磨制刃口的石斧。中石器时代后开始用金属制作工具，特别是钢铁制造的木工工具，木材加工的效率和精度均有很大的提高。公元前 4000 年左右，古埃及的木工技术

已相当发达，木工工具亦十分精致，木工工匠的分工也已经出现。在埃及出土了公元前 8 世纪亚述的许多铁制木工工具，其中有锤、木钻、木锉、锯、扁铲等，大都安有木柄，在柄部还有铁制的圆箍。

公元前 6 世纪，古希腊已经广泛使用了木旋床。到罗马时期，出现了许多精美的木制家具和建筑装饰，木雕装饰十分普遍，木工工具更为复杂，分为专门从事建筑的建筑木工和从事室内装饰、家具制造的细木工，他们使用的工具也因工作性质不同而开始分化。

## 第五节　交通运输

### 一　轮与车

随着生产工具的进步，需要将猎物、农作物进行较远的移动，一开始是用人力背、扛、抬，而后则使用饲养的牲畜驮运。但在人类交通史上意义最大的是有轮车的发明，虽然在有轮车发明前已经使用了爬犁，但由于其受运行条件的限制应用并不广泛。

图 1—22　四轮战车（美索不达米亚，B. C. 2500）

图 1—23　车轮匠（古埃及，B. C. 1500）

最早的车轮是公元前 3500 年前在苏美尔出现的，而后向周围地区传播开来。各文明地区使用有轮车的大体年代是：中亚及印度河流域公元前 2500 年，古埃及、巴勒斯坦公元前 1600 年，古希腊公元前 1500 年，中国公元前 1300 年，北意大利公元前 1000 年，英国公元前 500 年。早期的有轮车，使用的是用实木制成的车轮，多采用三块木板拼装，再用一块木制横梁镶合，车前安有一根辕木，在辕木两边用两匹牲口驾驶。后来制造出各种形式的双轮车、四轮车以及作战用的战车。公元前 3000 年左右，亚述及叙利亚一带的四轮车，安装有用枝条编造的拱形车棚。车辆的牵引最早使用的是牛，苏美尔人最先使用了驴牵引的战车并发明了适合驴和后来驾马用的胸带。

公元前 2000 年左右，出现了有轮辐的车轮，500 余年后，用马牵引的战车在古埃及、古希腊罗马、中国一直作为一种重要的战争工具在使用。马车也是青铜时代的重要交通运输工具。公元前 800 年左右，在亚述、伊朗、中亚一带开始使用青铜制造的马嚼子。到罗马时代，驾马方式以及有轮辐的车轮和车轴都有了很大的进步，车轴润滑技术也已经相当普遍，马车的运输效率得到空前提高。用于运输旅客的是带有布棚或草棚的四轮马车，一天可行 100 多公里，农村货物运输普遍使用了双轮车。由于罗马时代给马掌安上了蹄铁，发展了骑术，出现了机动性极强的骑兵部队，因此马拉战车不再用于战争而仅用于仪式表演、竞赛以及军用物资的运输。

值得指出的是，当时的马车结构是单辕的，要用两匹马在单辕木两侧对称驾驶，这一类型无论在中国还是在西亚几乎是一致的。

中国的商朝在作战和狩猎中已经使用了马车，车型结构比较精巧，由车辕（单辕）、车舆和轭等部分构成，并形成了一定的制式。

## 二　船

人类最早使用的船主要有独木舟、芦苇舟两类。独木舟是用整段的粗圆木制成，或用整段树皮制成，芦苇舟则将若干束芦苇束捆扎成舟形而成。这些船体不大，载重量小，一般可供 1～2 人捕鱼或运输用。

公元前 2600 年左右，古埃及第四王朝的建筑木工开始制造木制帆船，这种船没有龙骨和骨架，而是仿

图 1—24　甲板河船（古埃及，B. C. 1900）

制芦苇船的形状，将木料用木栓联结，其上铺装木板作甲板，以增加船的强度。到中王朝时期（B. C. 2160—B. C. 1788），已经制造出可以装载 120 人的大型木帆船，这是自然力的最早利用。当时的帆船还要配备若干奴隶充当划桨手，这种船也称作桨帆船。后来帆船向多桅、多帆、高船首方向发展，为加强纵向强度还采用了龙骨结构，增强了航行和冲击风浪的能力。这一时期，这类大型船大都用于航海，而内陆船则要小得多。美索不达米亚一带最早的船是用充气皮革袋制成的筏子，人卧其上淌水过河。将多只皮筏用木框架连在一起制成的大型皮筏船，则可以用于大宗货物的运输。这一时期，还出现了一种用柳条编织的圆形船，这种

船用垂直相交的弯木条做骨架，其间用柳条编织，呈圆盔形，外部蒙上皮革，其直径可达13英尺，深7.5英尺，用短桨划水前进。这种船建造容易，结实而实用，在印度也出现过。在地中海上还出现一种由若干奴隶划动带支架长桨的单层甲板船（Galley），有的船还张挂若干风帆，这种船平时作运输用，战时则改装为战舰。

图1—25 埃及女王远征用帆船（B. C. 1500）

## 第六节 建筑

### 一 早期建筑

建筑技术因时期不同、民族不同、自然条件不同，在材料、形式、结构、技法上是各具特色的。但从整体上看，一般的房舍建筑在材料上不外乎土坯、石块、砖瓦、木材乃至各种植物茎叶，在房顶结构上则有平顶、人字顶、尖顶（圆形房屋）之分。

人类在以采集、狩猎为主要经济活动的时期，为了躲避水灾和防止野兽，多居住在山地，山洞、用岩石叠起的小屋以及用树枝、茅草搭起的窝棚，是人类最早的住宅。为了越冬，自旧石器时代出现了坑洞式的地下半地下建筑，其上放置木梁、茅草、树叶再用碎石、土覆盖。这类建筑遗迹在欧洲、俄罗斯均有发现。公元前6世纪，中近东及埃及早期王朝时期，主要是用木柱支撑植物编织物的类似遮蔽棚的建筑，其中有半卧地下的炉灶。埃及前王朝中期出现了设有木框架门的抹灰篱笆墙或泥墙的房屋，还有一种用芦苇编成的小屋，为增加强度在其外部抹了灰泥，后来还出现了用木柱支撑、用垂直木板做框架的木结构建筑。

农耕时代人类进入平原开始了定居生活，固定的房舍成为必不可少的生活设施。公元前 4000 年前，古埃及、苏美尔人的建筑一般用土坯叠成，呈长方形或圆形，平屋顶。公元 4000 年后出现了砖石结构及木结构房屋。

## 二　砖石建筑

古代各历史时期的宫殿建筑及宗教建筑代表了该时期建筑的最高成就。

公元前 3500 年前，在幼发拉底河和底格里斯河的两河流域即大量使用了黏土坯。黏土坯一般是将和好的黏性土壤用简单的木模成型后，靠晾晒使之干燥，多用于修建神庙，神庙外墙用颜料画成装饰图案。在苏美尔时期，神庙建筑外墙开始普遍采用碎石块拼成的马赛克，或涂上颜料，并开始用石膏制作各种建筑装饰件和构件。用窑将土坯烧制的砖在这一时期得到普及，砖除了作为墙用外，为了防潮和装饰还用于铺装地面。这一时期，建筑装饰也更为精细，不但采用各种颜色的石料制作马赛克，还大量使用铜制作建筑浮雕。在城市中，用砖砌圆拱、下铺石板建造成城市下水道。

到乌尔第三王朝时期，美索不达米亚出现了许多大型砖石建筑。乌尔的南姆神塔高 25 米，长 72 米，宽 54 米，外立面砖墙厚达 2.5 米，砖间用沥青作为黏合剂。砖是经高温烧制成的红砖，质地十分坚硬，而且砖的尺寸似乎已经标准化，约为 30 厘米 × 30 厘米 × 8 厘米，大型建筑采用了大跨度的拱，拱是由尺寸精确的扇形砖拼装而成的。由于美索不达米亚林木缺乏，建筑中木材用得很少。

图 1—26　亚述王宫（复原图，B.C. 9 世纪）

当时的砖墙十分坚固，一般厚达数米，亚述人的尼尼微都城城墙厚达 20 余米，建于碎石地基上。公元前 8 世纪，亚述人还修筑了一条向尼尼微供水的运河。该运河长 80 余公里，宽 20 余米，为了穿越山谷修筑了高架水渠，这一工程用了 200 多万块 50 厘米 × 50 厘米 × 65 厘米的石块。为防渗漏，河床铺有近半米厚的

图1—27　古埃及中王国时期底比斯城遗迹

由沙、石灰和碎石构成的混凝土，其上再铺装3厘米厚的沥青，沥青上面再用石板铺出1/81的坡度，以利于水的定向流动。

在古埃及，到前王朝后期开始用尺寸较小的约23厘米×11厘米×8厘米晒干的土坯作为建筑材料，墙的厚度在1米左右，与美索不达米亚的砖建筑不特意开设窗户不同，古埃及建筑开有较大的窗，而且使用大量的木材作为支柱和框架。到新王国时期，土坯体积变大，约为40厘米×20厘米×15厘米，墙体坐落在下凹的基础上。

第三王国时期，由于采石业的发展和石匠手艺的进步，石材成为永久性建筑（主要是公用建筑、墓室、王室）的主要材料。各王朝时期作为长老坟墓的金字塔都是用整齐的石块建造的，石材大多来自高地及尼罗河的悬崖峭壁，以花岗岩、石灰石为主。石材的开采并未使用金属工具，而是用玄武岩石锤、石镐，在切割岩石时还使用了磨料。埃及人的巨石建筑不太注重地基的建设，许多巨石建筑仅是用半米左右厚的沙土铺成。由于没有脚手架和起重设备，巨石是由石块铺成的坡道用人力拉上去的。金字塔有较为规则的结构，内部是直立至顶的梯形核心岩部分，其外是沿梯形斜面阶梯状的5~7层内饰部分，各层上角处用碎石填充，外饰用抛光的石灰石拼成。其中最大的金字塔是库法的金字塔，高146米，底边为233米见方的正方形，底边与东西、南北方向是一致的。此外，埃及的许多神庙也都是用石材建成的，已经有石雕柱头和精致的石雕装饰。

在公元前3000—前2000年，地中海东部地区以及爱琴岛的建筑则简单许多，一般为平屋顶的长方形建筑。公元前2000年后，出现了带彩釉的二三层建筑，墙体多采用下部用碎石，上部用晒制的土坯砌成，有纵立的木柱和木制横梁，长方形窗户嵌有玻璃以利于房屋的采光。

在中国古代，南方地区因潮湿多"巢居"，北方土质厚重且干旱多"穴居"。在河姆

图1—28　金字塔（古埃及）

渡遗址中，发现了木构件房屋的遗存，木结构建筑后来成为中国建筑的主要形式，卯榫结构、梁柱结构均在河姆渡文化时期就出现了。半坡遗址出土了石斧、石铲、石凿、石楔等建筑工具，其建筑形式可能是木架构与石洞、地穴、木骨泥墙相结合，形态因地势而异。

## 第七节　人类早期文明

### 一　美索不达米亚及埃及

人类早期文明是与定居的农业生产相联系的。农业生产为人类提供了较为稳定的生活条件，为满足人类的衣、食、住、行，手工业作为农业社会的一个附属行业而获得发展。制陶、纺织、金属工具的进步极大地改善了人类的生产和生活条件，提高了生产力，一个人的劳动成果除满足个人家庭需要外还有了剩余，也只有在这时，以无偿占有他人的剩余劳动为基础的阶级社会的出现才成为可能。

图1—29　摩尔根

美国民族学家、古人类学家摩尔根（Morgan，Lewis Henry 1818—1881）在《古代社会》一书中将人类早期社会分为七个时期：（1）低级蒙昧社会（始于人类幼稚时期）；（2）中级蒙昧社会（始于用火）；（3）高级蒙昧社会（始于弓箭发明）；（4）低级野蛮社会（始于制陶术发明）；（5）中级野蛮社会（始于动物饲养及作物栽培）；（6）高级野蛮社会（始于冶铁术发明和铁器使用）；（7）文明社会（始于文字的发明使用）。人类最早的文明社会发生在美索不达米亚和埃及，是西方文明的摇篮或发祥地。这里属于幼发拉底河、底格里斯河和尼罗河流域，阳光充足，气候温暖，土质肥沃，人类在这两个地区最早进入了定居的农业社会。

在幼发拉底河和底格里斯河之间的美索不达米亚（Mesopotamia，现伊拉克首都巴格达一带），是两河文明的中心，其北部以古亚述城为中心，称为西里西亚，简称亚述（Assyrian）；南部以巴比伦城为中心，称为巴比伦尼亚（Babylonia），意为"巴比伦的国土"。巴比伦尼亚又分为两个地区，南部靠近波斯湾口的地区为苏美尔（Sumer），苏美尔以北地区为讲闪米特语的阿卡德（Akkad），两地居民分别被称为苏美尔人和阿卡德人。两河流域目前发现的最早的古文明遗迹距今已有6000多年，美索不米亚是由许多以城市为中心的城邦组成，每个城邦都有自己的国王、领土和城镇。美索不达米亚文明最初就是由苏美尔人（Sumerian）创造出来的，公元前4000年前已经进入了青铜器时代，出现了城市。约公元前3300

图1—30 苏美尔象形文字泥土板
（B. C. 3500）

年，苏美尔人几乎和古埃及人同时发明了象形文字，苏美尔人用削尖的芦苇做笔，把文字刻在泥胚上，然后把泥胚烘干，成为泥板。由于象形文字在泥胚上雕刻困难，苏美尔人又发明了便于刻制的尖劈形文字，即楔形文字。

约公元前2411年，美索不达米亚一个名叫基什（Kish）城邦的宫廷里，一个讲苏美尔语的大臣推翻了国王，夺取了王位。他自称为萨尔贡（Sargon，意为真命天子），迅速吞并了周围各城邦，建立了以都城阿卡德命名的庞大帝国，进一步传播了苏美尔文化。

约公元前2000年，闪米特的一个分支阿摩利人（Amorite）入侵两河流域，摧毁了阿卡德人和苏美尔人建立的乌尔第三王朝（Ur–Nammu），公元前1894年，建立巴比伦第一王朝（Babilim Amurru），持续260年的古巴比伦王国由此开始。公元前18世纪左右，在巴比伦王国的第六任国王汉莫拉比（Hammurabi B. C. 1792—B. C. 1750）统治下，巴比伦王国得到空前发展。首都巴比伦的城市规模雄伟，城内建有精美的庙宇和豪华的宫殿，还有纵横交错的小巷和沿街而立的房屋。所有建筑皆以砖石为基础，四周建有城墙。王宫南部是马杜克神庙和高达90米的砖砌的金字塔形神庙，可能是圣经中记载的巴别通天塔原型。

图1—31 巴比伦古城遗迹

公元前2000年左右，亚述文明发源于两河上游一带，为了征战的需要，亚述帝国建立了庞大的军事体系，轻重步兵、骑兵、工兵、战车兵、弓弩手等诸兵种极为齐备，还配备有先进的攻城武器，曾是两河流域最强盛的军事帝国。

腓尼基（Phoenicia）文明也始于公元前2000年左右，它由一些城邦组成，著名的城邦如古代东方世界著名的海港推罗（黎巴嫩）、北非的海港迦太基（突尼斯）等。腓尼基人创立了腓尼基字母，擅长航海及商业贸易。在公元前5世纪初，腓尼基人已经组织了由60余艘船组成的船队，环绕非洲西海岸航行。

约公元前 2000 年，一支来自中亚贫瘠大草原的操雅利安语的赫梯人（Hittie），向西南挺进，在北临黑海、西临爱琴海、南临地中海的亚洲西南部的一个半岛安纳托利亚（Anatolia，又称小亚细亚或西亚美尼亚）定居下来。在公元前 18 至前 13 世纪，是赫梯王国兴盛时期，首都汉梯沙（Hattusas）建有宏伟的神庙和城堡，拥有一支擅于征战的强大军队。赫梯人多数从

图 1—32　亚述武士浮雕

事农业，种植小麦和大麦，也种植洋葱、豌豆、无花果、橄榄、葡萄和苹果。饲养牛、猪、绵羊和山羊。除农民外，还有木匠、陶工、建筑工、医生、裁缝和鞋匠等。赫梯人使用一种象形文字和楔形文字。赫梯文明对人类的最大贡献是发明了冶铁术，在公元前 1400 年左右最先进入铁器时代。他们冶铁用的铁矿石采自当地的矿山，铁矿石熔融后被加工成粗铁条，再精炼、锻造成各种工具和武器。但是铁器在当时仍属稀罕之物，大多数赫梯武器和铠甲还是用青铜制造的。赫梯人的冶铁术一直秘而不外传，直至公元前 1200 年左右，赫梯帝国经受一支海上民族侵略衰败之后，冶炼技术才迅速传向欧洲和中亚。

虽然公元前 3000 年左右，美索不达米亚最早进入了青铜器时代，但是埃及由于盛产一种质地较硬的铜，锡矿资源缺乏，因此青铜器的使用比美索不达米亚晚了 1000 余年。青铜器的使用使美索不达米亚取得了经济、文化上的繁荣，制砖、缝纫、宝石加工、冶金、刻印、制革、木工、造船、建筑等手工业极为发达，形成了许多城邦国家，并最早进入了奴隶制社会。

图 1—33　腓尼基船浮雕

图 1—34　古埃及象形文字

与苏美尔文明相并行发展的是埃及文明。公元前 5000 年左右，一支处于新石器时期的民族侵入上埃及，并向尼罗河三角洲推进。埃及王国有 4000 多年的历史，共经历了 31 个王朝，直至公元前 332 年亚历山大大帝（Alexander the great B. C. 356—B. C. 323）将埃及并入马其顿王国为止。

由于农业生产的需要以及从事敬神活动，在这两个地区数学和天文学最早发展起来。埃及最早采用了 10 进位制，到公元前 3000 年，算术和几何学已很发达，圆周率已精确到 3.16。古埃及人发明了象形文字，将文字书写在用尼罗河盛产的纸莎草茎制成的"纸草纸"上，① 纸草纸也叫莎草纸，简称纸草，大约是公元前 3000 年埃及人发明的，是最早用植物纤维制成的用于书写的纸，只不过其用料单一，不易推广。纸草纸与公元前 3 世纪希腊化时期在帕伽马（Pergamum）发明的羊皮纸（Parchment）一起，在埃及、西亚、欧洲一直流行到公元 8 世纪中国造纸术传入。后来出土过各种纸草文书，其中有很大一部分是各种《亡灵书》，这些《亡灵书》是用纸草彩色绘制的记载死者为获永生所必经的各种磨炼、审判、咒文以及到最后获得永生的画卷，大多是在公元前 3000 年至前 1000 年间的一些祭司和官吏的墓室中发现的，其中 1887 年在尼罗河中游克

图 1—35 《亡灵之卷》羊皮纸残片
（古埃及，B. C. 3000）

索斯西岸的墓室中发现的《亚尼的亡灵书》 （又译《亚尼的死者之书》，B. C. 1300—B. C. 1200）是众多《亡灵书》中保存最好的。1858 年，英国的埃及学者林德（Rhind ，Alexander Henry 1833—1863）购得从特贝废墟中出土的长 544 厘米、宽 33 厘米希克索斯王朝时期（B. C. 1650 年左右）书写的纸草文书，后称林德纸草（Rhind Papyrus）。"林德纸草"是有代表性的埃及最古老的数学文献，其内容涉及分数、方程式、比例、数列、面积和体积方面的例题。埃及的数学较注重实用，但缺乏严密证明和一般法则的发现。用巨石进行的金字塔建筑，即经过严格的数字计算和测量。在美索不达米亚，苏美尔人用削尖的芦苇将楔形文字刻在湿黏土板上，晒干后加以保存。创用了 60 进位制，并将圆周分为 360°，最早发现毕达哥拉斯定理。为了计算方便，制成记有乘法表、平方数表、立方数表、平方根表、立方根表以及等差级数、等比级数等的黏土板。

埃及和美索不达米亚很早就开始进行天文观测，发现了行星的运行。在历法

①　古埃及人将当时尼罗河下游盛产的一种称作纸莎草的植物茎，剥去外皮，再将白色的芯切片，交错放在木板上，反复敲打使其纤维绞合在一起，晾干后成为可供书写用的"纸草纸"。

上，美索不达米亚的巴比伦人以月球的变化为基础，制定了太阴历，一年 12 个月，6 个月每月 30 天，6 个月每月 29 天，每年 354 天。并首创"周期"，将七天作为一个周期，用金木水火土月日七个星球的名字来称呼这七天，① 他们还将一天分为 12 个小时，每小时分为 60 分钟，每分钟分为 60 秒。创立并发展了占星术，通过天文观测以调整太阴历与实际

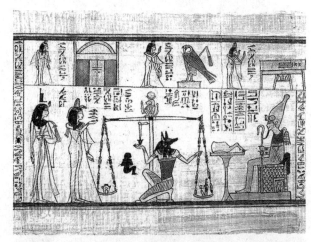

图1—36  亡灵书纸草卷（古埃及，B. C. 1300）

年、季节的误差，并能准确地计算出行星周期、日食出现时间等。埃及早在公元前 4200 年左右即根据尼罗河河水的泛滥与天狼星在日出前出现的关系，确立了太阳历。将一年定为泛滥、出禾、收获三季，每季 4 个月，每月 30 天，最后一个月加 5 天宗教日，一年共 365 天。

由于生产的发展以及王宫、神庙、坟墓的兴建，交通运输在这两个地区发展起来，船是这里最早使用的水上运输工具，修筑埃及金字塔的石材，就是用船从尼罗河上游运下来的。在公元前 3000 年左右，这两个地区同时使用了船桨。在埃及中王国时期，大型帆船有了很大发展，随着海上远征和海上贸易的进行，埃及的造船业到公元前 1500 年左右达极盛时期。美索不达米亚则最早发展出安有车轮的双轮及四轮车。

古埃及人和巴比伦人在公元前 3000 年就开始用大麦发酵酿酒，这是一种原始性的很混浊的啤酒，几乎在同一时期，埃及人掌握了制造葡萄酒的技术，并知道在葡萄汁的发酵过程中，要添加石灰或石膏，以降低葡萄酒的酸度。古埃及在医学上的成就比美索不达米亚远为卓越，从现存的公元前 2000 年左右的纸草文书可知，埃及人对内科及外科的多种疾病均作了描述，并提出了诊断和处方。

图1—37  带条播机的犁（巴比伦，B. C. 2000）

① 这一周期的命名流传甚为久远，直到 20 世纪 50 年代，中国还用"金木水火土月日"来称呼一周的七天。

### 二　克里特岛

古希腊文明导源于爱琴海上克里特岛的米诺斯文明（Minoan Civilization），米诺斯文明也是欧洲最早的古代文明。

图 1—38　克诺索斯王宫遗迹

大约公元前 7000 年，一支印欧语系的民族到此定居，他们饲养牛、羊、猪，种植小麦、大麦、豌豆，培育了葡萄、无花果、橄榄以及罂粟，驯养蜜蜂采蜜。农民耕地使用木犁，由一对驴或者牛拉犁。他们更擅长海上贸易，开辟了地中海东部特别是爱琴海的许多航线。

公元前 3100 年，受西亚和埃及文明的影响，克里特人利用当地产的锡和塞浦路斯的铜开始冶炼青铜，制造青铜器，使克里特岛逐渐进入了青铜器时代。公元前 1900 年，克里特出现了欧洲最早的以克诺索斯（Knossos）城为中心的奴隶制国家。这一时期以精美的彩陶著称，采用轮制法制陶，有些陶碗极薄，被称为"蛋壳陶"。

公元前 1700 年至公元前 1500 年是米诺斯文明的繁荣时期，克诺索斯城的米诺斯王朝不仅统治克里特岛，还包括爱琴海南部的基克拉泽斯群岛（Κυκλάδε）。约公元前 1700 年，克里特岛出现了一场动乱，此后不久就得到恢复，各王宫重建，进入了新王宫时期。

新王宫时期，克里特的城市已具有较大的规模，海运发达，与埃及、叙利亚等贸易来往频繁，希腊本土南部和爱琴海诸岛已并入米诺斯王朝版图，人口增加并修建了更大的宫殿。米诺斯王朝发展了城市文明，在克里特岛上建设了几十座城市，建有多处规模宏大的宫殿。米诺斯的城市由石子铺成的路连接，石子是用铜锯切成的，道路有排水系统。米诺斯的建筑通常为平顶的二三层楼房。

图 1—39　克诺索斯王宫仕女壁画

米诺斯王朝遍布各地的王宫以克诺索斯王宫最为豪华。克诺索斯城有 8 万人，加上海港共有 10 万人以上。克诺索斯城的主体，是建于约公元前 1600 年的克诺索斯王宫宫殿建筑群。宫殿群依山而建，规模巨大，高约 5 层，共有 1200 余间房屋。走廊和楼梯连接着庭院周边的各个房间。中央是一个东西 27.4 米，南北 51.8 米的长方形院子，王宫建筑精致小巧，宫室为多层楼房，主要寝室附有浴室、厕所等卫生设备。克里特岛气候温和，宫殿内厅堂柱廊布局开敞，富丽堂皇，墙壁绘有彩色绘画。克诺索斯王宫供排水工程完善，引水道长达 10 公里，自高山引来清泉，输水的陶管接缝严密。

图 1—40　克诺索斯宫殿的窖藏

米诺斯文明创造了自己的文字，包括象形文字和线形文字 A，但尚未能够解读成功。

约公元前 1500 年，在克诺索斯以北约 130 公里的桑托林火山爆发，这是人类历史上一次最猛烈的火山爆发，火山灰弥漫天空，覆盖了整个地中海东部地区，几乎在一瞬间，克里特岛上的城市被埋在几十米厚的火山灰下。公元前 1450 年克里特岛被迈锡尼人占据，至此米诺斯文明为迈锡尼文明所取代。

迈锡尼人是在公元前 2000 年左右迁徙至希腊的，到公元前 16 世纪他们的影响已经遍及希腊大陆，城堡和要塞建在小山上，周围建有约 5 米厚的城墙。迈锡尼人善战且注重海上贸易，很快控制了整个地中海区域的贸易。迈锡尼人继承了米诺斯人的线形文字 A，发展出线形文字 B。

大约在公元前 1100 年，迈锡尼被来自北方的游牧民族摧毁，迈锡尼城市大部分荒芜，古希腊进入被历史学家称作的"荷马时代"，一直到公元前 800 年，开始了著名的古希腊"古典时期"（Archaic Period）。

在很长时期内，米诺斯文明和迈锡尼文明仅是个古希腊传说，19 世纪 70 年代初，德国考古学家施莱曼（Schilemann，Heinrich 1822—1890）根据荷马史诗《伊

图 1—41　维纳斯石雕

利亚特》成功地挖掘出迈锡尼城遗迹，除无数珍宝外，还发现了著名的金面具"阿伽门农的面具"，证实了古希腊的传说确实有其历史背景。1878 年，希腊商人、考古学家米诺斯·卡洛凯里诺斯（Minos Kalokairinos）在克里特岛发现了王宫的陶罐储藏房，他称此为米诺斯王宫。1900 年后，在英国考古学家伊文斯爵士（Evans，Sir Arthur John 1851—1941）领导下，开始了历经 30 余年的克诺索斯王宫考古发掘，出土的大量遗物表明，米诺斯文明确实是古希腊历史和文明的源头，是世界古代文明重要中心之一。出土了刻有线形文字 A、B 两种不同形式的泥土版，线形文字 B 在 1952 年已由英国建筑师文特里斯（Ventris，Michael George Francis 1922—1956）解读成功，这种文字是希腊语的早期形式。

离克里特岛不远的爱琴海中一些岛屿上的岛民们，很早就受到米诺斯文明的影响，如基克拉迪群岛（Cyclades）在公元前 3000 年就进入了青铜器时代，该文明留存至今的重要遗产，是大量精美的大理石雕像，其中最为著名的是 1830 年被一位希腊农民发现、现存巴黎卢浮宫博物馆的"断臂的维纳斯"石雕。

### 三　黄河流域

在人类改造自然能力水平还十分低下的古代，适于人类定居发展农业的地区多是一些大河流域，特别是一些大河的中下游土质肥沃、水源充足、气候适宜的地区。如同在尼罗河、幼发拉底河和底格里斯河流域产生了埃及、苏美尔（巴比伦）文明一样，世界古代文明的另外两个发祥地是在黄河和印度河流域形成的。

图 1—42　陶釜（河姆渡文化）

公元前五六千年前，中国的黄河流域即出现了原始的农业及畜牧业。公元前 2500 年左右，黄河流域的原始社会已由母系社会过渡到父系社会，农业、畜牧业、手工业均有了很大的发展，历经商朝到西周已经发展成为一个经济繁荣的奴隶制国家。在公元前 2000 多年黄河上游地区的齐家文化和黄河中下游的龙山文化遗址中，出土有红铜、青铜器件。当时青铜主要用于制造武器、祭器及生活用具。用青铜制造的生产工具还不普遍，农民仍在使用木制或石制的简单农具进行生产。商朝后期及西周时期青铜铸造达到鼎盛，大型熔铜炉内径达 80 厘米，炉温达 1200℃。到东周至战国时期，青铜铸造则从单一的泥范铸造发展出浮铸、分铸、失蜡法等多种工艺形式，还发明了锡焊、铜焊、金属镶嵌等加工方法，这一时期出现了大型青铜铸造作坊，安阳殷墟的铸铜作坊面积达 1 万平方米以上，洛阳北部西周早期铸铜作坊遗址已达 9 万~12 万平方米。商代的后母戊方鼎重 832.8 千克，是迄今世界上出土最大的青铜器。

目前发现最早的陶器是黄河中游地区的仰韶文化时期（B. C. 5000—B. C. 3000）的彩陶。彩陶的制造技术已相当成熟，到龙山文化时期制造黑陶时已经使用了旋转陶轮制陶法，商朝出现了精制的白陶。

19世纪末，在河南省安阳地区发现了商朝都城殷墟的文化遗迹，其中特别重要的是甲骨文的发现。

图1—43 后母戊方鼎（商代）

图1—44 青铜牺尊（西周）

在公元前600年左右，中国出现了铁器，这比其他文明地区要晚得多，然而却比欧洲早1500年开始了熔铸法炼铁，而且铁器的普及是极快的，铁器在春秋后期已经广泛用于武器和农具制造方面，由此也迫使奴隶制的迅速瓦解。在商周时代，中国在天文历法、医学、数学、土木工程方面均达到很高水平。据英国人李约瑟（Needham, Joseph 1900—1995）的研究，中国在15世纪前，科学技术水平居世界前列。中国的许多技术向周围各国及中亚、近东、欧洲传播，为欧洲中世纪后期的文艺复兴和近代科学技术在欧洲的产生起了很大作用，中国与古希腊、阿拉伯被学界誉为西方近代科学技术兴起的三大源流之一。

## 四 印度河流域

公元前6500年左右，居住在印度河流域（现印度和巴基斯坦）的达罗毗荼人，开始了定居的农牧生活。公元前5000年左右，这些早期的农民开始制作陶器，很快发展出高超的制陶术。考古学家把公元前3200年至公元2600年这一段时期称为哈拉帕文明早期，这时期的人们居住在村子里，以农耕为主。公元前2600年左右，开始出现城市，进入了奴隶制社会，有了金属冶炼并发明了文字，刻制了大批象形符号的石头印章。公元前2600年到

图1—45 象形符号印章（古印度，B. C. 2500）

图1—46　哈拉帕城遗迹（约 B. C. 2500）

公元前 2500 年这一百年为哈拉帕文化成熟期，哈拉帕文化一直持续到公元前 2000 年左右。城市得到迅速发展，考古学家发现了五座城市，最大的是旁遮普（Punjab）的哈拉帕（Harappa）和信德（Sind）的摩亨佐达罗（Mohenjodaro），城市街道布局整齐，宽阔的街道呈棋盘状向四周延伸，主街宽 10 米以上。每个城市里都分成几个街区，每个街区都有高墙围绕。房屋多为用砖砌的多层建筑，每个街区都设有公共水井，且有一套完整的地下排水系统。各城邦建立了统一的度量衡和良好的交通网，已经使用带轮的车辆。在哈拉帕卫城北面还发现了 6 座谷仓和若干冶炼炉遗迹，还有两排可以容纳数百奴隶居住的宿舍类建筑。除城市外，考古学家还发现了 1500 多个村落，乡村的房屋也非常坚固，农民拦河筑坝，用引水渠把河水引入田里灌溉农作物，他们主要种植小麦、大麦、豆类、芝麻和棉花。

公元前 1500 年左右，一支操雅利安语（Ariya，有信仰之意）的游牧民族从西北方侵入印度，征服了当地的达罗毗荼人，结束了印度河流域的城市文明。雅利安人以农业、畜牧业为主，出现了专门性的制革匠、木匠、车匠、船匠等手工业工种。这两个民族在以后的相互融合中进一步发展了印度文化，形成城邦割据的奴隶制社会。印度在公元前 1000 年左右开始使用铁器，发展了天文学、数学、几何学等知识。公元前 4 世纪末，印度出现了统一的国家孔雀王朝，到公元前 3 世纪的阿育王朝，印度文明达极盛时期。

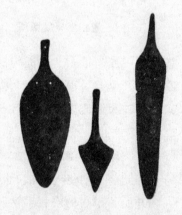

图1—47　古印度河流域的铜质矛头（约 B. C. 2500）

# 第二章 从古希腊罗马到欧洲中世纪、阿拉伯

## 第一节 概述

### 一 古希腊

古希腊是欧洲最早的文明古国，它的文化、科学与艺术对后来欧洲乃至世界有很大的影响。

公元前 2000 年左右，一支属于印欧语系的迈锡尼人南下到达希腊，他们学习腓尼基人从事海上贸易，从小亚细亚到意大利南方各海岸建立了许多殖民城邦。古希腊最早的奴隶制国家产生于克里特岛，克里特人吸收了古埃及和美索不达米亚文明开创了米诺斯文明，到公元前 17—前 15 世纪，米诺斯文明达到鼎盛时期并传至希腊本土。公元前 16 世纪后，希腊本土的迈锡尼人发展了青铜文化，创造了以米诺斯线形体文字为基础的文字，取代克里特文化成为古希腊文化的主流。

公元前 12 世纪，迈锡尼文化衰落，处于小亚细亚半岛的特洛伊（现土耳其的希萨立克）兴起，公元前 12 世纪初爆发了希腊人进攻特洛伊的战争，希腊人用著名的"木马计"攻陷特洛伊城。战后北方的多利亚人灭亡了迈锡尼等城

图 2—1　发掘特洛伊城遗迹

邦国家，使希腊进入了"荷马时代"（B. C. 11—B. C. 9 世纪）。公元前 8 世纪后的 200 余年中，希腊城邦国如雅典、科林斯、斯巴达、米立都等纷纷建立。在波斯人入侵希腊（B. C. 492—B. C. 449）的战争中，雅典的霸权地位得到提升，但

很快爆发了雅典与斯巴达为争夺霸主地位的"伯罗奔尼撒战争"（B. C. 431—B. C. 404），战后雅典开始衰落。几乎在同一时期，北方的马其顿王国兴起，公元前338年，马其顿控制了希腊各城邦国，亚历山大大帝（Alexander the Great B. C. 356—B. C. 323）于公元前334年向波斯进军，四年后灭亡波斯，公元前327年又入侵印度，建立了横跨欧亚非的大马其顿王国。

亚历山大去世后，其王国分裂成埃及的托勒密王国、叙利亚的塞琉古王国、中亚的大夏王国等几个独立王国。公元前30年，托勒密王国被罗马帝国灭亡。

## 二　罗马

公元前2000年左右，起源于中欧属于拉丁语系的罗马人分批南迁至现意大利

图2—2　凯撒

境内，此时他们已经进入青铜时代，到公元前1000年左右进入铁器时代。罗马人分为300个氏族，10个氏族组成一个胞族，10个胞族组成一个部落，全罗马有三个部落。公元前753年罗马人建罗马城，公元前6世纪末，罗马进入近100多年的王政时代。公元前510年罗马建立共和制。

公元前4世纪中期到公元前3世纪初，罗马人征服了意大利全境，罗马城邦成为拉丁诸城邦的邦主。为争夺地中海霸权与腓尼基人建立的迦太基（意大利人称布匿）进行了三次"布匿战争"，征服了迦太基，占领了东起西西里、西至西班牙和摩洛哥的广大领土，将之划为罗马的一个行省，定名为"阿非利加"。同时向东扩张，征服了塞琉古、托勒密等王国，设伊利里亚、亚细亚、马其顿、叙利亚等省。公元前59年，凯撒（Caesar, Gaius Julius B. C. 102—B. C. 44）当上执政和高卢总督后，开始攻击高卢的日耳曼人并渡海进攻不列颠。凯撒于公元前44年被杀后，凯撒的外甥屋大维（Gaius Octavian Thurinus B. C. 63—A. D. 14）于公元前27年称帝，罗马帝国自此开始。

自3世纪开始，罗马帝国开始衰落，君士坦丁大帝（Constantinus I Magnus 272—337）于330年将都城移到新建的君士坦丁堡（今土耳其伊斯坦布尔），395年罗马帝国以巴尔干半岛为界分裂为东、西两部分。东罗马首都为君士坦丁堡，西罗马首都为罗马城。原居住在多瑙河北岸尚处于游牧社会的日耳曼族哥特人，于公元3世纪分裂为东、西两支，东哥特人归附了匈奴人，西哥特人越过多瑙河

进入罗马。日耳曼族系的汪达尔人、法兰克人和西哥特人两次攻陷罗马城，476年，罗马城被再次攻陷，西罗马灭亡。

罗马历时1100多年，经历了王政时代、共和时代和帝制时代，向周边地区的征战、与外族的战争连年不断，奴隶制最为长久且充分。西罗马的灭亡，意味着欧洲奴隶制的结束和中世纪的开始。

### 三　欧洲中世纪

从476年西罗马灭亡，到1453年东罗马被皈依伊斯兰教的奥斯曼土耳其灭亡的近1000年间，史学界称为"中世纪"。中世纪是欧洲的封建社会时期，基督教逐渐成为政治、文化和意识形态的核心，社会由长年的动乱趋于稳定。9世纪后，由工商业者集聚而形成的自治城市有了一定的自治权，工商业者在这里组成了同业行会，在这些行会中出现了早期分工合作的生产方式。欧洲中世纪的交通运输也有了很大的进步，帆船、马具和车轮的改良，都极大地促进了欧洲工商业的发展。

东罗马亦称"拜占庭"，拜占庭一词源于古希腊人对地中海与里海、欧亚之间的一个殖民地的称呼。拜占庭帝国与欧洲大陆相比，政治、经济较为稳定，其生产主要沿用了罗马帝国的各项技术。由于其处于欧亚非三大陆交会处，因此在阿拉伯帝国未占领欧洲南部及埃及时，其作为东西方贸易的交汇地吸收了不少来自中国、印度的物产和技术，加之基督教（东正教）的影响，逐渐形成了独特的拜占庭文明。

拜占庭帝国所辖的亚历山大里亚、雅典、君士坦丁堡均以学术研究特别是医学、哲学、文学和修辞等著称。君士坦丁堡的宫廷医生对眼、耳、鼻、牙病以及甲状腺肿、狂犬病均有详细的描述，还记载了扁桃腺、痔疮切除术。特拉里斯城（Tralles）的亚历山大（Alexander of Tralles 约525—600）为人体消化系统的寄生虫命了名，讨论了肺结核的症状和治疗方法，其著作对东罗马帝国和阿拉伯医学均有影响。7世纪以后，东罗马帝国的社会与欧洲已经有了很大的不同，至9世纪已成为一个封建制国家。拜占庭人在技术上没有多大的独创性成果，但是它善于吸收周围各民族的文化并加以融合，在艺术上、建筑风格上形成了独特的表现特征，对北部斯拉夫各民族特别是俄罗斯有重要影响。

在同一时期，阿拉伯帝国兴起，中国则进入鼎盛的古代社会发展时期，东西方文化的交流在这一时期达到了空前的规模。

### 四　阿拉伯

"阿拉伯"一词原为荒凉之意，希腊人称在这里生活的游牧民族为撒拉逊

（Saracens），意指东方人。

5 世纪，阿拉伯人还处于游牧社会中。阿拉伯世界的关键事件是穆罕默德（Abu al-Qasim Mohammad 570—632）创立伊斯兰教。穆罕默德于 570 年生于麦加，40 岁时自认为受到安拉（上帝）的昭示，开始在麦加宣传伊斯兰教义，自称为"先知"，即安拉的使者。"伊斯兰"一词，为皈依、顺从之意，其信徒称为"穆斯林"，意为安拉的信仰者，服从先知。由于麦加的统治者反对伊斯兰教义，622 年 7 月 16 日穆罕默德只好率信徒离开麦加，到达麦地那发展自己的武装，这一年标志伊斯兰教的正式诞生，为伊斯兰教纪元元年。630 年，穆罕默德返回麦加，随后统一了阿拉伯半岛，扩展了伊斯兰的势力。穆罕默德于 632 年病逝后，其继任者（哈里发）以"圣战"的名义向阿拉伯地区以外扩张，635 年攻陷大马士革，第二年占领叙利亚，638 年占领巴勒斯坦，642 年灭亡埃及及波斯帝国，并在北非推进到摩洛哥，占领了西班牙。8 世纪开始东征，很快占领中亚各国，直接与唐朝接壤。

阿拉伯帝国于 661 年建立第一个王朝倭马亚王朝，定都大马士革。750 年伊拉克的阿布·阿拔斯（Abūl Abbās as-Saffāh 724—754）推翻倭马亚王朝，建阿拔斯王朝，定都巴格达。阿拔斯王朝是阿拉伯经济、文化、科学技术最为繁荣的时期，阿拉伯人在征服波斯后，得到不少古希腊学术文献，后来又从拜占庭帝国得到大批古希腊罗马文献，由此开始了对古希腊罗马文献的翻译整理。830 年左右在巴格达开设专事译书的机构"智慧之家"，有 100 多人对古希腊哲学、医学、光学、数学、天文学和炼金术、巫术著作进行翻译，使得阿拉伯成为古希腊罗马文化的保护和继承者。到 9 世纪末，巴格达已经成为一个学术中心，许多图书馆开始建立，在 10 至 11 世纪间，阿拉伯世界已拥有几百个图书馆，其中巴格达图书馆藏书达 10 万册（主要是手稿），而同一时期欧洲的梵蒂冈和巴黎大学图书馆，藏书（手稿）仅 2000 余册。在吸收古希腊罗马科学技术成果的同时，还吸收了中国、印度的许多科学技术成果。

12 世纪后，阿拔斯王朝日渐衰落，蒙古人于 1221 年攻入波斯境内，1258 年攻陷巴格达，阿拔斯王朝灭亡，史称中世纪时期的阿拉伯帝国到此结束。

## 第二节　古希腊时期的技术

公元前 5 世纪以后，希腊的手工业发展迅速，石器、制陶、纺织、金属冶炼加工、采矿、制革等手工业成为特定的行业。手工业及产品交换流通的发展，促进了专门从事商业的社会阶层——商人的形成。铁器的广泛使用，使农业生产开始稳定地发展，为适应农业生产的需要，诞生了天文学、数学等自然科学；为适应城市中建造宫殿、神殿、公共建筑和制造各种生产工具、运输工具的需要，力学、化学等自然科学开始萌芽，同时，医学也发展起来。以对自然和人生认识为特点的古希腊自然哲学与几何学和逻辑学，对后世产生了巨大而持久的影响。

### 一　水利与建筑

古希腊由于其土地大部分被沼泽、湖泊所占据，为了获得可耕地，希腊人排干了不少沼泽和湖泊。为排水的需要，叙拉古的阿基米德螺旋泵应用十分普遍，还使用一种称作"波斯轮"（sāqiya）的水车。波斯轮是一种在木轮边缘挂上许多水罐的抽水机，带水罐的木轮的纵向转动依靠与其啮合的横向带齿的木轮传动，类似于现代的"伞齿轮"，横向木轮依靠人力或畜力驱动。这种原始木结构的"齿轮"可能也是阿基米德发明的。为了防止水从罐中溅出太多，贮水池必须建在轮子的正下方。大约在公元前 2 世纪，这种抽水装置传入埃及、巴勒斯坦和两河流域。

图 2—3　波斯轮

在城市供水方面，希腊人认为纯净的水是人体健康的保证，为此雅典建造了从彭特利库斯山（Pentelicus）用暗渠将泉水引入雅典的巨型引水工程，地下水道每隔 15 米左右设一垂直通风孔。公元前 6 世纪，由尤帕里努斯（Eupalinus of Megara）设计的萨莫斯岛隧道，长约 1000 米，是从两端同时开凿的，到中间连接处仅差两英尺。水在隧道地面上的人工水渠中流动，用于向城市供水。在希腊化时期的小亚细亚和意大利南部，还采用虹吸方法引水。在希腊各城邦中，一般都设有公共浴池，安装有淋浴头，这可能是最早的淋浴设备。

早期的希腊神殿是砖木结构的，其主体为长方形，前面或四周设有圆柱形的立柱，屋顶为人字形。到公元前 6 世纪，开始用石灰石和大理石作为建筑材料。希腊由于地理环境所限，在城市布局上较为随意，大都依靠自然地貌而建，许多建筑的门是朝东的，城市周围一般不设城墙而是开放的。公元前 1600 年左右作为米诺斯文明代表的克诺索斯王宫是希腊早期建筑的典型。其中的建筑群错综复杂犹如迷宫，房屋间有廊道相通。宫中大院建有公共集会场所和二三层楼房的行政管理场所，院墙内建有大柱廊，院后部为生活区。还建有用台阶连接的不同高度的露天平台和凉廊，使整个庭院与周边的自然恰当融合。

古希腊的建筑在不断吸收爱琴海米诺斯文明的基础上，逐渐发展成独具特色的古希腊建筑式样。古希腊的建筑在外形上有统一的形式，各部分的形状与相互间的比例均有一定的标准，圆柱成为重要的建筑结构元素。公元前 6 世纪前，圆柱多为木柱，之后采用了更为耐久的石柱。古希腊的许多大型建筑外围都建有柱廊，即由立柱支撑的庭廊，柱廊既可以支撑屋檐，也可以分担内墙对山墙屋顶的支持力。这些廊柱形式逐渐演化为典型的古希腊柱式（Order）结构。柱式由圆柱及柱上楣组成，圆柱由柱头、柱身和柱基组成。典型的柱式有三种，其中盛行于希腊本土的多立克柱式（Doric）和盛行于小亚细亚爱琴海的爱奥尼亚柱式（Ionic），是最早的基本形式。希腊化时期后派生出科林斯柱式（Corinthian），这些柱式都有严格的比例，爱奥尼亚式和科林斯式柱头分别由向下卷曲的涡卷或莨苕叶装饰。

图 2—4　希腊柱式（上 - 多立克柱式；中 - 爱奥尼亚柱式；下 - 科林斯柱式）

公元前 5 世纪，建成代表希腊特色的、艺术与技术完美结合的帕特农神庙，其基坛面积为 31 米 ×70 米，正西有 8 根巨大石柱，侧面有 17 根石柱。18 世纪希腊被土耳其统治时期，帕特农神庙上的许多花岗岩雕塑被英国大使锯割下来运去英国，今存大英博物馆。雅典城可称得上是古希腊城市规划和建筑的典范，以石雕为主的宙斯（Zeus）大祭坛、半圆形的大剧场都是当时极为著名的巨型建筑。

古希腊城市非常注重公共设施的修建，为表演著名的希腊喜剧和悲剧，许多城市修建有巨大的具有阶梯看台的露天剧场，城市中集市广场建造 U 形或 L 形的双层或三层的迴廊，这些迴廊由排列整齐的立柱支撑。随着希腊化时期亚历山大大帝对东方各国的征服，小亚细亚殖民地城邦采用了统一的城市规划。城市都建有中心广场，中心广场周围设有神庙、宫殿、剧场、柱廊

图 2—5　帕特农神庙

等，四周围以城墙。街道是自然形成的，一般不规则且狭窄，民居多为二三层楼房建筑。

古希腊人所创造的将建筑与艺术完美结合、中央庭院、不对称的空间布局，恰当地利用丘陵、山地，雄伟的柱廊等直接影响到罗马城市的规划和建筑，成为后来欧洲建筑的源头。希腊的柱式结构既是建筑的重要组成部分、支撑部分，更是一种特殊的装饰形式，直到 19 世纪末 20 世纪初欧美的许多大型建筑仍采用各种形式的柱式结构。

### 二　机械与交通

公元前 6 世纪，古希腊的工匠们对加工金属用的锤子、钳子等工具进行了改进。为满足航海和戏剧舞台旋转的需要，发明了绞盘、滑轮，并掌握了滑轮组的结合方法。为了建造木制舰船发明了木旋车床，改进了弓钻。古希腊的工匠们使用的工具因工作性质的不同开始分化，建筑木工使用的工具以羊角锤、斧、凿子、木工铲、木钻为主，细木工则以各种刨子、扁铲、细木工锯、角尺、拐尺、雕刻刀为主。螺栓可能是公元前 400 年左右被希腊数学家、哲学家毕达哥拉斯（Pythagoras B. C. 582—B. C. 497）的学生、塔伦特姆的阿奇塔斯（Archytas of Tarentum 活跃于 B. C. 400）发明的，一般认为由此使阿基米德（Archimedes B. C. 287—B. C. 212）

图 2—6　希腊瓶画上的铁匠铺和工具
（B. C. 6 世纪）

发明了螺旋泵。这种泵从其形状上看像蜗牛的外壳，但其整体不是锥形而是圆筒形，也被称作"蜗泵"或"水螺杆"，由人力驱动。螺旋泵在罗马时期得到更为广泛的应用，并传至埃及和摩洛哥，后经摩洛哥传到西欧。

亚历山大里亚的工程师学派是由克特西比乌斯（Ctesibius of Alesandaria 约 B. C. 300—B. C. 230）创立的，他在公元前 245 年左右发明了压力泵、水风琴和机械水钟。亚历山大里亚的数学家希罗（Heron 活跃于公元 1 世纪）是一个重要的机械装置发明者，他发明了带入口阀和出口阀的抽水机、以水力为动力的管风琴、寺庙自动开门装置，还设计了一个利用蒸汽喷出形成的反作用力转动的蒸汽球等机械玩具。

图 2—7　阿基米德螺旋泵

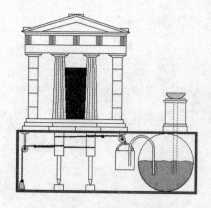

图 2—8　希罗的自动门

阿基米德是历史上第一个将工程、机械与数学结合起来的人。阿基米德是天文学家菲迪阿斯（Pheidias）之子，后到亚历山大里亚求学，主攻数学，著有《方法论》《命题集》《圆的测量》《抛物线求积法》《螺线论》《球体与圆柱》《圆锥体与椭圆体论》《沙计算器》《平面均衡论》《浮体论》等多部关于数学的著作。在《方法论》中提出对欧洲科学影响深远的实验方法；在《圆的测量》中，计算出圆周率在 31/7 ~ 310/71 之间；在《平面均衡论》中，研究了各种形状的物体的重心；在《浮体论》中创立了流体静力学。此外，他还研究了杠杆、滑轮、抛石机、攻城机械、弩炮，提出计算提起给定重物的滑轮组的配置方法，对杠杆原理还给予了准确的描述：可比较的诸物体将在与其重力成反比的距离达到平衡。

古希腊在纺织原料方面主要是羊毛和亚麻，纺纱则用手工、纺锤或纺盘，使用的是传统的立式织机，这种立式织机一直应用到罗马时期几乎没有大的改变，但是在织物的染整方面却有不少新的发明。

当时，更多人的机械发明是战争工具，如抛石机、攻城机、大型弩机。这些早期的简单机械及其设计思想，对后来的机械设计和机械学形成起了奠基性作用。

此外，古希腊人为了炼金术的需要，发明了 80 余种仪器装置，如熔炉、喷灯、水浴器、灰浴器、反射炉、坩埚、烧杯、广口瓶、细颈瓶、过滤器、蒸馏器等，有不少成为近代化学的重要器皿和装置一直流传至今。

古希腊人使用的两轮车，车轮由十字形轮辐支撑，黄杨木的轭用皮条绑在牵引杆的销栓上，用马匹牵引。这种用马牵引的两轮车速度快且机动性强，被广泛用于短途运输，重载长途运输则用多匹马拉的四轮车。

古希腊航海术十分发达，在造船方面取得许多重要成果。到荷马时代，无论是战船还是商船都加有强化船只纵向强度的龙骨和船首柱、船尾柱。船上装有桅杆，帆桨并用，桨从 1 排到 5 排

图 2—9　希腊瓶画上的纺纱工和织布工

（约 B. C. 560）

不等，每排有若干支桨同时划动，为了使桨在划动中充分发挥功能和互不干扰，船上设有专门的桨架系统。到公元前 3 世纪中叶，战船已经发展出重型和轻型两类，而且开始装甲。一些商船船体用铅皮包覆，以防止船蛆对船板的蚕食而造成海难。在港口导航方面，希腊人最早建造了"灯塔"。亚历山大里亚的巨型灯塔高 85 米，建于公元前 280 年

图 2—10 三层桨战船横剖面（约 B.C.5 世纪）

左右，灯塔的灯光用磨光的金属面做反射镜，反射点燃树脂所发出的光，在 35 英里外都可以看到。这一建筑毁于 14 世纪的一次大地震。

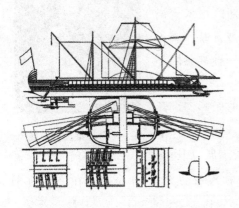

图 2—11 三层桨战船结构图

### 三 陶瓷制造

公元前 7 世纪，随着希腊奴隶制国家体制的确立，制陶业也有了相应发展。雅典成为希腊的制陶中心，制造的陶器是重要的贸易品。制造圆形陶器时已经广泛使用陶轮，不过陶轮的旋转要由另外一个人来拨动。受小亚细亚、埃及和美索不达米亚彩绘的影响，希腊人在陶器上绘有动植物以及反映当时风土、生活、劳动的图案，陶器表面普遍使用黑色釉。这些带图案的陶器遗物，成为后人了解和分析古希腊文化、科学技术状况的重要线索。到希腊化时期（B.C.334—B.C.1 世纪），陶工们开始采用模制和轮制相结合的方法制造陶器，陶轮和模子一般用红陶制成。陶器在装饰上开始发生变化，浮雕成为主流，制品的形状结构也开始复杂化，彩釉被广泛使用。在黏土的选材、烧成温度的调节以及成型方法方面均有了很大的改进，出现了一些集中性的制陶手工作坊。

古希腊的制陶技术和工艺一直影响到罗马时代。西罗马灭亡后，使用陶轮的大规模制陶业受到破坏，蛮族的手工艺制陶传统又恢复起来，只有在南意大利和拜占庭帝国，古希腊罗马的制陶工艺才得到了继承。欧洲中世纪的制陶业，受到

图 2—12 希腊陶器（B.C.3 世纪）

东方特别是中国的影响很大。中国唐朝的瓷器在 9 世纪时传到巴格达，这些高价且精美的瓷器对阿拉伯帝国领内及欧洲的陶瓷业产生很大影响，出现了一种模仿中国瓷器的趋势。巴格达首先模仿中国瓷器很快发展成为使用不透明锡釉的白色瓷器制造中心，波斯则在 12 世纪发明了用白黏土、石英、玻璃等为原料制造白瓷器的方法，后来流传至埃及和欧洲。

### 四  医疗卫生

古希腊的医学早在苏格拉底（Sokrates B. C. 470—B. C. 399）时代，就已经形成系统化的学问。在此之前，无论是古埃及还是美索不达米亚都是采取咒术方法行医，这一情况在世界各民族早期具有普遍性，即将医术与巫术相混杂，用巫术驱魔以治病，中国医字的古体字就写作"毉"。在长期的巫术治病中，巫师逐渐掌握了一些疾病的治疗方法，或推拿，或用草药，然而这些经验的获得和施用，均是在一种神灵的外衣下通过长年的试错法得到的。

图 2—13  希波克拉底

公元前 500 年左右，在爱琴海柯斯岛上的医师们，开始排除巫术而从实证的角度从事疾病的治疗，其中有一个被后人称作医学之父或"医圣"的希波克拉底（Hippokrates B. C. 460—B. C. 375）。他写有关于各种疾病的文章 60 余篇，在公元前 3 世纪被亚历山大里亚的学者们整理汇总为一部包括医学、食物疗法、外科、药学、健康与疾病等的医学典籍《希波克拉底集典》，并留传后世。

希波克拉底的医学，注重观察和实证，强调疾病与自然状态的关系，否定"神圣病"即神职人员不明的精神状态疾病，认为这是大脑失去健康所造成的，明确地反对巫术治病。在生理和病理方面，认为人体内的"四体液"（黄胆汁、黑胆汁、黏液、血液）失调即会致病，确立了体液病理说，并对应于古希腊哲学家恩培多克勒（Empedocles B. C. 490—B. C. 430）的"四元素说"（土、火、气、水）作了说明：

他强调以食疗为主、药物为辅的治病原则，强调睡眠和新鲜空气对人体健康的作用，并提出用绳缚住男人的左右睪丸以控制坐胎婴儿性别的方法。更为重要的是，他首次提出"医德"问题，并将之作为医生行医的首要条件，医学伦理问题由此产生。

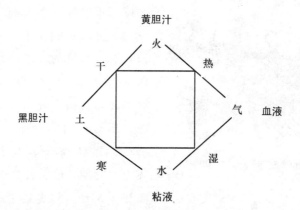

希腊化时期，由于托勒密王朝同意对死囚进行解剖，因此在人体解剖学和人体生理学方面取得了不少进展。

亚历山大里亚医学校创立者、外科医生赫罗菲洛斯（Herophilos 活跃于 B. C. 3 世纪）尝试人体解剖，被后人誉为解剖学之祖。他区别了静脉血管和动脉血管，发现动脉血管的血管壁比静脉的厚。研究了神经系统，区分了运动神经和感觉神经，指出神经中枢不是心脏而是大脑，还对脑、肝脏和生殖器进行了解剖学研究。在对病人的诊断中，使用水钟计测脉搏，发现了病人脉搏数以及脉搏强弱与节律的变化情况。提出生体机能的维持在于营养、保温、思考、感觉四个力的作用。

埃拉西斯拉托斯（Erasistratos 约 B. C. 304—B. C. 250）则对心脏结构进行了研究，发现心脏瓣膜的存在及其防止血液逆流的作用。区分了大脑和小脑，比较了人脑与其他动物脑的区别，推知脑沟回的作用，否认当时流行的认为疾病的产生是由于体内各体液失衡的希波克拉底体液说，倡导由于体内器官硬化或软化致病的"固体病理说"。他认为空气由肺部吸入后进入心脏变成"生命精气"，进入脑的"生命精气"在这里变成"精神精气"，经神经而支配全身的运动，营养物质是通过动脉输送给全身的。

### 五　兵器制造

古希腊人很早即使用青铜铸造的矛、剑、短刀类冷兵器。公元前 1200—前 1000 年，波斯、外高加索、叙利亚的炼铁业发展起来后，开始传向克里特岛及希腊，铁制兵器随之在希腊出现。

公元前 1500 年左右，马在中亚被用于轻型战车的牵引，极大地增加了军队的机动作战能力，战车及后来出现的骑兵，到公元前 1000 年左右成为中亚部族军队的主要力量。由于希腊多山，地形复杂，不利于骑兵的活动，古希腊发展的是披有重型防护盔甲的重甲步兵。重甲步兵头戴青铜头盔，身穿青铜胸甲和护膝，左

图2—14　希腊战车（B. C. 500）

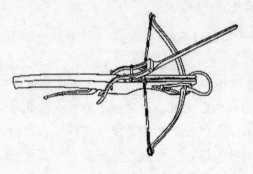

图2—15　弩

手持沉重的椭圆形青铜盾，右手持短剑或约6英尺长的长矛。重甲步兵不但不怕飞箭、标枪的攻击，其所持长矛也可以抵御骑兵的冲击。不久后，位于希腊北部的马其顿人开始大量饲养并使用马匹，到马其顿皇帝腓力普二世（Philippus Ⅱ B. C. 382—B. C. 336）和其子亚历山大时期，已装备8000余人的骑兵军团和2.5万人的步兵军团，还组建了配备标枪、弓箭和投掷器的轻兵军团。骑兵戴头盔穿护身甲服，手持长约13英尺的长矛，具有很强的冲击能力，在亚历山大对波斯的征战中，起到很大的作用。

塔伦腾的祖皮鲁斯（Zopirus of Tarentum）发明了一种更有威力的十字形的弓，希腊人称这种发射兵器为弩。进而于公元前400年左右制作出使用人力绞盘的大型弩（Giant cross-bow），这是为叙拉古僭主狄奥尼修斯（Dionysius Ⅰ B. C. 405—B. C. 367）发明的，这种弩曾有力地抵御了迦太基人的进攻。同时，双臂射箭器、双臂弹石器和单臂弹石器也在公元前200年左右发明出来。古希腊机械师菲罗（Philo of Byzantine 约 B. C. 280—B. C. 220）在公元前150—前100年间设计出石弩（chalcotonon），这种石弩不再使用筋束，而是采用了青铜（含锡30%）制的弹簧。他还设计了可以快速射击的"自动石弩"（automatic ballista），在箭盒中装上大量的箭，可以连续地逐次发射。在战争中，希腊人还用弹石器抛射装有油脂等易燃物质的陶罐，后来将这种可以发火的陶罐称为"希腊火"。

# 第三节　罗马时期的技术

在罗马社会中，手工业内的分工更为明确，工具进一步分化、专业化，例如，槌子已分为木工槌、制革用槌、加工石料用的槌子多种。公元前7世纪，出现了金银匠、铜匠、鞋匠、陶工、木匠、印染工的行业组织。公元前2世纪又有了铁匠、青铜匠、皮革匠以及建筑、纺织方面的行业组织。罗马人是个农耕民族，罗马农业的耕种方式和工具沿袭了几百年而无多大变化，犁、铲、锄、耙、镰刀等是主要农具。直到罗马中期，这些农具主要还是用青铜制造的，很少用铁。

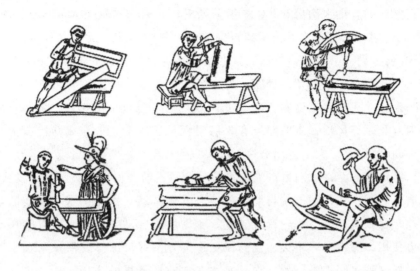

图 2—16　罗马木匠（约公元 1 世纪）

## 一　动力与交通

为了军事行动方便和加强对各地的统治，罗马人以罗马城为中心，在欧洲大陆和英格兰修筑近 8 万公里硬石路面的公路网，号称"条条道路通罗马"。

图 2—17　遗留至今的罗马道路

到公元前 202 年，罗马人已经建成 5 条以执政官或监察官名字命名的大型用砟石铺装的公路。最早的一条是 Via Latina 路，公元前 370 年始建，全长 333 英里，从意大利西海岸向东可到达希腊及中东。公元前 312 年，监察官阿皮乌斯·克劳迪乌斯·卡埃库斯（Appius Claudius Caecus B. C. 340—B. C. 273）主持修建了全长 212 公里的碎石铺装路面的 Appius 大道。公元前 241 年，监察官奥耶里乌斯·考特（Auyelius Cotte B. C. 124—B. C. 73）开始修建自罗马经比萨至热那亚的奥耶里乌斯路。公元前 222 年，凯乌斯·弗拉米尼乌斯（Caius Flaminius Nepos ?—B. C. 217）始建 Flaninian 路和 Valerian 路。这些公路与其支路一起构成罗马帝国庞大的公路网。在其后的 100 余年间，公路继续向外扩展，自意大利可达里昂、波尔多、巴黎、莱顿、维也纳、美因兹、科隆以及希腊各地和中东大马士革，仅意大利一地就有

372 条主要公路。当时的筑路水平是相当高的，其中 1.2 万公里的碎石铺装路，路基深 1 米以上，用灰浆、碎石块和火山灰填制并夯实，路的横切面呈弧形以利排水，道路两侧有排水沟渠，800 多年未见损坏。到安东尼（Antonius Pius 138—161）执政时期，已有 5.1 万公里碎石铺装路，其中执政官大道立有 4000 多块界石，每 30 公里设一个客栈。然而，这些四通八达的公路，主要用于征战和情报传递，并未引起罗马帝国商贸的繁荣。

罗马人非常注重海上运输，建造了许多大型商用和军用船只，帆桨并用，运粮船一般有几百英尺长，有的船设有 3 层甲板，载货量一般在 250 吨以上，最大的载货 1000 吨以上，大型客船载客 600 人以上。

在动力技术方面，欧洲最古老的水磨是希腊式的，也称挪威水磨或横式水磨。这种水磨采用垂直轴，轴上端与磨盘相连，下端是浸入水流中水平安装的木制的水轮叶片，在水流冲击下水轮叶片转动，驱动磨盘转动。这种水磨只能在水流湍急的地方使用，输出功率不大，大约在 0.5 马力左右，仅可以供一家农户磨制面粉用。虽然这种水磨极为原始，但它是水车在欧洲最早的实用案例，也是而后水轮机出现的先驱。

公元 1 世纪，维特鲁维奥（Vitruvius Pollio, Marcus 活跃于 A. D. 1 世纪）对这种水车作了改革，将之改变成一种在水平轴沿垂直方向安装水轮叶片的罗马型水车，也称维特鲁维奥型水车。为了将水平轴的旋转动力传给沿垂直轴转动的磨盘，在水车的水平轴与磨盘的垂直轴之间安装了齿轮垂直传动机构，输出功率可达数马力。这种水车也称立式水磨，按水流冲击叶片的方位分为上射式、下射式、中射式三种。

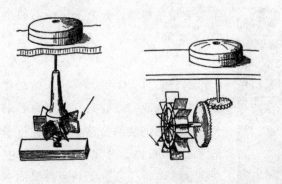

图 2—18　横式水磨（左），立式水磨（右）

这种水车主要用于起重机和制面粉的动力，但当时并未能普及。公元 3 世纪后，罗马对外的战争已很少，俘虏的奴隶大为减少，在这种情况下，水车在起重、磨制面粉方面才开始得到广泛的应用。水车的具体起源尚不清楚，公元前 30 年中国已经将水车用作动力。


二　建筑与水利

（一）建筑方面

罗马时期建筑技术同其他技术一样有了新的发展，罗马人发明了用火山灰、石灰、砂石混合而成的混凝土，由于这种建筑材料容易获得，因此在罗马境内开始出现了一些大型的建筑工程，特别到罗马帝国时代，用砖瓦、石块、混凝土建造拱顶、圆屋顶的建筑技术已经达到相当高的水平，在建筑物外墙上还使用大理石板进行表面装饰。在一些城市中，建有许多多层的集体住宅，并有宽敞的凉台，外观与现代的楼房建筑已很类

图2—19　罗马中心广场遗迹

似。公元前1世纪左右，罗马人开始使用窗玻璃，窗框则用青铜或木材制成。公共建筑、娱乐性建筑在罗马时期有了很大的发展，一些公共建筑物的大厅的屋顶都开有天窗，以利于采光。

罗马城市规划受古希腊的影响，将严谨而优美的形式与实用目的巧妙地加以结合，罗马城内到处是神庙、祭坛以及公共设施。几乎所有的城市都模仿罗马城，两条交通干线会合于市中心广场，广场附近一般设有商店群、柱廊、神殿、长方形大会堂、行政机关、纪念柱、图书馆等。竞技场是四周设有阶梯座席的大型建筑，最具代表性的是位于罗马城的自公元70年起用10年时间建造的椭圆竞技场，该竞技场可容纳5万人，纵横155.5米×188米，周围是四层看台结构，第一层采取了多立克式，第二层采取了爱奥尼亚式，第三层是科林斯式，第四层是后来增筑的。公元120年开工，用4年时间建造的万神殿，以及凯旋门等均以其宏伟和奢华达到古代建筑技术的巅峰。

罗马时期主要的建筑材料是砖和混凝土，教堂、皇宫、城堡则多用大理石和花岗岩等石料。木结构建筑在欧洲一直延续了几千年，但与东亚、俄罗斯特别是中国不同，木结构始终未成为建筑的主流。

（二）水利方面

由于罗马城供水的需要，罗马人跨越山河修建了从山泉开始，全长1300英里的14个经过精心设计

图2—20　罗马的起重机

图 2—21　可容 5 万人的罗马椭圆竞技场遗迹

的有一定坡度的输水渠，日供水量达 3 亿加仑（1 加仑 = 4.546 升）。这些输水渠要通过大量的输水隧道和横跨两山间的高架水渠，在罗马城则采用铅制输水管向用户供水。当时被称作"为了健康和卫生的工程"。到罗马帝国时期这一渠道已成为包括贮水池、导水道、公共浴池、喷泉和排水道在内的完整的城市供排水体系。公共浴池内设有不同温度的浴室、冷热水游泳池、按摩室、体育室等。

　　公元 1 世纪，著名的建筑师维特鲁维奥参与了罗马城的引水、供水工程和军用机械的设计。维特鲁维奥设计了一种抽水机，其主体是一个带水平轴的鼓形圆桶，圆桶中由从轴心辐射出来的木板分成 8 个小室，每个小室靠圆桶外圆处有一个 6 英寸宽的开口。当小室处于低位而沉入水中时，水从开口处流入桶内，圆桶旋转该小室被提起，水从每个被提起的小室靠轴处的小孔流出，流出的水被集中在中轴下方横置的半圆管中排出，圆桶的旋转由人力驱动踏车完成。这种抽水装置在公元前后广泛地为罗马帝国所采用。

图 2—22　罗马时期的引水渠（B.C. 1 世纪）

在古希腊罗马时期，为了开垦土地种植作物，已开始对湿地、湖泊、沿海滩涂进行围田排水。当时旱作农业的灌溉一般采用渡槽输水的做法，即将湖泊中的水抽到渡槽中，再经渡槽输送至用水的农田。罗马帝国时期，建造了规模宏大的灌溉沟渠系统，公元 41 年，罗马皇帝克劳迪一世（Claudius I 在位 41—54）发动了对富奇努斯湖的排水工程，3 万人用了 11 年的时间完成，由此获得了大量农田。北非地区气候干燥少雨，农田灌溉必不可少，一般是在河流上筑坝，将水储于蓄水池或池塘、地下蓄水池中，再用沟渠、渡槽来分流。北非的灌溉系统也是在罗马帝国时期修建的。

### 三　技术著作

罗马人注重对技术成果的总结和记述，一些技术类著作开始出现。做过罗马城水道监察官的普隆提努斯（Prontinus, Sextus Julius 约 40—104）著有《罗马城的水道》（De aquaeductisurbis Romae）2 卷，书中详细记述了罗马城水道修筑的历史以及水量、水道管路和水质检验等供水技术。公元前 32—公元 22 年，维特鲁维奥著《论建筑》（De architectura），又称《建筑十书》。该书是奉献给奥古斯都大帝（Augustus B.C.63—A.D.14）的，书中对神殿和剧场、道路、港湾、住宅等建筑的技法作了记述，还对建筑用的各种工具作了解释，是西方古代唯一一部完整地保留至今的建筑学著作，其对神殿的分类法一直沿用至今。

罗马人注重农业生产和家畜饲养，留有几部关于农学和农业技术方面的著作。约公元前 160 年，政治家

图 2—23　罗马轮式犁

加图（Cato, Marcus Porcius B.C.234—B.C.149）著有《农业志》（De agricultura），书中记载了罗马人的农业和畜牧业情况。文学家瓦罗（Varro, Marcus Terentius B.C.116—B.C.27）于公元前 36 年著有《农业论》（Rerum rustiarum libri），全书共三篇，第一篇讲述了谷类、豆类作物及橄榄树、葡萄的栽培技术；第二篇记述了牛、羊、马、驴、猪的饲养方法；第三篇是各种小动物的饲养方法。诗人维吉尔（Virgil, Publius Vergillius B.C70—B.C 19）退隐后写作的《农事诗集》（Georgica），讲述了休耕、轮作、施肥、整地、耕作和种子处理等技术。

## 四 医疗卫生

罗马医师盖伦（Galen 129—199）是古希腊、罗马医学集大成式的人物，出生了小亚细亚的佩尔加蒙，先后到土耳其的士麦耶、希腊的科林斯和埃及的亚历

山大里亚学习医学，曾担任罗马宫廷侍医。通晓数学、文法和哲学，精于解剖学和病理学。在当时不允许人体解剖的情况下，他通过对哺乳类、鸟类和爬虫类动物的解剖，进行形态观察和生理学实验。通过观察比较确定了人体结构，研究了神经系统，认为"感觉神经起于大脑，运动神经起于脊髓"。

盖伦发展了希波克拉底关于病理的"体液说"，进而将体液与人的气质相对应，认为血液多的人属于多血质型，黏液多的人属于黏液质型，黄胆汁多的属于胆汁型，黑胆汁多的属于抑郁型。提出三元

图2—24 盖伦

气理论，认为肝脏产生"自然之气"，心脏产生"生命之气"，大脑产生"精神之气"，生命之气经肺动脉送达全身，精神之气通过神经送达全身，肝脏是血液运动的出发点，自然之气含于血液中流经全身，这三种气维持人的生命活动。认为空气中含有生命之源"灵气"（Pneuma），它通过肺进入左心室，随血液到达全身，肝脏产生的血液进入右心室，经心脏中间上的小孔，流入左心室，后流经全身消耗掉。

在中世纪，盖伦的学说得到基督教神学的赞许，到近代为止其学说一直统治着欧洲医学界。盖伦认为心脏的缩胀是负责呼吸的，对血液循环的认识也是错误的，这些错误观点在中世纪被基督教会奉为信条，直到1543年尼德兰医生、解剖学家维萨留斯（Vesalius, Andreas 1514—1564）以及后来英国医学家哈维（Harvey, William 1578—1657）创立血液循环说后才得以纠正。不过盖伦认识到空气中含有生命之源"灵气"的思想，与后来发现空气中的氧是维持生命的主要气体是相通的，这是他对生命学说的重要贡献。在医德方面他提出"医生是自然的使者"，还留有医学论著80余篇。虽然他的学说有不少错误，但他坚持的观察、实验、比较研究等方法已经是近代自然科学的研究方法了。

罗马的医学成就，还有公元30年哲学家、医学家塞尔苏斯（Celsus, Aurelius Cornolius 约 B. C. 35—A. D. 45）以希波克拉底著作和亚历山大里亚医学界的解剖学及外科学为基础，用拉丁语写成的《论医学》（*De re medeina*, 8 卷，1443 年被发现）；公元80年左右索拉努斯（Soranus）编写的《论妇科疾病》（*Gynaecology*）；公元90年左右第奥斯科里德（Dioscorides）编写的，在欧洲16世纪前一直

被奉为药物学经典著作的 5 卷本的《论药物》（*Material medica*）等。

罗马时期，由于战争频仍以及城邦的扩展，军事医学、医疗制度、公共卫生都有很大的进展。公元 14 年左右，罗马设立了最早的公立医院，特别是罗马实行了近 200 年的医生资格特许制，为后来的医院管理留下了经验。

### 五　兵器技术

罗马由于领土扩张、频繁的对外征战的需要，各种兵器如抛石机、石弓、攻城器、攻城槌等大量被制造出来，强化了冷兵器时代罗马人的作战能力。早期的罗马军队主要效仿希腊模式，但是他们发明了更为精巧的投掷兵器——一种短矛。这种短矛头部是铁制的，用木钉固定在短的木柄上，投出后经撞击木钉即会断裂。这是防止敌人重新使用的一项巧妙的设计，后来进一步将矛尖以下部分用熟铁制造，撞击后铁矛即弯曲而不能再使用。

图 2—25　带车轮的攻城锤（B.C. 7 世纪）

罗马人还发明了腹式重弩，其张力是普通弓箭的 2～3 倍，更大型的重弩必须用绞盘拉弓。此外还发明了用于射箭的直形弩和用于抛石的 V 形弩，二者结构大致相同，只是部件比例不同，都采用筋束或皮带作弓弦。

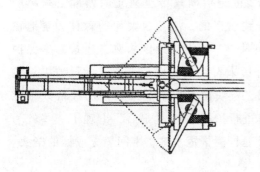

图 2—26　用于抛石弹的 V 形弩

古希腊时期的重要攻城器械是攻城槌，这种攻城槌到罗马时期还在大量使用。罗马人建造了一种用于攻城的塔楼，其下有带轮的底座，主体是一个 10～20 层的木桁架，士兵利用中间的梯子可以爬上高层。塔楼外蒙有兽皮或铁皮的木板，底部装有攻城槌，上部设有箭弩发射器。

## 第四节　欧洲中世纪农业技术的进步

### 一　欧洲的农业拓殖

5 世纪后，由于蛮族入侵，西罗马帝国的灭亡，以及而后 300 余年的战乱，欧洲的经济受到了很大的破坏。"这些蛮族烧掉庄稼，砍倒果树，拔去葡萄，抢劫仓库和地窖，把成群的俘虏和家畜带走，在他们的田园撒下荒芜和死亡"①，当时欧洲大部分地区仍是原始森林、荒地或沼泽地，在这里还居住着一些尚未开化的原始居民。自7世纪起，欧洲掀起了两次规模空前、历时持久的农业拓殖运动。为了恢复经济，发展农业生产，在一些开明的国王及基督教教会团体的鼓励和支持下，成千上万的隶农、小地主、蛮族移民到处开垦荒地和砍伐森林，这些新开垦的耕地已经伸展到易北河、北海、多瑙河一带。在开垦的土地上，除了种植各种谷物外，还饲养牲畜、蜜蜂，并开辟果园和菜地。

11—14世纪，欧洲开始了一次规模更大的农业拓殖运动。这是一场"历史上任何其他时间都还没有人想象过的伟大事业，这是历史上的重大事件之一，虽然历史学家们对它通常都不注意"②。正如第一次农业拓殖一样，许多宗教社团及封建主资助或参与了这一活动，并经常带头去开荒种地。新兴的城市市民对这一工作进行投资，而成千上万的开拓者——客农、外来农、除草人则为这一工作提供了必要的劳动力。

早在罗马帝国时期，就建造了规模宏大的农田灌溉系统，8世纪阿拉伯人将水稻种植技术引入意大利后，由渡槽供水的水田开始发展起来。但是这些地区山多，低洼地、沼泽、滩涂地多，排水成为一项获得农田的重要手段。寺院、君主、市民和农民组织起来修筑堤坝并成立排水协会，10世纪后，北欧的沼泽地排水首先在埃斯科河、莱茵河流域发展起来，12世纪后向东传至易北河西部、东部低地。在法国，农田的扩展是靠大量毁林开荒获得的，法兰西大片的森林、荒地在三个世纪内变成了草原、牧场和耕地。同时，一些沿海地区采取了建筑海堤保护农田的做法，从斯堪的纳维亚和中德意志运来石块修筑堤坝，形成大量被堤坝包围的"圩田"。中世纪早期的堤坝是用泥、石块简单堆筑起来，再用牲畜践踏压实的，后来在外堤处堆放大量成捆的海草进行护堤。15世纪后，出现了一些较为耐久性的护堤方法，其中常用的是在堤外处打两排短木桩，中间填充成捆的柴火，再用石块压紧。

在荷兰，由于引入了用马或风车带动的水泵，使沼泽地的排水工程有了很大进展。荷兰在1560—1700年间，有100种排水机械获得了专利，此外还有许多螺旋泵、涡轮泵等水泵也获得了专利。荷兰物理学家、工程师斯台文（Stevin, Simon 1548—1620）致力于排水机械的设计和制造，设计采用直角齿轮传动的抽水机于1589年获得专利。在法国和英格兰，围堤造田、排干沼泽以及在修筑河堤防止洪水泛滥方面均取得了很大成果。

在农业拓殖活动中，一些干旱地带加强了水力灌溉工程的建设，西班牙东部的蓄水池以及建于1179—1257年的伦巴底大运河都是这一时期重要的水利工程。

---

① ［法］P. 布瓦松纳：《中世纪欧洲生活和劳动》，潘源来译，商务印书馆1985年版，第27页。
② ［法］P. 布瓦松纳：《中世纪欧洲生活和劳动》，潘源来译，商务印书馆1985年版，第229页。

欧洲在中世纪时期，基督教得到广泛普及，宗教神权与世俗政权相结合，人们的思想受到压抑。但是8世纪后，许多宗教团体和修道院在欧洲经济的恢复和发展方面，特别是历经几百年的"拓殖"活动中，起到了积极的作用。一些僧侣和教职人员常常是农业改良的倡导者，而修士们大多是拓殖活动的直接参与者，并通过宣教活动号召贫苦百姓开荒种田，规劝以游猎为生的蛮族憎恨刀剑和征杀，把力量用于农业生产和畜牧上。"拓殖"运动使欧洲各地出现了大批良田和牧场，并使许多直到10世纪还处于采集狩猎的未开化民族，如斯

图2—27　排水用风车

拉夫人、罗马尼亚人和马扎尔人开始了定居的农业生活，一些荒凉地区变成了富饶的人烟稠密的农业区或牧区。

由于生活的稳定和农业的发展，欧洲人口迅速增加。农业的发展和人口的剧增，又促进了其他行业以及商业的繁荣，这一切都为资本主义在欧洲的兴起奠定了物质基础。

## 二　农业技术的进步

欧洲的农民为了避免和减少经常性的饥荒，在继承罗马农耕方式的基础上，根据自己的经验创造出一些新的耕作方式，广泛采取了定期休闲、轮耕及烧田法，一些地区开始从粗放耕种向集约耕种过渡。当时农民将耕地一般分为若干条状地块，为保持农田肥力，在这些条状耕地上一开始实行的是双区轮作制，即在一年中一半种植作物一半休耕，每年轮换一次。后来发展成更为合理的三区轮换制，即三圃制轮作方式。将耕地分为冬田、夏田和休耕三等份，冬田种植黑麦、小麦及燕麦等粮食作物，夏田种植大麦、油麦、牧草等饲料、酿造作物及豆类，其余1/3耕地休耕，每三年轮换一次。这种对耕地相当浪费的种植方法，是与当时施肥技术尚未发达的水准相适应的，人们只是凭借经验隐约地发现，种过豆类及牧草的农田再种小麦、大麦等收成要好些。这种三圃制耕作方法到9世纪就取代了传统的烧田法、二圃制、休耕制而遍及欧洲。这对施肥法尚不发达的中世纪，有力地保持了土壤肥力，到19世纪化肥出现前一直是欧洲的主要耕作法则。

饲料作物的种植，使家畜数量迅速增多，结果有可能给土地施用更多的有机肥料。兽医技术以及通过杂交改良品种的试验也在这一时期兴起，一些修道院和新兴的商人开始投资饲养家畜。当时的小牲畜仍在农业经济中占有相当的地位，

绵羊的养殖在英格兰、德意志、法兰西、西班牙、意大利受到广泛重视，出现了一些大型牧场和游牧放养的羊群，英格兰成为当时世界上最好的羊毛生产地区。许多国家为了满足商业和战争的需要，建立了养马场，并与外国马种进行杂交以培育良种马。

在作物的种类上，除原有的大麦、小麦、燕麦外，又从阿拉伯引入了荞麦，15 世纪后从新大陆引进玉米、马铃薯、烟草、向日葵、可可，从东方引进了菠菜、茄子等，地中海沿岸各国到处出现了种植柑橘、杏、苹果、梨等的果园。为了酿酒和制造葡萄干，葡萄的栽培也在 8—12 世纪从西班牙和德国向中欧一带传播。古希腊人和罗马人发明的啤酒和各种果酒，到 10 世纪已经成为欧洲人的日常饮料。为了使啤酒带有特殊味道，要加入药草及其他香料，15 世纪后则主要使用"啤酒花"，制成的啤酒略带苦味。这样，葡萄和"啤酒花"在中世纪已经成为一种很重要的经济作物，甚至一些修道院也在种植。

直到 18 世纪，欧洲人凭借经验才开始逐渐认识到施肥和松土的作用。除施用植物性肥料外，还使用了日益增多的动物肥料。英格兰实行了把绵羊放在土地上圈饲八周对土地进行施肥的方法；在法兰西，则施用石灰、泥灰岩、灰烬、草根泥和含石灰质的沙子来改良土壤。18 世纪，在市场上出售一种将骨粉溶于硫酸中制成的肥料，由于农民非常喜欢施用这种肥料，以至于将许多古战场的遗骨都挖出来制造肥料。直到 1837 年，德国的化学家李比希（Liebig, Justus von 1803—1873）通过对植物灰分的分析，才弄清施肥的化学原理以及施肥与作物生长的关系。

### 三 农具的改革

在公元后的 1000 年内，用 4 头雄牛牵引的重犁在欧洲已相当普及。

犁是人类从事农耕生产中最早出现的农耕工具，沿地中海周围传播开来的犁与北方蛮族所用的犁结构大体是一样的，需用人力使其保持适当的犁地深度。这对于较干燥的地区还是适用的，但对于西北欧黏性很大的土质就很难使用。公元6 世纪，西北欧出现了一种经过改进的铁制的大型日耳曼犁，这种犁的前面是用于破土的尖锐犁铧，后面有将犁开的土翻起来的拨土板，在犁的前面安有两个小轮，农夫可以较容易地保持一定的犁地深度，并增加对犁的控制性。由于犁地不再需要人力去控制犁地深度，因此这种犁逐渐大型化，牵引这种犁的雄牛数也增加到 6~8 头。这种重型犁对于欧洲在 11—14 世纪的土地开垦起了很大作用。

欧洲中世纪后期农业的发展，进一步促进了农具的改革。16 世纪，荷兰人发明了一种可以用两匹马牵引的轻型犁，并传入英国。到 17 世纪就出现了更为实用的双轮双铧犁。农具的制造也由专门性的作坊或商会来完成，兰萨姆商会在 1840 年前已经生产出 86 种各种形式的犁。

从技术发展的角度看，中世纪是古代与近代的重要纽带，农业、手工业、动力和运输业方面缓慢而明显地进步，为近代技术的兴起发挥了基础性的作用。

图 2—28　带拨土板的犁（14 世纪初）

## 第五节　欧洲中世纪的动力、建筑与军事技术

欧洲中世纪虽然从古希腊罗马人手中继承了不少技术成果，但是自主性创造性之物并不多，几乎所有西方能获得的最好的技术产品，大都来自东方，来自拜占庭、阿拉伯帝国，甚至是中国和印度。许多东方产品给欧洲人以启发而开始仿制。一些东方工匠的移居，带来了东方的技术和技艺，他们将东方的技术传统传给了欧洲的当地居民。

### 一　马的驯育

马是一种比牛更具灵活性的牲畜，但是驾驭马要比其他牲畜困难得多。马的驯化已有很久的历史，公元前 1000 年亚洲斯特普地区的游牧民族即开始骑马。公元前 4 世纪之前，为了使骑手骑坐稳当，开始使用一种用皮革制成的马衣，这种马衣用胸带和腹带固定在马身上。东方的一些游牧民族使用一种带软芯的马鞍，后传入罗马发展成一种骑坐更为舒适的鞍座。中国汉朝发明的马镫 4 世纪在中亚一带已相当普及，5 世纪左右中亚的一支游牧民族将马镫传入欧洲，被拜占庭骑兵队采用。马嚼子和马刺则是欧洲人的发明，希腊军事学家、历史学家克塞诺翁（Xenophon B. C. 430—B. C. 354）曾提倡他的部队采用。

在马掌上安装蹄铁，不仅可以防止马掌的磨损，也可以使马蹄与地面贴合较紧，提高马匹的牵引效率。公元前 1 世纪左右罗马的凯尔特人①就已经使用了蹄铁，然而直到公元 10 世纪后才在欧洲普遍使用。

马具的上述进步使马成为一种机动灵活、速度快捷的交通工具。人骑着马可以有效地传递信息，进行长途旅行和运输，骑术的发展也使骑兵队成为战争中最

---

① 凯尔特（Kelt）人，印欧语族一个分支，公元前 5 世纪至公元前 1 世纪活跃于中欧、西欧一带。

图 2—29  耕地（中世纪后期）

为灵活的机动部队，起源于古希腊的马拉战车逐渐被淘汰。

10 世纪前，由于当时使用的胸带和肚带配置不当，加之使用了驾牛所用的颈套，马的喉管受压使马的气力发挥不出来，因此作为牵引用的牲畜主要是牛。牛虽然驾驭简单，力气大，但动作迟缓，效率太低。10 世纪后，由于车辆及犁、铧等农具由原来的单辕向双辕发展，出现了垫肩的马轭，马开始广泛用于牵引车辆和农具。马在运输和耕作方面的使用，极大地提高了效率。马具的合理使用使马发挥的牵引力比用古代马具的马的牵引力提高了 3～4 倍。此后，马开始取代牛成为农业生产中的重要动力。

## 二  风车与水车

最早使用的风车可能源于阿拉伯的祈祷轮，这是一种利用风力吹动叶片沿水平轴旋转的机构。在哈里发奥马尔一世（Caliph Omar I）统治时期（634—644），一个波斯人曾为哈里发建造了一台"用风力驱动的旋转装置"。波斯的西北山区锡斯坦（Sistan，现阿富汗、伊朗一带）由于风常年不停，人们开始建造风车带动的磨盘制粉，这可以看作是东方风车的诞生地。阿拉伯历史学家马斯乌迪（Abu al-Hasan Ali ibn al-Hasayn Al-Masudi 896—956）于 947 年曾描述波斯锡斯坦地区风车的使用情况："锡斯坦地区是一片风吹不止的平原，这里的一个特色是用风驱动风车汲水灌溉院庭。"① 这一带最早使用了风车进行抽水和磨粉，风力磨粉机设在一些两层的土坯建筑物中，上端安设风车，下端安装磨粉机。这种风车是一种在竖立的轴上张挂多个帆的横式（卧式）风车，开始时仅限于波斯和阿富汗，不久后传遍伊斯兰国家各

图 2—30  波斯卧式风车

① ［英］辛格等：《技术史》第 4 卷，上海科技教育出版社 2004 年版，第 541 页。

地，用于碾磨谷物、抽水和榨甘蔗。

这种波斯卧式风车后经摩洛哥和西班牙（当时均属阿拉伯帝国）传入欧洲，到13世纪末，欧洲人仿照流传已久的维特鲁维奥水车的结构，将波斯卧式风车改变成单柱立式风车。这种风车很快在英格兰东部、德意志西北部以及挪威、俄罗斯的一些低海拔平原地区得到应用。也有人认为西方的风车是一种独自的新发明，它源于希腊的维特鲁维奥型水车，因为西方的风车和风翼呈螺旋桨形，可以全部承受风压，而且由于风翼表面可以经常处于一定风压

图2—31　单柱风车（14世纪早期）

下，因此可以连续转动，而东方风车的风翼仅一部分能承受风压，从空气动力学原理上看是属于完全不同的两种形式。

水车是中世纪另一种重要的动力机。水车在中世纪从最初的单纯磨粉动力演变为万能动力源，为此而发明了复杂的动力传输系统。1086年，在英格兰已经有5624台水车在运转，而在一个世纪前不足100台。水车除了作为磨粉动力外，还广泛用于驱动各种机械，切割大理石、粉碎矿石，在制材、缩绒、制革、榨油、制酒等方面均使用了水车。

### 三　建筑与城市给排水

在1200年前，中世纪的建筑主要是罗马式建筑的复兴，之后则是哥特式建筑的兴起和发展，东罗马则发展出独特的拜占庭式建筑。王宫、官邸、宗教及公共建筑，往往采用当时最先进的技术和材料，规模宏大，建筑与艺术结合完美，但是一直到中世纪末，一般民宅几乎没有什么大的变化。

（一）罗马式建筑

最早的罗马基督教教堂建筑，是一种长方形廊柱大厅，被称作 basilican。罗马建筑师维特鲁维奥对这种建筑的设计做出说明：长度为宽度的1.5倍，用两排柱子将大厅分隔成中厅和两个侧廊，每个侧廊的宽度都是中厅宽度的1/3。后来罗马许多城市的这类大厅式教堂，延续了罗马的建筑形式，一般由中厅和侧廊组成，入口处（西端）建有前厅，另一端（东端）建一后殿。

罗马帝国灭亡后的近500年中，欧洲建筑无论在设计还是建造方面，都远比不上罗马时期的建筑。穷人的房子是一些破烂的木屋或半地下的石屋，城市中大部分豪宅被破坏，整个中世纪仅留下两三座石构教堂，而英国根本就没有砖结构

的建筑。

675年，法兰西工匠利用高卢生产的玻璃，为英格兰芒克维尔莫斯教堂安装了窗玻璃，英格兰人由此学会了玻璃的制作和使用。7世纪末，约克大教堂也安装了窗玻璃，而不再用亚麻布或带孔的木板挡在窗户上。此后，窗玻璃开始普及。

1000年前后，由于欧洲封建社会日趋稳定，建筑业又活跃起来，圆拱的罗马式建筑成为建筑式样的主流，各地建造了许多罗马式的教堂、礼拜堂和修道院，如比萨斜塔、巴黎圣母院，甚至在城堡建筑中也大量采用罗马建筑式样。

图2—32 比萨斜塔（1063—1350）

（二）哥特式建筑

拜占庭时期叙利亚特有的尖拱建筑已存续了几个世纪，这种尖拱建筑被十字军传入欧洲后发展成哥特式建筑。哥特式建筑在1200—1540年流行于欧洲，法兰西的第一个哥特式建筑是1140年开始建造的位于巴黎附近的圣但尼修道院。在英格兰，从罗马式建筑向哥特式建筑的转换始于1174年，由法兰西建筑师主持建造的坎特伯雷大教堂，在穹顶上开始采用尖拱。到1200年后，尖拱与圆顶窗和圆顶门廊在一些建筑上混杂并存，之后开始向纯哥特式建筑过渡。

在文艺复兴时期的意大利，出现了许多哥特式建筑。佛罗伦萨由建筑师坎皮奥（Arnolfo di Cambio？—1302）设计，建于1296—1420年的圣母玛丽亚大教堂（Santa Maria del Fiore），也称佛罗伦萨主教堂。主教堂西南面，有一个高达84米的方型钟塔，是画家乔托（Giotto di Bondone 1267—1337）设计的。此外热那亚、米兰、威尼斯均建有许多哥特式教堂或纪念性建筑。

哥特式建筑结构比罗马式的建筑结构显得轻巧，墙壁、拱柱和拱顶也比罗马式的轻薄很多，建筑技术更加精致。罗马式的厚重的石屋

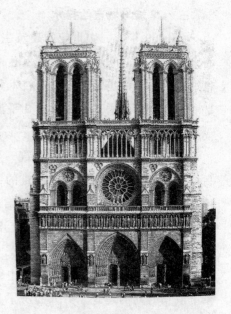

图2—33 巴黎圣母院（1163—1250）

顶变为石肋材，屋顶及上部向下的重力由排列有序的立柱或扶墙承载，不再像罗马式那样压在厚厚的石墙上。12世纪末，法兰西建筑家们发明了一种特殊的扶壁——飞拱，可以将中厅或侧廊的拱顶产生的巨大侧向推力转移到地面，这种飞拱在法兰西的教堂建筑中得到大量应用。

不少哥特式建筑采用了木框架结构的屋顶，屋顶架在用石料或砖砌的墙上，许多哥特式建筑采用结构复杂、造型艺术的窗框，其上装有彩色玻璃。铅制的檐槽也开始大量应用，在英格兰还有不少尖塔外包覆有一层铅皮，这些铅皮增加了对内部的保护作用。

图 2—34　圣母玛利亚大教堂钟塔

（三）拜占庭建筑

在同一时期，东罗马的拜占庭建筑师们继承了罗马穹顶式的建筑风格，运用了砖石结构框架，他们不仅用砖石建造巨大的墙体和半圆顶，连中心的穹顶也用砖石砌的肋材建造。此外，还用砖作为建筑的表面装饰材料，用砖石砌成各种几何图形和飞檐。

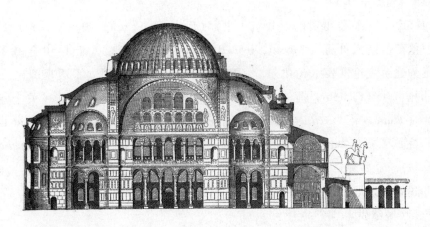

图 2—35　圣索菲亚教堂（君士坦丁堡，532—537）

为预防地震加强支撑，常在大理石柱的柱顶和柱角处加上金属圈，并水平地放入一块铅片，其墙由砖或石块砌成表层，内部填充碎石和混凝土，后来为强化结构又在墙体中置入结合用的木柱，在圆拱中嵌入铁质的连接梁。东正教是东罗马的国教，许多毁于战乱的宗教建筑特别是教堂都得以重建。

拜占庭最为辉煌的建筑成果是圣索菲亚教堂。圣索菲亚教堂始建于532年，

图 2—36　莫斯科圣瓦西里教堂
（1555—1561）

查士丁尼大帝请来小亚细亚特拉里斯城（Tralles）的安特米乌斯（Anthemius）和爱奥尼亚米利都城的伊西多（Isidorus）两位著名建筑师负责设计、监督这一工程。该工程动用 1 万多名劳工，耗资 32 万磅黄金，从各地进口十几种不同种类的精美的大理石及大批金、银、珠宝用于装饰，历时 5 年于 537 年 12 月 26 日完工。该教堂主体是一个 250 英尺长、225 英尺高的希腊式十字架结构，十字架四个末端各有一个小圆顶，中间圆顶置于十字架交叉处的扶壁上，顶点高 180 英尺，直径达 100 英尺，圆顶由 30 块辐辏型的砖质嵌板组成，这一结构成为建筑史上一大创举，厅内装饰金碧辉煌，成为当时最负盛名的宗教建筑。

此后查士丁尼大帝又在君士坦丁堡建了 26 座教堂，全国教堂达到上千座。这些教堂是拜占庭建筑的典范。一直影响到近代俄罗斯及东欧许多国家的建筑式样。

（四）建筑著作

1416 年，维特鲁维奥的《建筑十书》（De Architectura）被重新发现后，出生于佛罗伦萨的阿尔贝蒂（Alberti，leon Battista 1404—1472），于 1450 年基于维特鲁维奥的建筑理论发表《论建筑》（*De re aedificatoria*），创立了透视理论。10 年后，菲拉雷特（Filarete，即 Antonio Alverlino 约 1400—1469）写成《关于建筑的论文》（*Trattato d'architettura*）。塞巴斯蒂安·塞里奥（Sebastian Serlio 1475—1534）完成了多卷本的《建筑和透视法全书》（*Tutte l'apere d'architetturo，et Prospetiva*）。这些建筑著作的出版，既是对中世纪欧洲建筑的总结，也进一步促进了欧洲建筑的发展。

（五）城镇供水与公共卫生

西罗马帝国灭亡后，城镇中的给排水设施损坏严重，由于长期对给排水缺乏资金投入和有效监督，城市卫生状况日趋恶化，街道排水沟中堆满垃圾，污水排放困难。巴黎在 1190 年修建城墙时，开始使用铅水管将圣劳伦斯修道院蓄水池中收集的泉水输送到巴黎市区，该修道院还修复了一条长 1100 米的石砌引水管道，其主要引水管向公共喷泉供水。1404 年，法王查理六世（Charles VI 1368—1422）采取强力措施防止塞纳河的污染，并关注供水的卫生问题。1348 年及之后在欧洲流行的鼠疫，促使英国于 1388 年颁布了第一个城市卫生法案，该法案禁止人们把污物和垃圾扔进排水沟、河流等水域中。

中世纪的许多城镇还保留了一部分罗马时期的引水管，9 世纪后，一些修道院承担起城镇给排水的工作，到中世纪后期，市政当局和市民组织开始取代神职人员，负责城镇的给排水工作。

### 四　军事技术

在中世纪早期，日耳曼人即学会了罗马兵团的头盔和铠甲制作技术。9 世纪后，骑兵的铠甲开始采用灵便的锁子甲，这种锁子甲可以很好地保护头颈和肩部。到 12 世纪，锁子甲的制作技术已相当精湛，头盔只露出眼睛和鼻孔，甲胄由铁条弯制铆接而成。到 14 世纪，出现了用铁甲片包覆全身、设计精美的铠甲。

10 世纪时，出现了一种灵便的手弩。这种手弩尾部装有脚蹬，弓手只要用脚向下踩脚蹬，弓就弯曲，弦同时被拉开。12—14 世纪，手弩得到了广泛的使用，此后精巧的钢制弩开始出现，很快成为欧洲各国部队的主要兵器。中世纪还大量使用投石机和大型的"弩炮"。投石机是中世纪重要的军事装备，曾在多次战争中使用。

图 2—37　拉梅利设计的弩炮（1588）

法国宫廷医生吉多（Guido da vigevano 1280—1350）做了许多精巧的机械设计，他设计出既可以用人力转动曲柄也可以借助于风力前进的封闭式战车，并最早设想用零部件互换的方法装配桥梁和进攻用的塔楼。

中世纪末期，起源于中国元朝的火器开始由阿拉伯传入。早期的火炮体积不大，仅有 20～40 磅重，到 14 世纪重量也只有 140 磅左右，铸造炮身的材料是青铜或黄铜。14 世纪后火炮开始大型化。一些火炮还采用将许多铁棒顺行排列外加铁箍形成筒状炮身的制造方法。火炮一端是封闭的，其外还有防止炸裂的铁环。这时的炮弹主要是球形石弹，用导火索点燃预先从炮口装入炮身中的黑火药包，将球形石弹发射出去，其作用与抛石机类似。

14 世纪中叶，欧洲出现了一种可以顺序发射的排枪，这种枪由安装在木架上的多支枪管组成，已经采用后填火药的方式。到 15 世纪初，在木基座上安上小型枪管制成最早的手枪。

在 14 世纪末之前，由于火药价格昂贵，火器制造困难、发射复杂、射程有限，石弹的杀伤力也不大，因此火器对战争并无太大的影响，传统的手弩及铠甲仍在大量使用。进入 15 世纪后，由于火器制作技术的进步，火器才在军队中流行起来，并逐渐成为在战争中起决定性作用的武器。

## 第六节　阿拉伯帝国的技术

### 一　阿拉伯帝国的技术与经济

阿拉伯帝国王朝虽然几经更迭，但是其经济发展是稳定的。哈里发（国王）鼓励人们治理沼泽湿地开垦农田，为灌溉沙漠中的农田修筑了许多运河，抽水机、水车等均已引进。在穆斯林统治下的西班牙，除建有大型水坝外还修有许多暗渠，这些暗渠与竖井相结合以引导地下水。这种用暗渠引水的方式在阿拉伯各地均很流行，在沙漠边缘还修筑了大量防沙墙以阻挡沙害。在农业方面，阿拉伯人已经广泛栽种各种谷类、麻、棉、蔬菜以及枣、桃、杏、石榴、柠檬、柑橘、香蕉等水果。其中柑橘、甘蔗、棉花均是 10 世纪前从印度引进的，后来由十字军传至欧洲。到 10 世纪，阿拉伯世界已经形成波斯南部、伊拉克南部、大马士革及撒马尔罕四片富庶的农业地区。

中国的蚕种传至中亚后，很快传至阿拉伯地区，一些地区开始养蚕，但畜牧仍然是沙漠地区的主要经济手段，牧民们饲养放牧牛、羊、马、骆驼。

随着农业与手工业的分离，城市的扩展，商业、贸易和金融业随之发展起来。阿拉伯商人依靠骆驼、马队进行长途贩运。以巴格达为中心，道路四通八达。由于交通通畅，商贸极为繁荣，驼队可以从中印边界直达波斯、叙利亚、埃及，沿途设有旅舍供商旅休息。为了发展航运，历届哈里发非常注重开凿运河，在巴格达附近开凿的运河将幼发拉底河和底格里斯河连通，巴格达、巴士拉、亚丁、开罗、亚历山大里亚等都是阿拉伯海上贸易的重要港口。阿拉伯商贸不仅垄断了地中海、里海，而且经波斯湾直达印度、锡兰、中国的广州和泉州。这种商贸活动到 10 世纪达到顶点，欧洲的许多商贸词汇如关税、仓库、市场、运输等术语，均来自阿拉伯语。

由于阿拉伯地区盛产羊毛、驼毛和麻类，阿拉伯的纺织业十分发达，亚丁的毛织品和大马士革的麻织品是重要的出口物品。

阿拉伯帝国的采矿业发展也很快，许多金、银、铁、铅、锑、水银、石棉等矿藏均得到开采，阿拉伯工匠们发明了著名的经高温精炼的大马士革钢，用这种钢制成的阿拉伯刀剑，曾盛极一时。

在建筑方面，阿拉伯人创用了土坯墙外贴马赛克的建筑方式，在建筑式样上模仿罗马的圆拱形结构创造出独具特色的阿拉伯建筑式样，遍布全国的清真寺建筑均采用了这种建筑式样。

图 2—38　圣岩清真寺（耶路撒冷，688 始建）

### 二　炼金术的起源与阿拉伯人的贡献

炼金术的历史十分悠久，炼金术最早盛行于古埃及，公元前 4 世纪左右古希腊及中国都出现了炼金术。炼金术从表面上看是将铅、锡、铜、铁、水银等贱金属通过一定的操作变为金、银等贵金属的工艺，其实质反映的是人类早期对物质认识的神秘主义。炼金术一词（英语 alchemy，阿拉伯语 alkimia）可能来自"埃及人的技艺"或希腊语的"金属熔融冶炼"。古埃及工匠们在一种神秘意识的支配下，致力于金属的着色和人工宝石的制造，由此发明了玻璃的炼制方法，还弄清楚了许多矿物和植物的性质。

古希腊的炼金术受哲学家亚里士多德（Aristotle B. C. 384—B. C. 322）的思想影响很大，亚里士多德认为，物质世界的基础是始源物质，即"第一质料"，组成物质世界本原的火、气、水、土四元素，在冷、热、干、湿的作用下，形成万物，并认为"烟状蒸发物"形成非金属矿物，"雾状蒸发物"形成具有可融性和可锻性的金属。古希腊的炼金术以亚历山大里亚为中心，炼金术士们制作了各种炼金术器械，发明了熔炼、蒸发、熔解、结晶等方法，构建了炼金术的相关理论。

中国的炼金术起源于公元前 4 世纪的阴阳家创始人邹衍，他为了国家的繁荣而秘密实验炼金。公元前 180 年左右的汉文帝刘恒（B. C. 202—B. C. 157）认可炼金术，可惜炼金术士耗用了大量的时间和财富，也未能炼出黄金。公元前 144 年，汉景帝刘启（B. C. 188—B. C. 141）发出敕令，对制造假币和假黄金的人公开处以极刑。不过 11 年后的公元前 133 年，中国的炼金术出现了转折。有位炼金

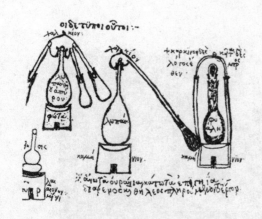

图 2—39　古希腊炼金术用的蒸馏
与加热装置

术士向汉武帝刘彻（B.C.156—B.C.87）宣称，他发现了只要向炼金炉的女神祈求，即可得到长生不老的秘密，并宣称只要将辰沙（又称朱砂，HgS）变成黄金，使用这种黄金制成的餐具即可长生不老。汉武帝对长生不老术非常相信，亲自向炼金炉女神祈求长寿，还派人到大洋深处的蓬莱岛寻求仙人。自此炼金术在中国变成了炼丹术。虽然官至谏大夫的刘向（B.C.77—B.C.6），因为未能炼出仙丹而被皇帝处死，但是炼丹术很快即被新兴的道教所接收，许多道士成为著名的炼丹术士，并留有许多炼丹术的著作，如公元 2 世纪东汉魏阳伯（约 151—221）的《周易参同契》、东晋道士葛洪（284—364）的《抱朴子》等。一些著作中记载了一些物质放在一起炼制时会爆燃，由此导致了后来黑火药的发明。不过在地中海及阿拉伯炼金术急速发展时，中国的炼丹术却走向衰亡。

图 2—40　炼金术作坊

从 8 至 17 世纪中叶，英国、法国、意大利、德国以及美国等欧美国家伴随着神秘主义思潮的盛行，炼金术进入鼎盛时期，上至教皇、国王、贵族，下至一般僧侣、工匠，不少人都在从事炼金活动，他们相信"哲人石"可以点石成金，相信"魔杖"可以寻找地下矿藏。英国著名的哲学家、创用"经验科学"一词的 R. 培根（Bacon, Roger 1214—1294）、致力于调和宗教信仰与医师职业关系的医学家布朗（Browne, Sir Thomas 1605—1682）、近代力学的集大成者牛顿（Newton, Sir Isaac 1642—1727）等都是虔诚的炼金术士。

阿拉伯帝国（唐朝时称"大食"）与唐朝东西对应，是当时世界上两个疆域最大的国家。两国间既有战争但更多的是民间的贸易和交流。

阿拉伯炼金术士接受了古希腊的物质观念，更受到中国炼丹术及印度、波斯炼金术的影响。阿拉伯人利用自己掌握的玻璃制造技术，创制出许多用于炼金的玻璃器皿，更开创了用天平计量的定量精确的物质反应、混合方法，制成蒸馏皿发明了蒸馏法，还创用了许多新的词汇如酒精（alcohol）、碱（alkaloid）等化学名词。阿拉伯许多从事医学和化学的人都在从事炼金术的研究。

早期的阿拉伯炼金术士注重研究自然，注重实验方法，有许多炼金术著作问世。贾比尔·伊本·海扬（Jabir ibn Hayyan 721—815）即后称为贾伯（Geber）的炼金术士，学识渊博，著有《物性大典》（*Kitābu-Taj-*

图 2—41　阿拉伯炼金术用蒸馏皿

*mi*）、《东方水银》（*al-Zibaqul-Shargī*），书中提出了许多无机酸的制造方法，如用胆铜、硝石、矾土加热制造硝酸，蒸馏明矾制造硫酸，将硝酸与盐酸混合制造"王水"（强水）等。他将自然界物质分为植物性、动物性、矿物性和衍生性四类，并提倡炼金术要注重实验。阿尔·拉泽（Abū Bakr Muhammad b. al-Rāzī 865—965）即拉泽（Rhazes），是阿拉伯著名的医学家和炼金术士，受萨曼王朝（Saman）① 曼苏尔（Masūr ibn Ishaq 961—976 在位）招聘，著《曼苏尔医书》（*Kitābut-Tibb al-Mansūrī*，拉丁语 *Liber Almansoris*）10 卷，其中以对天花、麻疹的研究而闻名。一生著述甚丰，著有医书、炼金术著作 140 余部，其中炼金术著作 12 种。与贾伯一样，他倡导实验，在炼金术著作中对炼金用的仪器设备如风箱、坩埚、烧杯、平底蒸发皿、沙浴、焙烧炉等作了详细介绍，在炼金术著作《密典》（*Kitābul-Asrār*）中，收集了当时的许多化学知识，在 12 世纪被译成拉丁文而流传欧洲。可惜因未能炼出黄金，被曼苏尔毒打以致失明。

伊本·西那（Abu Ali ibn Sina 980—1037）拉丁文称阿维森纳（Avicenna），

---

① 萨曼王朝是 9 世纪由伊朗豪族乘阿拔斯王朝内乱而创建的王朝。

图 2—42　阿维森纳

是一位医术高明的医生，还精通哲学、文学和其他自然科学，是一位集阿拉伯炼金术、医学和哲学为一身的人物，留有许多著作，在其代表性医学著作《医学典范》（al-Qānūn fial-Tibb）中，将无机物分为四类：石、可燃物、硫和盐，认为汞是金属的精灵，硫可以使金属变性，并认为金属不可能互相转化，炼金术获得的只是贵金属的合金或只能使之带有贵金属的颜色。

阿拉伯人的炼金术著作传入欧洲后，对欧洲炼金术、医药化学产生了很大影响。欧洲和阿拉伯的炼金术，是在人们特别是贵族、庄园主、部落首领、教会为贪求财富而鼓励、资助下的一种非科学性活动，但炼金术士们在长期实践中增加了对自然物特别是对各种金属和非金属的认识，如中国黑火药的发明就是炼丹术试错法的结果一样，阿拉伯炼金术与医术的结合也发明了不少新的药物及其制法，其很多实验器具和操作方法都成为近代化学兴起的重要条件。

### 三　阿拉伯医学

阿拉伯人在自己民族长年生存中所积累的医学知识的基础上，吸收了古希腊罗马如希波克拉底和盖伦的医学，同时也吸收了古波斯和印度的医学，形成了自己独特的一套医学知识和防病、治病的理念与方法。

在阿拉伯医学界影响较大的是拉泽、马朱锡（Ali ibnùl-Abbās al-Majusi ？—994）和阿维森纳。拉泽继承了古代医学的科学传统，反对迷信和巫术，提倡对病情的观察，强调人自身的免疫能力以及饮食与环境的影响，除著有《曼苏尔医书》外，还著有作为阿拉伯临床医学经典的《医学集成》（al-Hāwi）25 卷。马朱锡出生于波斯，首次提出婴儿不是靠自己的力量，而是靠母亲子宫肌肉收缩而娩出的，著有由 20 篇医学理论和医学实践的总结组成的《医术之鉴》（Kāmil al-Sinā'ah al-Tibbiy-ah），被译成拉丁文，流传达 5 个世纪之久。

阿维森纳出生于现乌兹别克南部的布拉哈，少年时学习了数学、哲学、诗歌、欧氏几何、逻辑学和医学，17 岁即担任了医师。著有《医学典范》（Kitabush-Shifa）5 卷，第一卷理论医学，第二卷药剂学，第三卷记述各种疾病及其疗法，第四卷论全身性疾病，第五卷药剂制备与配合。书中第一次对医学作了定义，他认为医学是"保持健康，探求人体内致病原因以治疗疾病"的学问。他与拉择同样重视环境因素，如空气、水、食品、睡眠、休息、运动、人的情感等对身体健康的影响，注意探究身体内各要素（阿维森纳认为人体内由四种元素：冷、热、干、湿；四种体液：黏液、黑胆汁、黄胆汁和血液；两种精气：动物精气、生命精气等要素所构成）的平衡，为此通过尿液检查、脉搏等了解这些要素的失衡状况，进行病理诊断。书中还论及卫生学和预防医学以及灌肠、泻下、放血、烧灼等具体方法，专门论述了特殊病例和病人发热类型，以及胸膜炎、脓胸、花柳病、天花、麻疹和各种外科疾病，发现了肺结核的传染性，记载了760多种药品。12世纪拉择和阿维森纳的医学著作传至欧洲后，直到17世纪一直是欧洲各大学医学院的主要教材或参考书。

在外科学方面西班牙南部阿拉伯地域的阿布尔加西斯（Abulcasis ？—1013），著有一部百科全书性质的《手册》（Tesrif, al-Tasrif），最为著名的是其第30章记述的外科学。他认为阿拉伯外科学进展缓慢的原因是阿拉伯医学缺乏解剖学，强调烧灼术在外科特别是治疗中风、癫痫、肩关节脱位的作用。描述了截石术、疝切除术、腹部外伤的外科治疗以及环锯术、截肢和甲状腺肿大、痔疮瘘、动脉瘤手术，对当时外科手术所用的器材逐一作了介绍。

此外，在眼科学上阿拉伯人也取得很多成就。开罗天文台的阿尔汉森（Alhazen, Abu Ali al-Nasan ibn al-Haitham 965—1039）对眼球的结构功能进行了研究，创用了"角膜"、"视网膜"等眼科术语，著有《光学》（On optics）一书。阿里·伊本·伊萨（Ali ibn Isa）拉丁名为杰苏·哈里（Jesu Haly）所著眼科学专著《眼科医生备忘录》（Tadhkirat al-Kahhālin），是欧洲和阿拉伯世界的标准眼科学教科书。

阿拉伯帝国各地都有政府开设的医院，医院中设有病房、图书馆和讲演厅，配有齐全的医务人员，因此这些医院不仅为患者治病，还从事医学教学和研究工作，而且医师都有很高的社会地位，许多医生同时也进行哲学及其他科学的研究。

### 四  中国"四大发明"的西传

由于造纸术西传欧洲较早，在19世纪西方学术界仅承认中国的"三大发明"，即印刷术、火药和指南针对欧洲近代社会的贡献。马克思（Marx, Karl Heinrich 1818—1883）指出："火药、指南针、印刷术——这是预告资产阶级社会到来的三大发明。"① 英国哲学家F. 培根（Bacon, Francis 1561—1626）认为："这三大发明……它们是：印刷术、火药和磁铁。因为这三大发明改变了整个世界许多事物的面貌和状态，首先在文学方面，其次在战争方面，第三在航海方面，并由此产生无数变化，以致似乎没有任何帝国、任何教派、任何星辰能比这些技术发明对人类事物产生更大的动力和影响。"②

---

① 《马克思恩格斯全集》第47卷，人民出版社1979年版，第427页。
② ［英］F. 培根：《新工具》第1卷129条，许宝骙译，商务印书馆1997年版。

图 2—43  巴格达的造纸工人

（一）造纸术

中国造纸术发明后，很快向周边地区传播。2 世纪后半叶，中原造纸匠人即在现越南境内开始制造麻纸。4—5 世纪，在朝鲜的东浪郡已制造麻纸，日本在推古天皇十八年（610）也开始造纸，西藏则于650年开始造纸。中国造纸术在 7—8 世纪传至印度，13 世纪传至缅甸。

图 2—44  欧洲最早的造纸工
（1568）

造纸术的西传经历了由"丝绸之路"首先传向西亚再由阿拉伯人传至欧洲的过程。造纸术传至阿拉伯始于 751 年，唐朝安西节度使高仙芝率军与大食（阿拔斯王朝）军队在今哈萨克斯坦首都塔什干东北的江布尔（旧称奥里阿塔，Aulie-Ata）激战失败后，唐朝随军的造纸工匠被俘，把造纸术传入撒马尔汗，并在那里开办了阿拉伯世界的第一个造纸厂，其后在阿拉伯各地陆续开办造纸厂。794 年，巴格达在中国匠人指导下创办了造纸厂，生产的都是麻纸。阿拉伯人的造纸工艺大体为，麻布去污、碱水蒸煮，再用石臼、木棍或水磨碾烂，将纸料与水配成浆液，以细孔纸模抄制成湿纸。用重物压平、晒干成纸，与中国中原区的麻纸制造工艺基本雷同。

欧洲最早的造纸厂是 1150 年在阿拉伯治下的西班牙萨迪瓦（Xativa）建立的，西班牙独立后于 1157 年在维达隆（Vidalon）又建立了第二家造纸厂。1276年，意大利在蒙地法诺（Montefano，今称 Fabriano，Marehe）建立了第一家造纸厂，于 1282 年首创带水印的纸，1293 年又在博洛尼亚建第二家造纸厂。此后造纸术在欧洲迅速传播，到 17 世纪各国几乎都拥有了自己的造纸厂。这些造纸厂生产的纸，其工艺水平不高于中国的唐代，都属于麻纸，纸张厚重，表面不光滑，而且纸幅最大的仅为 2.4 英尺×4 英尺左右。

造纸术传至欧洲后，在造纸工艺上随着欧洲近代技术的发展而有了若干新进展。11 世纪中叶，西班牙人发明了使用风车的捣碎机，这种捣碎

图 2—45　制备造纸原料的捣碎机（1579）

机在 17 世纪被荷兰人进一步改革，提高了制造纸浆效率近 7 倍。18 世纪初出现了荷兰式打浆机，改变了捣捶成浆的工艺，使造纸过程开始走向机械化。1798年，法国人尼古拉斯－路易·罗伯特（Nicholas-Louis Robert 1761—1828）取得手摇抄纸机的专利。他的设计思想是，随着手轮的摇动，让纸浆在网带上流动，纸页就可以不间歇地被抄制出来。1805 年，英国机械工程师唐金（Donkin，Bryan 1768—1855）按照这一设计思想，把造纸机按生产流程分为铜网部、压榨部、干燥部以及卷纸部，研制出一种长网形造纸机。这种造纸机将木浆与添加剂的混合物送到一个可以振动的带细网眼的传送带上，大部分水分在传送带上被滤掉，形成一层厚薄均匀的湿纸带，经过一系列辊子滚压去掉剩余的水分，再经过一个热圆辊烘干，最后经过一个更热的辊子压光，即可得到质地优良的纸。造出的纸可以卷绕成卷，开始了纸的连续卷绕生产。在此之前，纸是用抄纸盘单张生产的，而且造纸材料主要是破布、旧衣物。1866 年，美国人蒂尔曼（Tilghman，Benjamin Chew 1821—1901）取得将木材用亚硫酸氢钙和二氧化硫溶液在受压系统中制造纸浆的专利。这种制浆法所制的纸浆颜色较浅，可不经漂白直接用于生产许多品种的纸，且成本较低。1874 年世界上第一家亚硫酸盐制浆厂在瑞典投产。1884年，德国出现硫酸盐木材制浆技术。这些技术的发明开辟了用木材作为主要造纸原料的途径。

（二）印刷术

中国雕版印刷术发明后，开始向周边国家和地区朝鲜、日本、越南及东南亚

图2—46　18世纪法国造纸作坊

各国传播。13世纪末，意大利旅行家马可·波罗（Marco Polo 1254—1324）将中国用雕版印刷的纸币带回欧洲，引起了欧洲人的注意。元朝用雕版印刷的纸币，在中亚各国广为流通。到14世纪末，德国等一些国家开始用雕版印刷宗教图画，这些图画常是图文并茂，即上为图下为文字。但由于雕版印刷不太适合欧洲通用的拼音文字，对二十几个字母即可解决所有的词汇的欧洲拼音文字来说，活字印刷显然是方便的，因此，雕版印刷在欧洲的流行并不广泛。

中国在宋朝发明泥（陶）活字后，是否西传并不清楚。在意大利、尼德兰和德意志这些雕版印刷发达的国家，曾使用木活字印刷书物，由于木活字强度有限，遇水易膨胀变形，且刻小号字十分困难，此后许多人尝试金属活字，到15世纪中叶，古腾堡（Gutenberg, Johannes Gensfleisch zur Laden zum 约1394—1468）成功地研制成用铅、锡、锑合金铸活字技术，并发明适合印刷的油墨、螺旋印刷机后，活字印刷技术在欧洲飞速发展起来，随之更为先进的平板印刷机、滚筒印刷机、铸字机、蚀刻制版等技术被发明出来。19世纪末，欧洲的这些先进的印刷技术开始传入中国。

（三）指南针

10世纪后，配有指南针和各种火器的宋朝远洋船舶往来于南中国海、印度洋和波斯湾各地，进行海上贸易，开辟了海上丝绸之路。同时，许多阿拉伯商船也到中国进行贸易。当时中国沿海的许多口岸城市有许多阿拉伯人侨居，更有不少阿拉伯人与中国人通婚而定居下来。中国的指南针在1160—1170年间传入波斯，经阿拉伯于 1170—1180 年传入欧洲。1190 年传入英国、法国、西班牙，1220 年传入荷兰、德国，13 世纪传入印度，15 世纪传入朝鲜，17 世纪传入泰国，18 世纪传入日本。传入欧洲的既有水罗盘也有旱罗盘，13 世纪后欧洲人重点发展了旱罗盘，制成结构精致且有较好防晃能力的航海罗盘。这种罗盘对 16 世纪后欧洲人的"大航海"起了重要作用。随同指南针一同传至欧洲对欧洲航海起了重要作用的，还有中国的船尾舵和水密舱等船舶结构装置。

（四）黑火药

中国的黑火药制造技术大约是在 13 世纪传入欧洲的。1234 年，金朝为元朝所灭亡，其都城南京（今开封）等地制造火药、火器的工匠被蒙古军俘虏且编入蒙古部队中，为蒙古军制造火药和火器。1235—1244 年蒙古军第二次西征，占领了阿拉伯帝国的中亚及西亚大部分领土，同时攻陷莫斯科，占领波兰、匈牙利，在所征服地区建钦察汗国。第二次西征中，配备了火炮、火箭等火器的蒙古军已达到所向披靡、锐不可当的程度，由此使仍处于冷兵器时代的阿拉伯人大为惊恐，开始设法探求中国的火药、火砲技术。阿拉伯博物学者伊本·白塔尔（Abdullah Ibn Ahmad，Ibn al-Baytar）于 1248 年所著《单方大全》（*Kitab al-Jami fi al-Adwiya al-Mufradi or Treatise of Simple Drugs*）一书中，记载了称作"中国雪"（thalj al-Si-ni）、"亚洲石华"（Asiyūs）和"巴鲁得"（barud）的硝石。阿拉伯人至迟在 13 世纪中叶即制造出火药和火器。

为了打通中国与西亚、欧洲的贸易通道，蒙古军于 1253—1259 年又进行了第三次西征，1258 年攻陷阿拔斯王朝首都巴格达，结束了阿拉伯帝国的统治。之后又攻占美索不达米亚、波斯、叙利亚，在所征服地建伊利汗国（1260—1353），定都位于波斯的大不里士（Tabriz），不但使中国的火药、火器技术传入阿拉伯腹地，而且这里很快成为东西方文化的集散地，许多中国书籍被译成阿拉伯文，成书于 1285 年的《马术与战争策略大全》（*Kitāb al-Furūsiya wa al-Munasab al-Har-biya*）一书中，介绍了各种火器及火药的制法，其中许多知识来自中国。

在蒙古军向中亚、西亚、欧洲的征战中，所需火药、火器则是在占领地就地生产，许多当地人参与了这一工作，这也使中国的火药、火器制造技术很快西传。根据中国科学院自然科学史研究所潘吉星先生的研究，10 世纪中叶在中国兴起的火药、火器制造技术，在陆路上分为两支传入欧洲，一支是经敦煌、撒马尔汗于 1240—1260 年传入波斯，再传入意大利（1326）和埃及（13 世纪），另一支经外蒙传入莫斯科（1342）、德国（1330）、法国（1340）、英国（1341）和西班牙（1371）。在东方，于 1270—1280 年传入朝鲜，1250—1280 年传入越南，1460 年传入印度，1543 年传入日本。[①]

① 详见潘吉星《中国古代四大发明——源流，外传及世界影响》，中国科技大学出版社 2002 年版，第 10 章。

到 1320—1330 年，欧洲人在莱茵河下游一带开始制作黑火药，用可锻铁或铸铁铸造成"射石炮"。到 14 世纪后，欧洲已经制造出各种火铳、火箭、手榴弹等，使欧洲的火器开始向近代火器发展。1350 铸造的青铜炮成为火炮的主流。

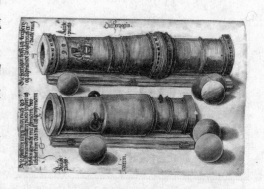

图 2—47　射石炮（1502）

火器及火炮的使用，对近代的科学技术发展产生了重大影响。

首先，它促进了冶金技术的发展和机械加工技术的进步。由于枪炮在发射中要承受较大的爆炸压力，因此在铸造中要求有较高的技术水平而且炮身的镗孔技术是个关键。16 世纪前使用的是一种由人力或水力驱动的水平镗孔机。1603 年，在西班牙出现了立式镗孔机，这类镗孔机无论加工精度还是效率都还不高，直到 1770 年后，英国技师斯米顿（Smeaton, John 1724—1792）和威尔金森（Wiluinson, John 1728—1808）发明了可以精密加工内孔的机械——镗床后，炮身加工技术才得到解决。与此同时，还出现了加工枪炮的各种专用设备。

其次，它直接促进了科学家们对抛物运动、弹道学、重力及碰撞、冲击等力学问题的研究，由此也促进了科学工作与技术工作的相互理解与合作。

最后，促进了部件与工具的标准化。早期的枪炮，使用各自的专用炮弹及子弹，但人们很快就注意到标准化问题的重要性。1697 年，法国最先对炮身口径及炮弹重量标准作出详细规定，而此前，无论是炮身口径还是炮弹重量都是很随意的，根本没有互换性。

图 2—48　战争中的射石炮（1453）

# 第三章　中国古代的技术文明

## 第一节　从殷商至春秋战国

### 一　概述

中国是一个具有悠久文化传统的文明古国。在一个相对封闭的地域内，中华民族创造了灿烂的中华文化，这种独特的东方文化不但对周边国家和民族产生着持久性的影响，还影响到遥远的欧洲。

按中国古代传说，公元前 2500 年左右，以黄帝为首的姬姓部落大败以炎帝为首的姜姓部落，黄帝成为中原地区最早的部落联盟首领。后来又出现了尧（号陶唐氏，名放勋）和舜（号有虞氏，名重华）等父系氏族社会的部落首领，当时皇位还不是世袭制而是禅让制，即选择部落中有能力的人继承王位①。舜选择了治水有功的禹（姒姓，名文命，字高密，号禹）作为其继承人。禹于公元前 21 世纪左右建立夏朝，开创了王位世袭制。夏王朝历经 500 余年，最后夏王桀被商所灭亡。但是，至今还没有发现商灭夏的遗迹，只是在司马迁编写的《史记》中有文字记载，因此上述王朝还只是传说中的王朝。夏朝存在的时期，相当于龙山文化时期。

图 3—1　黑陶罐（龙山文化）

商朝大约开始于公元前 16 世纪，后来商朝开国皇帝汤（又称武汤）的九世孙盘庚将都城从奄（现山东曲阜东）迁至殷（现河南安阳西北），商朝由此开始了兴

---

① 按《现代汉语词典》（商务印书馆，2002 年版）附录《我国历代纪元表》，从约公元前 30 世纪初至约前 21 世纪初，是黄帝、颛顼、帝喾、尧、舜的"五帝时代"，每个"帝"在位竟达 180 年，显然，这是难以置信的。

图 3—2 甲骨文

图 3—3 刘鹗

盛时期，此后的商也称"殷"。

19 世纪前，安阳地区的农民在耕地时经常挖掘出一些甲骨片，当时中医称为"龙骨"，碾碎入药。19 世纪末，著有《老残游记》的北京学者刘鹗（字铁云，1857—1909）发现这些"龙骨"上刻有文字，他大为惊奇。这是"甲骨文"的最早发现。他开始大量收集"龙骨"，并于 1903 年出版了他所收集的甲骨汇集《铁云藏龟》。京师大学堂的罗振玉（字叔蕴，1866—1940）自 1906 年派人去安阳进一步收集甲骨，辛亥革命后逃去日本与考古学家王国维（字伯隅，1877—1927）对甲骨文进行了潜心的研究，并初步判读，由此揭开了殷商文化的历史。1928 年后，中央研究院历史语言研究所的董作宾（字彦堂，1895—1963）开始有计划地对安阳进行发掘，到 1937 年日军大举侵华为止，共进行了 15 次大规模发掘，得到 10 万余甲骨片，从中推算出商朝各王朝的更迭时间，确认了被传说中所忽略的殷代。1950 年后，国家开始组织对安阳地区进行系统的挖掘，商朝文化遗迹在各地也均有发现，其中以 1951 年在河南郑州发掘的殷代中期遗迹最为有名。郑州遗迹较安阳期为早，出土了规划整齐的城市街区和城墙，发现了大量青铜器，郑州可能是商朝中期的都城。另据战国时的文献《竹书纪年》，盘庚迁都是在公元前 1300 年左右，商朝灭亡是公元前 1027 年，安阳作为商都历时 273 年之久。在郑州期，商朝已进入青铜器时代。据 1928 年与董作宾共同对安阳进行考古发掘的考古学家李济（1896—1979）认为，公元前 13 世纪的安阳时期已经使用青铜器，使用文字，开始建造大型坟墓，出现了更为精制的"白陶"。

图 3—4 罗振玉

图 3—5 董作宾

甲骨文中已有车、舟、帆等象形文字，说明商朝已经有了车和船，使用了船帆。在河南安阳的殷墓中，发现了四匹马拉车的遗迹。

公元前 1027 年，西北的周族首领周武王联合其他部族灭商建立了周朝，定都镐（今西安市西南）。周朝在继承商朝文化的基础上，创造了独特的文化形态。殷商是以殷商王室为中心，以祭祀共同体的形式构成的政治组织，而周朝由于其国都在陕西，为统治自华北到扬子江的广大地域，采取了以各地的部族首领、家臣作为地方领主（诸侯）的形式，由此开始了封建制。而且周朝不再以祭祖为政治核心手段，变为共同信仰和祭祀统一的神祇——天，国家最高的统治者称作天子。这里的"天"并不是西方基督教中的创世之神，而是一种政治和道德的规范象征，天用其日月星辰的变化即"天象"向人间传递天的信息，即"天意"。

图 3—6　战车（商代）

公元前 770 年，周朝为躲避西方游牧民族的侵掠，迁都至洛阳，此前的周朝史称"西周"，此后的周朝称"东周"。东周时代，地方诸侯势力大增，自立为王，因此东周时代也称春秋（前半期）战国（后半期）时期。在春秋时期，诸侯中强大的称霸以辅佐周王室，即

图 3—7　青铜四羊方尊（商代）

"辖天子以令诸侯"，战国时期则是各诸侯国弱肉强食，周王朝已名存实亡。

春秋战国时期虽然社会动荡不定，却是思想家辈出的时代，影响中国 2000 年的儒家文化、道家文化均是在这一时期形成的。

## 二　农业技术

中国农业发展源远流长，浙江余姚河姆渡遗迹出土了人工水稻，说明中国在六七千年前已经大面积种植水稻，陕西西安的半坡仰韶文化遗迹证明 6000 年前已经种植粟和蔬菜，饲养猪、羊、牛、鸡、犬等，甲骨文中已有黍、稷、菽（豆类）、麦、稻、禾等农作物名称。4000 多年前开始养蚕，到商代蚕桑业已十分发达。商朝的畜牧业也十分发达，牛羊是主要的牲畜。甲骨文中已有象形文字"犁"

图 3—8　战车

图3—9　铁锄（战国时期）

字，说明当时已经用牛拉犁耕田，牛耕的出现表明农业生产已经有了很大的发展。殷墟出土的甲骨文中，与农业有关的字达几千种之多。周朝的先祖是个农业部落，谷物是主要农作物。到周朝后期，农业发展十分迅速，农作物有稻、粱、黍、麦、菽、稷和桑、麻、菜蔬瓜果等。成书于东周时期的《诗经》中，记有200多种动植物名称。耕作规模不断增大，"亦服尔耕，十千维耦"（诗经·周颂），维耦指两个人在耕作，千耦有2000人之多。西周已实行井田（方田）制，并实行几年一撂荒的恢复地力的方法。当时所用的农具主要是耜（音si，类似锹的古农具），用于掘土，多为木制或石制，青铜多用来制作收割、锄地用的镈（音bo，类似锄的农具）和铚（音zhi，一种短镰刀），并用火诱杀害虫，沤腐杂草作肥料。

到春秋战国时期，各国为了争霸更加注重农业的发展。《管子·地员》中记述了作物成长与土地的关系，提出18种不同的土壤所适合种植的作物，分析了地势高低对作物生长的影响。《荀子·富国》中记述了保墒、除草和施肥，"掩地表亩，刺草殖谷，多粪肥田"，还记载了在黄河中下游温暖地方如果精心耕作，作物可一年两熟，"人善治之，则亩数盆，一岁而再获之"。《韩非子·外储说左上》中记有"耕者且深，耨（音nou）者熟耘也"。《韩非子·解老》中记载了当时农业生产中深耕细作和积肥施肥等情况。

公元前356年秦国的商鞅（约B.C.395—B.C.338）变法，因大力推广畜耕，促进了农业生产力的迅速提高。由于商业、贸易并不生产物质产品，因此重农抑商的思想开始产生，并一直影响了上千年。成书于战国末年的《吕氏春秋》，记述了先秦时

图3—10　耕牛图

期农业生产的基本情况。书中的"上农"篇，提倡重视、崇尚农业（此处"上"即"尚"），鄙视经商和手工业，鼓励农民全力投入农业生产，"非老不休，非病不息，非死不舍"，这也是后来历朝"重农抑商"政策的起源。"任地"篇记载了从耕地、播种、中耕到收获全部农作过程，包括土壤改良、轮作、保墒、施肥以及按地形选择农田、对不同湿度土壤的保湿方法等。"辨土"篇提出深耕细作和防止旱涝的具

图 3—11　驴转筒车（王祯农书）

体办法，包括整畦、播种、除草、培垄以及间苗、密植与疏植等。"审时"篇强调了农作物与季节时令的关系，专门论及禾、黍、稻、麻、菽、麦的种植时令问题，特别强调作物成熟时要及时收获。

这一时期还出现了《神农》《野老》等农业著作，可惜已散佚。

### 三　农田水利

传说在公元前 2000 多年前，大禹即领导人民疏通河道、引水入海治理黄河。大禹治水虽是传说，但也说明中国在原始社会就注重水利问题。春秋战国时期，由于农业的发展和石制工具向金属工具的过渡，一些大型水利工程在这一时期开始兴建，其中著名的有芍陂（音 bei）、邗沟、漳水十二渠、鸿沟、都江堰和郑国渠等。

公元前 597 年左右，楚国孙叔敖（约 B.C.630—B.C.593）主持修建了芍陂蓄水灌溉工程（今安徽寿县安丰塘一带），据载，"陂径百里，灌田万顷"（淮南子·人间训），后来又陆续修建了许多调节水量的闸门，"陂有五门，吐纳川流"（水经注·肥水注）。到东汉时，可灌田上万亩，可惜宋元以后由于连年的战乱，芍陂逐渐湮废，残存的称作安丰塘。

公元前 486 年，吴国为了与北方的齐、晋称霸，开凿了从邗（今扬州一带）向北至江苏灌县北与淮河相通的邗沟等四条运河。

公元前 386—前 371 年，魏国的邺令西门豹主持修建了引漳灌邺（河北漳业至河南安阳一带）工程，开渠十二条，后称漳水十二渠，也叫"西

图 3—12　辘轳（天工开物）

门渠"，"西门豹引漳水溉邺，以富魏之河内"（史记·河渠书）。各渠均设水闸调节，既解决了漳水终年泛滥之患，又引水灌溉了农田，促进了农业生产。

据《史记·河渠书》记载，自公元前360年开始，魏国修建了人工运河"鸿沟"，从河南荥（音 xing）阳引黄河水向东南，又在泗水、汉水、云梦泽、东南江淮间修渠相通，由此沟通了淮河、黄河和长江三大水系，既便于通航，又可以灌溉农田。

图 3—13　都江堰（鱼嘴）

这一时期最为著名的水利工程是四川的都江堰。自公元前256开始，秦国蜀守李冰父子主持修建都江堰水利工程。李冰对岷江水量变化进行长年观察，采取了十分巧妙而合理的设计方案。该工程由分水、开凿、闸坝三部分组成，在灌县附近修堤筑堰，巧设"鱼嘴"把岷江分为内、外两江，内江上设三个石人作为水尺测量水位，以控制江水流量。又开辟玉垒山建渠首，名曰"宝瓶口"，使内江水经此流入成都平原以灌溉农田。又建"飞沙堰"调节入渠水量，沉积流沙，使石人水尺"水竭不至足，盛不没肩"（华阳国志·蜀志）。由于这一工程，使四川很快成为物产丰富的"天府之国"，至今还在发挥着效益。

自公元前246年开始，韩国为了消耗秦的国力以防止秦的进犯，派水工郑国到秦国动员秦王同意并主持修建了郑国渠。然而这一计谋实际上是帮助了秦国。该渠全长达300余里，西引泾水向东通向洛水，"溉泽卤之地四万余顷"，还采用淤灌压碱的方法进行土壤改良，渠成之后"于是关中为沃野，无凶年，秦以富疆，卒并诸侯，因命曰郑国渠"。此后，"用事者皆言水利。朔方、西河、河西、酒泉皆引河及川谷以灌田，而关中辅渠、灵轵引堵水；汝南、九江引淮；东海引钜定；泰山下引汶水，皆穿渠为溉田，各万余顷。"（史记·河渠书）

上述各水利工程的修建，反映了在春秋战国时期各国统治者对水利的重视，在水利建设方面已经达到很高的水平，特别是都江堰和郑国渠的完成，使秦国迅速富强起来，为秦吞并六国实现中国的统一奠定了经济基础。

### 四　纺织

在仰韶时代晚期，妇女已经开始用纺轮①捻线，用原始织机织布，用骨针缝制衣物，出现了男耕女织的家庭分工。在龙山文化遗迹中，出土了骨制的织布梭子和纺纱用的陶轮。当时纺织的原料，主要是麻和葛。在《诗经》中多处提到麻和葛，中原地区葛麻的纺织十分普遍，这也是一般百姓的主要衣物面料。几乎在同一时期，西南地区的一些少数民族则发展了苎麻织物。苎麻织物细微光滑，这一纺织技术很快向长江中下游传播，至唐之后，几乎传遍长江流域及中原地区。

图 3—14　纺车（汉画砖）

中国是养蚕缫丝的发源地，传说起源于黄帝的元妃嫘祖。1926 年，在山西夏县西阴村出土的仰韶文化遗迹中，发现了人工割裂的茧壳，当时可能已经有了缫丝和丝织。到商代，作为农业副业的"桑麻"发展起来，甲骨文中亦有不少与蚕桑有关的记述。"纣为鹿台糟丘，酒池肉林，宫墙文画，雕琢刻镂，锦绣被堂。"（说苑·反质），这里的锦绣指的就是纺织品，说明商代蚕桑业已经很发达，丝织业已十分先进。养蚕织丝是妇女的工作，《诗经》中多处提到蚕桑，并描绘了女人们的采桑场景："春日载阳，有鸣仓庚，女执懿筐，遵彼微行，爰求柔桑。"（诗经·豳风·七月）

西周时期，已设有专门机构"天

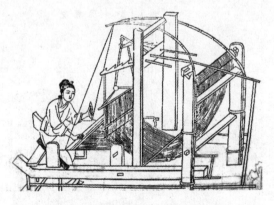

图 3—15　卧机（王祯农书）

---

①　一种带孔的圆盘，在孔中系上丝线旋转以纺纱，有陶制、石制多种。

图 3—16　织布机（王祯农书）

官"管理纺织业，下设典妇功、典丝、内司服、缝人、染人等工种。在"考工记"中，也将妇女的纺织称为"妇功"，作为"国有六职"的一个。除麻、丝纺之外，毛织品也已出现。"无衣无褐，何以卒岁。"（诗经·豳风·七月），褐就是一种用绵羊毛纺织成的粗制毛织品。

到春秋战国时期，蚕丝纺织品品种繁多，已有绢、帛、罗、纨、绮、纱、绸等多种，还出现了提花织物"锦"，不但可织平纹的纱和罗、绸，还可织斜纹织物绫和缎，而且蚕桑、丝纺、丝织已扩展到长江流域。由于商代已出现原始的毛笔，丝织品可能已经作为书写材料。战国时代将缣帛作为书写材料（同时还有竹简），并对书物留世的重要性有了充分的认识，"书之竹帛，传遗后世子孙。"（墨子）。

作为纺纱工具的纺车在汉朝之前就已经出现，到汉代开始普及。织布工具大致出现在 6000 年前，可能是一个人"手经指挂"，"布列众缕为经，以纬横成之也。"（释名），用脚踩经线木框，右手持打纬刀打紧纬线，左手投梭引线。汉朝之前已经有了脚踏提综的斜织机，织工可以坐在凳子上织布。

在织物染色方面，已有"练丝"、"练帛"之分，即染丝或是染布。当时用各种可染色的草如茜草进行丝及织物的染色，为达到染色效果，经常要多次浸染。

## 五　制陶

在新石器时代，中国古代先民已经发展了陶器的制造。从出土的新石器时代的仰韶文化、龙山文化以及马家窑文化、大汶口文化等遗址中均有陶器或陶窑遗存出土。

仰韶文化的制陶业十分发达，已出土陶窑达 54 座，陶器是手工制成的，也使用一种称作"慢轮"的原始陶轮。原料多以质地较细的红土、沉积土

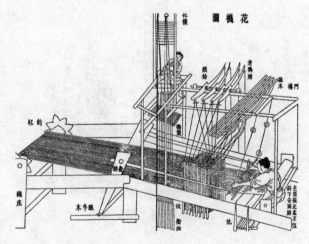

图 3—17　提花织机（天工开物）

为主，并在烧制前绘以红、黑色图案，烧成温度已达900℃～1000℃，种类较多，如杯、砵、甑、罐、碗、甑、鼎等，由于采用了彩绘，也称彩陶。陶器颜色以红陶为主。

图3—18　彩陶盘（仰韶文化）

龙山文化的陶器也是手工制作的，以黑陶、灰陶、红陶为主，后期制成的黑陶容器的器壁厚度仅1～2毫米，被称为"蛋壳陶"。其他文化地区的陶器也都因地制宜，江南一带陶器较为粗糙，窑温较低，为800℃～900℃。

利用快速旋转的陶轮制作陶器的方法始于大汶口文化晚期，制作的陶器形状规整、陶壁较薄。到夏代二里沟文化时期，多使用普通黏土烧制灰陶，并出现了质地细腻的白陶。一直到春秋战国时期，灰陶仍占多数，出土的秦始皇兵马俑就是灰陶。陶器种类开始增多，出现装水、装粮食的大型陶罐、陶钵，而且陶器也大量用于排水，出现了陶管以及多种陶制建筑构件、板瓦、筒瓦等。

图3—19　陶猪鬶（大汶口文化）

商代后期，白陶器在中原地区发展迅速，白陶所用材料已接近制造瓷器用的瓷土及高岭土，这一时期更出现了介于陶器和瓷器之间的青瓷器。由于陶窑形态的不断改进，烧制温度的提高，到商朝中期出现了原始瓷器。这些原始瓷器已上釉，烧制温度已达1200℃，质地坚硬，多呈灰白色或灰褐色，表面有纹饰，这种原始瓷器在中原和长江中下游均有出土。春秋战国时期除陶器仍在大量制造外，原始瓷器已经开始生产，江浙一带的原始瓷器质量是当时最好的，质地细润、表面光泽、器壁均匀，对于圆形陶器和瓷器已经广泛采用了轮制成型。

### 六　金属冶炼

河北唐山大城山龙山文化遗址中，出土了用红铜制作的铜器。稍晚的齐家文化遗址中，发现了冶铜和锻铜的遗迹。

中国自殷代开始大量使用青铜器，从河南安阳、郑州等殷墟出土的青铜器，大都是铸造精美的祭祀用具，到殷代中期已经采用铸造和锻造法加工青铜器，对一些精巧的铸品，则采用了失蜡法，而且已经对不同用途的器物的铜锡合金比例与硬度有了研究，成书于春秋末年齐国的《周礼·考工记》中，记载了六种青铜器的铜锡比例："金有六齐，六分其金而锡居其一，谓之钟鼎之齐；五分其金而

图3—20 铸鼎图（天工开物）

锡居一，谓之斧斤之齐；四分其金而锡居一，谓之戈戟之齐；三分其金而锡居一，谓之大刃之齐；五分其金而锡居二，谓之杀矢之齐；金锡半谓之鉴燧之齐。"这是世界上最早对于合金成分的记载。

湖南宁乡沩山出土的商代四羊尊，造型精美，可能是用失蜡法铸造的。河南安阳武官村出土的商代晚期的后母戊方鼎，重达875公斤。

铁的使用比铜要晚，最早有文献记载的是《左传》，记有鲁昭公29年（B.C.513）："遂赋晋国一鼓铁，以铸刑鼎。"河北藁城县商代遗址中出土了一种铁刃青铜钺，其刃部是锻造的陨铁片。中国古代用铁虽然比中亚赫悌王国为晚，但很快就开始了用矿石冶铁，中国用矿石炼铁技术比欧洲早1000余年。公元前700年左右中国已经用熔炉熔炼铁矿石生产铸铁。①

由于铁器长年埋在地下易腐蚀，因此在考古中出土的铁器很少。20世纪50年代后，在东北、华北、长江流域均有战国时代的铁器出土，1950年在河北省辉（辉）县出土了战国时代用铁锻制的铲、锄等农具，在河北兴隆县出土有铁制的铸模，但是都腐蚀严重。

在战国时代，兵器主要还是用含锡量28%左右的青铜制造，铁主要用于制造农具，开始了农具材质由青铜向铁的演变。到汉代，制造兵器的材料开始由青铜向铁转变，其原因可能是早期获得的多为铸铁，而钢的制造是后来才发明的。②

图3—21 青铜牺尊（西周）

## 七 建筑

河姆渡遗址出土的六七千年前的木结构建筑，已经有简单的卯榫结构。仰韶

---

① 铁与碳的合金中，含碳2.11%以上为铸铁，含碳0.02%以下的为熟铁，又称可锻铁或锻铁，含碳0.02%~2.11%的为不同种类的钢。

② 古代制钢的方法大体有三类：通过多次锻造使铸铁脱炭；将锻铁（熟铁）加热渗炭；用适量的铸铁和锻铁混合锻造以达到合适的碳含量。

文化遗址中出土了木结构和夯土墙相结合的建筑。商代已有城市，出现了宫殿和宗庙建筑，这些宫殿和宗庙采用人字形屋顶和木框架结构，宫殿的平面布局也有了一定的要求。

周朝所占的中原地区东面临海，西北为高山沙漠，阻断了与其他民族和地域的交往，文化具有很强的独创性，也因此强调的是对祖上的继承，即对前朝的继承。周朝的许多建筑在形式上与商朝有许多相似性，在城市规划方面，已经有明确的城郭之分，且以四方形为多见，符合中国古代"天圆地方"的宇宙结构观念。国都必须建于一国中心的平原上，"古之王者，择天下之中而立国"（吕氏春秋），"凡立国都，非于大山之下，必于广川之上"（管子）。城郭规整，城（宫城）居城市中央，且以坐北向南为吉祥之兆。其规模、长宽比例均有约定，即有一定的"模数"制约。①

无论是区域规划、院落规划，还是宫廷规划，特别讲究以中轴线为标的左右对称的规划格局，大门、后门、中堂均布局在中轴线上，这种结构方式在《周礼》中有详细说明。这种结构布局方式成为之后中国建筑设计的传统，一直流传到清末民初，许多民宅、"四合院"及陵园也都沿用了这种方式布局。

周朝在城郭建筑乃至民宅设计上，一个最大的特点是城郭有"城墙"围绕以防外敌入侵，庭院有高墙围绕以防盗贼。西周之初曾进行三次大型的都城建设，到春秋战国时期，各国均建了不少都邑，遍布各诸侯国的宫室宗庙设计、建造技术精湛，而城墙也越加高大牢固。这种用"城墙"防敌入侵的方式在战国时期逐渐演变成为预防北方游牧部落的入侵而建成的非封闭性的沿边界的长城。

在建筑形式上，周朝的建筑一般

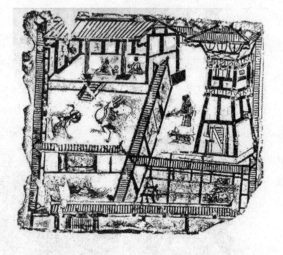

图3—22　民宅院落格局（东汉画像砖）

是在用土堆成的台基上建造的，1～3层居多，只是高度有所不同，宫殿建筑、寺庙建筑举架高，屋内因纵向（南北向）较长而在室内设有立柱，且以立柱确定房间数，屋顶多为人字形，其上铺瓦，也有圆顶的。

西周的王宫分为三朝，前为"外朝"，左右为宗庙、社稷庙，外朝是举行重大庆典之处，相当于宫前广场；其后是"治朝"，为办公区；再后的"燕朝"是

---

①　傅熹年：《中国科学技术史》（建筑卷），科学出版社2008年版，第95页。

帝王的宫内生活区，这一宫殿布局一直沿用了近 2000 年。

周朝的建筑方式主要是土基础和木结构的结合，建造房屋首先要以木柱、横梁、侧梁构成房屋的基本结构，在两立柱间夯土筑墙，在东周晚期战国时期出现了砖拱券，主要用于体量不大的墓室建筑，还出现了用土坯和砖进行墙体构筑的建筑。

周朝建筑的重要工种是木工，由于青铜、铁制工具的进步，板材、方材均可以锯制，更重要的是一直延续 2000 年的榫卯结构方法的广泛采用，由此可以不用任何金属或非金属钉子，使木梁、支架等结合紧密而牢固。加工榫卯则要用锯、铲、凿子。

瓦是建筑屋顶的主要铺装材料，还烧制出了许多形状各异、带纹饰的装饰性瓦当。制瓦技术在战国时期已经相当成熟。砖是在土坯基础上烧制而成的，品种已有详细区分，地砖一般为方形，较厚，砌墙用长条形砖，战国时期还出现了空心砖，更有装饰墙面用的模压花纹的壁面砖。这一时期的黏合剂主要是白灰（用砺灰、黄土层下部的礓石烧制），更多用的是以稻、麦秸等植物纤维与泥调和而成的泥浆。石材则在地基、建筑装饰和墓碑方面得到应用。

## 八　《考工记》的成书

成书于春秋战国之交的《考工记》，是中国古代一部珍贵的关于手工技术方面的百科全书。对《考工记》的成书年代有多说，考古学家郭沫若（1892—1978）认为，《考工记》实系春秋末年齐国所记录的官书。[①]

图 3—23　皇帝伺卫的马车（东汉画像砖）

《考工记》开篇就表明："国有六职，百工与居一焉"，这里的百工指的是各工种的工匠、手艺人，接着谈道"坐而论道，谓之王公；作而行之，谓之士大夫；审曲面势，以饬五材，以辨民器，谓之百工；通四方珍异以资之，谓之商旅；饬力以长地财，谓之农夫；治丝麻以成之，谓之妇功。"由此简洁地描绘出当时社会各阶层人物所从事的工作，并列出当时手工业的 30 个工种，归为攻木、攻

---

① 见郭沫若《天地玄黄》，新文艺出版社 1954 年版，第 605 页。

金、攻皮、设色、刮摩、博埴六大类。记载了木车制作、青铜冶炼铸造、兵器、弓矢、皮甲、钟鼓、礼玉、织物染色、建筑、农田水利、陶瓷、作物地理、动物分类乃至数学（角度、分数、度量衡、嘉量）、天文（二十八宿、四象）以及工程规则等，特别是对各类器物、工艺中"形制"的规定，反映了中国古代的手工业已有很强的标准化概念。

《考工记》记述了30种手工业的设计规范、制造工艺，从材料的选取加工，到成品的检验都作了具体规定。并认为："知者创物，巧者述之，守之世，谓之工。""百工之事，皆圣人之作也。"对工匠的工作给予了充分的肯定。

《考工记》对当时"百工"工作状况的具体记载，反映出春秋战国时期中国的手工业已经十分发达，也反映出中国古代科学技术高超的发展水平。

### 九 医术

中国远古时代的医术，也如同其他民族一样，经验医术与巫术并存是其特色，医字在古代写作"毉"，后来中医药常用酒做药引子，"巫"字偏旁改为"酉"成为繁体字的"醫"。经验性的医术，到殷朝特别是周朝有了相当的进步。

在殷代甲骨文中已经有多种疾病的名称，如疥、疟、耳病、眼病等。周朝设专人负责医药管理，医生分负责营养卫生的食医，内科的疾医，外科的疡病，另设有兽医。

最早有文献记载的中国古代医学家是扁鹊（B. C. 407—B. C. 310）。扁鹊出生于殷都河南省郑州，本名秦越人，也称长桑君，据传他能透见人的五脏，精通医术，在战国早期以医治百病闻名。从《史记》"扁鹊"传中可知，后来的许多中医疗法、方剂在扁鹊时代都已经存在。例如，认为人体因阴阳不合可致病，倡导药物治疗，

图3—24 扁鹊画像砖

倡导用针灸脉络治病等。扁鹊提出有六种情况的人医者是不能（无法）给他治病的，其中一条是"信巫不信医"。总结出"望、闻、问、切"诊断方法。可惜所著医书《扁鹊·内经》《扁鹊·外经》（汉书·艺文志）均已失传。

针灸术是中国古代的重大发明，原始社会已用砭石（石针）、热敷、灸法治病，公元前6世纪初已有针灸术，公元前541年秦国的医和提出"阴、阳、风、雨、晦、明"六气的病因论。

对后世医学产生持久影响的是春秋战国时代的医学总汇《黄帝内经》。《黄帝内经》包括《素问》《灵枢》两部分，以黄帝与岐伯问答的形式写成，共18卷，

162 篇，内容涉及人体解剖、病理、病因、诊断以及针灸、经络、保健等多方面知识。其中《灵枢·九针十二原》记载了用于针灸的九种不同用途的针。《黄帝内经》是一部可以与古希腊《希波克拉底集典》相媲美的古代医学著作，奠定了中医学的基本理论基础。

# 第二节　从秦汉至南北朝

## 一　概述

战国末年，秦朝在商鞅变法之后国力强盛，公元前 221 年秦始皇（嬴政 B. C. 259—B. C. 210）统一了各国，国土面积达 300 万平方公里，成为当时世界上最大的国家之一。秦统一中国后，结束了周朝的分封制，将全国划分为 36 郡，下设县、乡、里，地方主要官员由中央派遣，实行多民族大一统的严格的中央集权制。但秦王朝仅存在了 15 年。秦朝末年，刘邦（B. C. 256—B. C. 195）战胜项羽（B. C. 232—B. C. 202）建立汉朝。汉朝存续的 400 余年间，疆域迅速扩大，所创用的各种政治制度成为后世的楷模，并开创了中国古代特有的科学文明。

**图 3—25　秦始皇兵马俑中的铜马车**

汉朝初期，虽然一度恢复周朝的分封制，但是由于各诸侯的叛乱和北方匈奴的侵掠，使得社会长期处于兵荒马乱之中，汉武帝（刘彻 B. C. 156—B. C. 87）继位后，恢复了中央集权制，国力日渐昌盛。

汉武帝继位的那一年，称作"元年"，这是"元年"年号的创始，以后各朝代均袭用"元号"制。除明代有一个皇帝使用过几种元号外，几乎所有皇帝都是一代一个元号，新皇帝继位不但改元号而且重订历法。

汉武帝继位的建元元年（B. C. 140）开始采用太初历，改历已成为历代皇帝继位后的首要大事，他们认为，天之意图是通过历法传达的，改制也称为"受命改制"，即秉承"天意"。汉之后曾对历法进行数十次的"改历"，而继承罗马传统的欧洲，采用了在尤利乌斯·凯撒时代制定的尤利乌斯历（儒略历）后，仅在 1582 年被教皇格里高利十三世（Pope Gregory XIII 1502 —1585）改正过一回，后称格里高利历一直沿用至今。

在文化方面，自汉武帝开始将儒教尊为国教，这与秦始皇"焚书坑儒"形成鲜明对照，汉朝的董仲舒（B. C. 179—B. C. 104）对孔子（B. C. 551—B. C. 479）的《春秋》加以注释，使儒家文化得到丰富和发展。汉武帝特别强调"天"的指

图 3—26 秦始皇兵马俑

导作用，"天意"通过自然现象昭示人间，倡导天人感应。在官员的选用上，重用精通儒家文化的学者，这种官僚学者一体化的体制到隋朝后形成"科举制"。

汉武帝在晚年深信长生不老术，鼓励道家进行炼丹术研究，促进了原始化学与医学的进步，同时道家中不乏通晓天文地理的人，这也促进了汉代天文学和地学的发展。

汉朝为了国家经济的发展，岁入的增加，在公元前 86 年的汉昭帝时期实行了盐、铁专营制，鼓励采矿，改革炼铁技术。到后汉（东汉）时期，数学、天文学均有了长足进步，出现了《九章算术》《论衡》等一批科学著作，蔡伦（约 61—121）的造纸术、张衡（78—139）的地动仪等均是汉朝时代的重要发明。

图 3—27 行进在丝绸之路上的驼队

汉武帝派张骞（？—B. C. 114）开辟的丝绸之路，是在海运不发达的古代，东西方物质、文化交流的重要通道。汉武帝派张骞出使大月氏（B. C. 138—B. C. 126）和乌孙（B. C. 119），并派副使出使大宛、康居、大夏、安息等地，两次出使，开辟了从甘肃经新疆到今阿富汗、伊朗等地的陆路交通。中亚的良种马以及葡萄、西瓜等农作物开始传入中国，而中国的瓷器、丝绸、茶叶开始传入中亚乃至欧洲。

到唐朝时期，中原与中亚、西亚的交往更加频繁，不少波斯、阿拉伯商人到中国进行贸易，加之日本、朝鲜等国的留学生，长安城 100 万人口中有 1/10 是外国人，使长安城成为当时最为繁荣的"国际大都市"。

丝绸之路打通了中国内地与西亚、欧洲的交往，欧洲和中亚的文化开始传入。大约在西汉末年，佛教传入中国，印度、西亚的建筑风格与艺术也开始传入。佛教传入中国后，很快就开始了"本土化"，佛教在吸收儒、道的文化精髓的同时，儒、道也受到佛教的影响。《西游记》就是一部典型的佛、儒、道相混杂的神话小说，它反映了中国人在宗教信仰方面的非唯一性。

政治上统一的汉朝，到东汉末年分裂成三国，268 年统一于晋，但不久因北方异族入侵而再度分裂，史称五胡十六国。440 年进入将中国一分为二的南北朝时期，直到 589 年统一于隋，在这异族入侵、各小国纷争合并的 360 余年中，科学技术仍取得许多重大成果，特别是农学、数学、冶金、医药等方面，这些成果成为后来唐宋科学文明的基础。号称中国古代"四大发明"中的造纸术即出自汉朝。

## 二　造纸术

造纸术和印刷术是中国古代的重要发明，它对文明的传播、近代科学的产生和社会的发展起了极其重大的作用，直到今天，也是重要的信息交流工具。日本著名科学史学家薮内清（1906—2000）在 NHK 电台讲座中提出："纸和印刷术是中国对世界作出贡献的发明物，没有这些发明，欧洲的近代社会不会诞生。"①

古代许多民族发明文字后，曾使用多种书写材料。古埃及使用的是尼罗河盛产的纸草，希腊人使用一种柔软的兽皮，但易于保存且较为普及的是古希腊罗马时代的羊皮纸，羊皮纸起源于公元前 1000 年的小亚细亚一带，小亚细亚士麦那（Smyrna）附近的佩尔加蒙（Pergamon）曾是羊皮纸的制造中心。

中国古代最早使用龟甲、兽骨、竹简、木牌、缣帛（白绢）等作为书写材料，直到汉朝仍然在使用竹简、木牌和缣帛，这些书写材料使用不便且造价较高，很难普及。

中国早在公元前 2 世纪的西汉时期，已经用麻类纤维制造出古麻纸，但质地粗糙不适宜书写。1933 年，考古学家黄文弼（1893—1966）在新疆罗布淖（音 nao）尔的汉代烽燧亭故址发掘出古麻纸。1957 年，陕西省博物馆在西安灞桥出土有公元前 118 年的古纸，经化验，其原料主要是大麻纤维，纤维呈分散状态交织在一起。后来又在陕西、甘肃出土了古麻纸。

105 年，东汉时期的尚方令蔡伦规范了传统的以麻类、废渔网造纸工艺并开创以楮木韧皮造纸，后又用桑树皮、藤皮等树皮造纸，扩展了造纸用的原料，制

① ［日］薮内清：《科学史からみた中国文明》，日本放送出版协会，昭和 57 年。

造出质量上乘的纸。用麻类制的纸称麻纸，按蔡伦工艺制造的纸古称"蔡侯纸"。《后汉书·蔡侯传》载："自古书契多编以竹简，其用缣帛者谓之纸。缣贵而简重，并不便于人。伦乃造意用树肤、麻头及敝布、渔网以为纸，元兴元年奏上之。帝善其能，自是莫不从用焉，故天下咸称蔡侯纸。"纸以"系"字为偏旁，本来指用于书写的绢。

图3—28 压纸（天工开物）

到东汉末年，造纸材料和工艺均有了很大的改进，造纸术已经成为一个独立的行业。中国古代的书记工具从兽骨刻字到用毛笔在竹简、丝帛上写字都不是平民化的书写方法。竹简太笨重而帛太贵，纸的发明使印刷物开始向民间普及，到3世纪后，纸已完全取代了传统的竹简、木牌和缣帛而成为主要的书写材料。纸的发明为文字的书写提供了简易、价廉、可装订成册的书写工具，特别是为印刷术的发明提供了基本条件。

图3—29 手工造纸工艺图

### 三　司南、指南车与记里鼓车

古人靠太阳和北斗星大体可确定方位，但是在阴天或在森林中，方位确定就

图3—30 司南

十分困难。中国古代不但行军需要有确切的方位，祭祀、看风水、建筑均需要有较为准确的方位。东汉王充（27—97）的《论衡·是应》中记有利用磁石制成的"司南"："司南之杓（勺），投之于地（放置司南的平滑带刻度的盘子），其柢（勺柄）指南。"用一般的磁铁矿石按当时的工艺制造出来的这种"司南"，很难会自动指南或指北，因为磁铁矿石（主要是 $Fe_3O_4$）几经敲打雕琢研磨成勺状后，其磁性已基本消失，即使还有微弱的剩磁，在磁场强度并不大的地磁场中产生的磁力，根本克服不了其自身的扭矩而发生偏转。用一般的磁铁矿石制成的司南如果确有指向功能，在注重风水的中国古代是不会失传的。不过自然界的确存在一种磁性极强的磁铁矿石，只要工艺得当，敲打雕琢后还会有较强的剩磁，用这种矿石是可以制成司南的。

据《古今注》记载，黄帝在涿鹿与蚩尤的战争中，为了使军队不至于在雾中迷失方向而造指南车。明末耶稣会士读到中国文献中关于指南车的记载后，认为指南车是一种使用磁石的罗盘。在中国的春秋时期和西方古希腊时期，人们已经知道磁石吸引铁的现象，但磁石的指向性在欧洲却是在12世纪末才知道的，而中国很早就已经知道了磁石的指向性。

《晋书·舆服志》记载了晋天子出行时，在其行列中有指南车和记里鼓车。记里鼓车根据车轮转数每行一里车上的人会击鼓："记里鼓车，驾四，形制如司南，其中有木人执槌向鼓，行一里则打一槌。"类似能记录里程的装置在罗马时代就有人制造过，欧洲文艺复兴时期意大利的画家、发明家列奥纳多·达芬奇（Leonardo da Vinci 1452—1519）对能记录里程的车也做过精美的设计，但指南车则是中国人的独创。据《晋书·舆服志》记载，车上有着羽衣的木制仙人，无论车向如何变化，仙人指的方向始终是南："司南车一名指南车，驾四马，其下制如楼，三级，四角金龙衔羽葆。刻木为仙人，衣羽衣，立车上，

图3—31 记里鼓车（汉朝）

车虽回转而手常指南。大驾出行，为先启之乘。"这里可能使用了机械传动与齿轮相结合的方法。这种指南车在西汉时已经出现，三国时期马钧曾制作过，以后历朝都有制作，外观更为华丽，结构也更为精巧。北宋仁宗天圣五年（1027），

画家、科学家燕肃（991—1040）也制造过，其结构及尺寸在《宋史·舆服志》中有详细记载。这种指南车是木制的，结构较为复杂，传动件过多，在颠簸不平的路面上几次转向后，其机械各部分的积累误差会使其指向性发生偏移，因此实用价值并不高。不过其构思之巧妙，堪称中国古代机械设计与制造方面的一个创举。

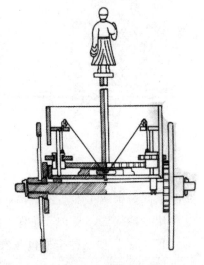

图 3—32　指南车

### 四　张衡的地动仪

中国是一个地震多发的国家，在历史上历来就对地震有较为全面的记载。根据统计，自公元前 1177 年至 1955 年共发生了 8100 多次地震。西晋太康二年因盗墓而出土的竹简中，有一部分是战国时期魏国史官所记的编年史，俗称《竹书纪年》，其中记载的尧帝时"地拆及泉"，夏桀末年"社拆裂"，是中国最早的地震记录。

东汉时期，由于洛阳及陇西多次发生大型地震，担任过太史令的张衡，于阳嘉元年（132）发明了"地动仪"。据《后汉书·张衡传》记载："阳嘉元年，复造候风地动仪。以精铜铸成，圆径八尺，合盖隆起，形似酒樽。"并记述了其结构："中有都柱，傍行八道，施关发机。外有八龙，首衔铜丸，下有蟾蜍，张口承之。其牙机巧

图 3—33　地动仪

制皆隐在尊中，覆盖周密无际。如有地动，尊则振龙，机发吐丸，而蟾蜍衔之。振声激扬，伺者因此觉知。"而且"虽一龙发机，而七首不动，寻其方面，乃知震之所在。"这一地动仪曾准确地测知 138 年在甘肃东南地区发生的一次地震。

可惜这一发明未能流传下来，其原物已佚失。对地动仪的结构后世多有研究，并作了复制，但复制品的结构有不少争议，效果也并不理想。

### 五　农业技术

西汉时期，已经推行"用耦犁，二牛三人"（汉书·食货志）的耕作方法。到西汉晚期，由于双辕犁的发明，出现了一人一犁的耕作方法。汉武帝时已采用耧车播种，这种耧车可以同时完成开沟、下种和覆土三道工序，还发明了用于脱谷的"风扇车"（这种风扇车在一些地方一直沿用到 20 世纪末）和舂米用的

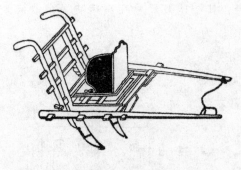

图 3—34 耧车

水碓。

西汉成书的《尔雅》中，记有1000多种动植物名称和600多种动植物性状。到西汉末年已用温室栽培蔬菜，《汉书·召信臣传》中记有："太官园种冬生葱韭菜茹，覆以屋庑，昼夜燃蕴火，待温气乃生。"在农学方面较为重要的是成书于公元1世纪的《氾胜之书》，该书总结了黄河流域的旱作农业生产状况，记载了禾、麦、稻、豆、麻、桑等多种作物的栽培技术，以及积肥法、选种法、嫁接法、复种、轮作、间作和混作等，并记述了适合北方旱田合理密植的"区田法"和在种子外包覆农家肥的"溲种法"。

304年，西晋嵇含（263—306）的《南方草木状》，记有华南地区80余种植物，是最早的地方植物志。晋代戴凯之的《竹谱》，记有70多种竹子品种和性状，是最早对单一植物进行研究的植物学专著。此外，池塘人工养鱼、制造"石蜜"（蔗糖）以及在山地开垦梯田、人工灭蝗等均是这一时期重要的农业成就。

533—534年，北魏贾思勰著《齐民要术》，全书由序、杂说和92篇正文组成，共分10卷，约11万字。内容包括选种，育种、施肥、果蔬、畜牧兽医、养鱼养蚕及农副产品加工等北方旱作农业的多种技术，是中国第一部农业大百科著作，书中记载的绿肥、轮作制、果树嫁接、制酱中"黄农"（黄曲霉孢子）作用等，均是中国古代最早的农副业重要技术发明。所记载的从整地、播种、中耕、灌溉到收获、运输、仓储等几乎全部农业生产过程的工具达几十种之多，并提出"顺天时，量地利，则用力少而成功多。任情返道，劳而无获。"的注重自然环境对农业影响的思想。

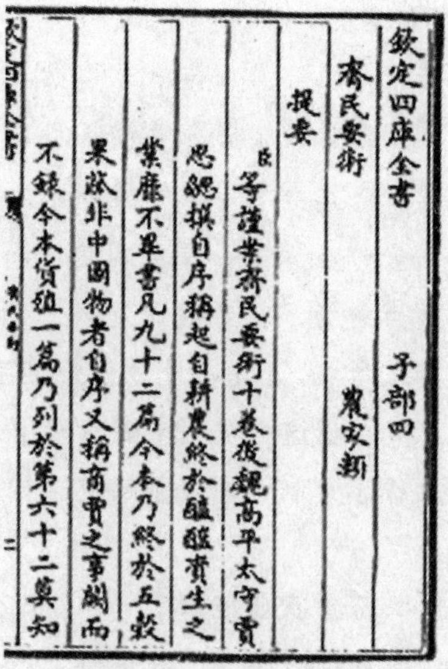

欽定四庫全書　子部四
齊民要術　農家類
提要
臣等謹案齊民要術十卷後魏高平太守賈
思勰撰自序稱起自耕農終於醯醢資生之
業靡不畢書凡九十二篇今本乃終於五穀
果蓏非中國物者自序又稱商賈之事闕而
不錄今本貨殖一篇乃列於第六十二莫知

图 3—35 《齐民要术》

在农田水利方面，秦统一中国后，决定在全国范围内"决通川防，夷去险阻"（史记·秦始皇本纪），进行了全国性的水利治理。公元前219年，为连接湘江和漓江开凿了"灵渠"（今广西兴安县）。汉武帝时在关中平原开凿"白渠"，在陕西大荔开凿"龙首渠"和"漕渠"，在北方也形成大规模的农田灌溉网络。514—516年南朝梁

时，在安徽浮山筑淮河的拦河坝，该坝长 4000
多米，高 50 米，坝基宽 350 米，顶宽 112 米，是
世界上第一座拦河坝。

三国时期，工匠马钧设计制造了"龙骨水
车"（也称"翻车"），可以将水渠中的水不断地
抽进农田中，这种抽水机尤其是在南方得到广泛
的使用。

图 3—36　龙骨水车（天工开物）

### 六　陶瓷器

到秦汉时期，在制陶业继续进步的同时，瓷
器生产开始形成一种独立行业。

秦始皇兵马俑的出土展示了当时制陶工艺的
精湛。这种陶俑是先用陶模做出初胎，再覆盖一
层细泥进行加工刻画加彩的，有的先烧后接，有
的先接再烧。兵马俑火候均匀、色泽单纯、硬度
很高。这表明秦朝制陶工艺已经达到了很高的水
平，大型陶器的制作工艺已经非常发达。

秦汉时期制陶业的重要进步是出现了低温铅
釉陶。铅釉陶最早是在陕西关中地区出现的，东
汉后得到普及。此前，商周时代陶工已发明了青
釉，青釉是以氧化钙为主要熔剂，以氧化铁作为
着色剂的高温釉。铅釉则是以铅为助熔剂，
700℃左右即开始熔融，着色剂多用铜和铁，铜
可以使釉呈现翠绿色，铁可以使釉呈棕红或黄褐

图 3—37　黑釉三彩马

色。这种低温铅釉可以使陶釉面光泽、色彩鲜艳、釉层透明，有很好的防水性。
到唐朝时，出现了以白黏土制胎，用含铜铁钴锰等元素的矿物制作釉料着色剂的
低温釉陶器——唐三彩。烧制这种唐三彩的窑温为 800℃左右，釉色呈绿、蓝、
白、黄、褐等多种颜色，古人以"三"为多，故名"唐三彩"。唐三彩陶器当时
主要作为陪葬品，除制有各种生活器皿外，还制作了驼、牛、马、羊、狗、鸡、
鸭、鹅等牲畜和家禽俑，以及各种名分的"人俑"。

中国是古代世界著名的陶瓷业中心，瓷器是中国古代独创性的一项发明，青
瓷技术到东汉时期已基本成熟。由于浙江有丰富的富含石英、高岭土、云母的瓷
土矿藏，在瓷窑、坯料选择与制造、烧成技术方面均有许多改进。至唐宋时期，
出现了许多历史悠久、烧制的瓷器质量上乘的瓷窑，如定窑、钧窑、汝窑、哥窑

等。绍兴、余姚一带的越窑，则烧制出大量精美的青瓷。五代时柴窑的青瓷已极负盛名，有"青如天，明如镜，薄如纸，声如磬"的美称。江西景德镇的唐代白瓷的白度已在70度以上，与现代水平相近。到元代，景德镇利用来自波斯的钴原料开始生产著名的用钴料绘画的釉下青花瓷器。在陶瓷业的经营方面，则出现由朝廷直接管辖的官窑和由民间资本开办的"民窑"之分。

中国的瓷器在阿拉伯及欧洲市场上是极为珍贵的奢侈品，对当地陶瓷业的生产起到了很大的作用。八九世纪时，唐三彩和白瓷传入波斯，当地很快即仿制出波斯三彩和白釉半彩陶器，11世纪中亚、南欧的陶瓷业受中国青瓷的影响，无论颜色和式样均仿制中国的青瓷。埃及的手工业匠人也大量仿制中国青瓷，15世纪后制瓷技术经阿拉伯传到欧洲。

日本和朝鲜是在12世纪后开始仿制中国瓷器的，创制出著名的"濑户烧"和"高丽秘色"青瓷器。

### 七　钢铁技术

这一时期，冶铁技术更为成熟，炼铁炉已经根据不同用途多样化。块炼炉、排炉、炒钢炉、铣铁炉等均已出现。耐火砖种类已多样化，炉型也开始大型化，

汉代出现了容积达40立方米的高炉，鼓风动力用牛或马，后来使用了水力。在铸造方面除传统的泥范外还大量使用铁范，并发展了起源于战国时代的叠铸技术。

在这一时期，中国古代几种主要的制钢技术均已出现。

在对铸铁进行热处理过程中，发展出铸铁脱碳制钢技术。这种技术是使铸铁在氧化加热过程中适当脱碳退火，使铸铁变成钢。到西汉中晚期，

图3—38　水排鼓风炼铁（王祯农书）

出现了将铸铁加热，在高温下搅拌以适当脱碳的"炒钢"技术，这与近代欧洲的"搅炼钢"工艺十分相近。东汉前期，出现了一种新的制钢技术，即"百炼钢"。这种制钢技术是将加热至熔融状态的铸铁块反复锻打、柔制，冷后再加热，再锻打柔制，直至其脱去多余的碳变成钢为止。这一技术易于操作，且钢的材质较好，很快在中原地区推广开来。东汉末年，出现了将生铁与熟铁以适当比例混合冶炼制钢的"灌钢"技术。

随着冶铁、制钢技术的不断进步，金属热处理技术也成熟起来。

### 八　医术与医书

这一时期，是中国传统医学开始成熟的时期，不但名医辈出，而且医学著作也开始大量问世。公元前 2 世纪，淳于意（约 B. C. 205—?）开始进行病历记录，称为"诊籍"（史记·仓公传）。东汉末年，华佗（约 145—208）曾用口服麻沸散作全身麻酸进行腹部手术（后汉书·华佗传），华佗还创"五禽戏"，倡导体育健身。汉代成书的《神农本草经》，总结了东汉以前的药物学成就，该书根据药物效能和使用目的的不同，将药物分为上、中、下三品，记有 365 种药物。东汉的张仲景（约 150—215）著有《伤寒杂病论》，对病理、诊断、疗法，方剂有较为全面的论述，总结出"辨证施治"的中医诊病原则。3 世纪魏晋间王叔和（201—280）的《脉经》，将脉象分为 24 种，将诊脉与"辨证施治"相结合，是最早的脉络学著作。

236 年，晋代皇甫谧（215—282）的《黄帝三部针灸甲乙经》，记有人体穴位 649 个，详述其部位及与疾病的关系，是最早的针灸学著作。晋代道士、炼丹术士葛洪（284—364）的《肘后备急方》是第一部急救手册，书中还描述了天花的症状。470 年，南朝雷敩的《雷公炮炙论》，记载了炮、灸、煨、炒等 17 种制药方法，是中国最早的药剂学著作。502 年，陶弘景（452—536）的《本草经集注》记有药物 730 多种。

## 第三节　从隋唐至宋元

### 一　概述

这一时期是中国古代科学技术最为兴盛的时期，加之社会相对稳定，经济和文化都取得了许多成就。隋朝虽然历时不长，但它结束了中国长期分裂的局面，其统一的国体和官僚体制、文化体制都被唐所继承，使唐朝很快成为当时世界上最为强盛的帝国，其文化对周边产生了很大的影响。宋朝是中国古代科学技术全面成熟时期，出现了许多重大的技术发明，火药已用于实战，雕版印刷已经普及并出现了活字印刷术，指南针已用于航海。

南北朝晚期，隋于 581 年统一中国北部之后于 589 年灭陈，完成了中国的统一。隋朝虽然不足 30 年，但在官僚机构的构成方面做出重大改进。隋以前国家机构主要是被贵族、名门所把持，始于隋朝的科举制，却开创了从平民中选拔官员的历史先河，这在人类历史上是一个进步。当然只有精通儒学文化的知识分子才有可能入仕，这对中国之后的儒家文化的发展，对向周边国家传播儒家文化起了重要作用。隋朝开凿的"京杭大运河"上千年间一直是沟通南北的重要交通枢

图3—39　连发弩（天工开物）

纽，因为在道路不完善、路况不良、车无减振情况下的古代，水运是最为经济、最为省力的交通手段。自隋朝开始，将与国家有关的科学研究纳入国家统一管理的体制，使天文、数学、医学、教育都成为国家的事业，这一体制一直延续至20世纪。

唐朝是中国历史上最为兴盛的王朝之一，也是佛教、道教兴盛，西方各种宗教最早传入的时期，是中国历史上最早的内外文化相互融合时期。

佛教在西汉时期传入中国后，是在中国传统的神秘思想上被接受的，而同一时期形成的以神仙道为中心掺杂谶纬说、巫术和占候、占卜的道教，首先在社会下层群众中得到传播。春秋战国时期兴起的道家，是以老庄思想为基础的，而道教是以神仙术、方术为核心的，本来二者是风马牛不相及的，但是这两者在北魏时期开始融合，仿照佛寺修建自己的道观，并开始了对教理的研究。如果说儒家文化的"天意"促进了中国古代天文学经久不衰的话，那么在佛教传入的同时，印度的一些天文学知识也随之传入，印度的天文学家曾担任朝廷掌管天文研究的重要职务，道教的神秘思想更培养出一批从事天文历算和医术方面的人物。

唐之后是中国又一次处于分裂的"五代十国"时期，然而时间不长，960年赵匡胤（927—976）统一了中国，建立宋朝。宋朝文化的一大特色是庶民文化的繁荣和城市的发展。北宋时期，东北地区契丹族创立的辽国不断南犯，但是辽国不久就被同样兴起于东北的女真人创立的金所灭，1126年金朝南下攻陷北宋首都开封，掠徽宗、钦宗二帝，宋只好南迁，首都定为临安（杭州），这就是历史上的南宋。

南宋时期，经济文化又开始繁荣，特别是出现了朱熹（1130—1200）这样的儒学大师，形成朱子学派。这一学派对哲学、自然科学都十分关心，注重农业生产，在政治上提倡治国平天下。这类实用学问称作"实学"。注重实学的思想为

图3—40　挖煤（天工开物）

后来的朱子学者所继承，对元明清的科学、技术发展都有影响。

　　兴起于北方的蒙古王朝灭金之后，迅速南下灭了南宋（1279）建立元朝，整个中国掌控在蒙古民族手中，这在中国历史上还是首次。但是元朝历时不长，仅100余年即被明朝所取代。

图3—41　沙船（中国古代的主要船型）

　　虽然这一时期王朝不断更迭，但是自汉朝创立到隋唐又强化的官僚政治体制，隋朝开始的科举制，天文（观天、改历、测候）、数学、医学、匠作等与国家有关的科学技术均由国家统一管理的体制，以及将儒学作为国家核心文化观念却一直延续下来，形成一脉相承的儒学文化传统。

图3—42　筒车（天工开物）

## 二　农业技术

　　隋唐和宋元时期，是中国古代农业发展极为兴盛的时期。隋唐特别是唐代，由于社会稳定，垦殖政策的推广，人口的增加和农业工具的进步，使唐朝进入闻名中外的"盛世"。这一时期，源于北方旱作农业的牛耕技术传到南方，马钧的龙骨水车得到推广，并出现了新的抽排水机械"筒车"。宋元时期，农业生产在南方得到新的发展，南方各地广泛修筑水利，围湖造田，开垦梯田，使水稻产量大为增加。

　　在农学方面，这一时期有许多重要著作问世。唐朝陆羽（733—804）的《茶经》（约780）是最早关于茶的专著。北宋蔡襄（1012—1067）的《荔枝谱》（1059）记载了32个荔枝品种的栽种、加工、贮藏技术，是最早关于荔枝

图3—43　水磨（王祯农书）

图3—44 打稻谷筛糠图（13世纪）

的专著。北宋秦观（1049—1100）的《蚕书》（1090）是最早关于养蚕和缫丝的专著。北宋刘蒙的《菊谱》（1104），是最早关于菊花养植、新品种培育的专著。南宋王灼（约1081—1160）的《糖霜谱》（1154）是最早关于甘蔗和制糖的专著。南宋抗金将领韩世忠（1089—1151）之子、朝廷官吏韩彦直（生活于12世纪）的《橘录》（1178），是最早的关于柑橘的专著，记有27个柑橘品种及其栽培、贮藏加工、防治病虫害的技术。1273年，元朝政府编写的《农桑辑要》是一部关于农业和畜牧的技术书籍，记述了《齐民要术》之后700余年的农业生产技术。元代王祯（1271—1368）的《农书》（1313）记载了耕作、作物栽培、家畜饲养、种桑养蚕等农业生产技术知识，是中国古代一部重要的关于北方旱地农业技术的农书。

### 三 炼丹术与火药、火器

中国古代四大发明中的火药、印刷术、指南针在这一时期已近成熟，且在实际中得到应用。

由硝酸钾、硫磺、木炭混合制成的黑火药是人类最早使用的火药，它起源于中国的炼丹术。

自战国时代，炼金术在中国兴起，不久后演变成独具特色的炼丹术。到汉朝已出现了炼丹术方面的著作，2世纪东汉炼丹术士魏伯阳（号云牙子，约151—221）所著《周易参同契》中，记载了汞、硫、铅等多种物质的物理化学性质，以及元素化合的情况。晋代葛洪所著《抱朴子》一书中，卷4《金丹》、卷11《仙药》、卷16《黄白》诸篇记载了炼丹中多种元素的化学反应，并对生成物的性状作了记述。

图3—45 鸟铳（天工开物）

中国的炼丹术到唐期时达到极盛，虽然许多人甚至皇帝因食仙丹而致死，但在方士长年的炼丹中，却发现了不少有用的药物知识并发明了黑火药。

黑火药的发明是方士炼丹中试错法的产物，即将几种物质混合加热不但炼不出"仙丹"反而会爆炸或爆燃。7世纪成书的由炼丹术士、药物学家孙思邈（581—682）所著《孙真人丹经》中，已经掌握了硝、硫磺、炭混合点火会发生剧烈反应的情况，记有混合硫磺、硝石（硝酸钾）和炭化皂角（一种豆科植物的荚果）时采取相应措施以防止其爆燃的"伏硫磺法"，这是世界上最早关于火药的记载。成书于9世纪的《铅汞甲庚至宝集成》中记有混合硫磺、硝石和马兜铃（一种植物果实，加热后可炭化）的"优火矾法"。

10世纪炼丹术士托名郑思远编的《真元妙道要略》中，记载了一次火药爆燃造成的事故："有以硫磺、雄黄合硝石并蜜烧之，焰起，烧手面及烬屋舍者。"这是道士们在炼丹中发现某些物质混炼容易爆燃应加以避免的问题，但是黑火药是何人、何时如何发明的，尚无文字可考。

进入宋朝后，火药及使用火药的武器有了快速发展，出现了火球、火蒺藜和火箭。据《宋史》载，开宝三年（970）兵部令史冯继升向朝廷进献自制的火箭并当场试验，得到皇帝赵匡胤（927—976）的嘉奖。咸平三年（1000）神骑副兵马使焦偓又向朝廷进献所制的火箭、火球和火蒺藜。曾公亮（999—1078）编著的《武经总要》中，对当时使用的各种火药武器及火药配方均有记述。在火药配方中，硝的用量大为增加，已具有一定的爆燃功能。该书中记载的毒药烟球、蒺藜火球及火球三种火器中，除装有火药外，还分别装有砒霜、铁蒺藜以及其他辅助剂。北宋末年抗金战争中出现了"霹雳炮"、"震天雷"等威力较强的火器。震天雷采用了铁壳，有些火器使用纸或陶制的外壳。这些火器多半属于供埋藏或用抛石机抛射的火药包、地雷或炸弹类。

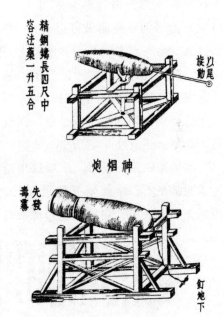

图3—46　连珠炮和神烟炮（天工开物）

北宋时在河南开封设有专制火药的作坊"火药作"，大约在10世纪末，中国发明火枪。最初的火枪用长竹筒作枪管，内装火药，点燃后喷火焰伤人，但不能

发射子弹，故只能称作喷火器。1132 年，南宋士兵在战争中已使用竹筒装火药的
"火枪"，1259 年创制"突火枪"，以巨竹为筒，内装火药，安有"子窠"，火药
点燃后，起初发出火焰，火焰尽后，子窠射出，并伴有声响，子窠可能是一种弹
丸。至迟在元朝时期，出现了铜铸或铁铸的火铳。

这一时期黑火药中硝（主要是硝酸钾）的含量还不够高，爆炸能力不强，加
之"突火枪"、"火铳"的内孔与弹丸间隙大，枪管短，弹丸射程不会很远，命中
率也不会高。进入明朝后，黑火药配比中硝的含量大增，已经具有很好的发射和
爆炸能力，不过由于没有能够精确加工枪炮的机械，因此一直到 19 世纪末西方火
药枪械传入前，装备部队的主要还是冷兵器。

### 四　雕版与活字印刷术

中国古代在很长的时期内书籍是靠人手工抄写的，后来用石板刻字，用墨拓
的办法印刷，到隋唐之际的 6 世纪出现了雕版印刷。由于毛笔和墨（主要是烟
墨）在先秦时已经在使用，加之自殷商以来的刻骨（甲骨文）、印玺、刻石等刻
字技术的成熟，因此雕版技术一经出现便很快得到应用。明朝陆深（1477—
1544）的《河汾燕闲录》记有："隋文帝开皇十三年（593）十二月八日，敕废
象遗经，悉令雕撰，此即印书之始。"这是对雕版印刷的最早记载。纸的发明和
应用，直接促进了印刷术的发明。早期的雕版印刷主要用于佛教经典、诗集、教
学用书、历法及医药用书的刻印方面，到五代时则开始刻印儒家经典著作，刻印
书籍已经成为朝廷的出版事业，同时私家刻印业也十分活跃，刻印的书籍除儒佛
道经典外，还有文学、历史、法律、类书、历书等。

雕版印刷用的板料，一般选用适于雕刻的枣木、梨木。方法是先把字写在薄
而透明的纸上，字面朝下贴到板上，用刀把字刻出来，然后在刻成的版上加墨，
把纸张盖在版上，用刷子轻匀地揩拭，将纸揭下来，文字就转印到纸上成为正字。

图 3—47　无垢净光大陀罗尼经

1944 年，发现于成都龙池坊卞家印《陀罗尼经咒》，用薄茧纸印制，为中国
现存最早的印刷品之一。1966 年在韩国庆州佛国寺释迦石塔塔顶发现的《无垢净
光大陀罗尼经》汉文本，是 715 年前在西安刻印的，是在长 6.2 米、宽 5.6 厘米
的纸上用雕板印刷的，是目前发现的世界上最早的雕版印刷物。在甘肃敦煌千佛

洞中发现的《金刚经》，末尾题有"咸通九年四月十五日"字样，咸通九年为868年，这是世界上已知最早的有确切日期记载的印刷物，比欧洲现存最早有确切日期的雕版印刷物《圣克里斯托夫》画像约早600年。《金刚经》雕刻精美纯熟，图文浑朴凝重，着墨浓厚匀称，全长一丈六尺，由七个印张黏结而成。

至宋代，雕版印刷术已达鼎盛时期，书籍在民间的流传也提高了民众的文化修养。到元代，更出现了套色印刷技术，多用于印刷佛经和佛像。

11世纪末，北宋时沈括（1030—1094）在晚年著有《梦溪笔谈》，其中记述了庆历年间（1041—1048）平民毕昇发明的活字印刷术：

> 版印书籍，唐人尚未为之。自冯瀛王始印五经，以后典籍皆为版本。庆历中有布衣毕昇又为活板。其法用胶泥刻字，薄如钱唇，每字为一印，火烧令坚。先设一铁板，其上以松脂、腊和纸灰之类冒之。欲印，则以一铁范置铁板上，乃密布字印，满铁范为一板，持就火炀之，药销熔，则以一平板按其面，则字平如砥。若止印三二本，未为简易；若印数十百千本，则极为神速。[①]

毕昇发明的是泥活字（陶活字），其方法虽有些原始，但它的技术思想却极为先进。从宋到元曾几次制成木活字和铜活字，农学家王祯在大德二年（1298）制造3万余木活字，排印《旌德县志》100部。用木活字印制其农学著作《农书》（1313），在《农书》后附有"造活字印书法"，系统地叙述了活字的刻制和印刷方法，书中还有他设计的活字转轮排字架。其后虽然在清康熙乾隆年间也有人使用活字印制书籍，由于不少繁体汉字笔画多而复杂，刻小字十分困难，加之汉字种类多，也加大了检字排版的困难，由于多年的雕版技术已经十分成熟，因此直到19世纪末，作为印刷的主流仍是木雕版印刷。

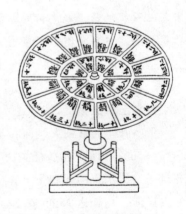

图3—48　活字转轮排字架

毕昇发明活字印刷术后，首先传至高丽（朝鲜）。朝鲜早期直接使用汉字，后来创制音节"谚文"（一种拼音文字）。在制造活字的材料上，扩展到铜、铁、瓢等，用最早的铸造法制作的铜活字印刷物是1234年崔怡（1195—1247）在江

---

① 《元刊梦溪笔谈》卷24。

华岛印制的《古今详定礼文》50 卷，1376 年用木活字印刷《通鉴纲目》。15 世纪后朝鲜大批铸造金属活字 20 余次，铸造铜活字二三百万枚。[①]

### 五　指南针的发明与应用

北宋年间，随着工艺的进步，可以将磁石磨制成针或将钢针用天然磁石磁化，将磁针置于木制鱼的腹内再置于水中，称作指南鱼。1044 年北宋军事家曾公亮的《武经总要》中，记有这种指南鱼的制法。当时，将磁针穿入灯芯类轻物体中，使之浮在水面上指方向，称为"水铖盘"也称"水罗盘"，即水浮式磁针；而将磁针置于枢轴上可自由转动的装置称作"旱罗盘"，这两种"罗盘"在航海中均已使用，在 10 世纪后都开始西传。北宋沈括在其《梦溪笔谈》中记载了指南针的四种装置方法：水浮法、指甲旋定法、碗唇旋定法和丝悬法，并记载了用磁矿石磨针使之磁化的方法和地磁偏角的发现："方家以磁石磨针锋，则能指南，然常微偏东不全南也。水浮多荡摇，指爪及盌唇上皆可为之，运转尤速，但坚滑易坠，不若缕悬为最善。"[②]

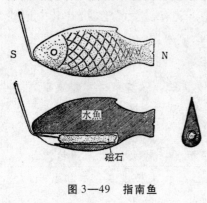

图 3—49　指南鱼

指南针的发明与西传，对于 16 世纪欧洲大航海起了重要的促进作用。

### 六　土木工程

隋朝修建的京杭大运河，至今仍是世界上最长的运河。605—610 年，隋炀帝杨广（569—618）先后征集民工二三百万人，在春秋时的邗沟、汉时的汴渠、南齐时的丹徒水道的基础上开凿了一条北至涿郡（今北京），经河南洛阳南至杭州的大运河，总长达 2500 多公里。元朝迁都北京后，为便利从江南调运物质，避免水运要绕道河南洛阳才能转至河北的麻烦，对隋代大运河进行了截弯取直的改造。1282 年，开凿济州河，从济州（今济宁）南接泗水入淮河，北沿山东丘陵西部边缘达东平。1289 年，开凿会通河，从东平向北至临清接隋代的永济渠。为使漕船能直接进入北京城，1292 年又开凿了北京至通州的通惠河，于次年完工，汇合温榆河到天津。至此，从北京可以经山东、江苏直达杭州，形成了长达 1762 公里的大运河。

这一时期在建筑方面最为著名的是隋唐时期的都城建筑。

---

①　张秀民：《中国印刷术的发明及其影响》，人民出版社 1958 年版，第 113—122 页。
②　《元刊梦溪笔谈》卷 24。

中国历代王朝都注重都城建设，隋朝统一中国后的第二年（582）七月，隋文帝杨坚（541—604）即下令在被历年战乱毁坏的汉代长安城东南龙首山，兴建隋朝都城大兴城。次年正月大兴城建成，用时仅 9 个月，四月正式启用。该城从规划设计到组织施工均是由建筑家、营新都副监鲜卑人宇文恺（555—612）主持的。

图 3—50 隋唐大运河

大兴城规模宏大，东西 9550 米，南北 8470 米，面积达 83 平方公里，是中国历史上最大的都城。城区规划大体沿用旧制，分宫城、皇城和郭城三部分，宫城、皇城以南北向的中轴线为对称，如同 1965 年前的北京内城。宫城为皇家生活区，皇城为行政办公区，郭城则是官员与百姓的生活区。四周有高大的城墙环绕，城内东西向大街 14 条，南北向大街 11 条，街道宽达百米，中轴街宽 150 米，街道两旁有排水沟和行道树。隋炀帝登基的第二年（605）宇文恺领旨又模仿大兴城兴建东都洛阳城，用工 200 余万人，一年内即建成，面积约 73 平方公里。这两座都城设计合理、施工组织严密，成为后来都城建筑的典范。

唐朝时将大兴城改名为长安城，在宫殿群及景园区又有不少翻新和增建。由于唐朝经济文化的繁荣，长安城很快成为一座举世闻名的国际大都市。可惜这一古代世界历史名城，在唐末的农民起义中被彻底焚毁。

在建筑著作方面，对后世有重要影响的是 1103 年北宋建筑学家李诫（1060—1110）编写的《营造法式》。该书共 34 卷，357 篇，3555 条，对土木工程、建筑设计及规范、用料、估工等建筑知识作了全面的总结，是中国古代建筑的重要技术著作。李诫在书中特别指出，建筑要"有定式而无定法"，要尊重工匠的创造发明，注重条件与环境的适应。

中国在土木工程方面流传至今的重要标志性建筑是"万里长城"。

自古以来，人们就将自有的房舍与庭院用墙围起来，以防野兽、他人的侵入。人群集聚生活后，则将集聚区用墙围起来形成为"城"。公元

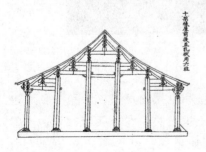

图 3—51 《营造法式》插图

前 7 世纪，楚国最早修筑了防御他国入侵的方城，由此开始出现了用墙阻挡外敌入侵的手段。这类规模巨大的长距离的墙，后来被称为"长城"。战国时期齐、魏、赵、秦、燕等国均修建了长城，秦统一各诸侯国后废弃了隔离各国之间的长城，将秦、赵、燕北部边境的长城连接起来，加以扩展形成一条西起临洮，东至辽东万余里的长城，以防止北方游牧民族入侵。汉朝继续对长城进行修建，新筑成一条西起大宛贰师城、东至鸭绿江北岸全长近一万公里的长城，以抵御北方匈奴的侵袭。

唐朝时期为防御北方黑水靺鞨，在现黑龙江牡丹江地区修筑了长约 100 公里的牡丹江边墙（长城）。金朝长城修筑于明昌五年（1194），承安三年（1198）筑成，全长约 1650 公里，北起内蒙古莫旗七家子村东南 1 公里的嫩江，止于武川县上庙沟。

明朝长城是首辅张居正（1525—1582）命部下戚继光（1528—1588）督筑的，西起嘉峪关（1372 始建），经山海关（1381 始建），东至鸭绿江畔的宽甸县虎山镇，总长度 8851.8 公里。明长城的墙身内外墙用砖砌筑，之间填泥土碎石并压实，以增强其稳定度和防御性能，墙身基础宽度 6 米多，墙上地坪宽度可以保证两辆辎重马车并行。

至清朝时，由于国家强盛，疆域辽阔，康熙帝下令永不筑长城，因此留存至今的主要是明长城，特别是嘉峪关至山海关段。

图 3—52  明长城

中国历代的长城大都设有烽火台、敌楼、边堡和屯兵的城堡，以利于驻军边防。在交通要道上修建的由重兵把守的关城，用于进出关。在冷兵器时代，这些长城对防止敌国及西北游牧民族的侵扰，维持中原地区的社会稳定起了很大的作用。

据国家文物局调查，中国历代长城总长度为 21196 公里，分布于北京、天津、河北、山西、内蒙古、辽宁、吉林、黑龙江、山东、河南、陕西、甘肃、青海等15 个省份，长城遗产 43721 处。

### 七　医术

自唐以来朝廷十分重视医学，624 年在太常寺设"太医署"，该署是掌管国家医药卫生的部门。

这一时期，医学著作大量出现，进一步丰富了中医的理论与实践。610 年隋朝太医令巢元方（550—630）的《诸病源候总论》，记载疾病的病源、病候 1720 种，是世界上最早论及病源与病症的著作。659 年，唐朝药物学家苏敬等编的《新修本草》，是第一部由国家颁布的药典。唐朝医学家、道士孙思邈的《备急千金要方》和《千金翼方》记有药方 5300余个，有不少是民间验方。到宋朝，医学有了进一步发展，982—992 年，北宋的《太平圣惠方》载方 16834 个，对各类病症、病理、方剂均有论述。1343 年，元朝医学家危亦林（1277—1347）所著《世医得效方》，对伤科治疗有详细论述，首次创用悬吊复位法治疗脊柱骨折。

图 3—53　针灸铜人

特别值得一提的是，宋代已有专科著作问世。南宋陈自明（1190—1270）的《妇人大全良方》是第一部妇科著作，北宋钱乙（1035—1117）的《小儿药症直诀》（1107）是一部儿科专著。

针灸是中国古代医学的重要成果，1027 年，北宋医家王惟一（987—1067）总结了针灸的经验规范了针灸穴位，著有《新铸铜人腧穴针灸图经》并奉旨铸标有穴位的铜人两座以教授针灸。

这一时期，少数民族医学亦有了很大发展，藏医开始形成为完整的藏医药学体系。藏医著名医家、享年 125 岁的宇陀·元丹贡布（729—853）自 748 年开始，用了 17 年时间编写成藏医药学的经典文献《据悉》（又称《四部医典》），该书共分四部：蓝经（病理）、白经（药剂）、花经（诊断）、黑经（临床），由 177章组成，记载药物 1000 余种，并有多幅精美的插图。《据悉》是藏医的基本医学文献。到 18 世纪时，藏医药学者帝马·丹增彭措（1673—1743）用了 20 余年时间编成藏医药物学著作《协称》（又称《晶珠本草》），详细记载了近 2000 种药物的药性、用法及采集加工等。

# 第四节 明清时代(1840年前)

## 一 概述

明清是西方近代文化、科学技术开始渗入的时期，中国人开始有条件地认识西方，而且一些西方科技书籍开始了汉译。在东西方文化交流方面，如果说此前更多地表现为"东学西渐"的话，那么这一时期开始了"西学东渐"，西方文化与中国传统文化的融合和冲突开始凸显。同时，一些涉及内容广泛的科学技术著作开始出现，李时珍（1518—1593）的《本草纲目》、徐光启（1562—1633）的《农政全书》、宋应星（1587—约1666）的《天工开物》等均是对中国古代科学技术的总结，而徐宏祖（1587—1641）的《徐霞客游记》是中国第一部地理学百科全书，清初绘制的《皇舆全览图》则是中国第一部近代全境的地图，所采用的测绘方法已相当先进。而康熙末年编纂的长达万卷的《古今图书集成》①，乾隆年间的《四库全书》②，则是对中国传统文化的一次整理、汇集与保存。

明清时期，恰是西方近代社会形成与发展时期，文艺复兴之后开始了近代科学革命，与此相伴的是大航海时代、新大陆的发现、海外殖民的扩张，欧洲社会很快进入资本主义社会。16世纪之后，西方人开始登陆中国，西方的文化、科学技术开始传入中国。

葡萄牙和西班牙是最早进行海外殖民开拓的国家，16世纪葡萄牙人首先取得了澳门的居住权，不久后西班牙人以菲律宾为据点开始与中国的接触。葡萄牙向中国派出耶稣会传教士，西班牙则派出法兰西斯和多米尼格派传教士。耶稣会传教士在理解中国人的传统文化基础上向中国大量介绍欧洲的科学技术与文化，对中国产生了重大影响。但是法兰西斯和多米尼格派传教士却企图阻止中国人对传统的祖先崇拜，与耶稣会传教士不时发生冲突。这两个教派的冲突到康熙年间日益激化，导致清廷对基督教的传教活动产生疑虑。自17世纪中叶开始，英国、法国、荷兰开始取代不断衰落的葡萄牙和西班牙，大力开展与中国的贸易，加强了与清廷的联系，一些科学技术新成果也随之传入。雍正之后，清廷禁止外国传教士在广东和北京以外地区活动，居住在北京的传教士被召到宫廷中担任一定的职

---

① 《古今图书集成》系清康熙年间福建人陈梦雷（1650—1741）历时28年所编辑的大型类书。全书计10000卷，目录40卷，5020册，16000万字。原名《古今图书汇编》，是现存规模最大、资料最丰富的类书。

② 《四库全书》是乾隆皇帝亲自组织编写的一部规模最大的丛书。1772年开始，历时10年编成。丛书分经、史、子、集四部，故名四库。共收古籍3503种，分79337卷，装订成36300余册。抄写成7套藏文渊阁（紫禁城）、文溯阁（沈阳）、文源阁（圆明园）、文津阁（承德）、文宗阁（镇江），文汇阁（扬州）和文澜阁（杭州）七大著名图书馆。

务，部分人则在钦天监从事天文历法工作。

明末清初，欧洲传教士特别是耶稣会传教士对西方科学技术、西方文化的传入起了重要作用。虽然近百年来不少人认为传教士在中国的活动，是一种殖民主义文化侵略，然而他们在开阔中国人眼界、传播西方科学文化知识方面，在推进中国农村工作，推进中国近代教育、近代医学等方面，是功不可没的。

在康熙乾隆年间，中国传统文化得到复兴，儒学文化再次达到高峰，而天文学与数学则继承了明朝的遗产，经历了短暂的与明末清初传入的西方天文学与数学的融合尝试后，很快即转入中国传统的历算方面。这一时期，在科学技术领域中国传统一直占据主流。在中国

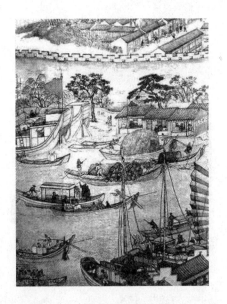

图3—54　姑苏繁华图（1759）

近代史上，对西方文化经历了一个由放任，到警惕，到限制，到排斥，再到被迫接受的过程。

中华文明的主流，是以汉民族为中心所创造的中华文化，这一文化涉及从人生到社会的各个方面，具有很强的普适性和社会的规范性。清朝是一个与元朝相同的由非汉民族统治的大一统国家，然而对中华文明却持欣

图3—55　紫禁城太和殿（建于1420）

赏、学习、保护、发扬的态度，清廷的统治者并没有排斥中华文化，反而加强整理，进而发扬之。这与历代农民起义胜利了就掘前朝的祖墓、烧宫殿不同，清廷建立后明朝的皇陵受到保护，宫殿得到整修再利用，明降将降官得到重用。这在相当程度上缓解了民族矛盾，使社会很快进入所谓的"盛世"。

明朝和清朝初期，由于社会相对稳定，历代皇帝大兴宫殿、祠庙、园林建筑。其建筑技术和艺术达到了中

图3—56　紫禁城太和殿飞檐

国古代建筑的顶峰，许多建筑一直留存至今，其中不少成为重要的历史文化遗产。

明成祖朱棣（1360—1424）于永乐四年（1406）诏建北京皇宫紫禁城，历经 14 年建成。之后天坛、地坛、月坛、日坛陆续建成。清太祖爱新觉罗·努尔哈赤（1559—1626）于 1625 年模仿明朝皇宫建筑式样始建沈阳故宫，历经 10 年建成。

图 3—57　圆明园角楼

清兵入关后继续以紫禁城为皇宫，并不断进行修整和扩建，同时模仿江南私家园林在北京及其周围大搞皇家园林建设，其中著名的如圆明园（始建于 1709）、清漪园（颐和园前身，始建于 1750）等。承德避暑山庄于 1703 年始建，历经康熙、雍正、乾隆三朝耗时 89 年建成。

这一时期，是欧洲科学技术、社会文化迅速发展的时期，而自 16 世纪后，中国科学技术相对于西方不断落后，学术界致力于对传统文化的整理、阐释，可以称得上影响大的有突破性的、创新性的科学技术成果不多。在上层社会和知识界被一种盲目的唯我独尊、愚顽而自大的情绪所笼罩，严重地影响了自身科学技术的进步和及时对西方先进科学文化的汲取，到 19 世纪中叶，已经衰落到用传统的大刀长矛对抗西方利舰火炮的程度。

## 二　徐光启与《农政全书》

农书的编纂一直是历代学者所重视的，也是为历代王朝所支持的。明清时期著名的农书是明末徐光启编撰的《农政全书》。

徐光启，字子先，生于松江府上海县，官至礼部尚书、文渊阁大学士，早年随意大利耶稣会传教士利玛窦（字西泰 Ricci Matteo 1552—1610）学习西方的天文、历法、数学、水利等知识，合作翻译了利玛窦 1582 年带到中国的欧几里得（Euclid 约 B.C.330—B.C.275）的《原本》（Στοιχεῖα）的前 6 卷，定名为《几何原本》（1607）。明万历四十年，与熊三拔（字有钢 Ursis, Sabbathin de 1575—1620）合译西方水利学著作《泰西水法》（6 卷）。主持

图 3—58　徐光启和利玛窦

《崇祯历书》的编写工作，著有《勾股义》《军事或问》等书籍。毕生重视农业，天启二年（1622）告病还乡后开始整理历代农书，编写农书。1628 年被朝廷重新起用，主持修订新历书，直至去世农书也未得完成，后由其弟子、明末著名文学家陈子龙（1608—1647）等人整理于崇祯十二年（1639）刻印，定名为《农政全书》。

《农政全书》共 60 卷 12 类：农本 3 卷，田制 2 卷，农事 6 卷，水利 9 卷，农器 4 卷，树艺 6 卷，蚕桑 4 卷，蚕桑广类 1 卷，种植 3 卷，牧养 1 卷，制造 1 卷，荒政 18 卷。该书系统地总结了中国的传统农业技术，收录了历代各家农书的许多重要内容，除了分门别类地介绍一般农业技术外，用了较大的篇幅研究探讨了农政问题（农本、荒政）和水利问题，这也是《农政全书》与传统农书不同的一大特点。徐光启是最早接受西方近代文化的官员，他的农本思想已突破传统的教化，而具有开明济世的观念。他特别重视水利，认为水利是农业的基础，从"农政"的角度提出在北方加强水利建设，通过屯垦的方式，解决南粮北运的问题，并转载了《泰西水法》以供读者参考。全书图文并茂，是一部内容丰富的中国古代农业百科全书。

### 三　郑和下西洋与航海术的进步

中国古代的海上贸易虽然不是经济的主流，但海上贸易始终不绝。自 8 世纪开始，一些阿拉伯商人从波斯湾乘船到中国进行贸易，同时，中国商人也乘船去印度和波斯湾从事贸易活动。

明朝初年，朝廷采取闭关政策不准出海贸易，至明成祖永乐年间（1402—1424），为了弘扬明王朝威势，扩展四海的朝贡，于永乐三年（1405）派宦官郑和（原名马三保，1371—1433）率船西航，此后 30 年内，共航行七次，前三次航行至印度的卡利卡特（Calicut），第四、五、六次主队航至波斯湾的霍尔姆兹，支队远航至阿拉伯和东非沿岸，第七次（1433）主队航行到霍尔姆兹，

图 3—59　郑和"宝船"结构图

支队到达阿拉伯的麦加。这七次航行扩展了明王朝在印度洋、阿拉伯湾的势力，到永乐晚期朝贡国达 60 余个。

郑和航海的船是在南京附近的造船厂建造的。1403 年，即郑和下西洋前两

年，从各地汇集造船名师在南京开始建造①，其中大船长44丈4尺（约150米），宽为18丈（约60米）平底四角形，相当于现代排水量8000吨级的大船。中船长37丈，宽为15丈。每艘宝船有9道桅、12面帆，水线以下有两层半舱室，水线以上有两层或两层半舱室，吃水4.4米，排水量为5000～10000吨。首次带领27800余士兵，分乘62只船。② 郑和航海的目的不完全是贸易，而是要求所到各国向明王朝"臣服"。航海中既利用了日月星辰的传统定位法和阿拉伯的航海术，也使用了指南针，并绘制了以星座定位的"郑和航海图"③。从造船技术和航海技术的角度看，郑和下西洋的航海装备和技术远高于欧洲16世纪大航海时代的任何一次航海探险。

## 四 技术百科全书《天工开物》

宋应星字长庚，明万历十五年（1587）出生于江西省奉新县，28岁中举，后多次考不中进士，48岁才当上江西分宜县教谕（1634），此后任福建汀州推官（1638），安徽亳州知州（1641），三年后弃官回乡。他在江西分宜时，利用余暇时间历时三年编著成中国古代技术的百科全书式巨著——《天工开物》。

《天工开物》共18卷，各卷目次为：（1）乃粒（谷类）；（2）乃服（衣物）；（3）彰施（染色）；（4）粹精（调整）；（5）作咸（制盐）；（6）甘嗜（制糖）；（7）陶埏（制陶）；（8）冶铸（铸造）；（9）舟车（车船）；（10）锤锻（锻造）；（11）燔石（焙烧）；（12）膏液（制油）；（13）杀青（制纸）；（14）五金（金属）；（15）兵（兵器）；（16）丹青（朱墨）；（17）曲蘖（酿造）；（18）珠玉（珠宝）。以条目的形式详细记载了当时民间的各种生产技术，包括农业和手工业的主要生产技术。在对许多技术和工艺叙述时，还列举了相关数据如各种合金配比、油料作物出油率、单位重量金箔可以包覆的面积等。许多技术工艺根据

---

① 当时南京有龙江造船厂、宝船造船厂多家，郑和航海的船在哪个船厂建造及建造的具体情况还有待考证，详见席龙飞：《中国造船通史》，海洋出版社，2013年版第九章。

② 1405年，郑和第一次下西洋，最远达锡兰山（今斯里兰卡）；1407—1409年，第二次至印度西部的柯枝（今柯钦）和古里；1409—1411年，第三次到达占城、爪哇、苏门答腊，经锡兰抵达印度西部；1413—1415年，郑和第四次下西洋，首次横渡印度洋至波斯湾沿岸的忽鲁谟斯，以及非洲东岸的麻林地（今肯尼亚的马林迪）等地；1417—1419年，第五次历经印度、阿拉伯半岛沿岸的祖法儿、阿丹以及东非诸国；1421—1422年，第六次横渡印度洋，经赤道无风带，抵达肯尼亚南部；1431—1433年，第七次到忽鲁谟斯（今霍尔姆兹海峡中的一个海岛）。

③ 1621年，明末儒将茅元仪的《武备志》中，收载了《郑和航海图》（《自宝船厂开船从龙江关出水直抵外国诸番图》的简称），其中有正图40幅、附图4幅。正图18幅描绘了从南京出长江口，沿海南下至海南岛的水程，其余22幅正图为海外水程，4幅附图是往返于孟加拉湾和阿拉伯海的过洋牵星图。航海图中详细记载了航线所经亚非各国的海域、岛屿、港埠情况，标明了航线上的礁石、浅滩状况。图中标有500多个地名，其中300多个外国地名。《郑和航海图》提出用罗盘针指示方向的航海线路即针路（包括针位和航程）和过洋牵星数据（这是中国关于牵星术最早的记载），成为15世纪前中国关于亚非两洲较为详尽的地理图志，也是中国现存的第一部全幅的包括亚非海域的海道图志。

该书的记载是可以实际操作的。

该书附插图 123 幅，插图中的器物结构清楚，操作器物的人物动作简约合理，熠熠如生，图版线条雕刻清晰，对了解当时的生产工具和工艺有很高的参考价值，可惜不知是何人所为。由于中国古代技艺及工具一经产生，往往可以流传很久，后世改动不大，这些珍贵的插图也是研究明朝以前中国古代技术的珍贵资料。

明朝是一个社会较为稳定、经济较为昌盛的王朝，手工制造业和商品经济、交通均十分发达。宋应星在《天工开物》的序言中对此的描述是："幸生圣明极盛之世，滇南车马，纵贯辽阳；岭徼宦商，衡游蓟北。为方万里中，何事何物不可见见闻闻。"但是，宋应星辞官后生活并不富裕，他在序中写道："年来著书一种，名曰《天工开物》。伤哉贫也，欲购奇考证，而乏洛下之资；欲招致同人，商略赝真，而缺陈思之馆。随其孤陋见闻，藏

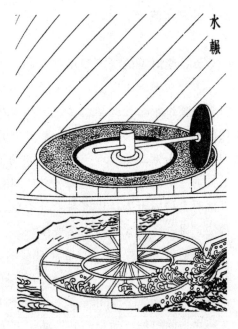

图 3—60　水碾（天工开物）

诸方寸而写之，岂有当哉。"他深知，传统的儒家文化仍深深地控制着上层社会，他费尽气力写成的这本书"于功名进取，毫不相关也"。

《天工开物》是对中国古代生产技术的全面系统的总结，该书 1637 年刊行后，传入日本，成为江户时代的畅销读物。然而在中国由于传统文化对生产技术的鄙视，仅在明末刊印两次，清乾隆三十六年翻刻印刷后即失传。1911 年，从英国留学归国的地质学家丁文江（1887—1936）在云南读《云南通志·矿政篇》时，发现其中引有宋应星的《天工开物卷》，遍索而不可得。1926 年，在日本留学学习地质学的章鸿钊（1877—1951）带回《天工开物》的菅生堂刻本，此后才引起中国学术界的注

图 3—61　凿井（天工开物）

意，并刻印流传。

### 五　李时珍的《本草纲目》

医学在中国历史上一直是受到朝廷重视而得到充分发展的领域，明清时代的医学主要继承金元医学的传统，编纂的药物学书类有 200 多种，大多是对此前历代医药学著作的糅合，较为突出的是洪武十四年明太祖第五子朱橚（1361—1425）在开封编的 168 卷的《普济方》（1406），168 卷，载方 61739 个，是现存最大的一部医方书。以他的名义还编有《救荒本草》（1406），收录了 414 种可供饥荒时食用的野生植物资料，分为草、木、米谷、果、菜 5 类，记有产地、性状、食法，是一部重要的植物学著作。

明朝最为重要的医书是李时珍的《本草纲目》，该书计 52 卷，190 多万字，万历十八年由明朝著名文学家、刑部尚书王世贞（1526—1590）作序于 1596 年在金陵（今南京）刊印。该书记载药物 1892 种，附图 1160 幅，载方 11096 个，在药物中除植物、动物药外，还记有无机药物 276 种，并详记了其性状以及采集、蒸馏、蒸发、升华、结晶等制备技术，还列举了 113 种病症及适应各症的主治药物。该书列 16 个部作为全书的纲，部下分列类，60 类为一个目，这也是书名称作"纲目"的原因。书中对植物采用"析族区类"分类法，对动物的分类则采用由低等动物到高等动物、由简单到复杂的进化顺序排列，已接近现代的动植物分类法。而在此前的许多医药书中，多受道教神仙术的影响，将长生不老药列为上品，保健类药列为中品，而将治疗类药物列为下品。

图 3—62　南怀仁在北京建造的天文观测台

《本草纲目》是一部享誉世界的药物学、博物学巨著，1607年传至日本，后传至欧洲，被译成日、英、法、德、俄、拉丁等多种文本，为国际科学界、医学界广为重视。

李时珍字东壁，出身于湖北蕲县的一个医药世家，14岁考取秀才，后多次应考举人不中，只好继承父业为医。在多年的行医中，发现传统医书颇多谬误，加之又有不少个人的新发现，决心广采博收，对过去的医书严加考证，辩解疑难病症，订正错误，于明嘉靖三十一年（1522）开始编写，其间对古代各朝医书广为收集，并亲自到山间采药辨药，到民间收集医方药方，历经27年始得完成。

### 六　西方技术的早期传入

近代以来，西方的学术文化曾两次大规模地传入中国，被称为"西学东渐"。第一次是明末清初随着基督教在中国的传播，第二次则始于洋务运动。

16世纪下半叶，为了扩大耶稣教势力，大批耶稣会传教士来到中国。这些传教士大都是饱学之士，掌握了欧洲当时的科学技术成果。最早来华的耶稣会传教士是1581年到澳门的意大利耶稣会士罗明坚（字复初 Ruggleri, Michele 1543—1607）。1582年，意大利耶稣会派利玛窦来华到肇庆学习汉语，在肇庆知府王泮的支持下，在中国绘制了最早的世界地图《山海舆地图》，1599年到北京。利玛窦用自鸣钟等欧洲物产博得万历帝及朝廷重臣的欢心，又吸收了徐光启、李之藻（1565—1630）等大臣为基督徒，而且巧妙地对基督教和儒教进行调和，更利用欧洲先

图3—63　利玛窦

进的科学技术，赢得了朝廷上下对欧洲文化的兴趣，因此很快留驻京城且得到万历帝的信任。

在中国传教比较著名并掌握有一定科学知识的耶稣会士除利玛窦外，还有汤若望（字道未 Schall von Bell, Jean Adam 1591—1666，德国人，1622年来华）、南怀仁（字敦白 Verbiest, Ferdinand 1623—1688，比利时人，1659年来华）、艾儒略（字思及 Aleni, Jules 1582—1649，意大利人，1613年来华）等，他们都与朝廷官吏交往甚密，也颇得自明万历至清乾隆皇帝们的赏识。他们在传教的同时，也将天文学、数学、地学、物理、火器等科学技术知识传入了中国。

经耶稣会传教士带入中国并汉译的书有数百种，除宗教书籍外，有不少是有关欧洲科学技术的，许多是由传教士口述，由中国学者记录整理后刊印的。这一时期重要的汉译的西方科技著作有：水力学著作《泰西水法》6卷（1612），意大利耶稣会士熊三拨、徐光启、李之藻撰写；研究星盘坐标系统投影的《浑盖通

图3—64  奇器图说

宪图说》3卷（1602），利玛窦口述，李之藻笔录；欧几里得几何学著作前6卷《几何原本》（1607），利玛窦、徐光启译著；论述日晷影长的《表度说》（1614），熊三拨著；亚里士多德宇宙论并记有伽利略用望远镜观测天体的《天问略》（1617），葡萄牙耶稣会士阳玛诺（字演西 Diaz, Emmanuel 1574—1659, 1601 年来华）著，周子愚、卓尔康（1570—1644）译；《简平仪说》，熊三拨、徐光启著；《同文算指》（1614），利玛窦、李之藻译著；《圆容较义》（1614），利玛窦、李之藻译著；《测量法义》，利玛窦、徐光启译著。明末汉译的书籍中，还有徐光启主持，德国耶稣会士汤若望等人翻译的欧洲天文学著作丛书《天马初函》等。其中《泰西水法》和德国耶稣会士邓玉函（字涵璞 Jean Terrenz 1576—1630, 1621 年来华）口述、王徵（1571—1644）编译的《奇器图说》《诸器图说》是三大技术类书籍。

由于军事上的需要，汤若望和南怀仁都奉命设计铸造过枪炮。崇祯十六年（1637），汤若望口授、焦勗笔录了《火攻挈要》；清初南怀仁编译有《神武图说》，叙述了枪炮的原理并有附图。

1550—1779 年，来华的耶稣会传教士达 451 人，汤若望和南怀仁先后在国家天文台——钦天监工作，南怀仁还为康熙（爱新觉罗·玄烨，1654—1722）铸造大炮，并与其他传教士一同制作了许多天文仪器，著有关于这些天文仪器的制作方法的《新制灵台仪象志》16 卷。利玛窦绘制了世界地图《坤舆万国全图》，西班牙耶稣会士庞迪我（字顺阳 Jacques de Pautoja 1571—1618, 1599 年来华）著有《万国图志》。

清朝初年，康熙帝对西方的科学技术极有兴趣，曾派法国耶稣会士白晋（号明远 Joachim Bouvet 1656—1730, 1685 年被法王路易十四派往中国）去欧洲招请有学问的传教士来华。康熙依靠法王路易十四（Louis-Dieudonné 1638—1715）派来的耶稣会传教士进行了全国大地测绘，于康熙五十七年完成了《皇舆全览图》。该图被送到法国，路易十四看过后由法国地理学家、地图绘制者当维尔（d'Anville, Jean Baptiste Bourguignon 1697—1782）印刷。耶稣会传教士还培养出一批

图3—65  南怀仁

精通欧洲天文学、历算、数学的中国学者。明末清初他们来华时携带了眼镜、显微镜、望远镜等光学仪器和计算尺、钟表等物品，这些物品很快被仿制出来，到乾隆年间，宫廷作坊和民间作坊都开始大量制作钟表，其工艺之精湛不亚于舶来品。

图3—66　皇舆全览图

但是，许多封建士大夫对西方的科学技术表现出不屑一顾的态度。他们妄自尊大，自认为中华文化比西洋文化优越。对于西方的发明创造，他们认为"中国古已有之"：曾子已有地圆说，屈原已有九重天说，朱世杰已有借根方说，祖冲之已有推气朔消长说。由此出现了"西学中源"说，认为中国文化是西方文化的源头，中国学术是天下学术的正统，西学不过是中学的变种。即使一些很有学识、见地的学者也有浓厚的中国正统观。如明末清初思想家黄宗羲（1610—1695）认为："尝言勾股之本乃周公、商高之遗而后人失之，使西人得以窃其传。"王锡阐（1628—1682）是清初著名天文学家、历算学家，竟认为："《天问》曰：'圜则九重，孰营度之'则七政异天之说，古必有之。近代既亡其书，西说遂为创论。余审日月之视差，察五星之顺逆，见其实，然益知西说原本中学，非臆撰也。""西学东渐"所带来的近代科学技术文明，对明末清初时期社会的政治和经济影响不大，尽管康熙喜好西方科学技术，也无非是个人兴趣，无意将其推广至社会生产实践。

图3—67　马戛尔尼

在经历了明末清初的"西学东渐"之后，自雍正时起到鸦片战争爆发，清王朝开始推行闭关自守的国策，使西方科学技术的传入中断长达100多年之久。乾隆五十八年（1793），英国国王派马戛尔尼（MaCartney, George Earl 1737—1806）伯爵为首的使节团，携带包括带减振器的豪华马车、各类钟表、枪支在内的丰厚礼物来华，寻求通商和互派使节，遭乾隆皇帝（爱新觉罗·弘历 1711—1799）拒绝，声称："天朝物产丰盈，无所不有，原不藉外夷货物以通有无之。"嘉庆二十一年（1816），乾隆的儿子嘉庆（爱新觉罗·颙琰 1760—1820）再次回绝了英国人提出的通商要求，表示："天朝不宝远物，凡尔国奇巧之器，亦不视为珍异"，"嗣后毋庸遣使远来，徒烦跋涉，但能倾心效顺，不必岁时来朝始称向化"。

图 3—68　北京城平则门（后称阜成门，马戛尔尼随行画家 W. Alexander 绘，
　　　　18 世纪末）

正是在这一期间，西方社会却取得了长足的进步，英国在 17 世纪完成了资产阶级革命之后，18 世纪中叶又开始了工业革命，机器在工业生产中的广泛使用，使得生产力水平有了空前的提高。随后法国、美国、德国、沙俄、日本等都陆续成为资本主义强国。

### 七　李约瑟难题

15 世纪前曾盛极一时的中国，为什么未能产生像西方那样的近代科学技术，这个问题在 20 世纪初中国的"新文化运动"时期，北京大学的梁漱溟（1893—1988）及日本早稻田大学教授金子马治（活跃于 20 世纪上半叶）都已经明确地提了出来，金子马治、梁漱溟、陈独秀（1879—1942）、李大钊（1889—1927）等人均从东西方文化比较的角度，对此做出解答。① 30 年后英国的李约瑟博士在研究中国古代科技文化时又重新提出，引起了学界对这一问题的兴趣，被学界称作"李约瑟难题"，多年来对这一问题已有很多人在进行研究。②

下面，从中国几千年的专制制度，盲目的"天意"崇拜，儒教文化桎梏，民族性的差别，地域封闭又具有独创而完整的文化意识几方面作一分析。

---

① 见梁漱溟《东西文化及其哲学》，该书最早于 1921 年 10 月由财政部印刷局出版，1922 年改由上海商务印书馆出版，1987 年商务印书馆出版其影印本。

② 详见刘钝、王扬宗《中国科学与科学革命——李约瑟难题及相关问题研究论著选》，辽宁教育出版社 2002 年版。

其一，中国几千年的专制制度，是不可能产生近代社会，更不可能产生近代科学技术的。近代社会即资本主义社会的市场经济与农业社会的自然经济完全不同，资产阶级为获取更多的财富，鼓励工商业，鼓励科学发现和技术发明。但是中国到清末为止的专制制度，采取的是培育"顺民"的愚民政策，对民要"虚其心，实其腹，弱其志，强其骨，常使民无知无欲，使夫智者不敢为也。为无为，则无不治"（老子：《道德经》三章）。"古之善为道者，非以明民，将以愚之。民之难治，以其智多。故以智治国，国之贼[①]；不以智治国，国之福。"（老子：《道德经》六十五章）民既无知又无欲，何得以创新。[②]

图 3—69　李约瑟

其二，中国传统文化反对创造发明，"天下神器，不可为也，为者败之，执者失之"（老子：《道德经》二十九章）。古代中国人在信仰上不像欧洲人那样创造拟人化的神来敬仰，主要是敬祖和敬天。敬天绝不是崇敬"自然"，而是一种最原始的自然神崇拜。与具体的自然物（神）不同，"天"的琢磨不定更具神秘感，将一切自然与社会现象归之为"天意"，这样人就大可不必去追究其原因了，更无所谓什么科学研究、观察实验、逻辑推理。敬祖强调继承祖制，"凡言不合先王，不顺礼义，谓之奸"（荀子集解·卷三）。农民起义胜利了，新王朝大都"因袭旧制"，这也是中国几千年专制王朝虽不断更迭，但很难向近代社会发展的原因。"敬祖"导致了社会改革的困难，"敬天"又可以将一切自然现象归为"天意"，由此形成的迷信祖传、迷信权威、反对怀疑的习俗，限制了人们思想和行为上的创新。

其三，自汉以来的儒家文化阻碍了科学研究和技术发明。儒家文化是被历朝统治者所宣扬的国家意识形态，是一种社会教化，倡导"孝悌忠信，礼义廉耻"，重人文轻工商，号召知识分子钻研儒学（孔孟之学），考取功名（秀才、举人、进士），入仕为官。发挥个性、研究自然或钻研技术，是不为上层社会所接受的，是属于旁门左道甚至大逆不道的。作为举世闻名的中国四大发明的活字印刷术，也仅在非正史的《梦溪笔谈》中有段记述而已，再无文字可考。至于黑火药、指南针根本就弄不清是具体何人、何时、何地，如何发明的。

其四，由于东西方民族性的不同，造成其历史发展路径的不同。民族性恰如人的个性，有喜文的，有喜理工的，喜文的搞文有可能写出举世闻名的文学作品，

---

①　贼，"思惟密巧奸伪益滋"之意，见王弼注老子《道德经》六十五章。

②　对老子的这两段话，虽有人力图从积极方面去解释，但考虑其成书于封建专制勃兴的春秋战国时代，似应从当时的社会政治背景去理解，而且其后的历代王朝亦不乏焚书坑儒、制造各种文字狱，以"使夫智者不敢为也"。

喜理工的搞理工有可能有重大的发明、发现。然而喜文的搞理工或喜理工的搞文，有可能一无所获，平淡一生。文艺复兴后，西方人所具有的财富欲望、冒险精神和宗教的激励与约束，① 是东方人所不具备的，而这恰是近代科学技术兴起于西方的民族性原因。

其五，西方近代的科学革命和技术革命有其三大源流，即古希腊的自然哲学（朴素的唯物论，注重自然研究，注重实验与逻辑推理）、阿拉伯的科学（数学、医学、光学、炼金术）和中国的技术（特别是四大发明：造纸术、印刷术、黑火药和指南针）。中国由于地域封闭，又有自己创立的独特而完整的文化意识，古希腊的自然哲学、阿拉伯的科学未能传入中国，即使传入也会受到中国传统文化的排斥，很难与中国传统文化融合。而中国传统科学恰恰缺乏的是对自然规律的探求、符号化的数学、实验的研究方法、逻辑性的推理、破旧立新的发明创造欲望。

当然，对这个问题也完全可以从另一个角度去考虑。因为在历史研究中，类似问题可以提出很多，如：为什么中国没有发生文艺复兴？为什么欧洲没有出现"四大发明"？等等。在人类的历史长河中，每个民族在不同的历史时期都在为人类文明做出贡献，对任何历史事件都可以从不同的角度提出问题，也可以从不同的角度对所提出的问题给出解答，而每个答案也都有其合理性。从这个意义上讲，"李约瑟难题"不能算是"难题"，至多是个一般的历史问题而已。而且，中国学界在 20 世纪初就提出了这一问题，并作了较深入的研究和解答。

---

① 基督教教义在 F. 培根（Francis Bacon 1561—1626）的解释与宣传下，焕发起欧洲人向自然进军的热潮，知识就是力量成为人所共知的真理。据《圣经》载，当上帝用洪水荡涤世间一切恶物，仅余挪亚方舟中的众物后，上帝告知挪亚和他的儿子："你们要生养众多，遍满了地。凡地上的走兽和空中的飞鸟，都必惊恐、惧怕你们；连地上的一切昆虫并海里的一切鱼，都交付你们的手。凡活着的动物，都可以做你们的食物，这一切我都赐给你们，如同蔬菜一样。"（旧约，9：1—6）F. 培根指出："我们只管让人类恢复那种由神所馈赠、为其所固有的对于自然的权利，并赋予一种权力；至于如何运用，自有健全的理性和真正的宗教来加以管理。"F. 培根的《新工具》一书，明示从中世纪被神学禁锢中解脱出来，但又处于迷惘中的欧洲人，应当积极投身于对自然的改造，向自然索取更多财富。

# 第四章　工场手工业时代

## 第一节　概述

### 一　欧洲城市工商业

欧洲自 11 世纪至 13 世纪持续 300 余年的农业拓殖活动，使农作物的产量稳定提高，人口迅速增加。与此同时商品货币经济发展迅速，许多农民奔向城市，手工业者队伍急剧扩大，封建的庄园农奴制开始衰落，欧洲的自然经济开始解体。13 世纪后意大利的文艺复兴，15 世纪末到 16 世纪的地理大发现，为新兴的市民阶级开辟了新的活动场所，欧洲经济中心从地中海和波罗的海沿岸转移到大西洋各港口。

城市工商业在这一时期有了较大的发展，工场手工业的生产加工范围随之扩展，从采矿业、冶炼业到制造业，从必需品到奢侈品，在各地成倍地增长。此外，纺织品、服装业也发展起来，意大利从 12 世纪起成为欧洲及东亚的纺织生产和贸易中心。米兰的纺织业已有 6 万名工人。[①] 此外，皮革、鞋靴、马具、地毯、手工艺品、造船、玻璃均形成了一些较大的生产中心。威尼斯制镜业、意大利的象牙

图 4—1　铁匠作坊（14 世纪）

雕刻、法兰西的珐琅制品无论是产量还是质量和式样，均已超过了正在衰落的拜占庭和阿拉伯。金属制造和采矿技术的发展刺激了冶金业。鼓风炉的使用使金属冶炼达到一个新的高潮，西班牙和意大利、英国均建立了一些较大规模的冶炼

---

① ［法］布瓦松纳：《中世纪欧洲生活和劳动》，潘源来译，商务印书馆 1985 年版，第 189 页。

作坊。

新兴的市民阶层及商人在北意大利各国、汉撒同盟各城市①、莱茵河以西各自由城市及伦敦占据了统治地位。在这些城市中，市场经济蓬勃兴起。在 15 世纪，西欧各国为了商业的扩张，在军事、造船、航海方面确立了自己的优势。随着文艺复兴的兴起，欧洲在文化方面也迎来了一个新的时代。这样，在思想文化、技术经济、政治力量方面均为近代科学技术的兴起奠定了基础。

### 二　欧洲工场手工业的进步

欧洲封建社会末期，随着商品流通的发展，农村家庭手工业的经营规模逐渐扩大，形成了工场手工业。所谓工场手工业，是指以手工工具为主要生产手段的生产系统，更多地表现为工场手工业作坊。在这里，劳动从初步的分工与协作，很快发展成较为精密合理的以劳动分工为基础的协作生产方式，成为而后资本主义企业生产方式的原型。

此前的手工业作坊，一般要由师傅或工匠自己去完成制造一个产品的大部分或全部工作，即使在同一作坊劳动的人，他们也是在各自独立地进行工作，即或有分工合作也是偶然或是很简单的。这种生产方式不可能提高生产效率以满足市场的急剧扩大，由此产生了对这种生产组织方式进行革新的要求。这样，以分工合作为基础的工场手工业方式开始出现。当时的工场手工业作坊，已具备了类似生产线的系统，有较完备的生产管理，已成为没有使用机器，或仅使用不完备的机器装置的"工厂"。

图 4—2　亚当·斯密

在工场手工业作坊中，将传统的生产过程分解为若干基本工序，每个人只从事其中一部分，整个生产活动就由这些工人的局部性工作有机地结合起来。据英国经济学家亚当·斯密（Adam Smith 1723—1790）在《国富论》中记载，在 18 世纪的制针手工业作坊中，将制针的作业分解为拨丝、切断、退火、一端压扁、打孔、淬火、研磨等 18 道工序，这样每个工人平均每天可生产 4800 根针，这一生产效率是原来制针者根本不可想象的。各工序的合理配置对提高生产效率是十分重要的。在英国棉纺织业兴起前的几个世纪内，毛纺织业一直是由各个手工业者在不同场所（主要是自己家庭）去完成的，自这时期开始逐渐向

----

① 汉萨（Hanse）一词，德文为"公所"或者"会馆"，汉萨同盟是德意志北部城市之间形成的商业、政治联盟。13 世纪逐渐形成，14 世纪达到兴盛，加盟城市最多达到 160 个。

有一定实力的纺织作坊集中，原来从事毛纺织的手工业者在这里从事领取工资的劳动。当时英国的毛纺织工场手工业作坊规模是很大的，著名的纽贝里（Newbury）的约翰·温其柯姆作坊中，雇用了 700 多个工人。在机织、整形、染色、缩绒的工序上工作的是熟练的男工，在选毛、梳毛、纺毛等工序上工作的则是些不熟练的女工和童工。

在工场手工业作坊里各工序上劳动的工人人数，都有严格的比例，以使整个生产能协调进行。这种分工协作的生产方式，工序由于分解而趋简化和专门化，因此可以使工人较快地掌握有关技术。生产的连续性、一致性和规则性，使工人的劳动效率显著提高。各工序间联系的加强，也培养了工人严密的组织纪律性。

由于把制造一件完整成品的生产工程加以分解，工人只能从事单一的不断的重复性工作，劳动过程的这种分化，也导致了适合分工作业的多种专门工具的出现和改革。

在这些工场手工业作坊中，培育出一批手艺精湛的技师，他们为加工精密的部件，发明了各种以人力或自然力为动力的机械。由于生产规模的不断扩大，工具和装置开始大型化，因此需要有更强的动力来驱动。卷扬机、矿石粉碎机、鼓风机等大型机械广泛地使用水车为动力。在一些工场手工业作坊中，已经使用了加工金属用的早期的车床、镗床和磨床等机械设备。这样，在工场手工业中发展起来的技术体系和经营组织方式，成为近代第一次技术革命中机械技术体系形成的基本前提。

### 三　近代自然科学的兴起

作为文艺复兴发源地的意大利，在这个时期已经分割成许多城邦小国，德意志亦因经历 30 年战乱（1618—1648）而荒废到了极点，葡萄牙和西班牙也在衰退。取代它们的是经历了专制王权向形成近代型国家迈进的荷兰、英国、法国等新兴国家。在这些国家里伴随着工业的蓬勃发展，以新兴的市民阶级为中心，涌现出许多思想家、文学家、科学家和技师，形成了清新的学术思想和文化。若从自然科学、生产技术的形态来看，他们一方面以古代、中世纪、文艺复兴时期的自然研究为背景，用近代的思想对其加以重新认识、重新评价，由此奠定了名副其实的自然科学即近代自然科学的基础；另一方面，在工场手工业发展过程中，也在一定程度上培植了近代的生产技术形态。特别能体现这个时代特色的，是近代自然科学的研究方法的出现和以此为基础的知识体系的形成。这一过程也称作近代科学革命。

近代自然科学的主要特点在于：

首先，人们开始意识到工业技术与自然科学间的某些联系。从文艺复兴时期的天才人物列奥纳多·达芬奇（Leonardo da Vinci 1452—1519，全名 Leonardo di ser Piero da Vinci）那里已经可以看到这种认识的萌芽。上百年的大航海时代，不断出现增加船舶运载能力、续航力、速度、安全性，以及在航行中如何正确地决定船的位置等问题，此外还需要解决内河运输中开凿大型运河、修筑水闸之类的问题，这类工程问题的解决，需要全新的自然认识和研究方法。

其次，在中世纪结束时就已经具备了相当大的工业规模的采矿业，提出许多技术方面和科学方面的研究课题。例如矿井通风、改良排水泵、改进冶金技术等都是矿山经营者们所关心的问题。为了解决这些问题，就需要进行力学、化学方面的基础性研究工作。

图 4—3　伽利略

最后，随着中世纪末期以来不断的战乱，军事技术的发展极为显著。伽利略（Galileo Galilei 1564—1642）从列奥纳多·达芬奇关于弹道问题的研究出发，建立了自己的动力学。同时，从 16 世纪到 17 世纪，大炮是装载在带炮环的炮车上用马拉着参加战斗的，这样一来用中世纪那种仅凭直觉来瞄准的方法便不中用了，必须有利用象限仪、标尺等确定瞄准参数的正确射击方法，进而出现了改善火药和钢铁质量、改革炮身制造技术等课题。

图 4—4　牛顿

17 世纪是近代自然科学中力学全面发展的世纪，经伽利略的开创性工作到牛顿（Newton, Isaac 1642—1727），经典力学得以创立，科学史上将 17 世纪称为"伽利略牛顿时代"。动量（1644）、大气压（1672）、活力（1686）、气体定律（1656）、单摆（1673）、弹性定律（1678）等经典力学定律几乎都是在这一时期确立的。1687 年，牛顿的《自然哲学的数学原理》（*Mathematical Principles of Natural Philosophy*）问世，标志着经典力学体系的形成。这一时期，法国数学家、哲学家笛卡尔（Descartes, René du Perron 1596—1650）、费马（Fermat, Pierre de 1601—1665）确立了解析几何，牛顿和德国数学家莱布尼茨（Leibniz, Gottfried Wilhelm 1646—1716）创立了微积分。1661 年，英国化学家波意耳（Boyle, Robert 1627—1691）的《怀疑的化学家》（*The Sceptical Chymist*）的出版，标志着化学从传统的炼金术中分离出来，开始成为独立的科学门类。

自文艺复兴以来培养出的人文主义和民主精神，在新兴的市民阶级中逐渐根深蒂固。在这种社会环境下，推进近代自然科学发展的专业科学研究机构，在文艺复兴时期就以小规模的形式首先在意大利各地开始出现。17 世纪前半叶，意大利、法国、英国的各种科学团体如猞猁学院（或称山猫学院）、麦森尼学会、无形学院（Invisible College）等相继建立。1660 年，英国在"无形学院"的基础上成立了"英国皇家学会"。此后，法国皇家科学院、德国的普鲁士科学院、圣彼得堡科学院相继成立，使科学研究成为一项独立的国家事业。

这一时期，哲学家 F. 培根（Bacon，Francis 1561—1626）和笛卡尔等人在方法论方面的研究成果也是不容忽视的。特别值得注意的是，F. 培根的《新工具》（Novom Organum）和笛卡尔的《方法论》（De la methode）两本著作，是在思想上给予后来科学方法论的发展以很大影响的经典著作。

近代自然科学的产生，使传统的经验性技术开始向科学性技术转变，建之于近代自然科学基础之上的近代技术迅速兴起。

## 第二节　文艺复兴与列奥纳多·达芬奇

### 一　文艺复兴

13 世纪以后，欧洲经济条件渐渐发生变化，城市中的市民开始出现思想变革，特别是在意大利，摆脱中世纪封建主义思想枷锁的运动空前高涨。文艺复兴是一次人本主义取代中世纪神本主义、借助于对古典文化的搜集和研究以提高人的素养的市民文化运动。人本主义也称人文主义，它强调人性，强调人生价值，尊重人的创造。由意大利产生而推广到整个欧洲的这一运动，一直延续到 16 世纪末。十字军远征后的意大利，城市日益兴旺，世界贸易市场日趋扩大，经济结构的发展变化成为推动这一运动的动力。

图 4—5　热那亚港（15 世纪）

意大利由于没有拥有权势的中世纪封建君主，各城市都是各自独立的城邦，居住在这里的市民以平等的身份参加政治活动，形成了自治城邦国，其中佛罗伦萨、热那亚、威尼斯、米兰都是典型的城市共和国。1453 年土耳其人攻占君士坦丁堡之后，佛罗伦萨成为东罗马学者的流亡地，使该城变成了一座在商业和科学文化方面都很繁荣的城市。

文艺复兴时代是一个人能够自由发挥人的才能的时代，随着城市制度的完善和对文化要求的增强，市民中掌握一定知识和技术的人活跃在各个领域。由于近代自然科学刚刚萌芽，在文艺复兴时代的意大利，艺术也被人们看作一门科学，艺术家们都在努力观察自然，进行实验，掌握技术，从事机器和工具的发明。

文艺复兴时期的意大利，各项工程技术也迅速展开。佛罗伦萨是一个毛织业的集散地，其商人从弗兰德斯（Flanders）进口羊毛加工成奢华的衣料向东方各国出口。到14世纪，全市有一半的人口从事羊毛纺织和贸易，商会垄断了羊毛纺织的加工和出口，一大批工匠从事羊毛的漂洗、梳理、染色、起毛、纺织等工作。同时，银行家、医生、丝绸商人、酒商也组成了各自的商会，使佛罗伦萨的商业成为欧洲的重要典范。

**图4—6　佛罗伦萨**

与佛罗伦萨以工商业特别是毛纺织业为主不同，威尼斯则主要依靠贸易。开始只是用盐换取来自大陆的木材和各种金属，并从东方换取香料、染料、丝绸和宝石。1000年，威尼斯从拜占庭帝国独立出来，由此开始了更为自由的海上贸易，造船业在威尼斯成为重要产业。1290年后，威尼斯组织由战舰护航的商船队，使航运的安全性大为提高，由此也激励了海运的发展。其航运已达巴尔干半岛、希腊、英国及北海各国。威尼斯的造船业借助于其与运河相连的船坞，在木工、船帆制造者、船缝添堵者和设计师的共同努力下，政府和私人资本相结合形成了高效的生产管理方式。

随着工商业的发展，意大利各城市为了自身的安全，大力修筑城墙。佛罗伦萨的城墙最早是由罗马人于公元前59年修筑的，1250年后经过两次大规模的增修扩建，到14世纪初，被城墙围起来的面积比原来的扩大了6倍。比萨在12世纪后开始扩展原先由罗马人修筑的城墙，皮斯托亚（Pistoia）于1305年扩建了原有的罗马城墙，建成后是原来罗马城墙的12倍。此外，卢卡也于1260年、1504年两次扩建城墙。这些新建的城墙十分坚固，可以抵挡当时大炮的轰击。

## 二　列奥纳多·达芬奇

列奥纳多·达芬奇是一位活跃在意大利文艺复兴时代的艺术家、技术学家和科学家①。他不仅在绘画、雕刻方面有很深的造诣，同时对文学、音乐以及医学特别是解剖学、植物学、生理学、物理学、力学、数学、地理学、天文学、气象学、建筑学、土木工程学、水利学、兵器以至化石等一切领域均有研究，是一位既善于思索又能付诸行动的"万能天才"。列奥纳多绘制的《东方三博士的礼拜》（1481）、《最后的晚餐》（1498）、《蒙娜丽莎》（1505）均是西方绘画史上的最高杰作。列奥纳多的《手稿》30年从未间断过，内容涉及人生论、文学论、绘画论、科学、技术、工程等各个领域。从《手稿》中可知，1482年，列奥纳多曾对蒸汽炮进行试验。他在炮身下面安装一个箱子，用炭火在底部加热，当置于其上方水箱中的水流入被加热的箱子里

图4—7　列奥纳多

时，水立刻变成蒸汽并发出巨大的声响，与此同时把炮弹发射出去，射程可达180米。列奥纳多还设计了一种炮身，其方法是把角状的金属角棒捆扎成圆筒形，外面镶上加热的铁箍，待铁箍冷却收缩后便与角棒牢固地结合在一起。这样制成的炮身，既坚固又容易使炮弹通过。为了制造这种金属角棒，列奥纳多设计了用水车驱动的轧钢机，他设想通过水车旋转带动两个齿轮转动，一边的齿轮轴穿过连接金属棒的丝杠，齿轮的旋转使丝杠产生移动而牵拉待轧制的棒料，另一边的齿轮轴与齿轮一同旋转，在这个齿轮的另一端，由两个齿轮带动压延圆盘旋转，从而使与丝杠连接的金属棒顺次受到轧制而制成角棒。此外，他还设计了"轧板机"，可以轧制薄而均匀的锡板，可以用来做风琴的风管和建筑物的屋顶。

1502年，列奥纳多负责阿尔诺河的运河工程设计，通过这项工程以求改变阿尔诺河的水路。1503年7月，列奥纳多着手现场勘察，为此他研究了与工程有关的水力学、地质学、化石学和天文学，提出了抽水机、闸门、疏浚机、水压机等的设计方案。

列奥纳多自1492年开始，就集中精力

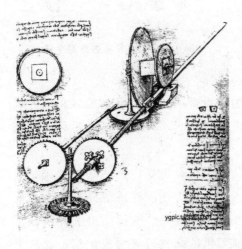

图4—8　轧钢机（达芬奇手稿）

① 列奥纳多·达芬奇（Leonardo da Vinci）的本名为列奥纳多，芬奇（Vinci）是其出生的村庄名，da有归属之意。我国将其汉译名错译为"达·芬奇"，即"芬奇村的"，本书遵从习惯将其手稿称为"达芬奇手稿"。

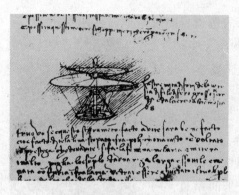

图4—9 螺旋桨（达芬奇手稿）

研究能在空中飞行的机器。他认真观察在空中飞翔的鸟，留有许多关于鸟类飞翔的草图，不久后他便开始设计载人的飞行机器。从鸟的飞翔研究开始设计飞机的列奥纳多，设计出推动飞机运动的机构——螺旋桨。他写道："我把这个装置用涂过淀粉的亚麻布做成螺旋形，如果使它快速旋转，估计会飞得很高。"此外，他还绘制了降落伞的草图。

列奥纳多曾广泛研究各种加工机械。

在《手稿》的草图里，画有使用脚踏式曲轴把直线运动变为圆周运动从而带动工件旋转的机械，他的这种机械安装了一个很大的飞轮（惰性论），以克服曲轴死点获得稳定的旋转效果。这张草图上注有"旋工用小型车床"。

当时用的水管几乎全是木制的，而在长木杆上钻孔是一项很困难的技术。列奥纳多设计了一种专用的钻床，这种钻床的构造和工作过程是：在坚固的床身上安装带钻头的轴，卡盘由中空的厚壁圆筒做成，卡盘四周有四个紧固螺丝，把圆木插入卡盘中后用紧固螺丝找正。在力学原理上，这种钻床比100年后加工水管用的钻床要完备得多。锯床可以按需要尺寸加

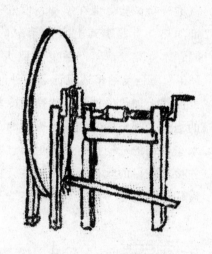

图4—10 车床（达芬奇手稿）

工木材，列奥纳多设计的锯床是手动的，利用曲轴带动锯齿做往复运动。为了使锯齿运动平稳，锯床上安有大飞轮。

列奥纳多发明了至今仍在广泛使用的丝锥、板牙，解决了加工螺丝的方法。他还研究了黄铜和青铜螺丝的铸造方法，极其巧妙地设计出了螺纹加工机。这种螺纹加工机的两侧装有两根丝杠，丝杠上安装刀架，把待加工的棒材安放在中央，当右侧的齿轮旋转时，带动丝杠旋转，刀架也就随之运动，靠刀架的运动在棒材上切制出螺纹。通过更换右侧的齿轮，可以改变加工螺纹的螺距。

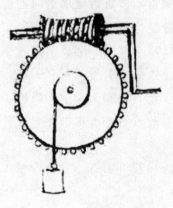

图4—11 涡轮提升机（达芬奇手稿）

为了加工光学玻璃以及其他方面的需要，列奥纳多设计了磨床。其基本设计思想，与今天使用的圆形平板砂轮回转磨床和研磨中空圆筒用的内圆磨床几乎相同。

列奥纳多留下了不少有关纺纱机和织布机的设计草图。他设计了将三股纱或多股纱合为一股的捻纱绕线机，这种机器的运动机构是由多个齿轮和滑轮极为巧妙地结合而成的，提出的绕纱装置原理与现在的几乎是一致的。他设计的这些机械传动装置在后来的产业革命时代被人重新发明出来并得到普遍应用。列奥纳多还设计了织布机、起毛机、剃毛机，都分别画有设计草

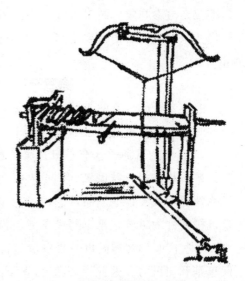

图4—12　螺纹加工机（达芬奇手稿）

图。其中有一幅是用一台水车同时带动四台剃毛机的设计方案，利用齿轮把水车轴的运动传到工作台上，驱动长剪刀动作。

列奥纳多还设计了深井汲水用的链式水泵，这是一种在链子上按一定间隔安着铁皮水桶的装置，由于链子的回转，这些水桶就把井底的水提取上来，当上升到顶端再下降时，汲上来的水就被引流出来。列奥纳多还画了许多应用水车原理的船只

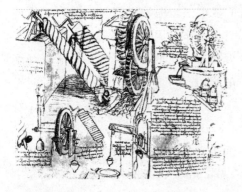

图4—13　各种提水装置（达芬奇手稿）

设计图。在船两侧安装着水车形状的桨轮，轴连在船中央处，用脚踏动曲轴使轴转动，轴带动桨轮旋转而推动船只前进。为使桨轮更容易旋转，还特意在船上安有一个大惰性轮。

列奥纳多对齿轮形状及组合方式做了反复研究，设计出各种不同规格的齿轮，组合成独特的齿轮装置。此外还绘有蜗轮、斜齿轮、非圆形齿轮等各种齿轮的设计草图。

文艺复兴时期，出现了一批像列奥纳多·达芬奇这样多才多艺的人物，他

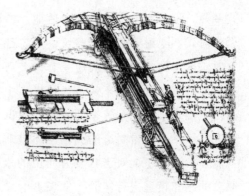

图4—14　弩（达芬奇手稿）

们不仅亲自参与实际技术工程，在技术思想和技术理论方面也多有建树，为欧洲近代技术的兴起做出重要贡献。

## 第三节　动力技术的改进

### 一　水车的改进

16 世纪的欧洲，水车不但是磨坊普遍使用的动力，也是采矿和冶金的主要动力，矿石粉碎机、鼓风机、矿石卷扬机都使用水车驱动。水车的广泛使用，促进了炼铁业的发展，铁制品及铁产量有了显著增加。水车的使用也促进了传动机构及机械零件的进步，水车与风车一起为近代机械工业的形成奠定了基础。

一些庄园和修道院以及皇室贵族都拥有水车，并制定了有关水车的一些法律。风车是利用风力，因此并未产生争议，但水车的使用却产生了河流归属、筑堤、航行、下游地区的水量供给等方面的各种争议，由此产生了关于水车建造选址以及相关水利方面的法规。水车的应用也促进了蓄水池、堤坝、闸门等水利建筑的发展进步，因为中射式、上射式水车要求有一定的水量和能提升水位高度的闸门。

图 4—15　水车（1660）

1539 年，英国的菲茨赫伯特（Fitzherbert，Anthony 1470—1538）的遗著《土地勘测与改良薄册》（*The Boke of Surveyinge and Improvements*）一书中，详细记述了当时欧洲各国谷物磨坊使用水车的情景。当时的水车已有下射式、中射式、上射式多种，通过水渠将水引到合适地点的围堰中，可以推动效率不高的下射式水车，而中射式和上射式水车的磨坊，则要建在水流丰富的溪涧或湖泊沿岸。中射式和上射式水车的水轮翼板周边装有许多等距安装的铲斗，水流入这些铲斗中，靠铲斗中水的重量推动水车运转。并提出中射式和上射式水车的效率要比下射式水车高。这是最早对水车效率的分析和认识。

早年学习仪器制造的英国土木技师斯米顿（Smeaton，John 1724—1792），27 岁后开始从理论上对当时广为使用的水车、风车进行研究。他利用自制的手压泵驱动的水车模型进行实验，发现下射式水车最大效率为 22%，而上射式水车最大效率可达 63%，中射式水车效率在这两者之间。1759 年 5 月 3 日，他向英国皇家学会提交了题为《关于风和水推动碾磨机的自然动力的实验研究》的研究报告，

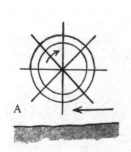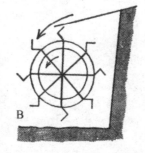

图 4—16 水车类别（A－下射式；B－上射式；C－中射式）

介绍了他对水车和风车的研究实验情况和结论。斯米顿是 18 世纪英国杰出的工程师、近代工程和机械设计的先驱人物，一生留有 1200 多种设计图样。曾主持建造了普利茅斯西南埃迪斯通岩石上的灯塔，为泰晤士河伦敦桥供水厂建造了一个直径达 32 英尺、宽 15 英尺的下射式水车，向伦敦城区供水。他还创用了用铸铁轮轴代替传统的木质轮轴，由此使水车由木质结构向金属结构过渡，并从理论和实践两方面确定了如何提高水车和风车的效率问题。

图 4—17 斯米顿

这一时期在欧洲除上述固定式水车外，还出现了一种浮动式水车。537 年，哥特人包围罗马城，切断水源。罗马将军贝利萨留斯（Belisarius 505—565）贝利萨留斯（Belisarius 505—565）曾发明了一种安装在平底船上的浮动水车。这种水车不受水位高低的限制，多在水流较急处使用。后来这种水车开始向东西欧传播，在沿河的许多城镇的桥下都设置了这种水车，10 世纪时在巴格达附近的底格里斯河上设置了浮动式水车。此外，还出现了安装在船上的"船载水车"。

水车在阿拉伯和东方各国也很普及。757 年，一些希腊人在巴格达修建了灌溉用的大型水车，在幼发拉底河和底格里斯河沿岸的许多城市都有浮动式水车。在波斯湾沿岸的一些城市，使用一种利用海潮的水车驱动磨粉机。但是，由于地理条件的限制，在阿拉伯地区，水车的应用远不如欧洲。

图 4—18 斯米顿用于试验的水车模型

图 4—19　山谷中的水车磨坊

## 二　风车的改进

当时使用的风车大体分为箱形风车（也称柱式风车）和塔形风车两类。

箱形风车是应低地平原各国农业拓殖活动中为排水而发明的，在木制箱体外面安装张帆的风翼，风车的水平轴转动木齿轮系统由垂直轴传到下面带动抽水机。整个箱体可以绕一根固定在基石座上的轴转动，木箱下端固定一根水平长横木尾杆，根据风向的变化用人力或用绞盘推动横木尾杆使箱体转动，以使风帆最大限度地承受风压。后来这种风车经改进用于碾磨谷物，法国机械师拉梅利（Ramelli, Agostino 1530—1590）在其 1588 年的书中有这种风车结构的插图。1745 年，水车设计师埃德蒙德·利（Edmund Lee）取得了自动尾翼专利，他将用于推动整个箱体旋转的长横木尾杆改为一个带副帆的尾翼，由此可以使风车自动跟踪风向转动。

图 4—20　安有自动尾翼的箱形风车

塔形风车于 18 世纪出现在地中海沿岸一带，这种风车外观优美，体积较大。

由固定的塔身和可随风向转动的安有风翼的塔顶组成。塔身一般为圆形或多角形，多为砖石结构或木结构，塔顶为木结构，并根据各地区建筑风格的不同而有圆顶、尖顶和平顶多种形式。塔顶与塔身之间设有可以使塔顶容易旋转的轨道，或用硬圆木作轴承的圆槽。为了使塔顶迎风转动，最初采用了人工卷扬机构驱动，后来引入了自动尾翼机构，在塔顶上相对风翼处支有尾翼，以使整个塔顶随风向变化而自动转动。

图4—21　环形翼板塔形风车

　　风车除了用作碾磨谷物的动力外，还广泛用于需要较大动力的其他作业。在风车转轴上安装凸轮，由凸轮操纵落锤就可以进行粉碎、榨油或榨葡萄汁。1592年，荷兰工匠科内利兹（Cornelis, Corneliszoon van Uitgeest 1550—1600）建造出最早利用风车为动力的锯木机。更多的风车在荷兰等北欧低地国家用于驱动阿基米德螺旋泵抽水。荷兰是欧洲大陆拥有风车最多的国家，18世纪仅泽兰地区就有900多台风车在运转。

　　早期的风翼是平的，在木框架上张挂可以卷绕的布帆，每个翼在安装时有一定倾角。后来出现了一种全木制的螺旋桨状的风翼和环形翼，使风车的效率有了相应的提高。1772年，英国磨坊设计师米克尔（Meikel, Andrew 1719—1811）发明了一种在翼板上安装可调节的带弹簧的百叶弹簧翼板，通过调节可以减少多余风压，以免造成翼板因风压过大而损坏。1789年，英国的磨坊工匠胡珀（Hooper, Stephen）发明了用卷帘代替百叶的卷帘式翼板，并设计出可以灵活控制卷帘的机构。1807年，英国风车技师丘比特（Cubitt, Sir William 1785—1861）将米克尔的百叶弹簧翼板和胡珀的卷帘式翼板相结合，发明了一种用重物自动控制百叶开启的自动式翼板。直到19世纪中叶，仍有不少人在致力于对风车的改进。

图4—22　带有扇形尾翼和专利翼板的
　　　　　单柱式风车

　　在风车的建造中，动力传递和控制机构得

图4—23 早期单柱式风车

到不断的改进。

最早的风车是全木结构的，制作粗糙，结构简单，体积也不大，有些风车的基础直接埋在土中。箱式和塔式风车出现后，采用了一种类似伞齿轮的机构将处于高处的风翼旋转产生的动力向下传递。齿轮是木制的，其结构是在一个木轮外缘上等距安装若干凸出的木柱状轮齿。齿轮间虽然啮合松动，但只要齿距相等，这类齿轮既可以平行传动也可以垂直或成一定角度传动。后者就可以将风翼产生的旋转动力，通过安装在垂直轴上端的齿轮驱动垂直轴转动，安装在垂直轴下端的齿轮就可以带动磨盘齿轮转动做功。一些风车的垂直轴下方齿轮可以同时带动两套磨盘齿轮转动，以提高碾磨加工效率。同一时期，一些可以使风车停止转动的"闸轮"机构也被发明出来。18世纪中叶，随着冶金技术的进步，出现了铸铁齿轮，齿轮的种类也根据需要多样化，如直齿轮、斜齿轮等。这些金属齿轮很快应用到风车上。

建筑风车的工匠们使用了斧、锛、钻、卷扬机、起重机等工具和机械，在几百年的生产实践中积累起大量机械加工经验，并对工具和加工工艺作了改革。他

图4—24 风车作坊

们在当时是一些万能的机械师、建筑师，除设计、修建风车外，还参与教堂、钟楼、居民住宅的设计和施工，并负责风车以及抽水机、磨粉机械的常年维修工作，他们的手艺几乎是万能的。多年形成的这一传统，为欧洲培养出一批又一批手艺精湛、头脑灵活、富于创新的工匠发明家，他们世代相传的经验积累，为近代技术发展提供了重要的条件。

　　风力和水力的利用，是人类对自然能认识的深化。直至今天，风力和水力也不失为一种可靠的再生能源。当然，这类能源受自然条件、地理环境的影响较大，到近代蒸汽动力、电力等更为方便的二次能源出现后，水车演变成水轮机成为发电机的原动机，风车与发电机相结合演变成风力发电机，单纯的水车、风车只是在偏远地区作为一种补充动力机存在。

## 第四节　钟表与印刷术

### 一　钟表的精细化

　　东西方在古代是用日晷和水钟来计时的，时间在中国古代称作时辰，将一昼夜 12 等分，用 12 地支——子丑壬卯辰巳午未申酉戌亥表示每个时辰。欧洲人用竖起的垂直杆子，根据其影子的方向和长度来确定时间，而中国则用置于标有时刻的盘子（木制或石制）上的垂直的细木杆或铁杆（针）制成的日晷来确定时间。水钟采用上下放置的两个盛水容器，上面的容器下有一小孔，上面或下面的容器内有刻度，根据水滴过程中上面容器的水面下降或下面容器中水面上升的位置来确定

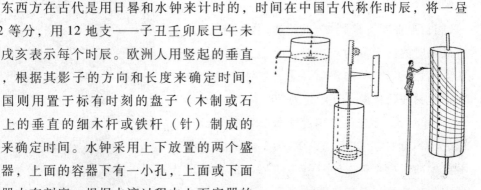

图 4—25　漏壶和柱式水钟

时辰，这种装置在中国古代称滴漏或漏刻。罗马时期，罗马人对这种水钟在时间指示上作了改进，用一个置于浮漂上手指立式标尺的雕制的小人指示时间。在阿拉伯则用两个由细茎连通的玻璃瓶，一个瓶中装有细沙，立起来则向下瓶缓慢流动的"沙漏"计时，这种沙漏还可用作定时装置。

　　中世纪后期，在欧洲出现了巨型的"机械时钟"。最早的机械时钟是 991 年法国人热贝尔·道里拉克（Gerbert d'Aurillac 约 938—1003）制造的马格德堡大钟，这种钟用绕在绞盘上的重锤作动力，绞盘通过齿轮与竖轴相连，同时带动两端有惰性重码的平衡轮转动，以使转速保持稳定，从而控制绞盘旋转的等时性。

　　法国皇帝查理五世（Charles Le Sage 1339—1380）委托德国技师亨利·德维克（Henry De Wick）在宫殿塔楼上安装大钟，德维克用了 8 年时间到 1370 年完

成后他就住在这座钟楼上，担任维护钟的工作。该钟将绳子绕在绕盘上，靠重锤的下降通过齿轮装置使擒纵轮转动，擒纵轮与安装在立轴上下的突耳相啮合，使安装在该轴上的转动横杆转动。横杆的两端下分别附有小砝码，绕盘大体上按固定的速度缓慢转动。这种结构可以使表示时刻的针缓慢转动，准确度有所提高。控制重锤下落的最早的擒纵机构被称作摆轮心轴（virga），用它来控制重锤每次被释放的等时性。

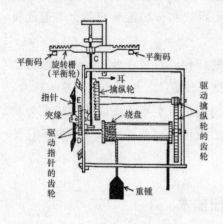

图4—26　德维克的时钟

1350年，意大利钟表匠制成一种能打点的塔钟，也是以重锤下落为动力，用齿轮传动，日误差为15~30分钟。

1232—1370年，欧洲制造了39座这种重锤钟。早期的机械钟既大且笨重，而且制造粗糙，仅能安装在大型建筑如教堂、宫殿的钟楼或钟塔上。有的钟没有指针也没有表盘，只能打点报时。直到17世纪初，欧洲许多地方将夏天时的白天分为8小时，晚上分为16小时，冬天则相反。这种修建独立的大型钟楼或在建筑顶端建钟楼的传统一直延续到20世纪初。

1628年，俄国莫斯科克里姆林宫的Спасская Башня四面体钟楼建成，高67.3米，成为莫斯科典型的古典建筑。1937年，苏联政府在塔顶装上红五星，冷战时期成为社会主义阵营的标志。

由埃德蒙德·格林斯罗普勋爵（Edmund Beckett, 1st Baron Grimthrope 1816—1905）设计，并由爱德华·登特（Edward John Dent 1790—1853）及他的儿子弗雷德里克（Frederick Dent）建造，本杰明（Benjamin Hall, 1st Baron Llanover 1802—1867）爵士督建的英国伦敦国会大厦（威斯敏斯特宫）钟楼（大本钟），高97米，钟重13.5吨，钟盘直径6.7米，钟摆重305千克，1859年建成打点，一直是伦敦的标志性建筑。

1505年，德国纽伦堡锁匠亨莱恩（Henlein, Peter 1480—1542）设计用发条代替重锤，制成小

图4—27　大本钟

型钟。他将细长的带状金属发条缠绕放在箱中，固定其中心，再将另一端安装在箱子上。转动这个小箱，发条就卷紧，放开使小箱转动的把手，小箱就因发条松开的力而向与卷紧的相反方向转动，每上紧一次发条，可以走 40 小时。由于不使用较大的圆筒和重锤，可以将发条结构的钟制成小型的，由此制成小型钟。最初的这种钟是椭圆形的，被称作"纽伦堡蛋"。当时的有钱人将外观华丽的小钟挂在脖子上，这种钟又被称为"颈上表"。

图 4—28　伽利略的摆式
擒纵机构

16 世纪末，19 岁的伽利略发现了单摆的等时性，并发现摆幅越小，等时性越强。1601 年，伽利略将钟摆与擒纵机构相结合，设计出钟摆式擒纵机构，由于其摆幅很小，可以减少钟的周期性误差。

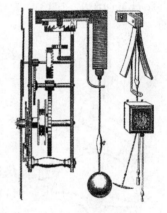

图 4—29　带有摆线夹板的
惠更斯钟

伽利略发现单摆的等时性后，1656 年荷兰物理学家惠更斯（Huygens, Christiaan 1629—1695）在研究单摆等时性基础上设计出一种摆轮心轴式擒纵机构，制成最早的摆钟进行实验，并将制成的摆钟赠予了荷兰国会。1657 年，他设计成摆钟的自动调节器并获摆钟专利。1658 年，他在《摆钟》（Horologium）一书中对其原理做了说明：重锤通过一个水平的节摆件向摆施以周期的、瞬时的冲力而使摆运动，摆则以其等时性调节着重锤的下落和指针的运动。摆钟的核心部件是水平节摆轮，其齿轮交替作用于一个与摆相连的水平轴上的两个棘爪，以实现反馈控制。1659 年惠更斯设计出航海用钟，该钟由一个每拍半秒的短摆调节，仪器基座上方的摆锤由 V 形双线悬置方式支撑，以便在一个平面上摆动。摆锤和沿一条悬垂绳索移动的重锤相组合，后者可以上下移动，以调准时钟的走速。该钟还可以确定经度，以保证船只在海上准确、安全地航行。

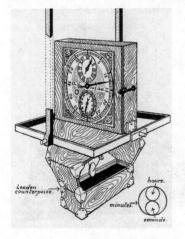

图 4—30　惠更斯的航海时钟

惠更斯在对摆钟进行大量实验研究的基础上，于

1673 年发表了关于摆钟的第二部著作《摆式时钟》（*Horologium Oscillatorium sive de motu pendulorum*）。1675 年惠更斯又用螺线形的平衡摆簧（即游丝）代替了摆，设计出便携式的钟表。

欧洲的时钟匠人依据惠更斯的时钟理论，制作出大量走时精确的摆钟。惠更斯去世后，克莱门特（Clement，William 1643—1710）于 1670 年发明的摆幅很小（摆幅越小，其等时性越强）的锚式擒纵机构在欧洲摆钟业得到应用，当时普遍采用的是 39 英寸的秒摆。带有长秒摆的锚式擒纵机构的时钟，由于秒摆越长摆钟的精度越高，很受天文学界的欢迎。1676 年，英国钟表匠托马斯·汤皮恩（Thomas Tompion 1639—1713）为新建的格林尼治天文台制作了两台摆长为 13 英尺的摆钟，钟摆每 2 秒摆动一次，在摆钟上安装有动力维持装

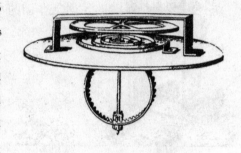

图 4—31　惠更斯设计的游丝

置。不久后各种擒纵机构被发明出来，英国钟表匠、天文仪器制造者格雷厄姆（Graham，George 1674—1751）于 1715 年对锚式擒纵机构进行了改进，用于天文钟的制造。1721 年，格雷厄姆又发明了体积小而精致的无摆的工字轮擒纵机构。1741 年，法国钟表匠阿芒（Amant，Louis）发明了被称作销轮的擒纵机构。1755 年，马奇（Mudge，Thomas 1717—1794）发明了自由式擒纵机构，这种擒纵机构 19 世纪后在钟表制造业中得到广泛的应用。

图 4—32　锚式擒纵器

小型的计时器现在称作表。游丝的发明解决了表的等时性问题，而上紧的盘簧解决了表的动力问题。1675 年，惠更斯已经知道用游丝代替单摆，有可能制造出小型的表来，并进行了试制。但一般认为真正使用游丝的表是胡克（Hooke，Robert 1635—1703）发现弹性定律后制成的。胡克设计的游丝摆动角为 120 度，可以绕轴心旋转。在胡克和惠更斯的努力下，盘簧钟开始小型化，出现了座钟、马蹄钟和怀表。

由于当时欧洲正处于航海高潮时期，海

图 4—33　哈里森的航海时钟

上航行确定纬度需要精确的钟表。1714 年，英国海军悬赏 20000 英镑，征求海船往返一次美洲误差 2 分钟以内的航海时钟。1735 年，英国钟表匠哈里森（Harrison，John 1693—1776）制成一只重达 33 公斤符合这一要求的航海钟，此后又经多年努力，于 1761 年制成一只类似怀表那样大的航海钟，航行 81 天，误差仅 5 秒。"腕表"即手表，是 20 世纪初出现的。

由于钟表的轴要不停地转动，耐久的轴承是十分关键的。钟表轴承的重要进步是宝石轴承的采用。1704 年，移居伦敦的瑞士钟表匠、数学家尼古拉斯·法乔（Nicholas Faccio de Duillier 1664—1753）和钟表匠彼得·德博弗（Peter Debaufre）、雅可布·德博弗（Jacob Debaufre）获得钟表用宝石轴承专利。1798 年后，红宝石和蓝宝石轴承被广泛用于钟表制造业。

当时时钟一直作为一种昂贵的摆设，钟表匠还设计了各种自动报时装置，如到点位于时钟上端的小房子的门会自动打开，展出几个吹鼓手奏乐，或钟上端荷花盛开同时奏乐，或钟上端鸟笼中的机械鸟齐鸣。这些手工制作的时钟，设计新颖，精巧之致，为后来自动机械的发展提供了设计思想。

欧洲工匠们制造的各种机械钟，其结构已相当复杂，应用了许多力学和机械学原理，时钟的制造是手工业技术完成高精密机械的典型。

图 4—34　艺术钟

自 16 世纪以来，由于制造钟表和枪炮的需要，发明了可以加工金属的车床、镗床等，金属的冶炼和加工技术得到不断改良。

## 二　古腾堡的活字印刷术

活字印刷起源于 11 世纪的中国，14 世纪朝鲜采用了铜活字，但在欧洲乃至世界近代产生重要影响的是古腾堡（Gutenberg，Johannes Gensfleisch zue Laden zum 约 1399—1468）发明的铅活字以及与之配套的印刷机和油墨。

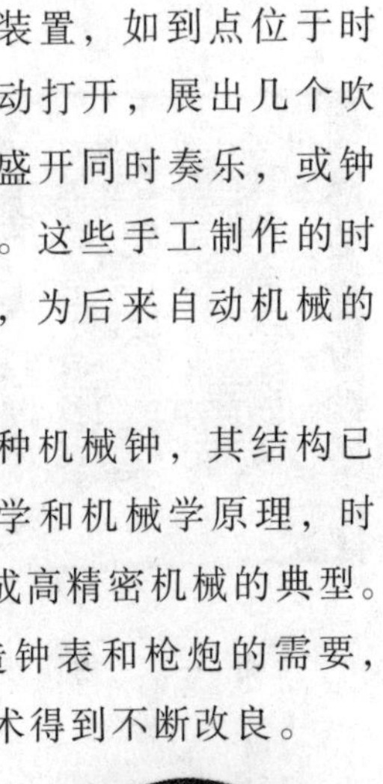

文艺复兴期间对印刷品的需求迅速增长，造纸术在欧洲已经普及，在印刷术出现前欧洲流行的是手工抄书。手工抄书的抄写材料最早是羊皮纸，12 世纪后则出现了将一

图 4—35　古腾堡

边装订起来的纸做成的本子。大学出现后手工抄书迅速普及，许多手工抄书插有大量由画家绘制的插图，制作十分精良。

图4—36 古腾堡印刷作坊

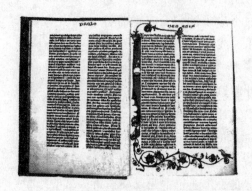

图4—37 古腾堡的《42行圣经》

意大利旅行家马可·波罗（Marco Polo 1254—1324）1298年描绘了元朝是如何用蘸红色油墨的模具印刷纸币的，一些到中国的欧洲人也传回元朝用雕版印制货币、纸牌、宗教图片的消息，并带回了实物。14世纪，与东方接触频繁的威尼斯已是欧洲雕版印刷的中心。

1434年，从美因兹移居到莱茵河下游斯特拉斯堡的首饰匠人古腾堡，开始研究活字印刷术。他用钢铁材料手工雕刻成字模，将字模用锤子敲入铜板中制成阴模，将铜板四边折合起来制成铸字模，再将熔化的铅浇入铸字模制成铅活字。为了解决纯铅字模硬度的不足，他发明的用于铸字的铅锡锑合金——三元合金，一直应用到20世纪80年代计算机排版的出现。印刷用的黑色油墨，是用烟黑或炭粉粉碎后拌入黏性亚麻油制成的。这种油墨具有很好的黏性和干燥性，印刷效果良好。这种油墨也是古腾堡发明的。

古腾堡完成铅活字的发明后，又模仿全木结构的亚麻压榨机，发明了螺旋加压可以双面印刷的平版印刷机。由于螺旋印刷机向下的印刷压力远小于压榨亚麻所需的压力，因此这种印刷机的木螺旋螺距被加大，提高了印刷速度。1440年前后，已经可以印制较为精美的印刷品了。因战乱返回美因兹的古腾堡借首饰匠人福斯特（Fust, Johann 约1400—1466）的钱于1450年开办印刷厂，用活字印出最早的32行拉丁文的圣经。古腾堡对活字作了进一步改进，但因无力偿还债款而由福斯特接管了包括所有印刷设备在内的印刷厂，福斯特印制出大量精美的印刷品，由古腾堡设计的每页42行双栏的圣经，即著名的分两册装钉的精装本《42行圣经》，又称《古腾堡圣经》，也是在这个印刷所印制完成的，这本圣经共1286页。

古腾堡活字印刷术发明之后，活字印刷业在欧洲迅速发展起来，德国以纽伦堡为中心，许多城市都开办了印刷厂，到 1480 年，德国已有 30 家印刷厂。受法王查理七世（Charles Ⅶ 1403—1461）派遣随古腾堡学习活字印刷术的尼古拉斯·让松（Nicolaus Jenson 约 1420—1480），于 1470 年设计出罗马字体并于同年在意大利威尼斯创办印刷厂。1490 年左右，意大利的印刷业者、古典学者马涅其乌斯（Manutius，Aldus 1450—1515）在威尼斯创设印刷厂，并于 1494 年创始意大利斜体字，印制了大量古希腊文献。巴黎的索尔波涅大学于 1470 年、荷兰于 1475 年都开始了印刷业。1476 年，英国企业家卡克斯顿（Caxton，William 1422—1491）在皇家资助下，将印刷术带到英格兰，他一生中印出了 100 多个版本的书，许多书都是他亲自从法语、荷兰语、拉丁语翻译成英语的。1478 年英国剑桥大学创设出版局，1474 年西班牙、1489 年葡萄牙均开设了印刷厂，当时的印刷主要是为大学和宗教服务的，大量的是宗教书籍，特别是圣经，其次是哲学、语言学、医学、法律等教科书。

此后 50 余年内，在欧洲 250 个地方开设了近 1000 家印刷厂。15 世纪后，出现了许多专业性的铸字作坊，而且也出现了最早的字体、字形标准化，这些作坊可以批量地向印刷厂提供铅活字和衬条。

进入 16 世纪后，由于欧洲各地印刷业的扩展，促进了印刷机的不断改良。约在 1507 年，法国印刷工巴迪乌斯（Badius，Jodocus 1462—1535）将传统印刷机的螺旋加压式改成用长金属杆转动的方式，这种印刷机的印刷压板被固定在作为滑套的中空木块上，以防止压板下降时发生扭动。16 世纪末，出现了用铜、铁制成的坚固而平稳的印刷机。荷兰制图员布劳（Blaeu，Willem Janszoon 1571—1638）发明了称作"荷兰印刷机"的改良型手动印刷机，很快在欧洲各地得到应用。与此同时，一种结构简单、造价低廉、操作方便的滚筒印刷机也很受印刷业者的欢迎。

在活字印刷普及的同时，书籍插图和装饰图案仍需要用整块雕版处理。印刷带插图的书籍时，活字与

图 4—38　荷兰印刷机

雕版是一起拼版的。15 世纪后，雕版的材料多用木质纤细的黄杨木。金属板最早出现在 1446 年左右的德国和荷兰，后来意大利的菲尼圭拉（Finiguerra，Maso 1426—1464）发明了一种可以在金属板上刻线的方法。1600 年后，出现了蚀刻制版法，这种方法是在需保留处涂上防腐蚀的石蜡、树胶后，用稀硝酸腐蚀。雕版的材料是容

易被稀硝酸腐蚀的铜。经精细处理的铜雕版，可以印制出精美的插图。这一时期，荷兰使用铜雕版的凹版印刷术一直处于领先地位。

印刷术的普及，大量书籍的出版，对于传播文艺复兴思想文化、提高大众的文化素质、反对不合理的社会现象起了重要作用，也成为自然科学及技术知识的积累与传播的重要工具。

铅活字印刷术在19世纪末传入中国，一些沿海殖民地城市开办了使用铅活字的印刷厂，中国原来的雕版以及用铜、木为材料的活字印刷在20世纪初逐渐被淘汰。

图4—39　滚筒印刷机

## 第五节　玻璃工业

### 一　玻璃制造的历史

大约公元前2500年，埃及人开始制造玻璃，在此后的1000多年中，玻璃制品还属于稀有之物，其价值与宝石一样。

古代的玻璃配料是石英砂、碳酸钙、碳酸钠等钙钠的硅酸盐混合物，还掺入少量金属氧化物以使玻璃着色。在古埃及第十八王朝时代（B. C. 1570—B. C. 1345），由于熔化炉的温度低于1000℃，因此熔融状态的玻璃中的气体不能完全逸出，制成的玻璃制品是乳白色不透明的。

公元前1500年左右，玻璃制品大量增加，但主要产地仍是埃及，玻璃制品也仍是各种小型偶像及玩物。此后不久，玻璃制造业有了迅速发展，埃及的玻璃工匠制造出各种式样和颜色的玻璃制品，并开始制作玻璃容器。叙利亚、巴勒斯坦、塞浦路斯地区也开始大量制造玻璃器皿。最早的玻璃制造技术包括熔炼、模压、砂芯滚制、切割、磨制、抛光等，玻璃制品是将黏稠的糊状玻璃倒入黏土模具中压制而初步成型的。为了制造中空容器或器皿，则用布包裹砂芯在盛有黏稠玻璃的坩埚中沾上玻璃液，取出后放在平板上滚动冷却，然后用传统的切割石头的方法切割，再打磨加工。

到公元前10世纪左右，玻璃制造工艺传入中东地区。公元前8世纪，是海绿色冷玻璃的盛行期，但其工艺仍以模压、冷雕、砂芯滚

图4—40　三层结构的玻璃熔炉
（1000）

压、冷切为主。公元 1 世纪末，起源于叙利亚的吹制玻璃技术发展起来，砂芯技术逐渐被淘汰。罗马帝国时期，突尼斯、埃及的玻璃匠人将有模和无模吹制技术迅速传遍意大利并向北欧、西欧传播。亚历山大里亚的玻璃匠人十分注重模压、磨光和抛光技术，这一技术后来发展成玻璃雕刻工艺，并制作出许多精美的玻璃制品。直至今日，手工玻璃雕刻制品仍是十分贵重的工艺品。

4 世纪后，意大利、比利时和以德国美因兹为首府的莱茵兰是主要的玻璃制作中心，5 世纪后玻璃制作中心转向希腊的科林斯、拜占庭，9 世纪，近东国家出现了精雕的无色水晶玻璃制品，到 13 世纪，意大利的威尼斯成为欧洲的玻璃制作中心。

起源于埃及十八王朝的玻璃配方和成分，一直流传到中世纪和阿拉伯帝国。直到中世纪，玻璃匠人还在沿用古埃及人创造的由燃烧室、熔融玻璃的坩埚和退火室组成的玻璃熔炉。玻璃退火处理是一道十分重要的工序，不退火的玻璃因过脆而无法使用。

公元前 2000 年左右，埃及、美索不达米亚出现了将彩色玻璃拼接成的马赛克玻璃，7 世纪后，这一技术在阿拉伯帝国得以继承。中世纪，这种马赛克平板玻璃作为教堂、贵族官邸的窗玻璃而被大量采用。

古代的玻璃技术直到近代科学革命兴起后制作透镜需要光学玻璃前，几乎没有大的进步。

### 二　近代玻璃技术的进步

1612 年，意大利佛罗伦萨牧师安东尼奥·尼里（Antonio Neri 1576—1614）周游意大利和欧洲低地国家，在收集了大量玻璃制造方面资料的基础上，出版了《论玻璃技术》（L'Arte Vetraria），这是第一部关于玻璃制造方面的书籍，书中有许多关于玻璃制造方面的插图。1679 年，德国化学家孔克尔（Kunckel, von Löwenstjern, Johann 1630—1703）编写的《玻璃技术》（L'Art de La Verrerie）出版，书中首次介绍了玻璃工使用脚踏风箱鼓风的吹玻璃灯。1540 年，德国的许雷尔（Schürer, Christoph 1500—1560）发明了将玻璃与提炼铋的矿渣熔融，制造钴蓝玻璃的方法。

图 4—41　制作玻璃器皿的作坊（法国，1772）

　　人类早期用的镜子是将铜（紫铜、黄铜或青铜）铸出所要求的形状后，再将其表面抛光制成的。14世纪，在意大利威尼斯出现了玻璃平面镜，以后大都采用在抛光平板玻璃上先敷上一层极薄的锡，然后覆汞以形成汞齐的"镀银法"制造平面镜。这一方法直到19世纪40年代才被新出现的银的化学沉积法取代，这是一种用银盐的氨溶液处理平板玻璃制作平面镜的方法，简单易行且造价低廉。

　　17世纪，从威尼斯传入法国的制造平板玻璃的压铸法在诺曼底得到发展，到17世纪末已经能制造大块的玻璃板。这种方法是将熔融的玻璃倒在金属平台上，用滚筒均匀铺展，经10天左右退火后再磨制和抛光。

图4—42　吹管摊片法制平板玻璃

　　在18世纪，制作平板玻璃是将熔融的玻璃料经吹制成泡状再甩成薄片的，所甩出的圆形平板玻璃中间会有一个与铁吹管附着的隆起，称作冕状突起，这也是冕牌玻璃名称的由来。这种吹制的玻璃表面光滑，不需要打磨抛光。18世纪初，德国发展出人工吹管摊片法，这种方法是用一根长的铁管蘸取熔融的玻璃料再在深槽中旋转，制成长50～70英寸，直径12～20英寸的圆筒，冷却后用金刚刀切开，再放入窑内加热摊平而成，但这样生产的平板玻璃需要打磨和抛光。

　　1776年，在英国兰开夏的拉文海德建立了大型的平板玻璃工厂，其浇注车间长达113码（1码＝3英尺），宽50码，开始用浇注法大量生产平板玻璃。浇注法可以生产出160英寸×80英寸大尺寸的平板玻璃，而吹制法最大只能生产50英寸×30英寸的平板玻璃。该工厂将硅砂、碱盐、生石灰、硝石、碎玻璃以严格的比例混合熔融，大量生产耐各种气体、酸的优质平板玻璃。所采用的浇注平台也用平滑的铸铁板取代了传统的易裂的铸铜板，并设计出一套复杂的手工打磨方法。到1789年，开始采用博尔顿（Boulton, Matthew 1728—1809）和瓦特（Watt, James 1736—1819）生产的蒸汽机作为

图4—43　平板玻璃的连续浇注法
（约1780）

动力的平板玻璃打磨和抛光方法，使平板玻璃产量大增。由于这一时期英国建筑业有了很大的发展，不断增加了对平板玻璃的需求，也促进了用钴、镍、铁、铀、二氧化锰对玻璃进行染色的工艺的进步。

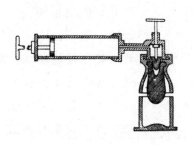

图4—44　欧文思的制瓶机

随着玻璃制造技术的进步，玻璃容器在17世纪中叶后开始取代陶瓷容器盛装酒类液体。1886年，英国约克郡玻璃匠约翰·阿施利（Ashley, Howard Matravers 1841—1914）发明了一种半自动制瓶机，熔融的玻璃由两个人手工操作装入锥形模具中，再用气泵进行吹制，每小时可以制成200个玻璃瓶，不但提高了生产效率，而且制成的玻璃瓶规格也较为一致。1898年，美国的欧文思（Owens, M. J. 1859—1923）发明了全自动制瓶机，其圆筒形模可以自动吸取相同数量的玻璃溶液，形成坯模，他的10头制瓶机每小时可以制成2500个玻璃瓶。此后，玻璃瓶成为20世纪主要的工业、商业及家用容器。

### 三　透镜与光学仪器

一切光学仪器如眼镜、放大镜、显微镜、望远镜乃至近现代的照相机、摄影机、投影仪、放映机等，其核心部件都是光学透镜，而光学透镜的品质则取决于光学玻璃的质量和后期的成型、研磨与抛光。望远镜和显微镜发明之后，所用的透镜都是用厚的冕牌玻璃或平板玻璃磨制而成的，色差问题一直未能解决。

18世纪中叶，一些玻璃匠人和光学研究者开始研究消色差问题。英国的霍尔（Hall, Chester Moore 1703—1771）于1733年左右经实验发现，不同种类的玻璃相配合可以有效地消除色差，并制成了一批消色差透镜，其凹镜用燧石玻璃，凸镜用冕牌玻璃。英国的多隆德（Dollond, John 1706—1761）和乌普萨拉大学的克林根谢纳（Klingenstierna, Samuel 1698—1765）随之对这种消色差复合透镜的原理进行了研究。

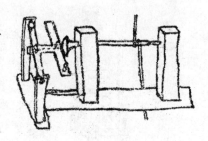

图4—45　研磨透镜的装置

用于制造仪器用的具有较高均匀度的光学玻璃，是瑞士的吉南（Guinand, Pierre Louis 1748—1824）于18世纪末研制成功的。他经过多年努力于1798年发明了玻璃搅拌器，熔融的玻璃经充分搅拌可以使各种材料分布均匀，并去除微小的气泡，可以制成材质均匀的玻璃。吉南的搅拌法在19世纪初经法国玻璃匠邦当（Bontemps, Georges 1801—1882）和钱斯（Chance, Robert Lucas 1782—1865）的努力，生产出专供望远镜使用的"硬质冕牌玻璃"
和"重燧玻璃"透镜，以及专供照相机使用的"软
质冕牌玻璃"和"轻燧玻璃"透镜。

古希腊人已经发现，装满水的玻璃球有放大的
作用。罗马帝国时期的托勒密（Ptolemaios Klaudios
A. D. 2 世纪）在 2 世纪写作的《光学》（*Optics*）一
书中，对这种球体的放大作用进行了研究。阿拉伯
的海赛姆（Ibn al-Haytham，即 Alhazen 约 965—
1040）研究了凸面镜的反射作用和玻璃球体的放大
率。中世纪后期，英国林肯郡主教格罗斯泰特
（Grosseteste，Robert 1175—1253）已经注意到透镜

图 4—46　牛顿的反射望远镜

在影像放大方面的用途，其学生罗吉尔·培根（Roger Bacon 约 1214—1294）则
设想用平凸透镜来提高老年人的视力。

1286 年左右，眼镜已被发明并成为威尼斯玻璃制造业的另一种重要产品。这
些早期的眼镜即老花镜，是用一种曲率半径不大、容易制造的凸透镜片制成的，
直到 15 世纪，用于矫正近视眼的凹透镜才被制造出来。意大利数学家、天文学家
毛罗里科（Maurolico，Francesco 1494—1575）和解剖学家法布里齐奥（Fabrizio，
Girolamo 1537—1619）等人对眼球的构造和光学原理进行了研究，为光学仪器的
设计制造提供了理论基础。

最早的望远镜可能是在 1590 年前由意大利人发明的。1604 年，荷兰眼镜匠

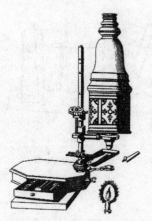

图 4—47　马歇尔显微镜

人用一个凸透镜作目镜，一个凹透镜作物镜，得到正立
放大的影像。1609 年，伽利略发明了放大 32 倍、直径
42 毫米的伽利略望远镜。经改进后他用这台望远镜进
行了天文观测，其结果的公布引起了更多的人研究望远
镜，不久后，牛顿用反射镜代替折射镜制成最早的反射
望远镜，这种望远镜可以很好地消除色差现象。牛顿望
远镜的镜筒用的是铅管，但当时更多的是用牛皮纸卷成
的纸筒，太长的镜筒则是用木板拼成的方筒，1775 年
后开始采用金属薄板卷制成的金属镜筒。在同一时期，
意大利的自然哲学家波尔塔（Porta，Giambattista della
1535—1615）发明了复式显微镜，由于焦距很短，放
大倍率不大。当时的复式显微镜一般是垂直的，荷兰博
物学家列文虎克（Leeuwenhoek，Antonie van 1632—1723）利用自己磨制的透镜制
成的显微镜，已经可以观察到细胞。英格兰工匠马歇尔（Marshall，John 1663—

1725）于 1704 年制成一种在结构方面极具代表性的显微镜。他的这台显微镜的物镜用螺杆固定在黄铜支柱上，支撑显微镜主体的横臂可以沿黄铜支柱上下滑动，并可以用螺栓固定在支柱上，支柱通过球形结固定在底座上，转动旋钮可以微调目镜对焦。此后由于透镜研磨抛光技术的不断进步，不少人开始研制性能更高的望远镜和显微镜。

## 第六节　煤炭的开采和运输

### 一　早期用煤的历史

煤炭是地球上储量最大、分布最广的固态化石燃料，其燃烧值远高于传统的薪柴，但是人类用煤的历史并不久远。中国是世界上最早用煤的国家，《汉书·地理志》记有"豫章郡出石，可燃为薪"，豫章郡在今江西南昌附近。汉朝冶铁遗迹中出土有煤块、煤饼、煤渣，可能在汉代即已经用煤炼铁，到宋朝已形成一套完整的采煤技术。马可·波罗到元朝后，看到一些地方人们用黑石头作燃料，曾十分诧异。由他口述，他的狱友鲁思悌谦（Rusiticiano da Pisa）笔录成书的《游记》中谈道："契丹全境之中，有一种黑石，采自山中，如同脉络，燃烧与薪无异，其火候且较薪为优，盖若夜间燃火，次晨不息。"并认为，薪柴虽多，但随着人口的增长，必会不足，煤是很好的替代品。①

**图 4—48　运煤童工**

英格兰大约在 4 世纪开始采煤作燃料，但直到 13 世纪后欧洲的一些低地国家才知道采煤，不久后，列日成为重要的产煤区。到 16 世纪，英国已将煤用于家庭取暖、食物烹饪，在用海水制盐、烧窑、玻璃制造、造酒等许多生产中也大量用煤作燃料。当时伦敦拥有几千家燃煤的酿酒厂、砖瓦厂、制糖厂、制陶厂及玻璃

———————

① 《马可波罗行记》，冯承钧译，上海书店出版社 2006 年版，第 241 页。

厂，加之城市人口的急剧增加，因燃煤而造成的大气污染十分严重。

煤的用途在不断扩展，17世纪初，在玻璃炼制中由于一种用煤加热密闭坩埚的熔炼方法的发明而开始大量用煤。1614年，英国的埃利奥特（Elyott，William 1547—1650）和默西（Meysey，Mathias）发明了用煤炼钢的方法，但是这一方法并没能普及。1784年，科特（Cort，Henry 1740—1800）发明了搅炼法生产熟铁（可锻铁）的工艺，在搅炼中，燃煤产生的热被反射传递，将生铁炼制成易于轧制的条状熟铁。

## 二 煤的开采与运输

17世纪后，煤在欧洲成为重要的生活和生产用的燃料，市场需求不断在增长。

图4—49 畜力绞盘（约1820）

煤的开采主要靠人工用镐铲挖掘，人工背运。随着矿井越挖越深，矿井排水成为一大难题，这在铜矿、银矿中也出现了同样的问题。当时水车、风车是主要的动力设备，但是许多矿井远离有丰富水力资源的地区，而风力又十分不稳定，矿井经常靠一支庞大的马队用畜力绞盘来维持抽排水工作，由此造成了采掘成本的不断增加。

煤炭是一种价格低廉而运输困难的矿产品，如何降低运输成本是煤炭业的又一难题。木轨道最早是1550年左右出现在德国的银矿和铜矿中，是用几米长的枕木拼接成的。在其上行驶的货运马车底部设有两个木杠，可以防止车轮从轨道上滑脱。将轨道设定坡度以减轻运力的方法是英国人最先采用的，1598—1606年间，英国的许多煤矿采用了这种木轨道，这些木轨道从矿井直通码头或转运站，且有一定的坡度，载煤的马车可以很容易地将煤运往目的地，煤被卸下后马车再

图4—50 矿用轨道车

沿轨道返回矿井处。到 18 世纪，英国的所有矿山几乎都铺设了马车轨道，不久后这种带坡度的轨道形式传入欧洲，与此同时发展起来的是运河的修建。17 世纪中叶后，随着煤在冶金工业中的应用、高炉炼铁的普及，铁的产量大增，18 世纪铸铁轨道开始取代木轨道，但铸铁轨道过脆易折，熟铁轨道也有采用。直到 19 世纪中叶钢可以大量生产后，加之蒸汽机车的进步，在枕木上铺设工字形钢轨成为轨道铺设的主要形式。

　　煤的开采和广泛利用，促进了轨道运输和运河运输业的兴起，而矿山排水问题直接导致了蒸汽机的发明与改进，可以说，17 世纪以来的矿井抽水问题直接导致了 18 世纪英国的工业革命。

# 第七节　高炉炼铁及技术著作的大量问世

## 一　高炉炼铁

　　16 世纪欧洲的炼铁技术有了划时代的进步，出现了高炉。此前的熔炉由于炉温不足，熔融的铁呈海绵状与炉壁黏结在一起，需打破炉壁才能取出熔融的铁来，而高炉已经使用水车带动的皮虎唧（皮制鼓风机），可以获得充分熔化的生铁（即铸铁）。在 14 世纪前，炼铁偶尔炼得白口铸铁时，由于其碳以渗碳体存在而过脆，经常作为废物丢掉。当人们发现将白口铸铁再放入炉中精炼可得到可锻铁后，高炉炼铁在欧洲才迅速普及开

图 4—51　水车驱动鼓风机进行的高炉炼铁

来。在高炉炼铁时，用水车粉碎的铁矿石从炉顶放入，熔化的铁水从高炉低部的出铁口流出，实现了从矿石到铁水流出的连续作业。高炉可以连续使用，不但降低了炼铁成本，铁的产量也大为提高。

　　工业革命前，英国主要是从瑞典和俄国进口生铁的。英国市民革命后，经济迅速发展，铁的需要量大增，1700 年英国国内可锻铁产量为 2 万吨，从瑞典进口的铁也达 2 万吨。英国高炉炼铁法是 15 世纪末由比利时的佛德兰移民引进的，在萨西克斯（Sussex）发展起来。17 世纪后，沿塞文河的林区建造了许多高炉，从伯明翰到设菲尔德的苏格兰中部成为炼铁和铁制品加工中心。

图 4—52　水车驱动鼓风机示意图

## 二　焦炭炼铁

16 世纪后，采矿业有了新的发展，水车成为主要的动力，用水车驱动的升降机、通风机、粉碎机已在大量使用，在矿石粉碎、筛选、焙烧方面也用水车作为动力。水车驱动的鼓风机可以使燃料充分燃烧，高炉炼铁已在欧洲和北美各国普及，铁（主要是生铁）的产量大为提高。

瑞典的铁矿藏和森林极为丰富，瑞典以其钢铁质量上乘而名著欧洲，很快成为主要的钢铁生产国。冶金学家斯韦登堡（Swedenborg, Emanuel 1688—1772）和普尔海姆（Polhem, Christopher 1661—1751）进行了大量的冶金学研究，使瑞典的采矿和冶金技术有了很大的提高，到 1739 年铁的年产量为 5.1 万吨，不到 20 年增加了近 2 万吨。

当时炼铁的燃料是木炭，由于生铁的需求量的激增，到 18 世纪初英国的森林几乎被砍伐殆尽，许多人开始考虑用煤炼铁。英国炼铁业者达德利（Dudlley, Dud 1599—1684）在 1619 年曾尝试用煤代替木炭用鼓风炉鼓风炼铁，并在 1621 年获得专利，还在哈斯科桥（Hasco Bridge）铁厂创下每周炼 7 吨铁的纪录。但是真正完成用煤炼铁的是达比父子。1709 年，经营黄铜容器铸造业的达比（Abraham Darby Ⅰ 1678—1717），在伯明翰附近科尔布鲁克代尔（Coalbrookdale）的铁工厂中尝试将烟煤和木炭用石灰混合炼铁，由于煤中含的硫会与铁化合，使炼出的铁太脆而无法使用。达比

图 4—53　达比炼铁炉

的儿子（Abraham Darby Ⅱ 1711—1763）于 1735 年试验将煤先炼成焦炭，然后再用焦炭炼铁的方法，并于 1750 年获得成功。由于焦炭燃烧比木炭困难，因此使用焦炭必须有强力的鼓风。1779 年，达比的孙子小达比（Abraham Darby Ⅲ 1750—1789）试验用纽可门蒸汽机驱动鼓风机鼓风炼铁。这种方法发明后，自古以来在林区建立的炼铁厂开始迁到了矿区附近，矿区逐渐形成工业区。

1776 年，英国技师威尔金森（Wilkinson，John 1728—1808）在什罗普郡的炼铁炉开始使用瓦特蒸汽机作为鼓风机的动力。强力鼓风不但可以提升炉温，极大地降低燃料消耗，还可以吹掉硫及其他杂质。焦炭炼铁方法简便，炼铁速度大为加快，成本大为降低，生铁产量开始迅速增加，由此促进了铁在建筑、桥梁、机械等方面的应用。特别是 1835 年尼尔森（Neilson，James Beaumont 1792—1865）发明的用热风炉产生的 316℃ 热风进行鼓风，使燃料利用率提高了 3 倍。1740 年英国生产生铁 17350 吨，1788 年增加到 68300 吨，1791 年猛增到 124097 吨。18 世纪末，英国由一个生铁进口国一跃而成为生铁出口国，直到 19 世纪 70 年代，英国生铁产量一直占全世界生铁总产量的 50% 左右，南威尔士成为欧洲的冶铁中心。到 19 世纪初，英国所产的生铁有 90% 是用焦炭炼制的，而欧洲大陆及美国主要还是用木炭炼铁。

虽然这一时期以焦炭炼铁的高炉技术得以确立，但是由于用焦炭炼制的生铁含有大量杂质，用这样的生铁炼制的可锻铁会变脆，因此仍然用木炭炼制铣铁，木材仍在大量用于烧制木炭。

图 4—54 坩埚炼钢

### 三 钢的生产

在很长的历史时期内，钢的生产主要采用熟铁渗碳或铸铁脱碳的方法制得，规模不大，一直未能形成批量生产。当时，由于冶铁过程中很难去除铁矿石中的杂质，特别是硫和磷，因此钢的质量主要取决于所用的铁矿石。德国所产的含锰的铁矿石可以炼出优质钢来，而英国钢的质量却很不理想。1740 年，英国唐卡斯特（Doncaster）的钟表匠亨茨曼（Huntsman，Benjamin 1704—1776），为了获得可以制造钟表盘簧的优质钢，亲自动手研究炼钢法。他将少量木炭、溶剂和可锻铁放入坩埚中，在坩埚外加热，由此发明了坩埚炼钢（铸钢）法。亨茨曼发明的坩埚炼钢法炼出的

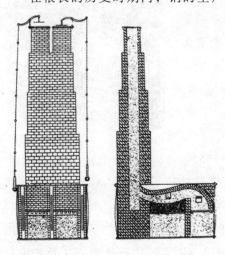

图 4—55 搅炼炉（左）外部（右）

钢起初并不被英国刃具制造业者所接受，反而在法国得到应用。直到英国大量进口法国刃具，并得知这是用亨茨曼坩埚炼钢法炼出的钢制造的后，设菲尔德的刃具制造商们才开始接受了亨茨曼的炼钢法。但是，坩埚炼钢法产量不大，仅用于制造弹簧、刀具及其他高级工具方面。

1783 年，专门从事向英国海军进口铁的科特（Cort, Henry 1740—1800）的两个发明，才使炼钢业有了突破性进展。这两个发明是：将生铁放入反射炉中，用煤炭加热使之熔化成糊状，随后用铁棒不停地搅拌熔融的铁水，利用炉中循环的热空气使铁水中的碳氧化脱碳，从而获得精炼的可锻铁，这一方法也称"搅炼法"（puddling process），1784 年获得专利；再用铁锤锻打精炼的铁块，除去杂质后再加热渗炭（1788 年获得专利）。用搅炼法生产的钢有足够的强度又易于加工，而且生产方法简单，比旧法炼钢的产量增加 15 倍之多，因此，钢的价格开始降低，大量用来制造蒸汽机、纺织机和其他机械。

同时，轧钢技术在 18 世纪 80 年代开始出现，瑞典冶金学家普尔海姆在 1745 年即发明了装有轧辊的轧钢机。

1783 年亨利·科特发明了用蒸汽机驱动的装有开槽轧辊的轧钢机，1788 年后开始批量生产钢板和各种型钢。19 世纪上半叶，在铁路、造船等方面已经广泛应用钢材。

图 4—56 阿格里柯拉

图 4—57 铸造（《矿山学》插图）

## 四 采矿冶金与机械类著作的出现

16 世纪后，由于工商业的发展进步，记述当时采矿及机械技术的专门工程技术类著作开始大量出现。这些著作既是作者对当时生产的记录和总结，也是对技术与工程管理的重要研究成果。

### （一）阿格里柯拉的《矿山学》

阿格里柯拉（Agricola, Georgius 1494—1555）生于德国萨克森的不来梅，早年在莱比锡大学学习哲学、神学和语言学，1524 年后到意大利学习化学和医学，在归国途中，在欧洲最著名的银矿波希米亚的埃尔茨矿山居住了两年，边行医边学习探矿、采矿、选矿及矿石冶炼的有关知识，记录了矿石处理方法及矿山机械，研究了矿物学、岩石学。1533 年移居克姆尼茨（Chemnitz）后继续对矿山进行研究，出版了许多矿山、冶金方面的著作，被德国地质矿物学家、关于岩石成因的水成论创立者维尔纳（Welner, Abraham Gottlob 1749—1817）誉为"冶金学之父"。

图4—59 矿井（《矿山学》插图）

1556年，他去世后出版的矿山学著作《矿山学》（*De re Metallica*）一书，对矿石从开采到将矿石冶炼成金属的过程作了详细说明。

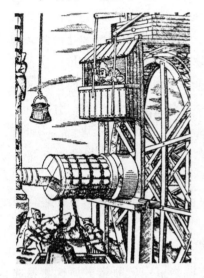

图4—58 矿用水车（《矿山学》插图）

《矿山学》共12篇，第一篇批评了当时社会上流行的对矿山业的鄙视，提出从事冶金业应当具备的知识。当时社会上对从事矿山工作评价很低，认为那是一种卑贱肮脏的苦差事，更认为矿山工作无须科学技术。为此，阿格里柯拉极力主张矿山工作要精通科学技术，要掌握哲学、物理学、医学、天文学、计算术和法律；第二篇研究了矿山经济学的有关问题，提出投资矿山应实地考察，不要迷信当时探矿所用"魔杖"的迷惑；第三篇论述了矿脉探查及其测定方法；第四篇探讨矿山的管理问题；第五篇研究了地下开采的原理、探矿技术以及坑道掘进；第六篇分述了锤、镐、铲、滑轮、齿轮、矿车、链斗抽水机、带活塞的水泵、风箱、卷扬机、送风机、冶炼炉等采矿工具和器械，特别是记

图4—60 水车驱动的矿石粉碎机（《矿山学》插图）

图4—61 从黄铁矿中提取硫磺（《矿山学》插图）

述了当时使用的 11 厘米口径的抽水机，如何分三段将深井中的水抽上来的方法，还记述了用风车进行坑道换气、机械润滑、用齿轮传递水车动力的方法；第七篇描述了利用试金石①、坩埚、试金天平、试金针等对矿石的检验方法；第八篇描述了矿石熔炼前的准备工作，包括选矿、粉碎、筛分、清洗、焙烧，并叙述了回收重金属的方法；第九篇描述了熔炼金、银、铜、铁、锡、铅、锑、汞、铋等金属的方法；第十篇描述了将贵贱金属分离以及精炼金银的方法，还记载了用硝酸和盐酸混合酸（强水）分离金银的方法；第十一篇记述了将银从铁或铜中分离出来的熔析法；第十二篇介绍了可溶性盐、苏打、硫酸盐、玻璃等的制备方法。该书与当时出版的各种技术书籍一样，附有 290 余幅精美的木板插图，较为全面地反映了欧洲当时矿山、机械方面的技术水平和状况。

他在该书序言中说："我在这上面花费了很多心血和劳动，甚至破费了不少钱财。因为对于矿脉、工具、容器、流槽、机器和冶金炉，我不光用语言描述了它们，而且雇佣了画匠画出了它们的形状，以免单纯用文字描述的东西既不能为我们当代人所理解，也给后人带来很大的困难。"

1546 年，阿格里柯拉被任命为开姆尼茨市的市长。1555 年 11 月，他在一次宗教问题争论中中风去世。保存在慕尼黑的德意志博物馆中的阿格里柯拉雕像的碑文写着："优秀的自然科学家兼医生乔治·阿格里柯拉，是完成德国各项技术的伟大人物，是中世纪采矿和冶金术的卓越研究者，也是这些技术杰出的传播者。"②

图 4—62  陶工（《矿山学》插图）

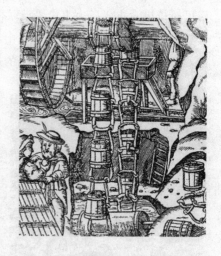

图 4—63  矿井排水（《矿山学》
插图）

---

①  一种当时应用广泛的可以检验金属的黑色或深绿色石头，将待测矿石或金属在其上划痕，再与已知金属划痕相比较，可大致确定被测矿石或金属的属性。

②  [英] A. 沃尔夫：《十六、十七世纪科学技术和哲学史》，周昌中等译，商务印书馆 1995 年版，第 557 页。

### （二）比林古乔的《火工术》

意大利冶金学家比林古乔（Biringuccio, Vannoccio 1480—1539）年轻时曾游历意大利和德国，学习铸炮术和筑城术，后在罗马从事铸造及兵器制造，对青铜炮的铸造加工作了详细记载。他逝世后，1540 年在威尼斯用意大利文出版了他唯一的著作《De la pirotechnia》。此书一般译为《火工术》或《铸炮术》，这是一部关于冶金学的综合性著作，前 4 章记述了金、银、铜、铁、铅的熔炼过程，以及银汞齐反应、反射炉等，对青铜炮的铸造技术有详细记载。当时用青铜铸造的炮，由于成分不稳定，不但命中率很低，而且发射中炮身会破裂。

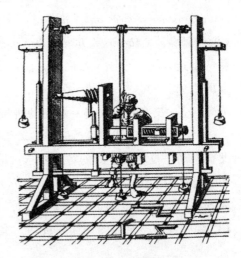

图 4—64　贝松加工螺纹的机床

他在书中，对青铜的冶炼、炮身的铸造、火药数量进行了详细研究，并制定出定量的规程，特别是从工艺上对型模所用的黏土种类、铸型的补强与烧结作出规定，确定了青铜合金中铜、锡比例为 10：1 时，可获得较好的铸造流动性。按他确定的规程制出的大炮，材质均一，质量上乘且有很好的命中率。

此外，这一时期较重要的采矿冶金方面的著作还有德国冶金学家埃克尔（Ercker, Lazarus 1530—1594）的《论各种最重要的金属矿石和岩石》（Treatise describing the foremost kinds of Metallic Ores and Minerals, 1574），德国冶金学家劳尼斯（Löhneis, Georg Engelhard von 1552—1625）的《矿石消息》（Bericht von Bergwerk, 1617）以及冶金学家巴尔巴（Barba, Alvaro Alonzo 1569—1662）完成的论述新大陆金矿石和银矿石冶炼过程的《冶金技艺》（Arte de los Metales, 1640）等。

### （三）贝松的《仪器舞台》

这一时期，还出版了许多机械方面的著作。

1579 年，法国里昂刊行了法国工程师贝松（Besson, Jaques 1540—1576）的《皇太子

图 4—65　水车驱动的风箱（拉梅利，1588）

妃同乡博学的数学家雅克·贝松的数学和力学仪器舞台》（*Théâtre des instruments mathématiques et mécaniques de Jaques Besson Dauphinois*，*docte Mathematicien*），又译《仪器舞台》（*Theatrum Instrumentorum*），书中描述了各种仪器、机床、水泵和武器的制造方法，设计了在机械方面广泛应用的螺杆、蜗轮蜗杆，还设计了加工螺纹的机床。

（四）拉梅利的《各种精巧的机械装置》

1588年，巴黎出版了机械师拉梅利（Ramelli，Agostino 1531—1600）的《阿戈斯蒂诺·拉梅利上尉的各种精巧机械装置》（又译《各种精巧的机械装置》，*Le Diverse et Artificiose Machine del Capitano Agostino Ramelli* 或 *The various and ingenious machines of Captain Agostino Ramelli*），书中描述了许多由他设计的精巧机械，并有195幅精美的整页插图和详细解说。其中有下射和上射式水车驱动的链式提水机

图4—66　拉梅利书中的机械插图

械和活塞式水泵、水密曲柄箱式水泵，还描述了蜗轮操纵的螺旋起重器的各种用法，以及柱式和塔式风车，设计了将往复运动变为直线运动的装置。

（五）宗加的《机器新舞台及启发》

1607年，在意大利帕多瓦出版了意大利机械工程作家宗加（Zonca，Vittorio 1568—1603）的《机器新舞台及启发》（又译《机械与建筑的新舞台》，*Novo Teatro di machine et Edificii*），书中记录了动力机械、缩绒机、缩呢机、绢纺机等的结构和使用方法。

从技术书籍的大量出版可以看出，16—17世纪的欧洲，工匠们的技术工作已经引起知识界的重视，更有许多知识界人士致力于技术的传播、新技术设备的发明与设计，这一传统早在达芬奇时代即已出现。正是这一传统，促进了新技术在欧洲的传播，也为18世纪的工业革命提供了技术储备。

# 第八节 造船业

## 一 造船技术的进步

随着中世纪欧洲海外贸易的扩展，以及海上称霸和探险活动的增加，欧洲的造船技术有了迅速的进步。

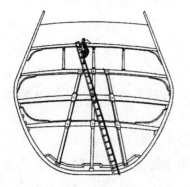

图4—67 西班牙大帆船中部剖面图

早期的造船厂是露天设置的，大都选址在大河沿岸或涨潮可以浮起船舶的海边。当决定造船时，先要租用土地，随后将各种造船设备、工具和材料集中。船的建造主要凭工匠的技艺和传统的诀窍，很少要经过严格的设计和计算。

17世纪后，出现了专门的船舶设计师，他们不但在船舶结构方面有丰富的知识，而且有很强的计算能力，船舶的设计开始形成图纸。他们首先确定船中部的截面图，再用曲线尺在与龙骨平行的各个高度勾画出线形轮廓，并对船中、船首和船尾三个位置进行调整。在船舶加工中，肋材穿过龙骨被固定形成船体的基本框架，其尺寸决定了整条船的形状。此后，由于船舶设计越来越复杂，在正式建造之前要按比例缩小先造出一个模型船，由此审定并调整船舶的结构和各种设备如锚架、绞盘的位置与尺寸。造船开始使用船坞，建造好的船可以借潮水驶出船坞。

造船匠主要是木工，他们使用各种木工工具，以及绞盘、滑轮、脚手架等。在造船工艺中，龙骨的设计是非常重要的。造船时，加工好的龙骨置于龙骨架上，首先将船首柱和船尾柱固定在龙骨的前后两端，然后安装内龙骨和船底肋骨，再安装肋材，其外覆以拼接的船壳板，船上面铺装甲板。当时造船用材主要是橡木，造一艘大型军舰需要2000多棵百年以上的橡树。

## 二 桨帆船和全帆装船

15世纪前，地中海传统的战舰和商船，一直采用类似古希腊罗马大型船舶的桨帆并用形式。当时，大型桨帆船主

图4—68 英国盖伦船立视图（约1586）

要是在威尼斯和西班牙建造的。

大型的军用桨帆船即战舰，长 120 英尺，船中部宽 15 英尺，长宽比为8：1 左右。在 13—16 世纪，地中海流行的桨帆船战舰多为上中下三列桨，船侧有 25 ~

图 4—69　船的帆和张帆锁具图

30 块可以乘坐三名划桨手的座板，每人划一根支于伸出船舷桨架上的桨，三人一组。这种桨架为划桨手提供了一个合适的杠杆支撑系统。船首立有一根轻型桅杆，上面张挂一个大三角帆，以便顺风时让划桨手休息。许多用作战舰的桨帆船都装有铁制的撞击头，以快速冲向敌舰舰身将其撞毁，这也是这一时期海战的一大特色。到 16 世纪中叶，许多桨帆船战舰为了提高航速，不再每人划动一根桨，而是 5 ~ 8 人合力划动一根桨。

大型的商用桨帆船可以装载 250 吨货物，其长宽比多为 6：1 左右，立有三根张挂大三角帆的桅杆，运行主要靠风力，船桨只在进出港时使用。

完全依靠风力的远洋船在 15 世纪后出现，这类船称作全帆装船。1400 年左右，欧洲航行于大西洋的远洋帆船，是一种称作 COG 的张挂一面横帆的单桅全帆装船。1450 年左右出现了三桅全帆装船。在三桅帆船的船首装有张挂斜杠帆的斜杠，船尾挂有大三角形的尾帆。由于对所张挂的帆可以根据情况增减，使船帆可以更有效地接受风压。到 1500 年左右出现了一种称作 Carack 的多桅全帆装船。这些大型全帆装船成为远洋货运的主力。

图 4—70　葡萄牙盖伦船

图 4—71　近海航行单桅小船

大型远洋全帆装商船出现不久，一些国家即开始建造大型的全帆装战舰。1512年，英国建成1000吨级的大型四桅杆全帆装战舰摄政者（Regent）号，该舰配备了151门铁火炮和29门铜火炮。不久后英王亨利八世（Henry Ⅷ 1491—1547）决定建造1500吨级的四桅杆全帆装战舰哈里（Harry）号，该舰配备了195门后填装式火炮和900名水兵、水手。1596年，葡萄牙建造的四桅杆全帆装盖伦船（Gallen），吸收了桨帆船战舰的特点，舰首装有坚实的撞击头，其长宽比此前的全帆装船更大，艏楼和尾楼较低，由此降低了航行中的水和风的阻力。尾桅装有中横帆，在前桅中帆和主桅中帆上有2～3排缩帆锁以便随时调节风帆开张程度。整只船装饰华丽，艏楼和尾楼都有精美的雕刻。竖立桅杆、搬运火炮及起放船锚均使用固定在船上的绞盘来完成。这类船很快成为欧洲各国舰船的主要形式。

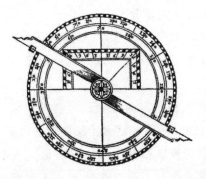

图4—72 经改进的经纬仪
（1571）

英国的皇家方舟号盖伦船于1587年建造，排水量800吨，装有44门火炮，其中4门是可发射42磅炮弹的加农炮，其主桅帆和前桅帆都挂有2面辅助帆，船体吃水线以下包覆可以防船蛆的包覆层。

虽然16世纪初已经出现600吨级的帆船，但是意大利探险家哥伦布（Columbus，Christopher 1451—1506）、葡萄牙探险家麦哲伦（Magellan，Ferdinand 1480—1521）用于探险的船吨位都不大，而且都是旧船，麦哲伦船队的主力船排水量仅为85吨。

图4—73 用原始经纬仪测量

进入 17 世纪后，欧洲的远洋帆船一般仍在 200 吨左右，一些航海强国如英国、荷兰、法国拥有 600 吨以上的大型商船，但直到 18 世纪英国东印度公司的商船排水量仍在 600～700 吨，吨位并未有太大的提高，更多的是 200～500 吨级的中型商船，而探险及短途航行多使用小巧灵便的桨帆船。同时，还出现了机动灵活的军用的帆装快艇和用于沿海客货运输的单桅小帆船。

欧洲造船业的进步是与这一时期旷日持久的海上探险是分不开的。

从 15 世纪起，西欧的许多航海家开始向未知的大洋远航探险，他们到达西非、东非及非洲最南端，到达亚洲，发现了美洲，完成了环绕地球的航行，这一时期也称作大航海时代或地理大发现时代。

海上探险的直接目的是为了寻找到达亚洲的新航路，因为在很长时期内，东方的物品特别是中国的瓷器、丝绸，印度及南亚的香料是欧洲社会上层的奢侈品。在欧洲人眼里，东方是一个财富宝地，特别是比萨的鲁思悌谦写成的《游记》在欧洲的流传，更加深了这一印象。这一时期，航海术亦有了很大的进展。14 世纪末，葡萄牙开始有了绘制在羊皮纸上的罗盘地图或航海地图。15 世纪末，出现了根据对太阳星辰的观察绘出子午线的地图，到 17 世纪，荷兰人绘制出各种较为完整的世界地图。

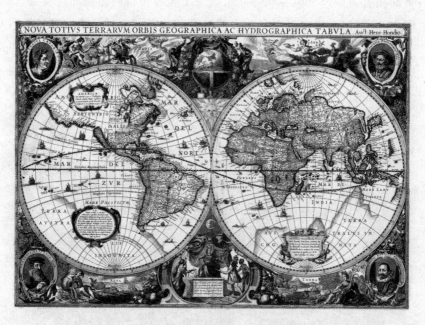

图 4—74    荷兰人绘制的的世界地图（1630）

在确定航向方面，不但广泛使用指南针、罗盘地图（海路图）、海程计算图，而且具备了一定的数学、天文学知识，可以借助星盘、象限计、经纬仪等确定星辰位置以确定船在海上的位置。

　　历时 200 余年的航海探险中，虽然充满了对财富的抢掠，对未开化居民的杀戮，海盗横行，但它在人类历史上却留下了重要的遗产。它充实扩展了人类对地球上海域、陆地的认识，以及在地球科学、动植物学、人类学、气候学以及远洋航行等方面的知识。同时，由于当时欧洲正处于资本主义兴起阶段，殖民扩张、资本输出、贸易扩展都使世界各地的财富开始向欧洲集中，为欧洲资本主义原始积累和资产阶级的迅速壮大提供了条件。

图 4—75　欧洲殖民者与美洲原住民

# 第五章  工业革命与工业化的兴起

## 第一节  概述

### 一  英国工业革命的历史意义

发生于 18 世纪的英国工业革命，历史上也称产业革命，是近代工厂制产生并发展的过程。机器开始取代了传统的手工工具，近代技术体系得以形成。从技术史的角度看，伴随工业革命发生了近代第一次技术革命或称蒸汽动力技术革命，以机械化为特征的技术体系的形成，则是近代乃至现代技术发展的起点和基础，更是工业化的起点。

经历 17 世纪后半叶的市民革命以后，英国稳步而顺利地逐渐形成了近代社会。从 1761 年到 1830 年这个时期，英国完成从极其发达的工场手工业向工业革命的转化，并波及落后的欧洲大陆各国以及新兴的美国。在这看似平静的但对人类文明却是无与伦比的变革过程中，法国爆发了市民革命，在革命和接踵而来的政治混乱中，法国也向近代市民社会迈进了。

在英国的工场手工业生产方式中，随着因分工而被强化了的协作，使工场内的作业过程逐渐单一化，工匠个人常年习得的技巧已不再那么必要，在这里已经形成了由工具向机器转化的有力的社会基础。自 18 世纪 60 年代开始出现的纺织机械的各项发明虽然成为工业革命的开端，但推动这些工作机的变革并在工业革命进程中起了巨大作用的，显然是作为动力机的蒸汽机的改革和进步。在 18 世纪的最后 25 年里，铁的精炼和加工得到发展，各种机械从木制的转变为铁制的，与此相应的作为"制造机器的机器"的各种工作母机也被发明出来，以零部件互换为基础的大量生产方式的萌芽、利用蒸汽动力的运输工具的发明，以及在这一过程中富有进取心的产业资本家们对这些新的机械技术的积极采用，使生产效率极高的近代大工业开始出现，工业生产进入标准化、批量化的发展阶段。

### 二　法国的启蒙思想运动

英国资产阶级革命之后，欧洲各国封建势力仍然十分强大，因逃避法国封建王朝迫害而流亡英国的启蒙思想家伏尔泰（Voltaire 是其笔名，本名：François-Marie Arouet 1694—1778）于 1734 年回到法国后出版了一本介绍英国的小册子《英国通信》，从政治、宗教、思想、文化诸方面，对法国专制政治进行了全面批判，为法国大革命进行了思想准备，法国的思想启蒙运动由此展开。在书中，伏尔泰还介绍了牛顿力学和光学，强调了重视将实验观察与数学相结合的牛顿的科学思想。

图 5—1　伏尔泰

法国大革命恰好发生于英国工业革命的初期，这是世界近代史上的一项重大事件，是一场反封建的使大多数民众站起来保卫所谓第三等级利益并取得胜利的革命。由此使农民从农奴主（贵族）的长期压迫下解放出来，铲除了国内资本主义发展道路上的障碍。正是在这一时期的后半叶，在法国社会的变革中出现了圣西门（Comte de Saint-Simon, Claude-Henri de Rouvroy 1760—1825）和傅立叶（Fourier, Charles 1772—1837），在英国工业革命的社会矛盾中，出现了欧文（Owen, Robert 1771—1858）等一批空想社会主义的代表人物。

图 5—2　卢梭

为法国革命做了思想准备的法国启蒙主义思想家中，伏尔泰、孟德斯鸠（Montesquieu, Charles de Secondat, Baron de La Brède et de 1689—1755）、卢梭（Rousseau, Jean-Jacques 1712—1778）、狄德罗（Diderot, Denis 1713—1784）、达朗贝尔（d'Alembert, Jean Le Rond 1717—1783）等人起了重要作用。他们对宗教、自然观、社会、国家制度等各个方面都作了毫不留情的批判，掀起了以理性为唯一根据的社会潮流。在狄德罗、达郎贝尔的领导下，在以伏尔泰等人为首的许多进步知识分子的协助下，完成了出版《法国大百科全书》这项宏大的工作。在这部百科全书里，详细记载了法国的各种生产、各种制造业和农业，不仅介绍了最优秀的生产技术，同时还收录了到 18 世纪中叶人类所积累的科学、技术知识，提出了物种进化、生命起源等先驱性思想，对当时的各种技术进行了总结和描述，并认为，技术不仅是人类与自然

图 5—3　狄德罗

斗争的武器，也反映了掌握技术人的意图，而且掌握技术的人构成了具有革命性的阶级。这部百科全书的出版屡遭法国封建王朝的刁难，自 1751 年起用了 22 年才将 28 卷全部出齐，它为法国大革命提供了思想准备。这是长期被压抑的法国市民阶级对封建残余的一场不倦的文化斗争，而且这场斗争成为继英国之后在法国出现的自然科学伟大时代的导火线。

在法国启蒙思想运动中，最早提出了科学、民主、博爱、自由的口号，这些鲜明的口号成为法国大革命的目标，也成为后来全人类共同的奋斗目标。思想的解放促进了科学的发展，19 世纪经典自然科学的迅速发展是与此直接相关的。

### 三 自然科学的新进展

工场手工业时期发展最快的自然科学是力学，力学的自然观和方法论的确立，是促进自然科学近代化所不可缺少的因素。以伽利略、牛顿力学为基础的力学自

然观和方法论，在 18 世纪得到继承，首先确立了流体力学和弹性力学，之后则完成了分析力学和天体力学。在近代数学方面，在贝努利（又译伯努利 Bernoulli，Jakob 1655—1705）、欧拉（又译欧勒 Euler，Leonhard Paul 1707—1783）之后由达朗贝尔、拉格朗日（Lagrange，Joseph Louis 1736—1813）、拉普拉斯（Laplace，Pierre-Simon 1749—1827）等人完成的数学分析，使分析力学、天体力学形成为完整的科学体系。

图 5—4　布莱克

17 世纪中叶，在波意耳（Boyle，Robert 1627—1691）的努力下，化学成为一门独立的学科。进入 18 世纪后，出现了解释燃烧和热现象的燃素说、热质说。1756 年，布莱克（Black，Joseph 1728—1799）发现二氧化碳后，许多人开始对气体进行化学研究，很快发现了氢、氧、氮等新的气体，但这些发现并没有克服燃素说的影响，直到拉瓦锡（Lavoisier，Antoine-Laurent 1743—1794）设计了精巧的水银焙烧实验，又研究了水的组成，才彻底否定了燃素说，确立了近代的化学元素观。19 世纪初，道尔顿（Dalton，John 1766—1844）提出的原子论，不仅继承了古希腊留基伯（Leucippus 约 B.C.500—B.C.440）、德谟克里特（Democritus

图 5—5　拉瓦锡及其夫人

B. C. 460—B. C. 370）的古希腊原子论以及工场手工业时期伽利略、伽桑迪（Gassendi，Pirre 1592—1655）、牛顿（Newton，Isaac 1642—1727）等人对古希腊原子论的发展成果，并以原子量为中介把定比定律、倍比定律密切结合起来，不久后道尔顿的原子论得到了阿佛伽德罗（Avogadro，Amedeo 1776—1856）假说的补充，柏采留斯（又译柏奇里乌斯 Berzelius，Jöns Jacob 1779—1848）对各种物质元素的原子量的精密测定，则为这一学说提供了证据。随后化学元素的符号化得以完成。

18 世纪后半叶，在各种温度计的设计和蒸汽机改革进步的背景下，布莱克首先对热现象进行了探讨，巩固了作为物理学新领域的热学的基础。关于电磁现象则以德国、荷兰发明莱顿瓶，富兰克林（Franklin，Benjamin 1706—1790）对大气电的研究和避雷器的发明为开端，随后卡文迪许（Cavendish，Henry 1731—1810）、库伦（Coulomb，Charles Augustin de 1736—1806）发现了静电静磁的基本规律。

## 第二节　英国工业革命的兴起

### 一　英国工业革命的前提

工业革命及与之伴随的近代第一次技术革命，于 18 世纪中叶在英国发生，这是英国经济社会发展的必然结果。

英国于 1688—1689 年经历了"光荣革命"后，成为一个君主立宪制国家。封建制度迅速解体，资产阶级在政治上获得了权力。革命后不久，依靠新贵族和资产阶级支持而建立的中央制政权，即废除了束缚手工业发展的各项封建行会条文，采取了保护私人资产、鼓励工商业发展的一系列政策，促进了英国资本主义的发展。英国为了加强对殖民地的贸易和掠夺，积极发展海运和海军，类似情况在比利时、荷兰、葡萄牙也开始出现，使欧洲封建制度迅速瓦解，资本主义势力迅速壮大。新兴的资产阶级为了资本的增值而到处钻营，到处创业。

近代自然科学特别是力学，在牛顿、胡克（Hooke，Robert 1635—1703）等人的努力下，很快形成为严密的科学体系，加之英国皇家学会的成立和所进行的科学活动，近代科学思想在英国广泛传播，社会开放，人的思想活跃，人们为了获取财富而大力发展工商业。

16 世纪海上探险和地理大发现，使欧洲经济、贸易中心从地中海沿岸转向大西洋沿岸港口，为了垄断海上霸权，英国海军很快压倒曾称霸一时的西班牙、葡萄牙和法国海军，开始在世界范围内进行殖民扩张，并于 16 世纪建立东印度公司、非洲公司等特许公司，英国殖民地几乎遍布世界，贸易和掠夺成为英国资本主义原始积累的重要手段。

早在 15 世纪,英国新兴的贵族为了发展毛织品贸易,强占农民土地扩大牧场,即"圈地运动",失去土地的农民涌进城市,不但为英国工商业提供了大批廉价劳动力,而且也要求社会为他们提供廉价的生活必需品,因而又进一步扩大了国内的消费市场。更有许多人涌向海外殖民地,成为英国海外殖民扩张的重要力量。由于国内消费市场的扩大,又促进了农牧业和工商业的发展,16 世纪以后,各类手工业作坊中集中了一批优秀的技术工人。欧洲大陆常年的宗教战争使许多新教徒特别是一批拥有一定技能的尼德兰、法兰西工匠逃亡英国,进一步扩展了英国本土的技术力量。

在 18 世纪末之前,作为家庭手工业和工场手工业作坊的主要动力机是水车和风车。由于水车只要修筑适当的水坝,就能保证稳定的水流量且可以昼夜使用,而风车则受地区及风力变化的影响,因此水车被广泛应用于矿井排水、高炉鼓风、矿石粉碎及石磨的动力。然而,工厂只能建在水流湍急的河流沿岸,限制了工厂选址的灵活性。但是工匠们在建造水车时发明的各种传动装置、机构零件,如皮带传动、齿轮齿条、轴承等,不但为后来的蒸汽机、机床的发明提供了技术设计思想,也提供了可直接利用的机械部件。

由于英国社会已具备上述优越的技术发展条件,为英国工业革命奠定技术基础的近代第一次技术革命在英国发生。

## 二 纺织业的机械化

### (一) 飞梭的发明

与英国工业革命相伴产生的近代第一次技术革命,起源于纺织业的机械化,其导火线是"飞梭"的发明。

15 世纪末至 16 世纪,英国及欧洲大陆西部是典型的毛织物生产地区,半农半工的农民们同时经营梳毛、纺纱和织布的家庭手工业作坊。分工合作的家庭制手工业,成为早期资本主义生产方式的基本特征。

英国经历圈地运动后,畜牧业的发展以及欧洲纺织工匠大量流入英国,使英国毛织业有了空前的发展,很快成为欧洲重要的毛纺织业中心。毛织品占英国出口总额的 1/3,畅销欧洲和各殖民地。随着东西方贸易不断扩展,价格低廉的印度棉布也开始大量输入英国,为下层劳动者特别是大量失去土地而涌入城市的农民工所喜爱,成为英国当时风行一时的畅销货。为了抵制进口的棉织品的竞争,1700 年英国国会通过议案,严禁进口印度棉布。但是,英国国内的劳动者喜欢物美价廉的棉织品,禁止进口后,由于国内对棉织品的需求增加而引起了棉织品价格飞涨,棉纺织业开始引起英国纺织业者的重视,许多人投向这一新兴的产业。

英国的棉纺织技术大约是在1685年左右，由尼德兰安特卫普移民传入的新兴手工业部门，纺纱和织布使用的都是已有上千年历史的木制纺织机械，效率低且质量很差。无论是在技术力量上还是在竞争能力上都比毛纺织业落后很多。棉纺织业是由纺纱和织布两个主要工序组成的，英国工业革命之前，无论是纺纱还是织布都是作为家庭副业由农妇用手工完成的。纺织业者为了提高生产效率，开始了一系列的技术改革。

1733年，约翰·凯伊（John Kay 1704—1779）发明了飞梭，由此引起了纺织业的迅速变革，近代第一次技术革命由此开始产生。

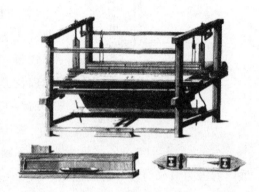

凯伊早年在法国学习，后到父亲的毛织厂工作，1730年回到故乡兰开夏的贝里（Bury）后开始自立，生产织布机引拉纬纱用的梭子，发明了梳理捻制安哥拉山羊毛的机械，同时研制成用金属经仔细研磨制成的"飞梭"，而在此之前，织布用的梭子一般是用藤类制成

图5—6　凯伊的飞梭及使用飞梭的织布机

的。凯伊将缠有纬纱的梭子固定在一个小滑车上，小滑车放在水平滑槽中，滑槽两端有一个由一个手柄的两条引绳牵引的木制梭箱，织布工用一只手拉动系在梭子上的绳子，就可以使梭子自动地在经线间穿插往返，另一只手可以打实纬纱。

图5—7　织布工袭击凯伊的住宅（左后是使用飞梭的织布机）

在这之前，梭子是由织布工用手左右传递完成的，不但效率很低而且纺织品的幅面也受到织布工手臂长度的限制。这一发明不但提高了织布速度，而且布幅也不受限制了。但这项发明未能很快普及，1753年，当地织布工惧怕新发明影响他们

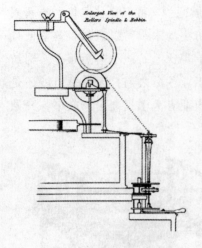

图 5—8　保罗的纺纱机

的工作收入而袭击了凯伊的住宅，逼迫他逃往曼彻斯特，最后藏在羊毛袋子里乘船逃亡法国，在那里他成功地推广了他的飞梭。1765 年，他回到英国后又发明了梳理羊毛和棉花的机械。晚年因维护自己的专利权在诉讼中破产，1774 年回到法国依靠法国皇室的养老金度日。

"飞梭"后来逐渐在英国推广开来，1760 年他的儿子罗伯特·凯伊（Robert Kay）发明了上下梭箱，进一步提高了织布性能，此后飞梭在英国广泛普及。使用飞梭后，一个织布工需要 10 个纺纱工提供棉纱。

由于织布速度加快，使棉纱供不应求，棉纱价格不断上涨，造成了长期的"纱荒"，为此英国政府大力鼓励纺纱，甚至监狱、孤儿院都被动员纺纱。

（二）哈格里夫斯的珍妮纺纱机

1738 年，发明家怀亚特（Wyatt, John 1700—1766）发明了利用快速旋转的纱筒与纺锤相配合进行纺纱的纺纱机，并于 1738 年获得专利。1741 年，法国流亡者保罗（Paul, Lewis ？—1759）对其进行了改革，这种纺纱机由若干对旋转的辊子组成，被梳理的棉花或羊毛由一对辊引入机器，再传送到下面一对辊上，后面辊比前面辊的旋转较快，这样棉花或羊毛在从前面辊到后面辊的传送过程中被拉伸旋捻逐渐变成纱，纱最后被传送到锭子上。

保罗出资在伯明翰建立了一个小工厂，雇用 10 个女工照看着一台用两头驴拉动的这种纺纱机。当时的纺纱机是用木材制造的，强度有限，因机件脆弱常常发生机械损坏事故，工厂于第二年即告破产。其发明被《绅士杂志》（The Gentleman's Magazine）主编爱德华·凯夫（Edward Cave 1691—1754）买了去，凯夫在诺桑普坦建立了安装 5 台这种设备的工厂。他计划把事业大规模地兴办起来，雇用了 50 名工人，纺纱厂正式开工后，由于机器本身还不完善，加之工人的操作经验也不足，致使工厂没能很好地维持下去，1764 年被阿克赖特（Arkwright, Sir Richard 1732—1792）收购。棉纺织业中的织布速度快而棉纱不足的矛盾，一直延续到

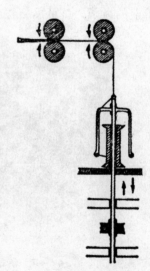

图 5—9　怀亚特－保罗纺纱机的抽丝捻纱机构

18世纪60年代，1761年，"英国奖励工艺协会"悬赏发明一种能同时纺6根纱并由一个人操纵和看管的机器。

传统的手摇纺纱车只有一个纱锭，是横装的，1765年，木匠兼织布工哈格里夫斯（Hargreaves，James 1720—1778）无意中弄倒了自家的纺纱机，发现纱锭立着也能旋转，由此开始研制由一个人可以同时旋转多个纱锭的纺纱机——珍妮机，即多轴纺纱机。一开始，他制成的纺纱机仅在自家使用，后来又制成几台出售，1770年

图5—10 珍妮机

取得专利。[1]哈格里夫斯发明的珍妮机开始时安装8个纱锭，是竖装的，用棍条代替人工牵引纱线，后来增加到16个纱锭，最后用水车驱动的珍妮机达到80个纱锭。

这样一来，不但解决了长期的"纱荒"，而且降低了布匹价格，引起了社会对布匹需求量的进一步加大。至此纺纱机和织布机还都是以人力为动力的，这些发明只不过是提高了家庭作坊的工作效率而已。哈格里夫斯也遭到当时许多发明家同样的命运，1776年，他的家被仍使用旧式纺纱机的邻居们捣毁，他被迫迁居诺丁汉，在那里建立了一个小纺纱厂，还出售他的珍妮机。

珍妮机造价低廉，结构简单，即使最小型的也抵得上七八个人的手工纺纱量，

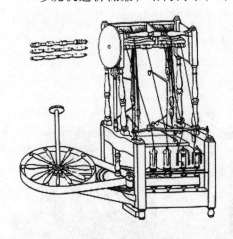

因此很快取代了传统纺车，到1790年，珍妮机已遍布英国农村，总数已达2万台。

（三）阿克赖特的水力纺纱机

1767年左右，理发师阿克赖特在钟表匠约翰·凯伊（John Kay，不是飞梭的发明者）的帮助下，发明了用水车驱动的全木结构的机械纺纱机，即水力纺纱机（Water frame）。这台木结构高约80厘米的纺纱机，与怀亚特和保罗在1738年采用滚筒拉丝的那种纺纱机极为相似，这台机器现在还保存在萨乌斯·肯津坦科学博物馆中。1771

图5—11 阿克赖特的水力纺纱机

---

[1] 哈格里夫斯无意中弄倒家中的纺纱机，据说是他的妻子用的，他妻子名叫珍妮，为此这种多轴纺纱机被称为珍妮机。

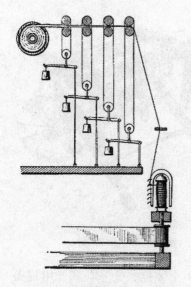

图 5—12　阿克赖特纺纱机抽捻纱
原理图

年，阿克赖特与针织品批发商尼德（Need，Samuel 1718—1781）合作，利用达温特河的湍急水流，在曼彻斯特的库拉姆福德创办了以水力为动力的纺纱厂，到 1779 年，该厂已经有几千个纱锭和 300 多名工人。

阿克赖特出身贫寒，但擅长钻营，为了工厂的扩展，他招募并培训工人，制定工厂的规章制度，显示出工业革命时期新兴资本家的创业特征。自 1785 年起，阿克赖特在兰开夏南部、德比郡北部、苏格兰、克拉依德建立了多家纺纱厂。一般认为，阿克赖特的工厂与传统的分散的家庭纺织业不同，是近代工厂生产制的起点。18 世纪末和 19 世纪初兰开夏和德比郡的许多工厂都是仿照他的工厂模式建立起来的。

阿克赖特的水力纺纱机纺出的纱很结实但较粗，多轴纺纱机（珍妮机）纺出的纱虽然很细，但是强度不足。1779 年，兰开夏的一名织布工克隆普顿（Crompton，Samuel 1753—1827）综合了上面两种纺纱机的优点，发明了一种称作骡机（mule，走锭精纺机）的纺纱机，这种纺纱机可以同时转动 300～400 个纱锭，能够纺出既纤细结实又均匀的纱来，这种机器无论是在纺纱速度上还是在纺纱质量上都是极为完善的，使用这种机器一个工人可以同时看管 1000 个纱锭。他并未申请专利，只是在自家工厂中使用，但是这种纺纱机很快普及开来，到 1812 年时已经至少有 360 家工厂的 460 万个纱锭采用了走锭纺纱机。

（四）卡特赖特的自动织布机

纺纱机的进步和织布业的相对落后又引起了纺织业的新的不平衡。1785 年，牛津大学文学博士，一个一直在乡间研究医学和农学的牧师卡特赖特（Cartwright，Edmund 1743—1823），发明了用水力驱动的自动织布机，并于 1787 年在唐卡斯特（Doncaster）创建了织布厂。卡特赖特是英国工业革命时期第一个具有高学历

图 5—13　克隆普顿的走锭纺纱机

图 5—14　卡特赖特的自动织布机

的发明家，可惜不久后即因为织布工反对机械生产而大肆破坏设备致使工厂倒闭。1804 年，拉德克利夫（Radcliffe，William 1760—1841）和赫拉克斯（Horrocks，John 1768—1804）用钢铁结构取代了卡特赖特织布机原来的木结构，1822 年，约翰逊（Johnson，Thomas）、罗伯茨（Roberts，Richard 1789—1864）又做了进一步的改革，机械织布才广泛普及开来。

18 世纪 90 年代初，已经有上万人在新的机械纺纱厂中劳动，由此使织布业可以织出远比当时名噪世界的印度棉布更好的布来。1785 年，英国的棉布年产量已达到 5 万匹之多。但是，由于英国毛织业在国际市场上已具有多年的声誉，在很长时期内，毛织业仍是英国的主要产业。1783 年，棉织业产值仅为毛织业的 1/10。1781 年棉花消费为 250 万千克，而羊毛消费达 2500 万千克，直到 1810 年英国棉花消费量才超过羊毛，达 6000 万千克。1825—1820 年，英国进口物品中占第一位的是印度棉花，1820 年后，进口棉花中有 50% 来

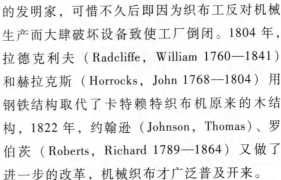

图 5—15　以蒸汽机为动力的纺纱厂

自美国南方，由此也促进了美国南方棉花种植业的发展。

纺织业的机械化，引起了技术的一系列连锁反应，净棉机、梳棉机、漂白机、染整机先后被发明出来，而且棉纺织业的机械化很快即影响到毛纺、化工、染料、冶金、采煤、机械制造等各部门。由于这些机器最初是由水车带动的，工厂只能建在远离城市的水源丰富、水流湍急的河流

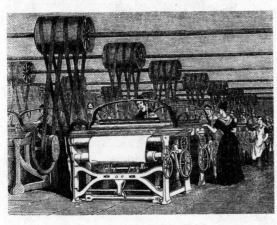

图 5—16　以蒸汽机为动力的织布厂

旁边。交通不便、运输困难、水车装置费用极高，地主借机哄抬地租，水流因季节有变化甚至有枯水期等，都极大地影响了工厂的存在和发展，因此寻求一种新的不受上述条件制约的动力机，就成为当时一个急需解决的重大技术课题。

## 第三节　蒸汽机的发明与革新

### 一　蒸汽抽水机的发明

16 世纪，英国的炼铁业、玻璃工业、金属工业、酿造业等逐渐兴旺起来，由于这些工业历来以木材为燃料，因此英国的森林资源逐渐减少，不得不以煤炭取

代木材。这样，英国自 16 世纪到 17 世纪间，家庭和工业用的燃料便从木材转向了煤炭。1538 年英国煤炭年产量只有 20 万吨，到 1640 年剧增到 150 万吨。制盐、玻璃、造船、火药、印染、砖瓦制造业等所有工业部门都使用煤作燃料。煤的开采量逐年增加，矿井越挖越深，地下水渗出也越来越严重。

当时英国煤矿主要是用马作为抽水机械的动力，有的矿山需要用几百匹马日夜抽水，效率很低，费用昂贵，严重地阻碍了矿山的发展，因此，矿井排水就成为当时亟须解决的一个问题。

**图 5—17　居里克**

导致蒸汽机发明的重要的科学前提，是大气压力的发现。伽利略的学生托里拆利（Torricelli, Evangelista 1608—1647）在 1643 年测得大气压强相当于 30 英寸长的水银柱的重量，并预言此压力随海拔的增高而降低。马德堡市长居里克（Guericke, Otto von 1602—1686）用直径 20 英寸抽成真空的汽缸和精密配合的活塞，50 个壮汉未能将活塞拉起来，由此证实了大气具有巨大的压力。

（一）汽缸活塞结构的提出

1680 年，荷兰物理学家惠更斯（Huygens, Christiaan 1629—1695）设计了一种"火药发动机"装置，这种热机由汽缸和活塞组成，利用装在汽缸底部的火药爆燃而举起活塞，将爆燃的气体放出后关闭释放阀，随着残留的热气冷

**图 5—18　大气压力试验**

却造成真空，大气压力迫使活塞下降，与活塞相连的杠杆的另一端可以提起重物。

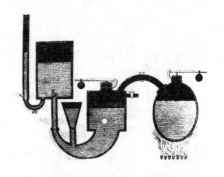

图5—19　巴本的蒸汽机设计图

1690年左右，因躲避政治迫害流亡英国的法国物理学家、清教徒巴本（Papin，Denis 1647—1712），曾给惠更斯和波意耳当助手，在惠更斯的启发下，设计了一种热机。他将直径约2.5英寸的用铁管制成的汽缸竖直放置，装上活塞和连杆，将少量的水放在汽缸底部，在汽缸外部加热，产生的蒸汽将活塞顶起，当冷却汽缸时，大气压力迫使活塞下降。由于当时人们对机械还缺乏认识，因此虽然设计思想是正确的，但并未引起社会的关注，但他和惠更斯设计的汽缸活塞结构，成为后来许多热机的基本结构形式。

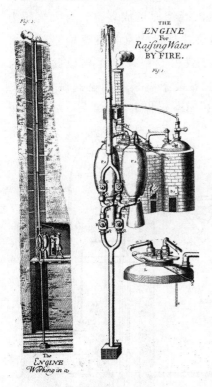

图5—20　萨弗里蒸汽抽水机

（二）萨弗里的"矿山之友"蒸汽抽水机

不久后，英国陆军工程师萨弗里（Savery，Thomas 1650—1715）上尉，发明了一种称作"矿山之友"（The Miners Friend）的可以实际使用的蒸汽抽水机。其工作原理是，加热锅炉，锅炉中产生的蒸汽通过供气阀门交替向两个独立的密闭容器送入，关闭供气阀门向密闭容器喷淋冷水，然后打开与矿井中的水相通的阀门，依靠密闭容器中的水蒸气凝结形成的真空，将矿井中的水抽上来。由于采用的是单向阀门，不会使抽上来的水回流。当供气阀门打开后，蒸汽压力将水压入带有单向阀门的排水管道。1698年，他取得了专利，专利名为："一种靠火的推动力提水和为各种制造厂提供动力的新发明。对于矿井中的排水、城镇中的供水以及位于没有水力也没有恒定风力的地区的各类工厂的运作等，都将有极大的用处和效益。"[1]他预言，即将出现的蒸汽机是一种不靠自然条件的普适性的万能动力机。

_____

① ［英］辛格等：《技术史》第4卷，上海科技教育出版社2004年版，第117页。

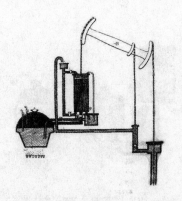

图 5—21 纽可门大气压蒸汽机原理图

这种热机虽然设计很巧妙，但对 30 米以下的水是无能为力的，且动作缓慢，输出功率不大，所用的蒸汽压力过高，达 8～10 个大气压，汽缸随时有爆炸的危险。即使如此，他的蒸汽机曾用于向大型建筑供水，也在个别矿山使用过。

（三）纽可门蒸汽机

18 世纪初，专门为锡矿提供铁制工具的经销商、铁匠纽可门（Newcomen, Thomas 1663—1729）在管子钳工卡利（Calley, John ？—1725）的协助下，发明了大气压蒸汽抽水机。

这种蒸汽抽水机采用了活塞和汽缸结构，在汽缸下设有锅炉，锅炉用管道与汽缸连通，工作时打开汽缸与锅炉连通的阀门向汽缸充入蒸汽，将活塞顶起来，之后关闭阀门向汽缸中喷射冷水，使汽缸中的蒸汽凝结而形成真空，靠大气压力将活塞压下而做功。往复运动的活塞通过一个横梁摇杆机构（杠杆机构）带动水泵的抽水活塞把矿井中的水抽上来。他于 1705 年获得专利，1711 年以此专利为基础创办工厂，1712 年制成第一台蒸汽机，该机安装于英格兰达德利城堡煤矿，功率为 55 马力，每分钟 12 冲程，每冲程能将 10 加仑水提升 51 码。纽可门机比萨维利蒸汽抽水机有明显的优点，可以安放在地面上，不需要萨维利机那样高的蒸汽压力，排水效率高，操作简便。纽卡斯的贝通（Beighton, Henry 1687—1743）对这种蒸汽机进行了改革，安装上安全阀、可以自动开闭的活栓和蒸汽自动分配装置后，成为矿山广泛采用的蒸汽排水机。这种蒸汽机也称"纽可门蒸汽机"，虽然需要反复用蒸汽加热汽缸和活塞，再用冷水冷却汽缸，能量损失严重，因此消耗燃料极大，费用也很昂贵，但是它比使用马为动力抽水还是便宜得多。例如安装在考文垂附近的一台蒸汽抽水机，同 50 匹马做的功一样多，但费用只有用马的费用的 1/6。

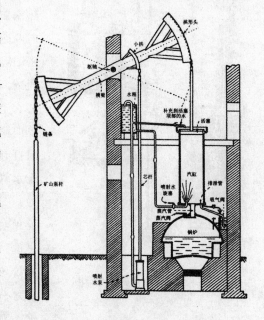

图 5—22 纽可门蒸汽机（1712）

图 5—23　采用纽可门蒸汽机排水的矿山

　　纽可门去世前，他的蒸汽抽水机已经在英国、法国、德国、比利时、西班牙的矿山普及开来，1765 年前后，在莱茵河和维亚河沿岸的矿井里，已有 100 多台这种机器在运转，其中最大的是煤矿工程师威廉·布朗（William Brown 1717—1782）所建造的，汽缸直径 74 英寸，高 10.5 英尺，由三个锅炉供汽，用 3 根喷水管冷却，重 6.5 吨。纽可门蒸汽抽水机的发明，有力地保证了采煤生产的顺利进行。

　　英国土木技师斯米顿（Smeaton，John 1724—1792）对英国各地的蒸汽机进行了调查，还自制一台蒸汽机进行试验。他发现，将 100 万磅的水提升 1 英尺高，蒸汽机平均消耗 1 蒲式耳（84 磅）的煤，这一计算结果成为之后推算蒸汽机功率的一种方法。用斯米顿设计的镗床加工纽可门蒸汽机的汽缸，蒸汽机热效率几乎提高了一倍，斯米顿对纽可门蒸汽机又做了许多改进，这种经改进的纽可门蒸汽机到 18 世纪末还在大量使用。

## 二　瓦特蒸汽机

　　对蒸汽机进行了划时代改革的是瓦特（Watt，James 1736—1819）。由于瓦特的努力，使蒸汽机成为一种万能的动力机械，由此导致了近代技术的全面变革，为近代工业化奠定了有力的技术基础。

　　瓦特的祖父是阿伯丁大学的数学教师，其父经营造船业，他虽然没进过正规学校，但是勤奋好学，13 岁开始学习数学、航海术、天文学和物理，更对其父工厂中的机械产

图 5—24　瓦特

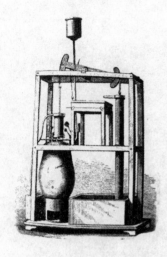

图5—25 交给瓦特改造的纽可门蒸汽机模型

生兴趣。曾去伦敦学习器械制造，20岁回到家乡格拉斯哥。次年，因发表《国富论》而知名的经济学家、格拉斯哥大学校长亚当·斯密（Adam Smith 1723—1790），雇用瓦特担任格拉斯哥大学教学仪器制造师，并配备了专门的工作室。此后瓦特开始系统地学习力学、化学、法学、美学，掌握了法语、意大利语和德语，结识了布莱克等几位著名的科学家，并听过他们的课。

瓦特对蒸汽机的发明可以分为两个阶段，其一，他将纽可门蒸汽机增设分置的冷凝器，提高了蒸汽机的热效率；其二，复动旋转式蒸汽机的发明，使蒸汽机成为万能动力机。

（一）分置冷凝器的设计

1763年，他受安德森（Aderson, Johan 1726—1796）教授的委托，在修理教学用的小型纽可门蒸汽机模型时，对蒸汽机进行了各方面的实验，发现其热效率很低，他运用布莱克3年前发现的"潜热"现象和"比热"理论，认识到纽可门蒸汽机热效率低的原因在于，蒸汽冷凝时用铸铁制成的体积很大的汽缸活塞也要随之降温而浪费掉大量的热能。他经过仔细的计算后，发现竟有4/5的蒸汽热能消耗在重新加热的汽缸活塞上。1765年5月，他制成了将冷凝器单独设置、汽缸直径为18英寸的蒸汽机模型，经计算其热效率可提高4倍，于1769年获得了专利。但是这种蒸汽机也存在不少问题，首先，这仍然是一种直线往复式的，即由活塞连杆直接带动横梁摇杆机构沿直线往复运

图5—26 瓦特设计的分离冷凝器（1765）

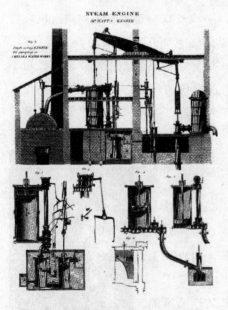

图5—27 瓦特蒸汽机设计图

动做功；其次，它仍然利用蒸汽冷凝形成的真空，借助
于大气压力完成活塞移动。此外，由于当时缺乏精密的
机械加工设备，因此活塞与汽缸间的间隙很大，运行中
为防止漏气而不得不随时用破布堵塞。

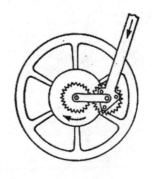

图5—28　行星齿轮机构

1765年以后，瓦特先后与铅室法制硫酸的发明者、
医学博士罗巴克（Roebuck，John 1718—1794）及企业
家博尔顿（Boulton，Matthew 1728—1809）合作。瓦特
曾在罗巴克的炼铁厂中试制他的蒸汽机，1774年瓦特
移居伯明翰后经罗巴克介绍，与博尔顿合作创办"博
尔顿－瓦特商行"，致力于制作蒸汽机。当时蒸汽机制造的关键问题是缺乏精密
的加工设备，特别是汽缸内径，这一问题不久后由威尔金森（Wilkinson，John
1728—1808）于1775年发明镗床后在1777—1778年间得到解决，汽缸与活塞间
的垫衬技术也随之解决。利用当时的气泵抽气技术，解决了瓦特蒸汽机整个系统
的彻底排气，使蒸汽机完全依靠水蒸气作为工作介质，由此引起英国化学家普利
斯特列（Priestley，Joseph 1733—1804）于1781年对水蒸气潜热的研究。

完全依靠水蒸气作为工作介质是瓦特蒸汽机的重要特征，而纽可门蒸汽机是
利用空气和水蒸气的混合气体作为工作介质的。

这一时期的蒸汽机是立式安装的，利用活塞杆的上下直线运动，通过一个带
支架的横梁摇杆机构带动抽水机活塞杆上下运动进行抽水作业，活塞的回落靠大
气压力和活塞自身重量，也称"大气压蒸汽
机"，这种蒸汽机的汽缸活塞是直立安装
的，而且汽缸上端是开口的。

（二）复动旋转式蒸汽机的发明

1780年以后，在瓦特的努力下，把仅
供抽水用的直线往复式蒸汽机改革成可以
作为工厂动力源使用的万能动力机械。

1782年，瓦特将汽缸全封闭，用蒸汽
从两端轮番送气推动活塞做功，由此发明
了不再依靠大气压压动活塞下降的"双向
送气式蒸汽机"。1781年，在合作者博尔
顿的建议下，瓦特开始设计将活塞往复直
线运动变为旋转运动的"行星齿轮"机构，
1784年完成，其后又改为摇杆滑块机构，
活塞的往复直线运动驱动滑块转换成旋转

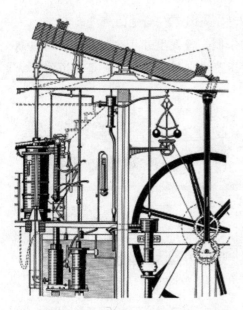

图5—29　瓦特蒸汽机结构图（1782）

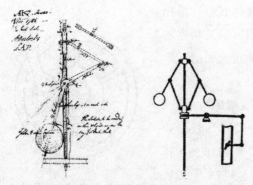

图 5—30  瓦特的离心摆调速器

运动。在历史上，一般认为是瓦特发明了"行星齿轮"机构，事实上这一机构是瓦特公司的技师默多克（Murdoch，William 1754—1839）设计完成的。

1801 年，机械师塞明顿（Symington，William 1763—1831）在用蒸汽机作为拖船动力时，将摇杆滑块机构改变成曲柄连杆机构，即用连杆直接驱动桨轮的曲柄轴，这种结构成为后来热机的基本结构，直到今天，汽油、柴油发动机仍在采用这种结构。

1788 年，瓦特又将在风磨上应用多年的离心摆调速器安装在蒸汽机上，保证了蒸汽机转速的稳定。自此以后，蒸汽机不再单纯用于矿井抽水，而成为可以广泛应用的万能动力机。1783 年，威尔金森工厂最早使用瓦特蒸汽机驱动蒸汽锤。1785 年，纺纱厂开始采用瓦特蒸汽机作动力，1789 年卡特赖特的织布机也使用了瓦特蒸汽机，随后制粉厂、铁工厂、木工厂等大量应用了蒸汽机，到 1800 年，英国已经拥有了 321 台瓦特蒸汽机。

此间，瓦特在其朋友乔治·利（George Lee）的工厂中，开始研究与所驱动的机械相匹配的蒸汽机功率问题，为此必须弄清楚蒸汽机活塞的直径和行程与输出功率的关系。这一问题直到 1796 年描述压力与汽缸体积关系的示功图（PV 图）出现后，才得到解决。这样，可以根据用户需要来制造输出功率合适的蒸汽机了。

由于受当时铸造工艺和机械加工水平的限制，曾发生过几次因蒸汽压力过高而使锅炉爆炸的事故，为此瓦特反对使用高压蒸汽。瓦特的蒸汽机是所谓的"大气压蒸汽机"，虽然效率很难再提高，但是使用还是相对安全的。

## 三  高压蒸汽机

18 世纪末，许多人尝试对瓦特蒸汽机进行改革。瓦特手下的一个叫布尔（Bull，Edward ？ —1797）的技工与苏格兰机械师特里维西克（Trevithick，Richard 1771—1833）合作，在康沃尔建造了一台将汽缸倒置的蒸汽机，活塞杆与其下方的水泵杆直接

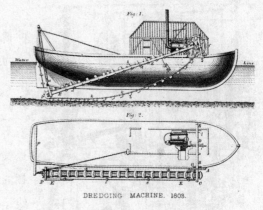

图 5—31  伊文思的蒸汽挖泥船设计图

相连，省去了瓦特蒸汽机的横梁摇杆机构，使蒸汽机抽水过程大为简化，可惜因瓦特蒸汽机专利尚未到期而未能实用。

利用水蒸气膨胀做功，即将活塞提到一定高度如行程的 3/4 处，其余 1/4 行程利用蒸气膨胀做功，是节约燃料的一个重要途径。瓦特在其 1782 年的专利中，已经说明了蒸汽膨胀做功的原理，可是几经试验发现在低压（大气压）情况下，效果并不明显。1800 年瓦特专利到期以后，为了节约燃料，许多人开始研制高压蒸汽机。美国的伊文斯（Evans, Oliver 1755—1819）于 1797 年获得蒸汽机车专利，还制成一台安装蒸汽机的挖泥船，之后开始研制高压蒸汽机。1803 年英国机械技师沃尔夫（Woolf, Arthur 1766—1837）发明了多级膨胀型蒸汽机（即复动型），1804 年获得高压复动型蒸汽机（即沃尔夫引擎）专利。1814 年，沃尔夫制成蒸汽压力 40 磅，有 8~9 倍膨胀率的高压多级膨胀型蒸汽机，然而出现了连续运转效率会下降的难题，在英国只生产 6 台即销声匿迹。1815 年沃尔夫引擎被引入法国，由于这种蒸汽机运转平

图 5—32　沃尔夫的复动型蒸汽机（1858）

稳、安装容易、成本较低，虽然效率差一些，但在法国却很快得到普及，到 1824 年已有 300 台在运转。

1800 年，特里维西克也开始研究取消冷凝器用高压蒸汽直接推动活塞的高压蒸汽机。因在伦敦的企业破产而回到康沃尔的特里维西克，在 1812 年制成专为抽水用的高压"康沃尔"杠杆式蒸汽机，该蒸汽机采用了他设计的 26 英尺长的内燃管式锅炉，可提供 40 磅的蒸汽压力，汽缸直径 24 英寸，冲程达 6 英尺，汽缸外面用稻草和灰浆隔热。他的这种蒸汽机因采用很高的蒸汽压力和利用蒸汽膨胀做功，因此效率高、维护成本低而一直应用到 19 世纪末。此外，他还制造了许多专门用途的农用蒸汽机。

图 5—33　特里维西克高压蒸汽机（1803）

特里维西克在 1815 年建造的一台柱塞式蒸汽机，蒸汽压力达 120 磅，柱塞直径 33 英寸，冲程 10 英尺，每蒲式耳的煤可做 4800 万英尺磅的功。特里维西克、伊文斯和莫兹利（Maudslay, Henry 1771—1831）还致力于研制直接作用式蒸汽机，这种蒸汽机不需要笨重的摇杆机构，进一步提高了蒸汽机效率。莫兹利于 1807 年取得专利的这

图5—34 莫兹利直接作用
蒸汽机（1807）

种蒸汽机，是将汽缸垂直放置在铸铁平台中央，活塞杆推动带有滚轮的十字头在垂直的铁制导轨上上下运动，连接十字头的连杆驱动曲柄轴在平台下面的轴承上转动。这种蒸汽机在一些小型工厂中一直用了40余年。

1824年，法国物理学家卡诺（Carnot, Nicolas Lénard Sadi 1796—1832）提出的卡诺循环及卡诺定理，为蒸汽机热效率的提高奠定了理论基础。虽然在19世纪各种动力机被发明出来，但是由于多管锅炉的发明和改进，以及铸造、机械加工技术的进步，使蒸汽机的热效率不断提高，适合各种需要的蒸汽机相继被研制出来，因此直到20世纪初蒸汽机仍然是动力机的主流。

蒸汽机的发明、改革与应用，很快引起社会生产技术基础的变革，恩格斯（Engels, Friedrich 1820—1895）指出："17世纪和18世纪从事制造蒸汽机的人们，谁也没有料到，他们所制造的工具，比其他任何东西都更会使全世界的社会状况革命化。"①

图5—35 19世纪末的机械加工车间

---

① ［德］恩格斯：《自然辩证法》，人民出版社1975年版，第18页。

## 第四节　机械加工体系的形成

在瓦特蒸汽机发明前，作为机械设备的结构材料均以木材为主，制造机器也完全由工匠们凭自己多年形成的经验和技巧。这些木构件组成的机械强度很低，根本承受不了蒸汽机的巨大振动和强大的动力作用。由于是单件生产，零部件没有互换性，也给维修带来了困难。蒸汽机必须用金属（铁）来制造，瓦特蒸汽机成功的关键在于汽缸与活塞的加工精度，而且英国各类工厂的建立，也迫切需要有能够大量生产蒸汽机、纺织机的工作母机，即机床。

随着冶铁业的进步，铁已经开始用来制造机器和各种机械。这些机械所要求的精度已远远超过铁制农具、冷兵器，急需要有新的加工手段来完成。在这一社会需求中，英国一批学徒出身的工匠发明了各种机床。这样一来，无论是在加工精度上还是在加工难度上，铁制机械不可能再由工匠们用手工来制造了，用机器制造机器正是资本主义工业化的起点。中世纪后期，为建造风车、水车和制造钟表、显微镜、望远镜所发明的各种加工设备和工具，成为近代机床发明的先导。

图 5—36　斯密顿的镗床

### 一　镗床与车床

（一）镗床的发明

镗床主要用于加工金属圆筒内径。由于制造武器的需要，15 世纪就出现了人工或水力驱动的炮筒镗床。1769 年，英国土木技师斯米顿设计了加工汽缸内径的镗床，镗制直径 18 英寸的圆孔精度为 3/8 英寸，这在当时已是相当精确的了。斯米顿认为镗制瓦特蒸汽机汽缸过于困难，因为穿过汽缸的又长又重的镗杆，会下垂偏离基准而加大加工误差。瓦特蒸汽机成功的关键是约翰·威尔金森的镗床的发明。

1774 年，威尔金森成功地发明了加工金属的镗床，该镗床可以加工直径达 1.83 米的内圆。1775 年威尔金森发明空心镗杆后尝试用这种镗床加工瓦特蒸汽机的汽缸。他将缸体固定在托架上，托架可沿导轨移动，装有切削头的镗杆安装在两端的轴承上，大型驱动轮锁住镗杆尾端的方形柄。用这种镗床加工瓦特蒸汽机 72 英寸直径的汽缸，误差仅有一枚很薄的 6 便士硬币那么厚，这种镗床是第一台真正的机床——加工机器的机器。1776 年，威尔金森又制成更为精确的汽缸镗床。此后的 20 年间，"博尔顿－瓦特商行"生产的蒸汽机的汽缸，都是由威尔金

图5—37　威尔金森镗床模型

森工厂铸造和加工的。

（二）莫兹利的车床

蒸汽机的汽缸内圆虽然可以用威尔金森发明的镗床精确加工，但是尺寸和形状精确的活塞的外圆和端面需要用车床加工。机械制造业的最关键设备——带滑座刀架（也称溜板刀架）的大型全金属车床，是1797年左右由工匠莫兹利发明的。此前，钟表匠们曾制作过各种车床，但是这些钟表车床大多是安装在桌子上的小型车床，而加工大型工件的车床又几乎都是木结构的。18世纪初出现的大型车床也多为铁木结构，用脚踏板驱动。1770年，英国工程师拉姆斯登（Ramsden，Jesse 1735—1800）研制出可以切削螺纹的车床，但是仍然以人工为动力。

莫兹利12岁就开始在考文垂兵工厂学徒，18岁时受雇于以发明抽水马桶（1778）和圆形暗锁（1784）而著名的技师布拉默（Bramah，Joseph 1748—1814），19岁当上领班，帮助布拉默设计水压机并秘密从事机床的改革工作。莫兹利首先将铁木结构的车床改为铸铁的，由此增加了床身的稳度和强度，并把脚踏板和弹簧摆改成皮带轮，用蒸汽机驱动，于1797年制造出全金属结构的大型车床。这种车床带有滑座刀架，刀具固定在刀架上，刀架与一根与床身平行的丝杠啮合，丝杠由床头箱中主轴驱动的齿轮带动旋转，通过丝杠的旋转带动滑座刀架沿床身按所要求的速度左右移动。滑座刀架上安装有手柄，摇动手柄可以使其上面的刀具前后移动。这种装置在进行切削加工时可以完全依靠手摇螺杆进行纵向和横向进刀，也可以依靠螺杆自动纵向进刀，便于确定工件的吃刀量。

以往的车床很像手工木旋床，工人用脚踏动脚踏板通过曲柄连杆机构使工件旋转，用手拿着车刀压在支架上进行切削作业，这种方法必须凭借技艺娴熟的工匠的直觉和经验，而莫兹利发明的车床由于刀具固定在刀架上，而且能自动进给，即使是经验不足的工人也能加工出尺寸正确的产品来。

图5—38　布拉默发明的抽水马桶

1797 年，布拉默拒绝了莫兹利因为要结婚而希望每周 30 先令工资的要求，莫兹利只好离开布拉默的工厂自行创业，最先是制作金属画框。1802 年，莫兹利发明了木刨床，1810 年与海军部制图员菲尔德（Field, Joshua 1786—1863）合作成立"莫兹利 - 菲尔德公司"，开始正式生产经改良的更为先进的车床。

图 5—39　莫兹利

（三）螺纹的切削加工

莫兹利制造车床是为了用它车制尺寸准确的螺纹，为此车床丝杠的螺纹尺寸必须精确。他设计出一种用带刻度的齿轮和切线螺杆定位以精确加工丝杠螺纹的方法，解决了这一关键问题。他用几个齿轮把主轴箱与经过精确加工的丝杠连接起来，当安装在主轴箱轴上的皮带轮转动时，经齿轮带动丝杠旋转。只要更换不同直径的齿轮，就可以改变丝杠的转速，具有这种结构的车床可以自动加工不同螺距的螺纹。在结构上，这种车床已与现代车床十分接近。

莫兹利研究了正确加工螺纹的方法，并设计出使用螺纹的各种器具，对如何提高加工精度做了许多工作。其中一项是 19 世纪初制作的可以准确测量尺寸的千分尺，其结构是在经过精密加工的螺丝上安装尺寸测量头，螺丝的另一端装有一个圆盘，圆盘四周有 100 等分的刻度。由于螺丝的螺距是 1/100 英寸，因此，圆盘上的刻度恰好是测得的小数点后的尺寸，其精度可达 0.0001 英寸。利用螺丝测定长度的方法，并不是莫兹利首先提出的，早在 17 世纪盖斯科因（Gascoigne, William 1612—1644）为了移动望远镜的目镜而发明的测微计，就利用过这种方法。此外，他在工厂中还应用 1770 年瓦特发明的精度达 1/1800 英寸的螺旋测微器。

图 5—40　莫兹利发明的全金属车床

莫兹利不但是个出色的机械发明家，而且经他培养的徒弟如克莱门特、罗伯茨、惠特沃斯、内史密斯在机械制造业中都有许多发明创造，由此形成了近代机械加工体系。

## 二　刨床，标准平面、标准螺纹与蒸汽锤

（一）克莱门特对车床的改进

克莱门特（Clement, Joseph 1779—1844）出身于织布工家庭，从小在父亲的

图5—41  罗伯茨的刨床（1817）

作坊学习织布，后到格拉斯哥学习车工，自1814年起在莫兹利工厂工作，在这里掌握了较为全面的机械知识。1817年，克莱门特在普罗斯佩特租了一间房屋自己创办工厂，从事工业制图和机械制造。克莱门特致力于对车床的改革，他基于在莫兹利工厂从事螺纹切削、组装带导向螺丝的车床，以及为了正确切削螺纹而安装滑座刀架等项工作的经验，设想了车床的自动化问题，并为了加工6~7米长的丝杠，制造了带有自动调节装置的车床。

（二）罗伯茨的发明

罗伯茨（Roberts，Richard 1789—1864）16岁时在威尔金森的工厂当制图工，学习机械加工技术近10年之久，自1814年起在莫兹利工厂做车工和装配工，1816年离开莫兹利工厂在曼彻斯特开始创办自己的工厂。他专心改革机床，自己设计制图、自己制作，1817年制造出在床头箱中安有倒车齿轮的车床，其上装有用丝杠控制可以横向进刀的自动刀架。同年还设计了一台安装有可调节角度的刀架、能够水平和垂直进刀的牛头刨床，1821年，建立了装备着自制机床的工厂。同年，罗伯茨开始制造螺杆和分度盘。他的工厂可以用铣刀制作直径30英寸以上的正齿轮、伞齿轮和蜗轮。罗伯茨为测量工件尺寸，发明了塞规和环规。

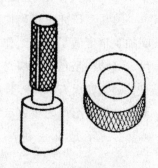

图5—42  塞规和环规

罗伯茨还对走锭纺纱机进行了改革，发明了自动纺纱机，设计了装有差动齿轮的蒸汽机车。1847年发明了冲孔机，这种冲孔机可以在铁板上冲出精确间距的孔，当时用这种方法加工出来的铁板主要用于铁路钢桥的建设。此外还发明了剪板机、螺旋桨、救生艇等，但罗伯茨不善于经营，一生贫困。

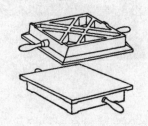

图5—43  惠特沃斯平面制作

（三）标准平面与标准螺纹

惠特沃斯（Whitworth，Joseph 1803—1887）的父亲是位校长，他14岁时即在其叔父经营的工厂中学徒，接受了机械技术的基本训练。惠特沃斯22岁到莫兹利工厂做工，在这里他发明了制作标准平面的方法：采用三块铸铁平面，在一块铸铁平面上涂上用油调和的章丹，三块铸铁平面互相研磨，分开后把每块铸铁平面沾上章丹的部位用刮刀铲削，经多次研磨铲削后可制成极其平整光洁的三块平面。这种平面是机械加工中的重要标准备件。

1833年，惠特沃斯在曼彻斯特创办了自己的工厂，致力于各种机床的改革和制造。1835年他获得自动式牛头刨床专利，1842年制造成功。其床身每次完成横向运动后，刀头可以反向旋转，进行双向切削。1851年在伦敦召开的首届世界博览会上，他的工厂展出了车床、刨床、开槽机、钻床、冲床、剪板机、切齿机等23台机床，还展出了攻丝机及各种测量仪器。1856年他研制成能精密测定平面的仪器，误差为0.01～0.001毫米。

人类制作和利用螺丝（螺旋）的历史由来已久，古代在压榨葡萄汁液或是挤压橄榄制取橄榄油时使用的压榨机，就已经利用了螺丝。18世纪随着机械制造的发展，机械的各个部位都在大量使用螺丝。但是当时的螺丝尺寸、螺距、截面形状各不相同，给机械的制造和修理造成极大的不便。惠特沃斯研究了当时使用的各种螺丝的尺寸，综合其结果规定螺纹剖面顶角为55°、以英寸标注直径的标准螺纹形式。1841年，他在英国土木工程学会会刊上公布了这一形式，英国工业规格标定协会在此基础上确定了螺纹规格，这一螺纹标准一直应用到1948年，成为英制螺纹的基础。

图5—44  惠特沃斯的车床（1843）

（四）内史密斯的牛头刨床与蒸汽锤

曾在莫兹利工厂承担制造小型船用发动机的工匠内史密斯（Nasmyth, James 1808—1890），1829年制造出一台铣床，由于其床身由立柱支撑，强度不足而未能实用。1831年莫兹利去世后内史密斯回到故乡爱丁堡创办了自己的工厂，自制刨床开始生产小型高压蒸汽机，并致力于机床的自动化。1836年，内史密斯发明的牛头刨床，工件被固定在用丝杠驱动的可以横

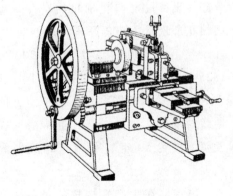

图5—45  内史密斯的牛头刨床（1836）

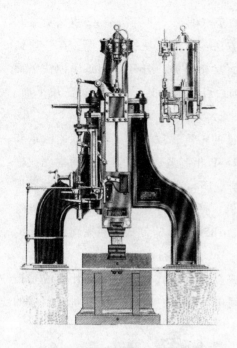

图5—46 内史密斯的蒸汽锤结构图

向运动的工作台上，夹持在水平滑枕上的刨刀可以进行自动刨削，滑枕一端与曲柄机构相连，可以快速回车。

为了锻造大不列颠（Great Britain）号蒸汽船直径达30英寸的外轮轴，内史密斯于1843年设计出双立柱式蒸汽锤。立柱顶端安装汽缸，下部的活塞杆与锤头相连。这种蒸汽锤不但具有强大的冲击力，其冲击力还可以调节。此外，他还发明了利用蒸汽锤的打桩机，大量销往俄国。

近代机械加工体系的主要机床除铣床外几乎都是一些文化水平不高、常年从事机械工作、早年在莫兹利工厂学徒或工作过的英国工匠们发明的。

### 三 铣床与零部件互换式生产方式

铣床是美国人惠特尼（Eli Whitney 1765—1825）为生产滑膛枪于1818年发明的。惠特尼出生于马萨诸塞州的一个农民家庭，年轻时入耶鲁大学学习法律，毕业后到佐治亚州担任教师。这时期，佐治亚州盛行棉花栽种，收获量很大。然而从棉桃中摘掉棉籽却很困难，一个黑奴干一天也只能勉强处理1磅棉花。惠特尼听到这个消息后，1793年发明了比手指劳动效率高出50倍的手动轧棉机。惠特尼的轧棉机用两个带齿和带毛刷的铁圆筒组成，前者可以将棉纤维与棉籽分离，后者可以将分离出来的棉纤维刷下来，二者相互旋转就可以实现棉纤维与棉籽的分离。惠特尼发明轧棉机后，在一年内美国棉花产量就从300万磅增加到800万磅。在6年后的1800年，猛增到3000万磅，1825年达到2亿2000万磅。美国南方棉花栽培面积的不断扩大，促进了南方的奴隶制度的发展。这样一来，惠特尼轧棉机的发明，成为50年后美国南北战争的一个诱因。

图5—47 惠特尼的手动扎棉机

惠特尼在生产轧棉机的过程中，鉴于缺少技术工人，他设想出一种任何人只要

稍经训练就能适应的新的生产方法。这种
方法是把轧棉机分成各个简单的部件，一
个人只制作一种部件，把这样分头加工出
来的部件加以组装就可以制造出成品来。

惠特尼的轧棉机虽然申请了只有 3 年
期限的专利，但是美国当时社会法制观念
不强，而惠特尼的轧棉机结构又十分简单，
南方很多农场主都在仿造这种轧棉机，惠
特尼的工厂又遭受了火灾，把机床、工具
和设计图纸连同制造出来的轧棉机全部烧
毁，惠特尼只好放弃生产轧棉机的工作。

图 5—48　惠特尼的卧式铣床

当时，海盗十分猖獗，美国海岸警备队急需大量枪支，由于当时枪支还是单
件生产，零部件不具有互换性，用这种方式生产很难满足美国海岸警备队的要求。
1798 年，惠特尼设计成功枪械的零部件互换式生产方式并得到美国政府的认同，
与美国政府签订了两年内生产 1 万支滑膛枪的合同。为了能快速地生产出合格产
品，他确定了枪的各部件尺寸，制作了各种专用设备、模具和夹具，设计并制造
出可使工具保持正确位置和达到规定尺寸时机器会自动停止的装置。借助于模
具进行加工的方法是他的首创。采取零部件互换式生产方式在康涅狄格州密尔河
畔建立起来的惠特尼工厂，成为后来采用大量生产方式的福特汽车制造厂的雏形。

1818 年，惠特尼制成一个小型铣床。这台铣床在安装铣削头主轴的下方，有
一个与主轴垂直的可以水平移动的工作台。由于这台铣床仅作为加工枪件的专用
设备，并未在社会上流行。真正作为商品销售的铣床是美国的豪（Howe, Freder-
ick Webster 1822—1891）于 1848 年制造的。豪设计的平面铣床的主轮由塔轮和后
齿轮传动，借助齿条和齿轮移动工作台，利用
一个倾斜的凸轮轴来实现自动进刀。随后豪加
以改进，使刀具滑板可调整，卡盘可以转动，
铣轴安装在工作台上的主轴箱中，夹持工件的
虎钳支撑在可进行垂直调整的床身上，铣削时
可借助于一个钻孔的后来称作分度盘的板进行
分度。主轴箱通过手动或自动进给装置沿床身
纵向或横向运动。

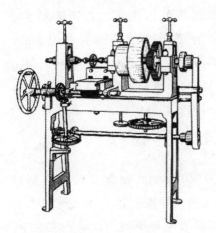

图 5—49　豪的铣床（1848）

这样，在 19 世纪 50 年代之前，机器制造
业中的主要设备如车床、钻床、铣床、刨床，
以及精确测量用的千分尺、卡尺、卡钳、环

规、块规等都已经被发明出来，不少工厂开始应用零部件互换原理批量生产各种机械。

随着机器制造业的形成，不但解决了当时各工厂对大量生产纺织机、蒸汽机的需要，也为近代生产的机械化奠定了坚实的技术基础，用机器生产机器的时代开始来临。

### 四　19世纪机床的新进展

18世纪发明的各种机床，总体来看还是比较粗糙和简陋的，工件的加工精度需要有熟练的工人来保证。进入19世纪后，机床又有了许多新的革新，到19世纪末各类机床已经具有了现代的结构形式。

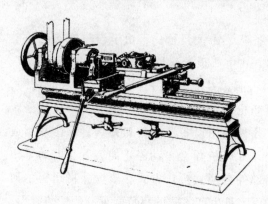

图5—50　罗宾斯－劳伦斯公司的转塔六角车床（1854）

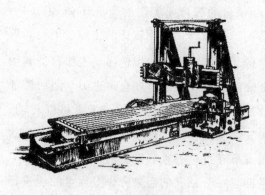

图5—51　龙门刨床（1862）

（一）转塔式六角车床

这种车床是将莫兹利所发明的滑座刀架，改成可以同时安装6把不同功能车刀的六角转塔刀架，由此可以迅速地调换车刀。转塔式六角车床是19世纪40年代初在美国出现的，一开始六角转塔固定于滑座的水平轴上，但是这种安装方式换刀时很不方便，不久后出现了安装在滑座的垂直轴上的转塔。1854年，罗宾斯－劳伦斯公司（Robbins-Lawrence）制造出第一台商用转塔式六角车床。1861年，在美国出现了靠棘轮和棘爪自动转动转塔的六角车床。到1889年，美国的琼斯－拉姆森公司（Jones-Lamson）制造出平夹板转塔式六角车床。六角车床是最早的半自动化机床之一，19世纪中叶后在美国兴起的互换式大批量生产中得到广泛应用。

（二）刨床

1860年前，刨床安装的是箱形刀架，工作台可以自动换向，这样刨刀能在两个方向上切削。到19世纪末，由于发明了可以使工作台以固定速度换向的装置，箱形刀架逐渐被淘汰。19世纪60年代后，采用丝杠使工作台往复运动的形式开始让位于齿条齿轮结构。可以加工大型平面的龙门刨床也有了许多重要的改进，美国于 1836 年制造出第一台龙门刨床，床身用花岗岩制造，其上开槽安放铸铁导轨，工作台借助于平链条和链轮沿床身来回运动，待加工工件固定在工作台上，整个机器置于坚实的石制基座上，刨刀安装在固定不动的龙门架上，利用换向架控制的工作台的往复运动来完成工件的刨削加工。费尔贝恩公司（Fairbairn）在 1862 年的世界博览会上，展出了一台可以加工 20 英尺长、6 英尺宽工件的自动龙门刨床，装有自动进给装置和工作台自动快速回动装置，工作台靠齿轮齿条做往复运动，刀箱鞍架可以转动 360°，故也可以刨削垂直平面。

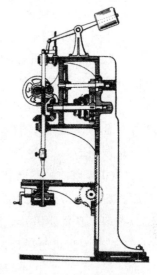

图 5—52　惠特沃斯公司制造的钻床（1862）

（三）钻床

1862 年，英国惠特沃斯公司制造出功能完备的有三阶塔轮的大型立式钻床。这种钻床的主轴下部安装钻头，三阶塔轮可以给出三种主轴的转速，主轴通过螺旋齿轮自动进刀，其下的工作台可以调整朝向和绕钻床架转动，固定在工作台上的平口钳用来夹固待加工工件。钻头在此前一直使用的是平头钻，19 世纪 60 年代出现了直至现在还在使用的开有螺旋退屑槽的麻花钻头，使

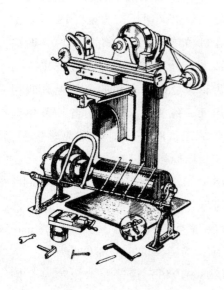

图 5—53　布朗－夏普公司制造的
万能铣床（1862）

图 5—54　布朗－夏普公司制造的
万能磨床（1879）

钻床的转速和进给速度均有很大的提高。同一时期，还出现了多轴钻床，这种钻床可以对工件同时钻多个孔。19 世纪末 20 世纪初，一种转塔安装在可以沿立轴上下滑动的横臂上、横臂可以左右 90°旋转的摇臂钻床投入实用。

（四）铣床与磨床

由于铣刀加工困难，虽然惠特尼在 1818 年即发明了铣床，但是应用并不广泛。1855 年，美国机械师布朗（Brown, Jeseph Rogers 1810—1876）给铣床装上万能分度头作为其基型，可以自动铣削如齿轮等较复杂的工件，由此发明了万能铣床，后来，又制作出研磨铣刀刀头的专用砂轮机，从而完成了铣床的改进工作。随着组合的成型铣刀的出现，铣床可以加工大量的不规则工件，而这正是其他机床很难做到的。

1860 年以前虽然已有磨床，但是磨料很不理想，直到碳化硅和氧化铝磨料出现后，磨床才得到广泛的应用。19 世纪 60 年代后，美国研制出通用磨床，1879 年，布朗－夏普公司开始制造万能磨床用于精密工件的加工。

（五）滚齿机与插齿机

图 5—55　普福特的万能滚齿机

古代的齿轮是用木材刻制或用金属铸造的。16 世纪随着钟表业的发展，齿轮制造方法大多是在装有旋转的锉刀或铣刀的切齿装置上粗切齿部，再用手工修整齿形。18 世纪后期，对于较大尺寸的齿轮一般仍采用铸造方法。19 世纪上半叶在机械传动中，齿轮的应用日渐广泛。19 世纪中叶前，对于精度要求不高的正齿轮，可以在车制的毛坯上画线用刨床加工，精度要求较高的各种齿轮则用铣床加工，但是铣削齿轮费时费工，不适合相同规格的齿轮大批量生产。

1856 年，美国的希尔（Schiele, Christian）设计出一种让成型铣刀与齿轮毛坯同步转动铣削齿轮的方法，即滚铣法，至 1887 年终于制成滚齿机。同年，美国的格兰特（Grant, George Barnard 1849—1917）申请了正齿轮滚齿机专利。1896 年，为适应汽车零部件的加工，英国的兰彻斯特（Lanchester, Frederick William 1868—1946）设计制造出第一台用于加工汽车蜗轮蜗杆的滚齿机。1897 年，德国的工程师普福特（Pfauter, Robert Hermann 1854—1914）制成用于滚铣正齿轮和伞齿轮的万能滚齿机。普福特所制造的万能滚齿机既可用于滚铣正齿轮，也可用于滚铣螺旋齿轮，但是制造滚齿刀的误差造成轮齿的不准确性对加工精度影响很大，直到 1910 年，用磨削方法精加工的滚齿刀出现后，才使万能滚齿机得到普及。

插齿机是使用插齿刀按展成法加工内、外直齿和斜齿齿轮的加工机床，插齿机的发明扩展了齿轮加工范围，1896 年，美国橱窗装饰工费洛斯（Fellows, Edwin R. 1865—1945）研制的插齿机还可加工齿条、非圆齿轮、不完全齿轮以及方孔、六角孔、带键轴等。

这些专用的齿轮加工机械的发明，使齿轮的加工精度和加工速度均有了空前的提高，为各类机械的大批量生产和后来的机械精密加工提供了条件。

图 5—56　19 世纪 70 年代安装内史密斯蒸汽锤的锻压车间

## 第五节　无机化学工业

### 一　纺织物的漂白与染色

化学工业随着工业革命的推行而得到迅速的发展。18 世纪无机化学工业首先在英国兴起，19 世纪中叶有机化学工业在德国兴起。化学工业与近代的冶金、机械制造、造船等产业一并被称为"重化工业"，成为工业社会的基础产业。

英国工业革命是在纺织业的主导下展开的，纺织业的原料与成品的化学处理，成为近代无机化工产生的重要契机，与纺织物有关的漂白、洗涤、染色、印花等化工技术首先得到发展。

织物漂白技术具有悠久的历史，特别是麻织物的漂白工艺对成品的质量十分关键，因此很早就成为一个独立的产业。17 世纪荷兰是欧洲漂白业的中心，当时英国的麻织物都要送到荷兰去漂白。1685 年后荷兰的漂白技术随着大批新教徒的被迫迁移，首先传至爱尔兰，不久传至苏格兰和英格兰。不过 18 世纪漂白技术几乎没有什么进步，仍然在采用传统的方法，对织物反复用炉灰浸泡（碱处理）、日晒、酸洗，需要很长的时间，亚麻布需要 6 个月，棉布需要 1.5～3 个月。当时用的酸是由牧羊者提供的酪乳经发酵制成的乳酸，酸度不高，用量大且费用高。

图 5—57　班克洛夫特

1754 年，爱丁堡的药物学家霍姆（Home, Francis 1719—1813），提出用稀硫酸进行织物漂白的方法，由此使酸处理时间大为缩短，漂白成本大为降低。1785 年，法国皇家染色作坊的贝托莱（Berthollet, Claude-Louis 1748—1822）发现了氯的漂白作用。这一消息由瓦特传至英国。但氯气很难使用，1798 年，英国化学家坦南特（Tennant, Charles 1768—1838）将氯气与消石灰作用发明了漂白粉，并于 1799 年创办工厂开始大量生产漂白粉。至此，不但漂白时间大为缩短，几乎不必再依靠自然条件，漂白业开始转移到城市中。

在染色方面，虽然这一时期仍以天然染料为主，主要取自各种植物、动物和矿石，但是化学家们发现了各种媒染剂和助染剂。法国皇家染色作坊开始研究染色理论，1740 年，英国化学家赫洛特（Hellot, Jean 1685—1765）提出关于印染机理的机械说，贝托莱则提出化学说，英国的染色技术者班克洛夫特（Bancroft, Edward 1744—1821）则对这一时期印染技术及由此产生的近代化学进行了总结。

进入 19 世纪后，化学家们以煤焦油中的芳香族化合物为原料，提取或合成了许多化学染料。1856 年，英国化学家帕金（Perkin, Sir William Henry 1838—1907）从煤焦油中提取苯，经硝化后制得硝基苯，然后用铁和醋酸作还原剂把硝基苯还原为苯胺，最后以重铬酸钾氧化苯胺，得到一种黑色黏稠体。当他用酒精清洗试管时，却呈现出美丽的紫色溶液。这种溶液能直接染丝和毛，以后经与鞣酸合用，发现又可以媒染棉织品，为此获得制造苯胺紫染料的专利，随后设计出这种染料的工业生产方案，并于 1857 年 6 月正式投产。这是世界上第一种合成染料。1860 年，德国化学家霍夫曼（Hofmann, August Wilhelm von 1818—1892）用苯胺与碱性品红的盐酸盐共融，制得苯胺蓝。1868 年，德国化学家格雷贝（Graebe, Karl 1841—1927）与黎伯曼（Liebermann, Carl Theodore 1842—1914）合作，首次人工合成天然染料茜素。之后，许多染料被合成出来，其中重要的是自古以来就被人们常用的靛蓝，1880 年被

图 5—58　帕金（左二）

德国化学家拜耳（Baeyer, Adolf von 1835—1917）合成。

### 二　硫酸与纯碱

硫酸和纯碱（$Na_2CO_3$）是无机化工最重要的化学物质，这两种化学物质的工业生产技术也是在这一时期被发明出来的。

图 5—59　卢布兰

硫酸的制造已有很久的历史，可以上溯至 8—9 世纪，阿拉伯炼金术士将硝石与绿矾（硫酸亚铁）混合蒸馏，再将所得的气体溶于水中制得稀硫酸。18 世纪初，用硫磺制造硫酸的技术由欧洲大陆传入英国，最早是英国医生沃德（Ward, Joshua 1685—1761）为了制作玻璃钟而开始生产的。硫酸在英国的工业化生产是由罗巴克（Roebuck, John 1718—1794）完成的，1746 年，他在伯明翰建厂，建造了 6 立方英尺的铅室（内衬铅板的容器），将硫磺与硝石（硝酸钾）混合物在铅室中燃烧，生成的三氧化硫溶于水制得硫酸，由此开始了铅室法生产硫酸，使硫酸的市场价格下降了 1/4。

铅室法制硫酸技术后来在法国有了许多改进，1793 年，克莱门特（Clément, Nicolas 1779—1842）和德索梅（Desormes, Charles Bernard 1777—1862）发现，三氧化硫是硫磺燃烧生成的二氧化硫被硝石燃烧生成的氮的氧化物氧化所生成的，由此完成了铅室法连续作业的技术改进工作。

在 18 世纪，由于纺织业对漂白作业的要求，开始了对碱的研究，1775 年，法国科学院悬赏 12000 法郎征求用食盐制取碳酸钠的方法，许多人开始了这方面的研究工作。在工业上获得成功的是法国化学家卢布兰（Leblanc, Nicolas 1742—1806）发明的卢布兰法。这一方法是将硫酸与氯化钠在炉中混合，生成硫酸钠和氯化氢，再用焦炭使硫酸钠与碳反应，将生成的硫化钠与石灰石（碳酸钙）反应，即生成碳酸钠和硫化钙。[①]

卢布兰是奥里安公爵的侍医，他的研究于 1791 年获专利。在奥里安公爵支持下在巴黎近郊开办了日产 250～300 千克的制碱厂。在法国大革命中，奥里安公爵被革命党人处决，工厂被没收。后来由于战争的需要，革命政府命令卢布兰将制碱法公开，并将工厂还给他，但卢布兰拒绝开业，于 1806 年自杀。卢布兰制碱法的工业化大批量生产，是 1823 年由英国的马斯普拉特（Muspratt, James 1793—1886）在英国实现的。

---

① 卢布兰以食盐、硫酸、煤炭、石灰石为原料制碱，称卢布兰制碱法，该法分三步：$2NaCl + H_2SO_4 = Na_2SO_4 + 2HCl$；$Na_2SO_4 + 4C = Na_2S + 4CO\uparrow$；$Na_2S + CaCO_3 = Na_2CO_3 + CaS$。

### 三　硅酸盐化工

这一时期，作为无机化学工业的另一个分支硅酸盐化工也发展起来。

18 世纪，英国硅酸盐特别是陶瓷业在韦奇伍德（Wedgwood，Josiah 1730—1795）的努力下得到很大的进步。韦奇伍德出生于制陶工人的家庭，从小在其兄的陶瓷工场中做学徒，1757 年自办工场，并发明了碧玉陶瓷。1763 年，他取得了乳白色"女王瓷"的专利，随后又取得了有古典浮雕装饰的碧玉瓷器及黑色玄武

岩瓷器的专利。1769 年，他在汉利附近建立了一个新工厂，在那里他试验了大量生产日用陶瓷餐具的方法。他生产的瓷器很受英国和俄国皇室的欢迎，是一个集科学家、艺术家和企业家素质于一身的人物，于 1780 年与瓦特、博尔顿共同被选为英国皇家学会会员。他在科学界的主要贡献是发明了高温计，由此可以科学地控制炉温，保证陶瓷的烧制质量。由于高温计的发明及在陶瓷业的应用，极大地提高了成品的出炉率。1800 年，英国陶工斯波德（Spode，Josiah 1733—1797）发明了

**图 5—60　韦奇伍德**

由瓷土、长石、骨灰（含磷酸盐）的混合物烧制的骨灰瓷。这种瓷器更便宜、更结实，因而得到市场的好评。

英国的陶瓷技术很快传至欧洲大陆，不久后法国、意大利、德国已经可以烧制出各种质地精美的瓷器，直到今天，这些国家的瓷器仍占据欧美陶瓷市场的主要份额。

水泥工业也是在英国发展起来的。罗马时期，罗马人用火山灰与石灰、水混合，制成一种称作罗马水泥的建筑黏合剂，其后又出现了用各种配方的混凝土作为建筑黏合剂。1824 年，烧砖工匠出身的发明家阿斯普丁（Aspdin，Joseph 1778—1855）研究成功一种水泥的制造方法，由于这种水泥凝固后的颜色很像英国波兰特地区产的一种石头，故称"波兰特水泥"。其后又有许多人对水泥烧制方法进行了改进，加之旋转窑和球磨机（1876）的发明，构筑了批量生产水泥的基础。

近代无机化学工业与冶金工业一同在英国产业革命中得以确立，然而作为化学工业基础理论的近代化学，英国还是远远落后于法国和德国的。

## 第六节　近代的交通与通信技术

### 一　机车与铁路

随着欧洲市场经济的形成，工商业日趋发展，迫切需要对原材料、制成品安

全快速地运输，因此交通运输在近代以来出现了几次高潮，即18世纪的"运河热"、19世纪的"铁路热"、20世纪初的"公路热"和20世纪中叶的"航空热"。在陆路运输方面，具有重要意义的是铁路的出现。1550年，法国和德国边界附近阿尔萨斯的勒伯德尔，最早把木制轨道用于采矿的运货车。18世纪初在欧

图5—61　客运轨道马车

洲的煤矿中，运煤已经广泛采用了木制路轨，但木制路轨很不结实，又容易磨损，1768年出现铸铁路轨后，铁轨马车的运载量有了显著提高。一匹马可以拉动相当于土路15倍的重物，但是行驶速度还是很慢的。1790年后，这种铁轨马车还在城市里用来运送旅客，成为最早的公共交通车辆。

1831年，美国工程师史蒂文斯（Stevens, Robert 1787—1856）设计成横截面为工字型（也称T字型）的钢轨，并设计了固定路轨的道钉和枕木后，铁路交通迅速发展起来。

（一）蒸汽机车

1802年，苏格兰的机械师特里维西克发明高压蒸汽机后，即致力于研制蒸汽机车。他采用内壁呈U形的筒式锅炉，并把汽缸置入锅炉内，蒸汽压力从瓦特蒸汽机的0.8个大气压

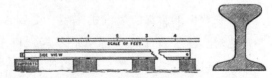

图5—62　史蒂文斯设计的钢轨

提高到3.5个大气压。1801年，他制造了一台安装蒸汽机的三轮汽车。1804年，他又制造出世界上第一台在齿条形轨道上行驶的蒸汽机车，蒸汽机活塞的直线运动通过曲柄连杆机构驱动一个作为驱动轮的8英尺直径的大齿轮，这个大齿轮再

图5—63　特列维西克的汽车（1801）

图5—64　特里维西克机车（1804）

驱动齿轮型车轮，1804年在铸铁轨道上进行试车取得成功。这台机车的速度不高，自重5吨，时速9英里，荷载仅10吨左右，但是并未引起公众的兴趣。1815年，他又制成7个大气压、热效率超过7%的蒸汽机车，功率超过100马力。虽然特里维西克面临着机车动力不足，车轴、铁轨断裂，运输振动过大等一系列难题而得不到应有的支持，使其发明难以为继，但是他的工作为后来史蒂芬森（Stephenson，George 1781—1848）发明蒸汽机车奠定了基础。

早在1803年，特里维西克就证明蒸汽机车的平滑车轮与平滑轨道间的摩擦，是能够充分保证列车运行的，但是英国工程师布伦金索普（Blenkinsop，John 1783—1831）还是在1811年取得了带有特殊齿的轨道及能与其啮合的带齿车轮的机车专利，他认为这样车轮不会在路轨上打滑空转。他制作的机车车轮虽然不会空转但由此引起的低速度（每小时6公里以内）、价格昂贵、噪声大以及易损坏等，虽然有一台曾在矿山上实际应用，但未能普及。1812年，英国的哈德利（Hadley，William）等人进一步证明，机车再重，路轨与车轮间的摩擦也足可以保证其运动，但是并未得到人们的重视，有人继续设计借助于卷绕在蒸汽机滚筒上的软连接而沿轨道牵引蒸汽机车的方案，甚至到1819年史蒂芬森在赫顿煤田和森达伦特间铺设的线路上，也是利用这种蒸汽牵引法。

1812年，矿山水泵引擎修理工出身的史蒂芬森在博览会上参观特里维西克的蒸汽机车后，受到很大启发。1814年，他对自己所设计的布留赫尔号蒸汽机车进行了改进，首次用凸边轮作为火车的车轮，以防止车轮脱轨。采用蒸汽鼓风法，将废气经烟囱导引向上喷出，推动后面的空气以加强对燃煤的通风。该机车在达林顿的矿区铁路上牵引8节共30吨的货车进行试运行，时速约4英里/小时，这次试验虽然取得了一定效果，但该车运行时，浓烟滚滚，火星四溅，噪声大，振动过猛，对铁轨的破坏厉害，锅炉

图5—65　史蒂芬森

也存在爆炸的危险。

图 5—66 世界上第一条铁路——斯托克顿到达林顿铁路通车（1825）

1821 年，英国筹建从斯托克顿到达林顿供轨道马车拉煤的铁轨路，史蒂芬森建议改为蒸汽机车牵引，该建议获准后由他进行线路的设计、勘测和施工。他在施工中，在铁轨枕木下加铺碎石块以增大路基强度。4 年后完成了全长 21 英里的这一铁路的铺设，于 1825 年 9 月 27 日交付使用。这是世界上第一条正式的铁路。与此同时，史蒂芬森对所设计的动力 1 号机车进行了改进，将锅炉安装在车头以

图 5—67 火箭号机车（1829）

减小万一锅炉发生爆炸时造成的危害，还在车厢下安装了减振弹簧。铁路交付使用的当日，史蒂芬森亲自驾驶动力 1 号机车，牵引 20 节客车车箱共 450 人和 6 节运煤车，总载重 90 吨以 18 公里/小时的速度，从达林顿顺利开往斯托克顿，标志着铁路运输业的开始。

1828 年，史蒂芬森又指导了利物浦到曼彻斯特全长 45 公里的铁路筑路工程，于 1830 年完工，这条铁路很快成为运送兰开夏棉纺织业原材料及成品的重要工具。1829 年，史蒂芬森制造的火箭号蒸汽机车，在利物浦的列因希尔与其他式样的蒸汽机车比赛中获胜，列车总重 17 吨，车速 12 英里/小时，后经改进达 45 公里/小时。史蒂芬森机车采用的热管型锅炉使热效率大为提高，由此奠定了蒸汽机车锅炉的基本结构形式。

由于当时正值英国产业革命的完成和欧洲大陆产业革命的兴起，棉、煤等工业原料的大量运输成为迫切的社会问题，由于铁路利润很高，许多资本家纷纷向铁路投资，英国国会在 1825—1835 年的 10 年中，通过了 25 条铁路修筑案。到

图 5—68  利物浦蒸汽机车比赛（1829）

1838 年，英国已修筑铁路 790 公里，到 1848 年，已拥有铁路 8000 公里。

1831 年，美国工程师杰维斯（Jervis, John Bloomfield 1795—1885）发明了机车转向架。1836 年，美国工程师坎贝尔（Campbell, Henry R. 1810—1870）制成带有 4 轮转向架 4 轮驱动的机车，工程师哈里森（Harrison, Joseph Jr. 1810—1874）又加装了车轴均衡机构，使机车进入弯道时既可以保持速度又不会出轨，这种机车成为当时标准的机车形式。同一时期，在美国宾夕法尼亚出现了卧铺车。1888 年，瑞士工程师马勒（Mallet, Anatole 1837—1919）设计出一种复胀型机车，1904 年美国制成单胀型机车，由于这类机车的热效率较高而很快得到普及。20 世纪后，蒸汽机车功率在不断加大，然而其热效率低的缺点一直无法克服，而且司

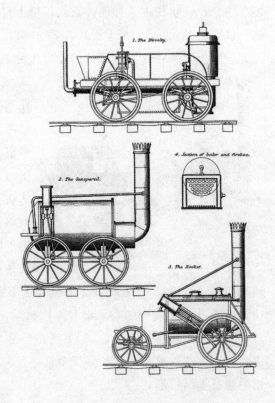

图 5—69  参加利物浦蒸汽机车比赛的
3 种机车（1829）

机、司炉的劳动强度大、污染严重，沿途需要加煤加水，到 20 世纪 40 年代后，开始被柴油机车和电力机车所取代。

图 5—70　矿用机车（1815）

图 5—71　早期机车（1831）

（二）柴油机车及电力机车

1893 年，德国工程师狄塞尔（Diesel, Rudolf 1858—1913）发明了柴油机，此后柴油机很快成为机车、船舶、拖拉机、坦克、汽车的动力机。实用的柴油机

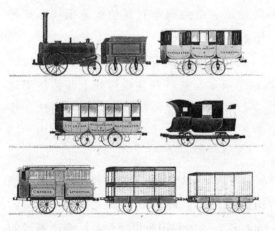

图 5—72　1830 年左右英国的各种机车车辆

车是 20 世纪 30 年代出现的，使用增压二循环式柴油发动机，使柴油机车的效率大为提高。1945 年后，柴油发动机配备了涡轮增压系统使功率又进一步得到提高，由此使柴油机车在各国迅速取代蒸汽机车。

柴油机车并不是用柴油机直接驱动车轮，而是驱动发电机的，发电机发出的电驱动电动机再由电动机驱动车轮。这种系统有控制容易、效率高的优点，因此也可以称为柴油电力机车。

电力机车的出现比柴油机车为早，它是靠外部供电驱动车载电动机工作的。最早的电力机车是 1879 年德国发明家西门子（Siemens, Werner von 1816—1892）发明的有轨电车，这种车靠铁轨输电，时速 7 公里 / 小时。有轨电车发明后，由于当时欧洲城市人口不断增加，工厂规模不断增大，很快与城市的公共马车、有轨马车一同成为城市中重要的公共交通工具。直到今天，欧美的许多城市仍保留着有轨电车。中国许多城市如北京、天津、上海、沈阳、哈尔滨都曾有较完整的有轨电车网，后来全都拆掉，仅大连、鞍山还各留有一条有轨电车线路。1881 年，西门子又研究出架空线供电的无轨电车，机车的电压和功率都大为提高。

图 5—73　西门子的有轨电车

图 5—74　西门子的无轨电车

电力机车出现后取代蒸汽机车用于地铁的牵引动力，使地铁成为洁净、快速的城市交通工具。1895 年，美国建成巴尔的摩至俄亥俄的电气化铁路。由于电力机车具有速度快、牵引力大、无污染、控制容易等优点，进入 20 世纪后发展迅速，特别是在地形复杂中途不能加燃料的地区，电力机车有其他运输工具不具备的优点。但由于其架设费用高且复杂，影响了普及速度。

1825 年世界上第一列列车在英国运行时，为了保证安全，需要一个人手持信号骑马引导列车前进。1832 年，美国在纽卡斯尔至法兰西堂铁路线上开始使用球形固定信号装置，以此传达列车运行信息。如果列车能准时到达就悬挂白球，晚点则悬挂黑球。这种信号装置每隔 5 公里安装 1 架。铁路员工用望远镜瞭望，沿线互传消息。

1839 年英国铁路开始用电报传递列车运行信息，1841 年英国铁路出现了臂板信号机，1851 年英国铁路用电报机实行闭锁制控制。1856 年，萨克斯贝（Saxby, John 1821—1913）发明了机械连锁机。1866 年，美国利用轨道接触器检查闭塞区间有无机车。1867 年出现点式自动停车装置。1872 年，美国的鲁宾逊（Robinson, William 1840—1921）博士发明了闭路式轨道电路，从而加快了列车信息传递。

随着蒸汽机车技术、车辆技术及车站管理技术的完善，铁路已成为各国工业化过程中陆路运输的主要"动脉"，修筑铁轨马车潮遍及欧美大陆，到 19 世纪 60 年代后横跨美洲大陆及俄罗斯西伯利亚铁路的西段均已建成。到 19 世纪末，世界铁路总长达 65 万公里，铁路铺设里程成为一国经济发展的重要指标。

19 世纪中叶大批量生产钢的技术的出现，使路轨开始由铸铁、可锻铁向钢轨转变。1837 年，英国工程师维尼奥尔斯（Vignoles, Charles Blacker 1793—1875）

图 5—75　宾夕法尼亚 Harrisburg 火车站（1860）

设计的平底工字形路轨成为英国铁路的标准轨型。同时，钢结构的铁路桥成为铁路桥梁的主要形式。

### 二　造船业的进步与蒸汽船的发明

公元前 4000 年，古埃及和两河流域出现了用奴隶划桨的多层大型船，不久后即出现使用风力的帆船。帆船、用桨或橹以人工为动力的船，由于结构简单、造价低廉、不需要机械动力，直到今天还在使用。近代以来各种动力机的出现，使船舶发生了巨大的变化，在船体的材料方面，钢、玻璃钢等得到大量应用。20 世纪后，电子通信、导航等许多新技术也在船舶航行中得到应用，船舶的种类大为增加，航运的发达促进了港口的建设，水运成为重要的大宗货物运输方式。

早在 1707 年，巴本即用自己研制的蒸汽机驱动一台小型船的桨轮（外轮）进行了试验。

采用在船尾喷水借反冲力驱动船行进，是蒸汽船的最早形式。1729 年，英国的艾伦（Allen，John）博士取得一种蒸汽船的专利，他按自己专利试制了一只用两台纽可门蒸汽机驱动水泵，向船尾方向喷水使船前进的蒸汽船。但是他在运河试验时，担心蒸汽机驱动水泵会喷射巨大的水流冲毁运河堤坝，采用人力驱动水泵。约 50 年后，美国发明家拉姆齐（Rumsey，James 1743—1792）在 1787 年制成一台在船头用泵抽水，再将水从船尾强制排除作为动力的船。1792 年他到伦敦后按此原理制成一艘蒸汽船，曾在泰晤士河上试航行。

图5—76 菲奇的蒸汽划桨船

1736年，法国的于尔斯（Hulls, Jonathan）取得用纽可门蒸汽机驱动安装在船尾的桨轮蒸汽船专利，他在专利中说明，这种船可以对抗大风和潮流在港口和河道作为拖船用。佩里耶（Périer, Jacques-Constantin 1742—1818）在1775年用汽缸直径仅为8英寸的一台小蒸汽机驱动的船在巴黎的塞纳河上进行试验，因马力不足而没有成功。不久后，茹弗鲁瓦·达班（Jouffroy d'Abbans, Claude-François-Dorothée, marquis de 1751—1832）伯爵设计了长43英尺的小型蒸汽船，采用设有两个汽缸的纽可门蒸汽机驱动桨轮，1778年6月首航失败后经过了近5年的改革，制成安装两个直径13英尺桨轮的名为Pyroscaphe的蒸汽船，1783年7月以4海里的速度在里昂附近的索恩河上逆流航行获得成功，后来又制成大型的更为优秀的蒸汽船，可惜由于法国正经历大革命而没有得到法国政府的重视。

出生于美国康涅狄格州一个农庄的菲奇（Fitch, John 1743—1798）早年在钟表店当学徒，后来在华盛顿（Washington, George 1732—1799）的军队里担任从军商人。独立战争后的1785年，菲奇偶然看到一幅关于纽可门蒸汽机模型的版画，大受启发，决心制造蒸汽船。但是当时美国仅有3台纽可门蒸汽机，菲奇按照自己的设想，用黄铜制造了一台蒸汽船模型。菲奇的蒸汽船得到富兰克林的赏识，纽约州决定自1786年3月18日起的14年内，菲奇拥有在该州制造使用蒸汽船和用蒸汽船航行的垄断权。为此菲奇设立了股份公司，筹措了300美元与机械工沃伊特（Voight, Henry 1738—1814）合作，两人在完全没有实际制造蒸汽机经验的情况下，几乎与瓦特在同一时间制成了复动式蒸汽机。他们用这台蒸汽机制成一只划桨蒸汽船，这种船有12片垂直桨，由蒸汽机带动作前后划动，虽然曾在特拉华河进行试航，终因结构的不成功而被迫放弃。其后制成采用螺旋桨的轮船终于获得成功，时速达8英里，并在费城与特伦顿间开始营业性运行。1790年5—9

图5—77 菲奇安装螺旋桨的蒸汽船

月，菲奇的蒸汽船航行了 3000 多英里，每天航行达 80 英里，时速 8 英里。可惜菲奇因经营不善而沉溺于吸食鸦片和酗酒，1798 年自杀。

英国爱丁堡银行家米尔（Mill, Patrick）早年致力于用人工驱动桨轮船的试验，后采用蒸汽机代替人力，1787 年取得蒸汽机船专利，用自制的蒸汽机驱动的双船体桨轮船时速已达 7 英里，虽然几经努力却始终未得到海军的支持而未能继续试验下去。1788 年，英国技师塞明顿将制成的一台大气压蒸汽机安装在一只小船上，成功地在苏格兰的 Dalswinton 湖上进行了试验。1801 年，英国福斯·克莱德运河理事托马斯·邓达斯（Thomas Dundas）为了牵引驳船委托塞明顿建造了 Charlotte Dundas 号蒸汽船，这只船的蒸汽机汽缸内径 22 英寸，活塞行程 4 英尺，活塞杆通过曲轴与桨轮连接。1802 年 3 月，在福斯湾和克莱德运河上该船牵引 2 只 70 吨的驳船，逆风 6 小时拖行了 19.5 英里，由此证明了蒸汽船的实用性。但是运河所有者担心蒸汽船掀起的大浪会毁坏堤坝，而禁止继续运行，运河中的驳船只好再用马匹沿河岸牵引行进，这只船一直放在运河的入江口，直到 1861 年完全解体。

1782 年后，纽约州霍布肯的史蒂文斯（Stevens, John 1749—1838）受菲奇的启发开始研制蒸汽船，为提高蒸汽机效率，他采用了高压锅炉，制成一只长 20 英尺的平底小型蒸汽船，1790 年横渡哈德逊河获得成功，成为纽约与霍布肯间的往返渡轮。1804 年，史蒂文斯制成新型的可以产生高压蒸汽的管状锅炉，用这种锅炉制成用螺旋桨推进的小型蒸汽船"里特尔·鸠里亚纳"号。

出生于美国宾夕法尼亚州一个农场的富尔顿（Fulton, Robert 1765—1815）到 20 岁时已经成为费城一个颇有名气的肖像画家，曾为本杰明·富兰克林画过肖像画。为了跟随在英国担任皇家美术学院主管的美国写实主义画家韦斯特（West, Benjamin 1738—1820）学习绘画，1786 年到了伦敦，他很快就被英国轰轰烈烈的工业革命所感染，对英国纵横交错的运河运输产生了兴趣。为了加快运河挖掘，他设想用蒸汽机为动力挖掘运河，并设计了小型运河网方案以进一步解决运输问题，1796 年发表《论运河航行的改革》。为了在巴黎与迪耶普（Dieppe）间实施他的这一运河运输改革方案而留居巴黎，很快得到拿破仑（Napoleon Bonaparte 1769—1821）的赏

图 5—78　富尔顿

图 5—79　德雷贝尔潜艇

识，在拿破仑的资助下开始研制潜水艇。

早在 1578 年，英国数学家伯恩（Bourne，William）就对潜水艇作了记载，但是最早制作出潜水艇的是荷兰物理学家、发明家德雷贝尔（Drebbel，Cornelis Jacobszoon 1572—1633）。1620 年，他在英国国王詹姆士一世（James I 1566—1625）资助下制成的潜水艇，可以搭载 12 个人，下潜 5 米。德雷贝尔的潜水艇用木材和牛皮制造，用木桨推进，为防止渗水，用油皮罩密封，用一根浮在水面的管子换气。当年，在泰晤士河约 4 米深处从威斯敏斯特航行到格林尼治。航行中由两根管子供应空气，管口用浮体浮在水面上。1724 年，俄国木匠尼科诺夫（Никонов，Ефим Прокопьевич）试制了世界上第一艘用于军事目的的潜水艇。在美国独立战争期间的 1776 年，康涅狄格州的布什内尔（Bushnell，David 1742—1824）在美国陆军总司令华盛顿的支持下，制成用手摇螺旋桨推进的海龟（Turtle）号木壳潜水艇，艇底安装一个蓄水柜，利用向柜中充放水控制艇的沉浮，艇上带有炸药桶，可以潜入水下炸毁敌舰，曾对英国军舰进行过攻击，可惜未能成功。

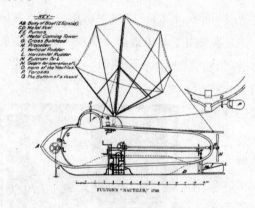

图 5—80　富尔顿 Nautilus 潜艇设计图

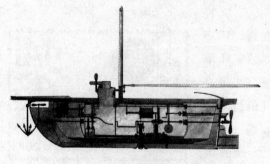

图 5—81　富尔顿制作的 Nautilus 号潜水艇

1797 年，富尔顿开始设计潜水艇，1800 年制成，命名为诺蒂拉斯（Nautilus）号，于该年 7 月在塞纳河试航，这台潜水艇与现代潜水艇很相似，船体采用流线型，用水泵排水，人力驱动螺旋桨，船尾安有一个水平舵。艇长约 7 米，外面上部装有一个扇形帆，在水面航行时使用，下潜时可以折叠起来。经改进的诺蒂拉斯号潜水艇可以潜航 4.5 小时，并备有火炮。1801 年 7 月，法国海军对其进行了试验，下潜深度达 25 英尺，载有 3 人，其中一人掌舵。为保证潜水时的氧气含量，采用了压缩空气。然而法国军界最终认为这种可以偷袭的潜水艇缺乏骑士精神而未予采用。

同一时期，美国驻法大使利文斯顿（Livingston，Robert R. 1746—1813）认为，蒸汽船对于国土辽阔、河流纵横而大部分尚未开发的美国会大有用途。在利文斯顿的建议下，富尔顿开

**图 5—82 富尔顿的克莱蒙特号蒸汽船（明信片）**

始研制蒸汽船。1803 年，富尔顿在塞纳河上试验他制成的最早的蒸汽船，他采用一台小型蒸汽机作动力，汽缸用黄铜制成，由于船体太轻而蒸汽机又很重，在大风中船体解体使蒸汽机沉没河底。富尔顿将蒸汽机打捞上来后进而又制成长 74.6英尺船体稍大的桨轮式蒸汽船，在塞纳河拖引 2 个驳船进行了试航，时速达 2.9英里。

1804 年，英国限制蒸汽机出口的法令到期后，富尔顿申报了船用蒸汽机专利。富尔顿在英、法生活 19 年后于 1806 年返回美国纽约，1807 年 7 月制成长146 英尺、宽 12 英尺的长方形平底的桨轮蒸汽船 North River 号。该船装用了英国博尔顿－瓦特公司生产的蒸汽机，8 月 17 日他与朋友共 40 多人乘船从纽约出发沿哈德逊河到 150 英里外的奥尔巴尼（Albany），历时 32 小时，同年用这艘船在纽约至奥尔巴尼间开始了商业航行。其后，富尔顿开始建造更大的蒸汽船，1809年建成 Car of Neptune 号，并将 North River 号改称为克莱蒙特号（Clermont）。1811 年建成的新奥林兹（New Orleans）号，航行于密西西比河，开始了定期航运。1812 年，又建造了长 300 英尺的巨型蒸汽推进的浮动海军要塞。到富尔顿去世的 1815 年，蒸汽船以及蒸汽机与帆并用的船已成为船舶的主流。

1819 年，美国的蒸汽动力驱动桨轮和风帆并用的萨凡纳（Savanna）号，用27 天横渡大西洋。1838 年，第一艘完全靠蒸汽动力的天狼星（Sirins Star）号蒸汽船从爱尔兰的科克出发，经 12 天横渡大西洋抵达纽约。

英国为了加强海外贸易和殖民地开拓，大力发展远洋商船，1760—1800 年，

图 5—83　萨凡纳号蒸汽机帆船

商船吨位增长了近 4 倍。富尔顿制成蒸汽船克莱蒙特号后，英国于 1811 年开始仿造，1812 年英国建造的第一艘蒸汽桨轮船 Comet 号，在苏格兰的克莱德河上开辟了欧洲第一条定期轮船航线，在内河和沿海贸易上，开始大量使用桨轮蒸汽船。

螺旋桨的发明彻底解决了动力船的高效率推进问题。1836 年，英国的史密斯（Smith，Francis Pettit 1808—1874）和美国人埃里克森（Ericsson，John 1803—1889）研制成船用螺旋桨推进器，他们分别制成用螺旋桨推进的蒸汽船。1838 年，史密斯制成排水

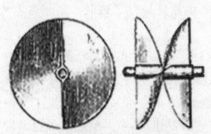

图 5—84　史密斯的船用螺旋桨（1836）

237 吨的使用螺旋桨的蒸汽船阿基米德（Archimedes）号，由 90 马力的蒸汽机驱动，1840 年成功地环绕大不列颠岛航行。1843 年史密斯开始为英国军舰安装螺旋桨。19 世纪中叶后，螺旋桨船逐渐为人们所认识，并用于新船的设计中。

图 5—85　阿基米德号蒸汽船的螺旋桨（1838）

　　随着英国海运业的发展，与航运有关的港口、堤岸、灯塔、船坞、起重设备逐步完善，造船业也成为一个独立的重要工业部门。

　　传统的船体是木制的，由于木制船结构复杂强度低，不易做大，更不能承受长期的动力机械振动和快速的行进，1787 年，发明镗床的英国铁匠威尔金森用 5/16 英寸厚的铁板制成一艘铁船试验（Trial）号，船长 70 英尺，放入水中不但没有沉没，

图 5—86　船用螺旋桨（泰坦尼克号）

反而有很好的浮力，航行良好，证明了当时人们普遍认为铁比木材重做成船会下沉的观念是错误的。到 19 世纪后，铁船开始取代木制船，成为大型动力舰船的主流。

　　推动铁制蒸汽船发展的重要人物，是英国造船技师布鲁内尔（Brunel, Lsambard Kingdom 1806—1859），他成功地建造了大西方号（Great Western, 1838）、大不列颠号（Great Britain, 1840）和大东方号（Great Eastern, 1859）三艘蒸汽船。大西方号是用铁加固的橡木蒸汽桨轮船，1838 年首次横渡大西洋，开辟了大西洋定期航线，在其后的 8 年内横渡大西洋 47 次。大西方号轮船获得的成功，使船主决定制造第二艘轮船大不列颠号。大不列颠号采用铁制船壳和新发明的螺旋桨推进器，并设 6 根船桅张帆助航。大不列颠号轮船长 98 米，载重量 3270 吨，为当时世界上最大的蒸汽船，也是第一艘采用螺旋桨推进的横跨大西洋的定期轮船。1843 年 7 月从利物浦出发横渡大西洋，用了 15 天到达纽约，比起在这之前所用的桨轮推进在速度上有了很大的提高。大不列颠号航行达 30 年之久。1854 年布鲁内尔开始主持建造"大东方"号，应用梁的力学理论在船体结构上首创纵骨架结构和格栅式双层底结构。双层底向两舷延伸直到载重水线以上，用了 300 万颗铆钉将 3 万块铁板拼装成重达 6250 吨的双层船壳，上甲板也用同样的结构以增加船体强度。船内部用纵横舱壁分割成 22 个舱室。船上安装两台蒸汽机，一台驱动直径为 56 英尺的明轮，另一台驱动直径为 24 英尺的螺旋桨，蒸汽机总功率为 8300 马力。船上还有 6 根桅杆，船帆总面积为 8747 平方米。该船长 207 米，排水量 27000 吨，能载客 4000 人，装货 6000 吨，

图 5—87　大西方号蒸汽船

图 5—88  大东方号蒸汽船

比当时的大型船大6倍，半个世纪以后才出现比它更大的船，被认为是造船史上的奇迹。可惜因煤炭消耗量过大（正常航行每天需耗煤 280 吨左右）而无商业价值，但是在物理学家汤姆生（Thomson, Sir William 1824—1907）指挥下，利用该船于 1867 年成功地铺设了大西洋海底电报电缆。

19世纪80年代后，由于大量生产钢的技术的成熟，钢结构船开始出现，一些新的动力机械开始用作船舶动力。1894年，帕森斯（Parsons, Sir Charles Algernon 1854—1931）制成的船用汽轮机安装在图比尼亚（Turbinia）号上，航速达 34.5 海里，由此证明了汽轮机作为船舶动力的可行性。狄塞尔的柴油发动机在 19 世纪末，汽轮机在 1910 年左右，燃气轮机自 1947 年后已广泛用作轮船的动力机。1912 年，

图 5—89  图比尼亚号（1897）

有史以来最大的客轮泰坦尼克号下水，因撞上冰山而沉没。而恰值这一年，"SOS"成为船舶，后来成为飞机遇险的世界通用的求救信号。

### 三　道路与运河

欧洲人在很长时期修筑的道路（公路），基本上导源于罗马时期的碎石路、砂石路，在工业革命时期，由于运输及人员往来的需要，道路建设方面有了很大

图 5—90　欧洲的马车

的发展。此前，欧洲道路损坏严重，管理混乱。铺路法不但没有改进，而且罗马时代的铺路法也已失传，这一情况直到 17 世纪初才发生了变化。法国兰斯的律师

图 5—91　特尔福德

伯杰尔（Bergier, Nicolas 1567—1623）在其花园中偶然发现了罗马道路的遗迹，他仔细研究并查阅了一些文献后，写成《罗马帝国主要道路史》（*Tistoire des Grands Chemins de l'Empire Romain*），由此引起了筑路人员对道路铺装工艺的研究。

18 世纪，法国人特雷萨盖（Trésaguet, Pierre-Marie-Jérôme 1716—1796）开发出一套新的道路建造系统，他强调道路的排水问题和筑路材料的选择，认为路基底层应与路面平行，路基应将粗石立放并夯实，其上的路床应将铺路石敲碎以使石头相互契合，路床上的路面为 3 英寸厚的小石块，路面铺装成弧形。法国的这一先进的筑路方法很快传至英国和其他欧洲国家。

18 世纪初，英国开始了筑路收费制度，从 1720 年开始的 10 年间，有 71 条道路收费法规出台。1766 年，英国颁布了"道路法"，道路收费制度得到普遍认可，由此强化了道路的管理。

英国著名的筑路技师特尔福德（Telford, Thomas 1757—1834）在法国筑路法

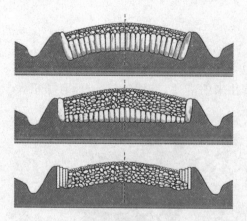

**图 5—92　公路铺装截面图（上－特雷萨盖；中－特尔福德；下－麦克亚当）**

的基础上进行了改进，他将道路的底层紧固地铺装立式方块石料，空隙处以石片填充，再铺上 6 英寸厚的立方体的硬石，并用车压实，其上再铺上 2 英寸厚的硬石，路面铺以 1.5 英寸厚的不含土质的优质碎石。而另一位筑路技师麦克亚当（McAdam，John Loudon 1756—1836）则采取了适当排水和降低成本的方法，1815 年后他按自己的方法铺设了 180 英里的道路。到 19 世纪中叶，英国的石装道路里程已有 16 万英里，远超过法国的 10 万英里和德国的 5.6 万英里。

　　1859 年，法国人勒莫因（Lemoine，Monsieur Louis）发明了第一台蒸汽压路机，3 年后法国的巴莱森（Ballaison，M.）发明了蒸汽机驱动的 17.5 吨的压路机，而碎石机则是发明轧棉机的美国人惠特尼的亲属布莱克（Blake，Eli Whitney 1795—1886）于 1858 年发明的。这些筑路机械的发明，使碎石路面的铺装开始了机械化。

**图 5—93　筑路**

　　混凝土道路铺装法在 1827 年后因为霍布森（Hobson，William）的一项用石灰砂浆灌注碎石路的专利，才在欧洲各国发展起来。

1712 年，希腊医生戴朗尼斯（Eyrini d-Eyrinis，也作 Eirini d-'Eirinis）在瑞士发现了岩沥青，研制成用热沥青与粉状岩石混合用于铺装路面的方法。到 18 世纪，在欧洲各地多处发现了岩沥青矿。19 世纪中叶后，法国、英国、美国等国家的许多人开始研究新的沥青铺路法，1858 年后，压制沥青路面首先在巴黎采用。到 19 世纪末，滚压铺装在碎石路面上的热沥青的压制沥青铺路法，将沥青砂与沙石、填料混合铺装路面的沙胶沥青铺路法，将沥青、沙石加热混合再压实的沙石沥青铺路法在各国均在采用。柏油碎石路面最早于 1845 年在英国诺丁汉出现，其后设菲尔德（1875）、利物浦（1879）以及美国的克利夫兰（1873）、澳大利亚的墨尔本（1895）都铺装了柏油碎石路。

1864 年，苏格兰出现混凝土路面的公路。1865 年，英国在因佛内斯首次铺装水泥混凝土路面。19 世纪末欧美的许多国家开始对传统公路进行改造，强化了路基和路面的渗水功能。德国、法国开始铺装碎石混凝土路面的公路。

在工业革命中，与道路同时发展起来的还有运河。煤炭、木材、矿石这些需要大宗运输的货物，很难用马车远距离运输，船运成为最便利的运输方式。1750年，英国内河航道为 1000 多英里，到 1850 年已达 4250 英里，增加部分主要是新开挖的运河。

图 5—94 蒸汽压路机

1759 年完成的从圣海伦煤矿到默西的森基—布鲁克运河，以及 1761 年完成的从沃斯利矿区到曼彻斯特的布里奇沃特公爵运河，是英国最早的运河。其后的运河开凿已遍布英伦三岛，其中有的需要翻山越岭，有的需要开挖运河隧道或采用高架水渠形式以通过峡谷，由于各条运河水平面的不同，各种形式的船闸、船舶提升装置相继被发明出来，同时，也促进了桥梁的修筑。

在 1730—1850 年间，英伦三岛的运河已是纵横交错，既有与自然河流相贯的运河，也有自成体系的运河网络。在威尔士，运河把煤和铁从矿区运到港口；在苏格兰，两条大运河横跨陆地将大海连接起来；在爱尔兰，两条运河连通了香农与都柏林。

18 世纪以来蒸汽机车和蒸汽船的广泛使用，极大地缩短了世界的距离，为人员的移动、原材料和商品的运输提供了方便的交通工具，促进了机器大生产体制

图 5—95　穿越欧韦尔的布里奇沃特公爵运河

的完善。同时，它也为将英国技术革命成果迅速地在世界范围内传播提供了条件。

### 四　悬臂通信机

#### （一）古代的通信技术

通信作为信息交流的一种手段，伴随着人类的出现而出现，随着社会的发展而发展，对于人类文明的进化起着重要作用。

通信要求信息准确而迅速传递，传递的媒介自古以来主要是声和光。最早的声通信显然就是人的语言，在需要向更广的范围传布信息时，古人采用了鼓和锣，中国古代战争中就常常"击鼓进军"、"鸣锣收兵"。后来出现了角号、螺号，猎人吹兽角号，渔民吹螺号互相联络。但是声音的自然传播距离有限，信息远距离迅速传递的最原始方式是视觉通信，即光通信。

图 5—96　黑便士邮票

视觉信号经中继站向远处传递的方法起源相当早，古希腊人最早将烽火信号与水钟相结合传递信息。他们沿途设立烽火中继站，各站安置同样的水钟，当前一个烽火台发出信号时，接收到信号的中继站将水钟的水栓打开，当接收到前一个烽火台发出的第二个信号时即关闭，由水面高度差来得知预先约定的信息内容。罗马帝国随着疆域的扩展和全国公路网的形成，在各地大量修建烽火台。中国在西周时期即确立了用烽火传递信息的制度，所谓"狼烟四起"中的狼烟，即边疆烽火台发出的信号。17世纪望远镜的发明，使视觉通信方式更为实用，随之出现了手旗（手语）通信，这种手旗通信方式在航海中得到广泛应用。此外，有些地

图5—97　欧洲的邮政马车

方还使用一种利用太阳光反射的光束通信的方法。

　　书信是较早的一种信息传递方式。最初是用善于长途奔跑的人来传递的，后来用马或马车代替人的奔跑，驿站制度在欧洲中世纪和中国均有普遍的应用。在中国，历代王朝基于政治、军事的需要，在公文传递方面形成了一套严密的制度。汉朝后，通信网更为发达，在交通要道上，每30里设一个"驿"，一般道路是"十里一亭"、"五里一邮"，分段负责，专人传送。1840年，英国首创在信封上贴邮票实行统一邮资的方法，由此开始了邮政业务，随着交通工具的进步，邮政形成了独自的通信系统。

　　（二）夏普的发明

　　在法国大革命高潮中，夏普（Chappe, Claude 1763—1805）与其兄（Chappe, Ignace Urbain Jean 1760—1829）共同发明了悬臂通信机，在电通信应用前的欧洲，对军事、经济、交通曾起到过重要的作用。

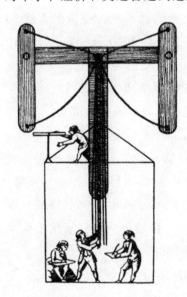

图5—98　夏普的悬臂通信机

　　用悬臂通信机进行的通信仍属于视觉通信，它的结构是在一根竖立的木杆顶端安装一个可以绕中轴旋转的横杆，横杆两端各有一个可旋转的悬杆。由横杆和悬杆的不同角度组合，表达一定的字母或数字，由此可以较为完整地传递信息。这种悬臂通信机安装在较高建筑物上或塔楼上，人在地面用与悬臂相连的绳索调整，在望远镜可达的距离（10公里左右）设立安有悬臂通信机的塔楼，就可以实现信息的中继接力传送。晚间在悬臂上安上灯，也可以照常使用。

　　夏普在神学院读书时，正值法国大革命高潮时期，法国受到英国、荷兰、普鲁士、奥地利各国联军的进攻。1790年夏季，夏普着手为革命政府制造一种可以快速进行信息传递的通信机。此

后的两年内，他试制了几种视觉通信装置，最后试验成功的通信装置很快为革命政府认可，给了他6000法郎的支持。1793年7月2日召开的国民议会对这种装置给予很高的评价，将之称为tèlègramme，夏普自称为tachygraphe。会后夏普受命安装从巴黎到里尔144公里的通信装置，在时钟技师布雷盖（Breguet，Abraham-Louis 1747—1823）的帮助下，于次年7月完成了由15个中继站组成的通信线路。1794年8月15日，传递回第一个消息：法军夺回了鲁凯诺瓦，两周后又传回了法军夺回孔代的消息，以后的战况不断快速传回巴黎，为法军挽回败局起了很大的作用。随着拿破仑的军事扩张，悬臂通信机迅速推广开来，到拿破仑帝政结束时，通信线路已达2863公里，建立了224个中继站。

1805年，夏普因不断受到妒忌他发明的一些人的攻击，愤而自杀身亡。但是他的悬臂通信机到1844年已遍布法国，通信网达4800公里，建有556个中继站。

（三）悬臂通信机的推广

图5—99　夏普通信机塔楼

1790年，进攻法军的英国兵在前线侦察中，发现随着法军的调动，一些类似塔式风车的巨大机构在奇妙地摆动。1794年11月15日，英格兰的报纸刊登了法国用悬臂通信机建立通信网的消息。第二年，英国海军司令部决定采用这一通信装置。马雷（Murray，Lord George 1761—1803）爵士设计成一个由6个可动支杆组成的类似于夏普早期设计的通信机，可以组合成63个不同的信号，花费4000英镑安装了从伦敦到戴尔（deal）间的通信网。1801年又规划了伦敦到雅茅斯间的通信网，1806年完成了从伦敦到普利茅斯的通信网。

普鲁士在1793年，瑞典在1795年，丹麦在1802年均开始引进夏普悬臂通信机建立本国的通信网。到1832年，普鲁士已建成以柏林为中心连接马德堡、波恩、科普伦茨的通信网。之后俄皇尼古拉一世（Николай I Павлович 1796—1855）下令修建主要城市间的通信网，建立了220个中继站。美国最早的悬臂通信系统是1800年开始建立的。

悬臂通信机到19世纪40年代后，由于电报机的进步而逐渐被淘汰。其简化的单臂信号机在铁路车站作为进出站指示在其后应用了100多年。

# 第七节　欧洲大陆与美国、日本的工业化

## 一　比利时、法国

英国的工业革命自 1760 年左右开始，到 1830 年左右结束，经过工业革命的英国迅速成为世界上最发达的工业强国。英国工业革命的成功，极大地刺激了欧洲大陆各国，进入 19 世纪后，它们纷纷效仿英国，奋力推进本国的工业化。

### （一）比利时

比利时是欧洲大陆最先开始工业化的国家，纺织业在佛兰德很快发展起来。1802 年英国人科克里尔（Cockerill, William 1759—1832）在吕蒂埃创办纺织机械厂，其子约翰·科克里尔（John Cockerill 1790—1840）又与几个英国机械师创办了生产蒸汽机的工厂。1820 年引进了英国的搅炼炉炼钢，1823 年又建立了比利时第一座焦炭高炉，他的公司很快发展成包括矿山、机械厂、炼焦厂和炼钢轧钢厂在内的大型工业联合企业。1835 年，建立了欧洲大陆最早的机床厂，生产各种机床。

1830 年，比利时从荷兰独立出来后，进一步加快了工业化进程。1834 年发布了铁路法，将铁路列为国有企业，1835 年布鲁塞尔至梅歇尔间铁路通车，一年后延长至安特卫普，到 1870 年，通车里程已达 3000 公里，使比利时成为欧洲各国中铁路密度最大的国家，也成为欧洲工业发展最为充分的国家。

### （二）法国

法国工业革命大体始于 19 世纪 30 年代初。法国在大革命前，即从英国引进纺织机械和蒸汽机，1771 年引进了"珍妮机"，不久后引进了阿克赖特的水力纺纱机，1778 年又引进了瓦特的蒸汽机。法国大革命后期对本国棉纺织业采取保护政策，决定自 1793 年起禁止英国棉织品的进口，由此极大地促进了本国棉纺织业的发展。到 1812 年，棉纺厂开始采用蒸汽机为动力，到 1815 年几乎所有的纺织厂

图 5—100　带穿孔卡的雅卡尔织机

都采用了英国的先进技术。特别是法国机械师雅卡尔（Jacquard, Joseph Marie 1752—1834）发明了用穿孔卡片控制纬线的自动纺织机，由此可以大量生产图案复杂的织物，到 1824 年法国已拥有 3.5 万台这种纺织机。

1815 年后，法国开始生产蒸汽机，同时一些焦炭炼铁厂也开始建立。在当时，法国是仅次于英国的第二大经济强国，1800 年英国煤炭产量占世界总产量的

图 5—101　法国的耕作（1755）

90%，年产量达上千万吨，法国位居第二，为百万吨左右，1823 年，英国生铁产量占世界总产量的 40% 左右，为 45 万吨，位居第二的法国生产量为 16 万吨。19世纪 40 年代后随着"铁路热"的兴起，冶铁业得到迅速发展，到 70 年代即出现了上万人的采矿冶炼联合企业，钢铁企业开始大型化。法国科学院很早即关注钢铁冶炼的理论研究，雷奥米尔（Réaumur, René-Antoine Ferchault de 1683—1757）自 1716 年起用了 10 年的时间，进行了钢铁技术特别是对渗碳法进行了研究，发现了熟铁（可锻铁）与钢、铸铁的区别。他的研究包含了后来金属组织学、金属物理学的相关内容。他的工作直接导致了贝托莱、蒙日（Monge, Gaspard 1746—1818）等人从近代化学的角度对冶金的研究。

法国的第一条铁路里昂至纪埃河铁路于 1832 年通车，这也是欧洲大陆的第一条铁路。1842 年，法国制定铁路法，这是一部介于比利时的铁路国有化和英国的铁路私有化之间的折中法律，它规定铁路由国家规划，私人和国家分别承担机车

和路轨及路面设施，私人经营99年后收归国有，这使法国铁路迅速发展起来，以巴黎为中心的铁路网不断扩展。从1847年的1830公里到1858年猛增至9000公里，到第二帝制末达18000公里，基本形成了现代法国铁路网的原型。

1830年，法国机师蒂莫尼耶（Thimonnier，Barthélemy 1793—1857）发明了缝纫机，使法国的服装业迅速兴起，到第二帝国时期，专业化的服装工业的就业人数和销售额均超过了纺织业，使法国的服装业在世界上处于领先地位。

到19世纪70年代，法国基本完成了本国的产业革命，成为欧洲大陆资本主义强国之一。

## 二　德国、美国

### （一）德国

德国原来是一些以"神圣罗马帝国"名义分散的小封建君主国的集合，19世纪上半叶这些分散的小国开始了农业改革，世袭的农奴制被废除，资本主义农业开始形成，工商业也发展起来。受法国二月革命影响，以柏林、波恩等地为中心爆发了三月革命，尽管这次革命以德国资产阶级和贵族的妥协而失败，但却是一次资本主义发展中划时代的事件，后来由于普法战争，普鲁士成为其他小国的核心，继而随着普法战争的胜利而形成了德意志帝国，并从法国获得了阿尔萨斯、洛林两个州和50亿法郎的赔款，使德国以极快的速度赶上并超过了其他先进工业国家。

早在1800年，这些国家中最强盛的普鲁士王国国王弗里德里希一世（Frederick I，Grand Duke of Baden 1826—1907），就创办了柏林科学院，哲学家、数学家莱布尼茨（Leibniz，Gottfried Wilhelm 1646—1716）担任首任院长。德国在19世纪最为重要的是教育的迅速发展和不断的改革。1810年创立柏林大学，哲学家费希特（Fichte，Johann Gottlieb 1762—1814）为首任校长。1821年创立以技术教育为特色的柏林实业学校（Gewerbe Akademie），其影响很快遍布全国，各地纷纷设立中等技术教育学校，这些学校为德国工业革命培养出大批人才。不久后，这些专业技术学

图5—102　康德

校大都发展成为享誉世界的工业类大学，如卡尔斯鲁厄工业大学（1865）、慕尼黑工业大学（1868）、亚琛工业大学（1870）、柏林工业大学（1879）。"工业大学"这类适应工业化需要的工科专业高校起源于德国。同时，在专制王权统治下

的德意志也受到先进国家发展的刺激，发展出可以与法国唯物论相抗衡的康德（Kant, Immanuel 1724—1804）、费希特、谢林（Schelling, Friedrich Wilhelm Joseph von 1775—1854）、黑格尔（Hegel, Georg Wilhelm Friedrich 1770—1831）的德国唯心论哲学，值得注意的是，他们都在各自不同立场上试图为自然科学奠定基础，对下一个时期产生的影响是巨大的。

图 5—103　德国 Leipzig 至 Althen 间铁路（1837）

在这样的历史背景之下，自然科学的各领域都在德国取得了明显的进展，与科学和社会密切结合的生产技术显著地得到进步。在数学方面，压完成了群论和集合论的基础研究，数学家高斯（Gauss, Carl Friedrich 1777—1865）、黎曼（Riemann, Georg Friedrich Bernhard 1826—1866）等人确立并发展了微分几何。在物理学、化学、生物学、地质学、古生物学、岩石学、医学等方面均取得许多重要成果，成为近代科学的主要研究中心。

德国的工业革命是受英国的影响于 19 世纪 30 年代才开始的。这一时期虽然普通消费品和奢侈品的大量生产仍为英国和法国所垄断，但德国借助于低工资和家庭工业，逐渐向出口工业领域发展。德国的工业革命虽然晚于英国和法国，但欧洲大陆的第一家纺织厂于 1783 年在拉廷根（Ratingen）建立，它拥有五层楼的大厂房，是德国也是欧洲第一家近代形式的工厂。1794 年后开始仿制纽可门和瓦特蒸汽机，建立了使用焦煤的高炉炼铁厂。

德国的工业革命以铁路建设为开端全面展开。1834 年，各联邦国订立关税同盟，以普鲁士为中心，德国境内 2/3 地区免除关税，1835 年，纽伦堡至菲尔特间铁路开始建设，而后的 30 年中，几万农民利用农闲投身铁路建设，到 1848 年铁路总长达 4300 公里，超过了法国，到 1875 年猛增至 27795 公里。

德国技师埃格尔斯（Egells, Franz Anton 1788—1854）到法国、英国学习机械技术后于 1821 年在柏林创办工厂批量生产蒸汽机，并培养出大批机械工程人员。机师博尔西希（Borsig, August 1804—1854）在柏林创办工厂，在德累斯顿工业大学教授舒伯特（Schubert, Gotthilf Heinrich von 1780—1860）指导下，于

1838 年制成德国首台蒸汽机车，之后开始批量生产蒸汽机车，到 19 世纪 50 年代成为世界上最大的蒸汽机车生产厂。

图 5—104　克虏伯公司生产的大炮

德国企业界非常注重利用 19 世纪钢铁、电力技术领域的新技术成果，对新兴技术的广泛应用和对新兴技术的不断改进，成为德国工业革命的一大特点，由此很快确立了德国作为技术强国的地位。德国的钢铁工业在克虏伯（Krupp, Alfred 1812—1887）引进贝塞麦转炉及西门子 - 马丁平炉炼钢法后，使克虏伯工厂所在的埃森成为举世闻名的钢铁城市，其生产的大炮名震世界。以电力机械的发明与制造著名的西门子 - 哈尔克斯公司于 1847 年创立，至今仍是世界闻名的电力机械生产企业。德国的机械工业最早以引进英国技术为主，但很快即形成了自己的生产体系，重化工业成为国民经济发展的支柱产业，到 1870 年德国工业革命结束时，其生产能力已经超过法国，这样，德国仅用了 30 余年即从一个分散的农业小国很快跻身于资本主义强国之列。

（二）美国

美国是一个移民国家，一直是英国的殖民地，直到独立战争（1775—1783）后才摆脱了英国的殖民统治，建立了美利坚合众国。战后美国南方的奴隶制种植园迅速扩大，19 世纪前半叶，是英国棉纺织业的主要原材料供应地，从属于英国的产业资本。美国的市民革命即资产阶级革命通过南北战争（1861—1865），北方资本主义势力战胜南方的封建奴隶制得以完成。

虽然美国是在 18 世纪末才摆脱了西欧列强的殖民地束缚而获得独立的，但是它的总体发展是极其顺利的。美国独立以后，随着公债的清理、近代租税制度的制定、中央银行的设立、货币制度的独立，以及后来伴随土地制度改革向西部的

图5—105 美国辽阔的农田

大量移民，这都助长了美国资本主义制度的发展。大规模的西渐运动给美国农业带来了变革。随着西渐运动的加强，个体农民到西部定居人数的日增，基于奴隶劳动的粗种滥作使土地肥力枯竭的南部农场主也寻求向西部发展，由此围绕西部土地的争端激化了南北的对立。由于英国工业革命对棉花的需要激增，美国南部的棉花种植业于1830年已经在美国出口物资中占据首位。同时，中部、北部及西部定居的个体农民所从事的商业性农业及家畜的商业性饲养业也获得了发展。

南北战争爆发前，纽约等中部五个州及新英格兰的工业生产及工人数量占美国总体的2/3以上，而南方产值不足美国总产值的1/10，工业主要集中在北方，南方1200万人口中黑人奴隶达400万人，是种植园的主要劳力。英国每年需要棉花14亿吨，大部分由美国南方供给，在保护关税方面与北方不断产生冲突，加之北方资本家铺设铁路、架设通信网以满足国内市场不断扩展的要求，又与南方奴隶主扩展奴隶制、扩大种植园的要求发生冲突，由此导致了被称为南北战争的内战爆发。

美国从19世纪初即引进了英国纺纱机和织布机，并于18世纪末率先发明了轧花机。美国的工业革命始于北方新英格兰地区的棉纺织业引入工厂制生产方式。1820—1830年，近代工厂制生产取代了传统的农村家庭手工业生产，1815年在波士顿创办了装备轧钢机（1817）、铣床（1818）、动力纺织机等先进机械的大工厂。不久后，高压蒸汽机、无烟煤炼铁法、橡胶硬化法、缝纫机、电报机等各项发明，奠定了大工业发展的技术基础。以富尔顿蒸汽船实际应用为开端，水上交通工具的进步促进了许多大运河的建设，同时，修筑铁路的热潮也迅速兴起，1862年美国国会通过了《太平洋铁路法案》，授权联合太平洋铁路公司从密苏里河西岸的奥马哈城向西修建铁路、中央太平洋铁路公司从加利福尼亚州首府萨克拉门托城向东修建铁路。1869年5月10日，两公司对向修建的铁路于犹他州的普罗蒙特里接轨。为了纪念接轨成功，最后使用金质道钉，并用镀银的铁锤将其钉入。以后，萨克拉门托到旧金山段的铁路建成，从奥马哈城到太平洋沿岸铁路

通车，长达2880公里。在此期间，纽约中央铁路公司和宾夕法尼亚铁路公司整顿了奥马哈城到纽约的铁路，建成了从美国大西洋沿岸的纽约市通往太平洋沿岸的圣弗朗西斯科（旧金山）市的横贯美国大陆的铁路，全长4850公里。这条铁路的建成，促进了美国西部工业的发展。交通工具的进步刺激了商业性的农业，工业区和农业区高度结合，又促进了农用机械生产和消费部门的发展。

图5—106　横跨美洲大陆的铁路通车

　　在工业革命进程中，北部的产业资本迅速扩展，但总体上仍是英国产业资本的重要原料（棉花、谷物）市场，工业产品的销售也完全依赖英国，虽然经过独立战争，美国摆脱了英国的统治，但在产业结构中仍依赖于英国的资本主义再生产机制。美国在南北战争后，国内市场扩展迅速，工厂制得以确立，机车、农机业、机床开始以大量生产的方式超过英国。适应产业资本发展的美国银行制度迅速推广开来，摩根商会等金融资本开始形成，经济上开始摆脱英国资本的控制。

　　西部广大土地的开发，可以提供廉价农产品，更可以提供廉价的原材料。同时，随着大量东部人口向西部转移，劳动力愈感不足，这就不得不依赖机器去补充，靠技术的进步以充实工业能力就成为一个现实的课题。而且，由于美国的煤炭、石油、铁矿等地下资源十分丰富，国内市场极为广阔，进入19世纪后半叶，作为工业化基础的重化工业迅速兴起，钢铁工业从宾夕法尼亚向西部的俄亥俄转移，匹茨堡成为重要的钢铁城市。1855年引入了焦炭高炉炼铁法，1868年引入平炉炼钢法，生铁产量很快超过德国、法国，1870年标准石油公司的成立，加之美国式的大量生产方式的确立，到1873年世界经济恐慌爆发前，美国已完成了本国的工业革命，成为新兴的资本主义工业强国。

### 三　俄国、日本

#### （一）俄国

　　俄罗斯有文字记载的历史并不悠久，在1世纪左右出现用以表示最简单的计算符号、占卜符号的线组成的图形，9世纪下半叶思想家、传教士基里尔（Кирилл，Мефодий 827—869）创始原始的斯拉夫字母，到9世纪末10世纪初形

图 5—107　莫斯科（1802）

成了为斯拉夫人所通用的"基里尔字母"。

　　9 世纪，尚处于游牧社会的东斯拉夫人逐渐向现俄罗斯欧洲部分迁徙。10 世纪后半叶，基辅罗斯出现，其后分裂成许多诸侯国。13 世纪中叶蒙古人入侵，建金帐汗国。14 世纪，莫斯科大公国强盛，莫斯科大公伊凡三世（Иван Ⅲ

图 5—108　罗蒙诺索夫

Васильевич 1440—1505）摆脱金帐汗国控制，兼并了东斯拉夫人所有的土地。1689 年，彼得一世（即彼得大帝，Петр Ⅰ Великий 1672—1725）推翻其姊索菲亚（Софья，Алексеевна 1657—1704）政权执政后，在政治、经济、军队、文化、教育上开始全面向西欧学习，并于 1721 年改国名为俄罗斯帝国，自封为沙皇。

　　1762 年，沙皇彼得三世的妻子，出生于德意志受过良好教育的叶卡特琳娜二世（Екатери́на Ⅱ Великая 1739—1796）弑夫登位，在其统治的 30 年中，俄国的领土通过军事手段迅速扩张至亚洲腹地贝加尔湖。到 19 世纪初，在库图佐夫（Кутузов，Михаил Илла-

рионович 1745—1813）元帅指挥下，俄军在对拿破仑的战争中获得胜利，使俄罗斯成为欧洲大陆的军事强国。1864 年，沙皇亚历山大二世（Александр Ⅱ 1818—1881）签署了改革法令和废除农奴宣言，后来实行的地方自治、司法税制改革虽不彻底，但已向资本主义君主制迈出了重要一步。同时，沙皇俄国为了领土的扩张，鼓励支持探险家的探险活动，探险与武力相结合向远东地区大举殖民扩张。

1858年，通过《瑷珲条约》侵占了中国黑龙江以北乌苏里江以东100多万平方公里的土地，使俄罗斯疆域迅速向东扩展到太平洋，获得不冻港海参崴。

古代俄罗斯的科学技术发展缓慢，直到10世纪才出现了砖石结构建筑。彼得大帝时期，政府鼓励工商业的发展，冶金、采矿、造船等工场手工业迅速兴起。到18世纪下半叶，俄罗斯的封建农奴制开始解体，资本主义生产方式逐步形成，在工场手业作坊中开始了劳动分工，出现了棉纺、丝绸、玻璃、金属等制造行业。同时，俄国与西方各国在政治、经济、文化上的交流不断加强。

俄国在学习西方的过程中，注重对近代科学文化的培育。1718年，彼得大帝访问法国了解到法兰西科学院的活动后，于1724年创立圣彼得堡科学院。圣彼得堡科学院很快拥有了自己的图书馆、印刷厂、植物园、天文台及物理化学实验室。涌现出化学家罗蒙诺索夫（Ломоносов, Михаил Васильевич 1711—1765），化学家、元素周期律发现者门捷列夫（Менделеев, Дмитрий Иванович 1834—1907），数学家、非欧几何创始人罗巴切夫斯基（Лобачевский, Николай Иванович 1792—1856），生物学家、发现动物"条件反射"的巴甫洛夫（Павлов, Иван Петрович 1849—1936）等一批为近代自然科学做出重要贡献的科学家。1755年，罗蒙诺索夫创立俄国第一所大学——莫斯科大学，近代教育体制形成。

19世纪40年代后，英国企业家克诺普（Knoop, Ludwig 1821—1894）从兰开夏来到俄国，建立了多家纺织厂，俄国的工业革命开始逐渐兴起，手工业作坊向工厂生产转变，纺织业、印刷业开始了机械化，蒸汽机开始成为工厂的主要动力。1851年，莫斯科至彼得堡的铁路通车，10年后俄国铁路通车里程已达1500俄里（1俄里＝1.0668公里）。俄国近代工业的发展，是由大量铺设铁路促进的，铁路的施工、机车的生产是在德国、美国专家帮助下进行的。俄国庞大的铁路规划，不但推动了冶金、采矿、机械等技术的发展，而且沿铁路沿线开发了大量矿藏。加之巴库油田的开发，使俄国很快形成了以煤炭、冶金、石油为中心的重工业体系。

图5—109 西伯利亚铁路（1875）

1875年，随着西伯利亚铁路的兴建、对西方技术和外国资本的引进，到19世纪末俄国出现了工业大发展的10年，但由于缺乏全国性的推动，加之资产阶级民主势力和社会民主势力的兴起、1905年日俄战争的失败，沙皇的统治很快走向崩溃，近代国家形态始终未能得以完整确立。

（二）日本

日本诸岛自远古即有人类活动的遗迹，4万年前已进入旧石器时代，公元前5000—前300年进入新石器时代，即绳纹文化，其后的弥生文化（B. C. 300—A. D. 250）时期已从中国经朝鲜传入铁器、青铜器和水稻种植。现代的日本人（大和民族）是源于西伯利亚的一支操阿尔泰语系的民族，在公元前300年至200年间经朝鲜迁居日本，其后朝鲜人、汉人及东南亚各岛的一些人不断拥入相互融合而形成的。日本原住民高加索人种的阿伊奴人（虾夷人）则被迫迁往北方。日本历史大体经历了：绳纹文化（—B. C. 300）→弥生文化（B. C. 300—A. D. 250）→古坟时代（250—550）→大和国（550—710）→奈良时代（710—784）→平安时代（794—1185）→镰仓时代（1185—1333）→足利时代（1336—1370）→德川时代（1600—1867）→明治（1868—1911）→大正（1912—1925）→昭和（1926—1989）→平成（1990—）。

图5—110　黑船来航

日本在5世纪前一直处于氏族社会，6世纪后大和国达到鼎盛，其统治者自称"天皇"，大和民族的称谓由此产生。6世纪佛教由朝鲜传入，但直到6世纪末仍处于女权社会，推古女皇之侄圣德太子任摄政后，开始向隋唐派人系统学习隋唐特别是唐朝的文化和汉字，之后的奈良、平安均仿照唐宫建造宫殿。现存最早的文献《古事记》《万叶集》均由汉语写成，9世纪才出现用于记音节的平假名，10世纪奈良时代僧人创造片假名。

日本在很长时期内一直是诸侯割据，以幕藩（诸侯）体制为主，1543年，一只中国帆船因遭暴风雨袭击漂流到日本萨南的种子岛。船上有3名葡萄牙人，他们带有火枪，向日本人介绍了枪炮及其制造技术。种子岛岛主命令手下工匠尽快学习枪炮制造技术。这就是日本历史上所说的"铁炮传来"。以后，葡萄牙传教士将以天主教为中心的西方文化传入日本，史称"南蛮文化"，从此揭开了日本文化与西方文化接触的序幕。

但是，德川幕府于17世纪30年代颁布严格的"锁国令"，直到1854年在美国舰队司令佩里（Perry, Matthew 1794—1858）的逼迫下，才开始了局部地区的对外开放，日本人称此为"黑船来航"。1868年明治天皇取代德川统治继位后，中央集权制开始确立，迁都江户改名东京，发布《五条誓文》,① 由此开始了日本的近代化运动——明治维新。

　　"明治维新"是一次彻底的社会改革，在"殖产兴业"、"富国强兵"、"文明开化"、"脱亚入欧"口号下，全面吸收欧洲发达的资本主义文化和政体模式，1870 年废除封建制，1871 年废藩置县加强了中央集权制，1872 年颁布义务教育法，1889 年颁布宪法，1890 年召开国会，近代社会的政治体制得以完成。

图 5—111　日本铁路宣传画（1880）

　　自明治维新开始，日本大量引进、移植西方技术，在电报、铁路，海运方面学习英国，在钢铁、兵器、化工方面学习德国。在大量聘请外国技术人员的同时，着力培育本国的技术力量。1857 年即开始生产机床，1860 年在长崎开始了西式炼铁，1869 年开通横滨的电报业务，1867 年在鹿儿岛设立了近代纺织厂，第一条铁路于 1872 年建成（新桥—横渡）。1888—1894 年间工厂数量增加了 4 倍，工人人数增加了 3 倍。

　　日本的近代技术发展仿照西方各国工业化的模式，全面引进西方技术，注重传统技术与引进技术的结合，在满足国内市场的同时，努力开辟国际市场。这样，到明治末期，近代技术体系在日本已经基本形成。

---

　　① 《五条誓文》内容：一、广义会议，万机决于公论；二、上下一心，盛行经纶；三、文武百官以至庶民，各遂其志，勿失人心；四、破除旧习，以天公地道为基本；五、求知识于世界，以大振皇基。

# 第六章　近代技术的全面发展

## 第一节　概述

　　英国工业革命的推进和法国大革命的爆发，在人类社会的近代化进程中发挥了基础性的作用，工业化迅速向欧洲大陆及美洲、亚洲推进。英国、法国、德国、美国等一批新兴的工业国十分注重通过技术发明与革新发展经济，提高国力。产生于英国工业革命的近代技术在 19 世纪获得了全面的进步，以经典自然科学为基础的近代技术体系开始从机械化走向电气化，资本主义也从自由竞争走向垄断。

**图6—1　伽伐尼**

　　19 世纪是经典自然科学形成的世纪，在科学史上被称为"理性的世纪"。数学、天文学、地学、生物学、化学、农学、医学均已形成完整的经典科学体系，科学的符号化、数学化已经成为学科成熟的标志。

　　18 世纪末，意大利的伽伐尼（Galvani, Luigi 1737—1798）发现了生物电现象，伏打（即伏特 Volta, Alessandro 1745—1827）发明了电池（伏打电堆）。伏打电池的发明，是决定电磁研究方向的划时代产物。19 世纪 20 年代，丹麦物理学家奥斯特（Ørsted, Hans Christian 1777—1851）发现了电流的磁效应，法国物理学家安培（Ampère, André-Marie 1775—1836）提出通电直导线间相互作用的安培定律，德国物理学家欧姆（Ohm, Georg Simon 1789—1854）提出通电导线端电压与导线电阻、电流关系的欧姆定律，法国物理学家毕奥（Biot, Jean Baptiste 1774—1862）和萨伐尔（Savart, Felix 1791—1841）提出通电导线周围的磁场强度与电流、距离间相互关系的毕奥—萨伐尔定律。

　　在这些研究的基础上，英国物理学家法拉第（Faraday, Michael 1791—1867）于 1831 年通过实验发现了电磁感应定律，并提出"场"的概念。1864 年，英国物理学家麦克斯韦（Maxwell, James Clerk 1831—1879）通过理论分析，提出电磁

间相互关系的麦克斯韦方程，确立了电磁场理论，预言
了电磁波的存在，并推导出电磁波在空间传播速度恰等
于光速。到 19 世纪末，电磁单位制的确定和洛伦兹
（Lorentz，Hendrik Antoon 1853—1928）电子论的完成，
使经典电磁学形成为严密的科学理论。

图 6—2　法拉第

同时，德国物理学家兰伯特（Lambert，Johann
Heinrich 1728—1777）、英国天文学家赫舍尔（Her-
schel，Sir Frederick William 1738—1822）、英国物理学
家沃拉斯顿（Wollaston，William Hyde 1766—1828）等
人积累了丰富的光学研究成果，英国物理学家托马斯·
杨（Thomas Young 1773—1829）等人对光的干涉偏振
现象进行了大量研究后，提出了光的弹性波动说，取代
了长期处于统治地位的牛顿微

图 6—3　麦克斯韦

粒说。在这个学说的确立过程中起了重大作用的是托马
斯·杨和法国物理学家菲涅尔（Fresnel，Augustin Jean
1788—1827），特别是菲涅尔。他们虽然大体上接受了 18
世纪荷兰物理学家惠更斯（Huygens，Christiaan 1629—
1695）的思想，以光以太学说为基础，力图用力学模型去
解释光，但就从光的纵波说转向横波说从而奠定了物理光
学基础这一点，却是一个空前的进步。但是对于光、电、
磁的相互关系的规律性的探讨还要等到下一个世纪，而且
燃素说、热质说、光以太说，
在这一时期也没有被彻底否认，一直顽固地保留到现代
初期。

19 世纪后半叶，由于麦克斯韦方程的提出、电磁
波的发现、电子的辉光放电和放射性的发现和研究，动
摇了在经典自然科学中作为基石的物质具有最小微粒即
原子的观念。对光本质的研究和探讨、黑体辐射数学化
的困难，进一步动摇了经典自然科学关于物质与波的关
系的机械论观念，由此导致了 20 世纪初新的科学观念
的产生和相对论、量子论、原子结构理论的创立。

数学在数学分析高度技巧化之后，进入 19 世纪后
法国数学家傅立叶（Fourier，Jean Baptiste Joseph
1768—1830）即用数理方法处理热学的基本现象特别

图 6—4　罗巴切夫斯基

是从热传导，现象出发，提出了傅立叶级数。以此为契机，法国数学家柯西（Cauchy, Augustin-Louis, Baron 1789—1857）等人确立了函数概念的新定义并谋求微积分基础的合理化，开辟了数学分析的新局面。同时，从批判自古希腊以来欧几里得几何学的基础出发，德国数学家高斯（Gauss, Carl Friedrich 1777—

**图6—5　林耐**

1865）、俄国数学家罗巴切夫斯基（Лобачевский，Николай Иванович 1792—1856）开始提倡非欧几何，这些成果很快成为传统数学变革的起点。

生物学和地学到这一时期也有了新进展。18世纪前半叶，瑞典植物学家林耐（Linné, Carl von 1707—1778）确立了生物分类的基础。在这一时期，许多人对岩石、矿物、地质、化石等进行了实证性的研究，继而还对生物进行了解剖学、生理学的研究，同时以德国哲学家康德（Kant, Immanuel 1724—1804）与法国数学家拉普拉斯（Laplace, Pierre-Simon 1749—1827）提出的太阳系形成理论为代表，围绕宇宙、地球、生物的成因和发展出现了各种学说，相互之间展开了激烈的争论。在这场争论中，涌现出生物进化论的先行者法国博物学家布丰（Buffon, Georges Louis Leclere 1707—1788）和拉马克（Lamarck, Jean-Baptiste 1744—1829），到19世纪中叶，英国生物学家达尔文（Darwin, Charles Robert 1809—1882）发表了生物进化论的专著《物种起源》。

这一时期法国设立了综合技术学校（École polytechnique），致力于培养工业技术人才。英国成立了像"月光社"（Lunar Society）这种适应于工业革命时代的新型学会，以代替暂时衰落的英国皇家学会，尽力把工业和科学结合起来，不久又创设了英国皇家研究所（Royal Institution）。

在近代科学发展的300年中，科学研究中心从英国、法国、德国，到19世纪末开始向美国转移，这就是著名的"汤浅光朝现象"[①]。科学研究在18世纪后已经成为独立的活动领域和社会建制，各国的科学研究机构纷纷设立，作为科学共同体的学会、协会也如雨后春笋，科学研究逐渐成为国家的事业。由于新的信息传播技术、交通技术的出现，使得科学研究成果国际化速度空前加快，学术交流的活跃对各国科学研究的进展起了巨大的促进作用。

特别值得注意的是，物理学和化学等领域的一些新的科学发现，往往会很快转换成新的技术原理而导致新的技术发明。这一时期，涌现出许多集科学家、发

---

① 日本科学史学家汤浅光朝在20世纪60年代初通过统计分析发现，近代以来自然科学的学术中心在19世纪初从英国转向法国，在19世纪下半叶又从法国转向德国，20世纪上半叶转向美国。这一现象后来被科学史学界称为"汤浅光朝现象"。

明家与企业家于一身的人物，在他们的努力下，科学技术成果开始迅速向生产和
市场转化。

# 第二节　电力技术的兴起

### 一　伽伐尼电与伏打电堆

18 世纪摩擦起电机的发明和莱顿瓶的发明，引起了医学和生物学界的关注，
一些人开始进行肌肉在电击作用下收
缩的实验。

1789 年，意大利博洛尼亚大学
的解剖学教授伽伐尼偶然发现，一只
被切下来的青蛙腿在电击下会发生痉
挛。活体在电击下会痉挛的现象在当
时已众所周知，但死去的离体动物肌
肉会出现这种现象尚属首次被发现。
对这一发现有多种传说：伽伐尼用一
个是铜叉头一个是铁叉头的叉子碰触
蛙腿神经时，发现蛙腿肌肉痉挛

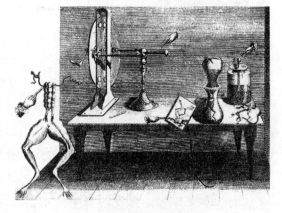

图 6—6　伽伐尼蛙腿实验

（George Gamow：*Biography of Physics*）；挂在庭院铁钩子上的蛙腿，当暴风雨来临
时就会剧烈颤抖（F. Cajori：*A History of Physics*）；放在起电机旁的蛙腿，当起电
机放电时蛙腿就会痉挛（广重彻：物理学史）；伽伐尼在解剖青蛙时发现，如果
用铜探针接触青蛙腿肌肉，用锌探针接触青蛙神经时，蛙腿会抽搐（Ernest Hen-
ry，Ph. D. Wakefield：*History of the Electric Automobile*）。

图 6—7　伏打

伽伐尼认为存在一种特殊的电，称作"动物电"，随
后伽伐尼对这种动物电进行了各种实验，发现用不同金属
接触蛙腿时，蛙腿会痉挛，但是用同种金属接触时，蛙腿
没有反应，他最终发现，Cu-Zn 组合的金属叉子使蛙腿发
生的痉挛最明显。1791 年，他以《论人工电对肌肉运动
的作用》（*De viribus elecricitatis in motu musculari commentari-
us*）为题在博洛尼亚学士会议上发表了他的实验成果。

意大利帕维亚大学物理学教授伏打读到伽伐尼的论文
后进行追加实验，一开始他很相信伽伐尼的"动物电"学
说，不久他得知苏尔泽（Sulzer，Johann Georg 1720—
1779）发现舌尖同时接触锌板和铜板的一端时，舌尖会有

图6—8 伏打电堆

刺激感的消息后，在1792—1797年间做了大量实验，确定了所谓的"动物电"与不同的金属接触有关，由此与伽伐尼开始了学术论争。伏打设计了灵敏的检电器，并将各种金属进行接触实验。1796年发现了金属的电压序列（伏打序列）：锌—锡—铅—铁—铜—白金—金—银—石墨—木炭，再度试验后于1797年订正为：锌—铅—锡—铁—铜—银—金—石墨，在这一序列中，当前面的与后面的金属相接触时，前面的带正电，后面的带负电，并发现任意两种金属间的电位差，等于中间所有电位差之和。1799年9月，他将铜板和锌板中间夹以纸板浸入盐水中，制成了最早的电池，为了获得更高的电压，他将这种电池多层叠加，用导线引出正负极。这种电池组被称为电堆，伏打将之称为electromotor，并于1800年3月，将实验结果写信告诉了英国皇家学会会长班克斯爵士（Banks, Sir Joseph 1743—1820），由此导致了19世纪人们对电磁现象的研究和电磁理论的形成。

在对"伽伐尼电"的解释方面，伏打提出了与动物本身无关的因不同金属相接触的"接触说"。同一时期，德国物理学家、化学家里特尔（Ritter, Johann Wilhelm 1776—1810）也证明"伽伐尼电"与动物无关，提出强调溶液作用的"化学说"，这两种学说一直争论到19世纪后半叶。

人类对电的认识与研究，以1800年伏打电堆的出现为分界，此前是静电研究时代，此后进入了动电即对电流的研究时代。1820年丹麦物理学家奥斯特对电流磁效应的研究、安培定律的发现、毕奥与萨伐尔对电流与磁场关系的研究，特别是1831年英国物理学家法拉第电磁感应定律的提出，为19世纪电力技术的形成与发展提供了坚实的科学前提。可以说，由电力技术的兴起所引发的电力技术革命，是技术科学化的真正开始，科学性的技术成为近代技术的主流，而传统的经验性技术退居次要地位。

## 二 化学电池

伏打电堆由于内阻很大以及金属电极的极化作用，输出电流不够稳定，19世纪初英国化学家戴维（Davy, Sir Humphy 1778—1829）等成功地进行了化合物的电解实验后，许多人开始沿着电解的方向对电池进行研究和改革。

1803年，德国物理学家、化学家里特尔发明的充电柱是一种在金属制成的圆片之间，夹以对金属无化学作用的某种液体浸湿的圆形布料、法兰绒或纸片。当其两端与一个伏打电池的电极连接后被充电，并能在一定时间内保持所充的电，可以代替伏打电池作电源使用。充电柱当时称二次电池，是蓄电池的原型。

1826 年，法国物理学家贝克勒尔（Becquerel, Antoine César 1788—1878）发现在电解时，许多氢气泡集聚在铜板上。为防止电极极化，1829 年，他用两块多孔陶片将电解槽分为 3 部分，中间放入盐，两边分别装入稀硫酸和铜、锌电极，制成一个带孔的输出较为稳定的电池。1836 年，英国伦敦大学化学教授丹尼尔（Daniell, John Frederic 1790—1845）用铜圆筒作阳极，在铜圆筒中再放入一个陶制圆筒，在陶筒中放入作为阴极的表面敷汞齐的锌棒。阴极

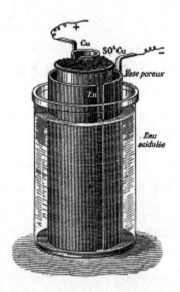

图 6—9　丹尼尔电池

侧用 $ZnSO_4$ 或稀 $H_2SO_4$，阳极侧用 $CuSO_4$ 饱和溶液为电解液的"丹尼尔电池"，这种电池在常温下可以输出 1 伏左右的稳定电压。这种电池曾作为标准电池使用，后来广泛用于电报机的电源。当时较为普及的电池是德国化学家本生（Bunsen, Robert Wilhelm 1811—1899）于 1842 年发明的用碳棒作阳极，锌板作阴极，用重铬酸作电解液的本生电池，输出电压可达 1.9 伏，但其结构复杂、价格昂贵，且输出电压随电解液浓度而变化。

对丹尼尔电池做出重要改进的是英国的 J. C. 富勒（Fuller, John Crisp 1821—1911）。1853 年，他将陶筒内的稀硫酸换成硫酸锌溶液，由此延长了锌电极的寿命，后来又与其弟 G. 富勒（Fuller, George 1845—1931）在 1875 年研制成用水银作阳极，用重铬酸作电解液的电池。这种电池输出电压达 2 伏，内阻也不高。

对丹尼尔电池做出另一重要改革的是法国的米诺托（Minotto, Jean），1862 年，他制成以丹尼尔电池原理为基础的"重力电池"。这种电池用沙层代替丹尼尔电池的陶筒，在容器底部放一块铜板作阳极，其上放硫酸铜结晶粉末，上面再放上沙层，沙层上面放置作为阴极的锌板。使用时往锌板上浇水即可，一直可用到硫酸铜耗尽为止。这种电池曾在印度、南亚等热带地区长期用作电报机的电源。

1868 年，法国的勒克朗谢（Leclanché, Georges 1839—1882）制成今天干电池前身的锌锰电池，勒克朗谢把固体的二氧化锰装在陶杯中，中间插上一根碳棒作为正

图 6—10　勒克朗谢

极，然后将它放置在装有作为电解液的饱
和氯化铵溶液的玻璃杯内，并在溶液中放
一根锌棒作负极。端电压 1.5 伏，内阻仅
0.2～0.8 欧姆。随后有人将锌棒改为锌
筒，既作电池的负极又作容器，成为后来
最常见的锌锰干电池。

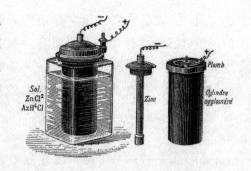

图 6—11　勒克朗谢蓄电池

　　但是这类电池都属于一次性电池，即
随着放电作为电极的金属板会消耗掉。与
一次性电池同时发展的还有蓄电池。蓄电
池属于二次性电池，需要有电源充电。

　　1802 年，古瑟洛特（Gautherot, Nicolas 1753—1803）发现了蓄电池原理，并
用实验证实了二次电池（即蓄电池）的可行性。1839 年，英国伦敦学院教授格罗
夫（Grove, Sir William Robert 1811—1896）在研究电解的基础上，试制了使用酒
精及氢等各种气体的"气体电池"，可惜这些电池都没能实用。

图 6—12　普朗泰

　　1854 年，德国的辛斯特登（Sinsteden, Wilhelm Josef 1803—1891）最早使用铅板
试制蓄电池，但是真正实用的铅蓄电池是法国物理学家普朗泰（Planté, Gaston 1834—1889）在 1859 年研制成功的。他在稀硫酸中置入两块铅板，当有电流流过时因化成作用两块铅板间就会形成稳定的电动势。当时这种蓄电池在铅板间塞上布，再注入 10% 的稀硫酸，一个月要充放电几次。普朗泰的电池经过法国化学家福尔（Faure, Camille Alphonse 1840—1898）于 1881 年在铅板上涂敷铅复合物，1883 年英国发明白炽灯的化学家斯旺（Swan, Sir Joseph Wilson 1828—1914）又将平面铅板做成孔状铅板等一系列改革，加之 19 世纪 80 年代后电力技术的进步，普朗泰的电池（铅—酸蓄电池）开始成为一种电压输出稳定、机动性强的电源。

图 6—13　普朗泰的蓄电池

### 三　电磁铁

电磁铁是 19 世纪初的重要发明，是电磁现象的最早应用，其原理更是后来电机、电磁式电报机以及各种电磁开关、电磁选矿设备设计的核心理论。

1820 年，法国巴黎理工学院教授、物理学家、天文学家阿拉戈（Arago，François 1786—1853）和法国化学家盖 – 吕萨克（Gay-Lussac，Joseph Louis 1778—1850）发现，铁块可以被绕着它的金属线圈中的电流所磁化，当向绕在熟铁芯上的线圈通以电流时，铁芯被磁化，对铁磁体产生吸力；电流不通时铁芯去磁，吸力就消失，但是当铁芯是钢时，铁芯会被强烈磁化，切断电流时铁棒的磁性也不消失，由此发明了人造永磁铁。

1823 年，英格兰工程师斯特金（Sturgeon，William 1783—1850）在进行安培发明的螺线管通电试验时，将一个通电 18 匝的线圈与单匝线圈接触，发现产生很大的像磁铁一样的磁力，进而发现其磁力大小与通电电流大小、匝数多少成正比，而且磁力集中在线圈中央部分。用单个电池给绕在棒上的铜线通以电流时，这块仅 7 盎司的铁棒吸持了 9 磅的铁块，电流一断开，铁块即刻跌落。当时用的是裸线圈，他为了进一步证明这一现象，将导线与铁芯间涂上清漆以绝缘，后来又将铁芯折成 U 字形，将导线缠绕在铁棒上通电进行了演示，这是世界上最早发明的电磁铁。美国发明家亨利（Henry，Joseph 1797—1878）于 1829 年对这种电磁铁进行了重大的改进。这项发明对电动机和电报的发展是极其重要的。1836 年，斯特金又发明了动圈式电流计。

图 6—14　亨利

亨利是美国继富兰克林（Franklin，Benjamin 1706—1790）之后一位重要的电磁学开拓者，出身贫寒，13 岁即在钟表铺学徒，青年时自学自然科学，当读到斯特金关于电磁铁的论文后，开始从两个方面对电磁铁进行改革。其一是弄清了在空心线圈中插入铁芯的作用以及匝数与磁场强度的关系；其二是为了防止线圈相互间短路，在其妻子的帮助下，用女裙拆下来的丝线对导线做了绝缘，后来用纱线缠绕导线的绝缘导线即纱包线曾经是重要的绝缘导线，直到 20 世纪还在使用。1828 年左右，亨利制成比斯特金更强力的电磁铁，吸起 338 千克重物。同年在耶鲁大学又用普通电池作电源，表演了吸起 1 吨重物体的巨型电磁铁。

1831 年，亨利还利用电磁铁制作电报装置。为克服因传输导线长电阻增大而产生的信号衰减，1835 年他发明了继电器，使电路可以接力式地传输。此外，亨

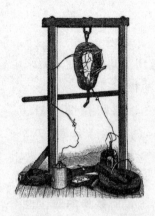

图6—15　亨利电磁铁

利在电磁学上也有重大贡献。他与英国的法拉第各自独立地发现了电磁感应定律，并最早发现了自感现象，还于1831年发表了关于电动机的论文。但是由于当时美国科学技术还较为落后，他对自己的发现并未足够重视而推迟了向社会及时公布。即使如此，亨利逐渐赢得了社会声誉，南北战争时，他担任美国科学动员的指挥者，之后又组织利用电报的全美天气预报网，为美国气象局的建立奠定了基础。

### 四　早期的电动机

发现电动机原理的是英国物理学家法拉第，1821年，法拉第在实验中发现，通电导线周围的磁针不是沿着电流方向运动，而是垂直于电流方向运动。由此他从电流与力间直角关系的原理出发，推出在条状磁铁周围的通电导体会连续旋转的电动机原理，并组装成称作"旋转器具"的雏形电动机。然而由于法拉第的电动机原理不为当时学界所理解，加之后来电磁铁的发明，更多的人被电磁铁强大的引力斥力所吸引。

英国物理学家、数学家巴洛（Barlow，Peter 1776—1862）在1824年，亨利在1831年均在设计电动机，巴洛设计出一种称作"Barlow轮"的单板电机，亨利则发表《关于由磁铁的吸引与排斥产生旋转运动》的论文。1833年，伦敦大学教授里奇（Ritchie，William 1790—1837）制成一个让电磁铁垂直旋转的电动机模型。

美国锻工出身的达文波特（Davenport，Thomas 1802—1851）在得知亨利发明的电磁铁，自重不大却能吸引很重的物体时非常吃惊，动员其兄卖掉自家的马和马车，买回一个电磁铁进行研究，很快于1834年设计出实用的电动机，并于1836年用他的电动机成功地驱动了车床。1837年在大学教授们的帮助下，他的电动机获得专利。同年，他设计出在直径为2英尺的圆形轨道上用电动机驱动电车的模型，1840年他用电动机成功地驱动印刷机。

几乎与此同时，英国的戴维森（Davidson，Robert 1804—1894）于1838年也制成电动机，第二年他用电动机成功地驱动车床，还驱动了一台乘坐2个人的电车。伦敦国王

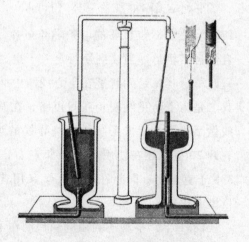

图6—16　法拉第电动机实验

学院（Kings College）的福布斯（Forbes,
Patrick）教授曾动员铁道所有者对戴维森的
实验进行资助，但是未能成功。他为了宣传
电动机的实用性，于1842年向公众展示了用
电动机驱动的电锯、车床和印刷机。

　　这是两个仅凭自己的兴趣和力量从事
电动机研究的人物，由于他们两人的工作
始终未能得到社会的认可和支持，都在贫
困失意中去世。

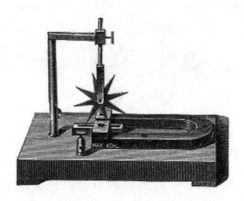

图6—17　Barlow轮

　　与上述二人不同的是，俄国彼得堡科
学院的德裔物理学家雅可比（Jacobi, Moritz HermannVon 1801—1874）的电动机
研究，却得到了俄国海军的支持，俄国海军希望他研究的电动机能够取代船帆作

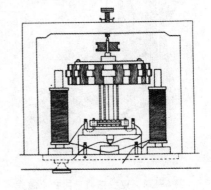

图6—18　雅可比电动机

为船舶的动力。1834年，雅可比在棒状
铁芯上绕上线圈制成电磁铁，用整流器
改变极性制成一台电动机，输出功率在
15瓦左右，1838年他与英国的格罗夫
（Grove, Sir William Robert 1811—1896）
合作，制成类似于达文波特机型的双重
绕组的电动机，并将20台电动机作为一
组，用两组电动机共同驱动一根桨轮船
的轴，在圣彼得堡的涅瓦河上运行了电
动桨轮船，为此得到俄国沙皇相当于
12000美元的支持。然而这种驱动方式
用了320个电池，因电力消耗过大而不得不放弃进一步的研究。

　　与雅可比同样得到政府支持的是美国的佩
奇（Page, Charles Grafton 1812—1868）。早期
的电动机受蒸汽机汽缸活塞结构的影响，多设
计为将铁芯在交变磁场中往复运动，再带动曲
柄做旋转运动。1846年，佩奇制成这种活塞
式的电动机，经改革后于1850年获得专利，
美国议会给他5万美元让他研制电力机车，第
二年，他研制的用100个电池做电源的电车试
运行成功，时速达30公里，但是由于电池消
耗过大也被迫告终。

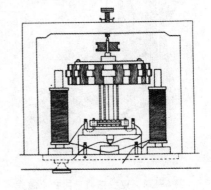

图6—19　帕奇诺蒂环状电枢电机

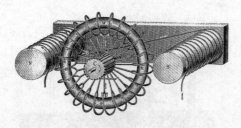

图6—20 帕奇诺蒂环状电枢 (1865)

对电动机做出进一步改革的是意大利比萨大学物理学教授帕奇诺蒂（Pacinotti, Antonio 1841—1912），1865 年，为了防止电枢绕组在高速旋转时偏离，他将电枢做成带齿的轮状，发明了将绕组绕在齿状铁芯上的环状电枢，制成具有一定扭矩的电动机。不久后，他将电动机的永磁铁用电磁铁代替，发现这种电动机还可以作发电机用，即电动机与发电机互逆原理，1870 年他又制成环状电枢的直流发电机，可惜因为必须去服兵役而未能继续他的研究。

此外，法国的弗罗芒（Froment, Paul-Gustave 1815—1865）、荷兰的埃里斯（P. Elias）均在研制电动机，也都因为缺乏廉价的电力而夭折。

在当时，利用电池的电力价格是相当昂贵的，据英国的亨特（Hunt, Robert）计算，1850 年用蒸汽机和用电池的电动机所获得的动力价格比为 1∶25，直到 1881 年后随着发电机的进步，电力价格大为下降后电动机才重新发展起来。

## 五 早期的发电机

随着电池的进步，欧洲出现了电报、电照明、电镀等许多新的行业和工业部门，社会对电能的需求不断增加，在这种情况下，一种新的电源——发电机应运而生。

图6—21 皮克希的手摇永磁式发电机 (1832)

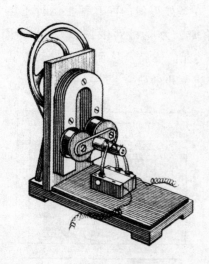

图6—22 克拉克的手摇式永磁式发电机 (1835)

发电机的发展大体经历了永磁式直流机、它激式直流机、自激式直流机自激原理和交流机四个阶段，用了 50 余年的时间才真正得到价廉而实用的电力。

发电机始于用永磁铁激磁的永磁式发电机。1832 年，即法拉第发现电磁感应定律后的第二年，法国仪表制造商皮克希（Pixii, Hippolyte 1808—1835）发明了摇动马蹄形磁铁的手摇发电机。1833 年，皮克希采用法国物理学家安培的建议，在1832年发明的手摇永磁交流发电机上加装两片相互隔开的、与发电机相连的筒瓦状金属板，用弹簧片（后来改为石墨刷）与其接触，再通过导线向外引出电流。当线圈中的电流方向改变时，换向器的金属板也正好转过半圈而改换了电流方向，这样输出的电流就成为方向不变的直流电，但这种电流是脉动的。最早实用的发电机是伦敦仪器制造商克拉克（Clarke, Edward M. 1804—1846）于1835年发明的，这种发电机是让永磁铁不动，手摇线圈切割磁力线发电的。1842年，雅可比也制成一台这种发电机，用于引爆地雷。

由于单个永磁铁产生的磁场较弱，出现将多个永磁铁组合以增大发电机的输出功率的永磁式发电机。1846年，德国的施托雷尔（Stöhrer, Emil 1813—1890）制成的发电机就采用了三个马蹄形磁铁。1856年，英国的霍姆斯（Holmes, Frederick Hale 1840—1875）制成使用36个马蹄形磁铁的发电机，以获得较大的输出功率。他制成的这台发电机输出功率为1.5千瓦，但重达2吨，需要用2.5马力的蒸汽机驱动，是世界上第一台商用直流发电机。后来制成重4吨，需要用输出功率6~8马力的蒸汽机驱动的发电机。当时的电枢模仿传统的手摇纺车状，发出的电压波形复杂且有中断。

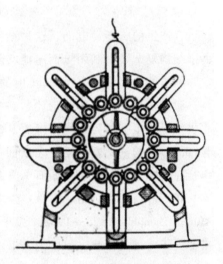

图6—23　多个马蹄形磁铁的永磁式发电机（1855）

在激磁的磁铁方面，电磁铁取代永磁铁是电机发展中划时代的进步，这一设计最早于1851年由德国的辛斯特登（Sinsteden, Wilhelm Josef 1803—1891）完成，他提出用通电线圈（电磁铁）代替电机的永磁铁的它激式发电机方案，这是发电机励磁方式的重大变革。他还用若干细钢丝取代棒状铁芯，以降低铁芯中的涡流。1863年，维尔德（Wilde, Henry 1833—1919）制成在发电机上部安装独立激磁线圈的它激式发电机，这类发电机使用外接化学电源供电，价格昂贵，也未能得到广泛应用。当时，由于资本主义经济的迅速发展，在通信、照明及电化学方面，迫切希望有更为经济的电源。

它激式发电机出现不久，英国的沃利兄弟（Varley, Cromwell Fleetwood 1828—1883 and Samuel Alfred 1832—1921）于1866年12月24日提出关于自激发电机的专利申请，一个月后德国的W. 西门子利用剩磁制成自激式发电机，于1867年1月17日在柏林科学院介绍了这种发电机，并通过其在英国的弟弟Ch. W. 西门子（Siemens, Charles William 1823—1883）在英国皇家学会上发表了

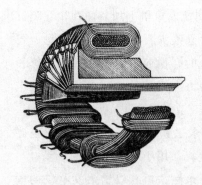

图6—24　格拉姆的环形电枢
（1870）

这一消息。这种发电机利用自身产生的电流激磁的电磁铁作场磁铁，激磁电流随输出功率增大而增大，由此可以产生极强的磁场，使发电机输出功率大为提高。随后，法国的萨米埃尔（Samuel，Alfred Varley 1832—1921）、英国的惠斯通（Wheatstone，Sir Charles 1802—1875）等人均制成自激式发电机。自激式发电机的发明使发电机的输出功率大为增加。事实上，自激原理最早是由在英国工作的丹麦人约尔特（Hjorth，Søren 1801—1870）于1852年发现的，并于1854年获得英国专利。他设计的发电机是用永磁铁和电磁铁组合产生的磁场发电的，这种结构可以产生比永磁铁强得多的激磁磁场。然而由于结构复杂、调制困难而未能实际应用。

维尔德曾将由旋转电枢发出的电称作 dynamic-electricity，1866年发表论文，对自激式发电机原理作了论述，并将自激式发电机与永磁式发电机相区别，将自激式发电机根据西门子最初发表其成果时用的术语 dynam-electric machine，简称作 dynamo。他的论文发表后，在欧洲学界引起很大的反响，沃利兄弟、西门子等人均是在读到他的论文后开始研制自激式发电机的。

真正得到广泛应用的自激式发电机是1870年比利时工程师格拉姆（Gramme，Zenobe Theophile 1826—1901）发明的格拉姆发电机。1870年，格拉姆读到帕奇诺蒂关于改进的环状电枢的论文后，制成可以产生均匀电流的环状电枢的发电机，电枢铁芯采用细钢丝以减少涡流，输出功率大，体积小，重量轻，很快得到普及，格拉姆也迅速成为富翁。1873年，格拉姆在维也纳世界博览会①上用实验表明发电机与电动机的可逆性。但是无论是西门子机还是格拉姆机，由于采用的都是直流激磁方式，其输出电压受电枢旋转速度的变化影响很大，不适合给当时已经普遍采用的电弧灯作电源。直到白炽灯发明后，发电机发出的电才成为照明电源。

早在1850年，德国的 W. 西门子（Werner von Siemens 1816—1892）就发明了双 T 型（H 型）电枢，1873年，德国西

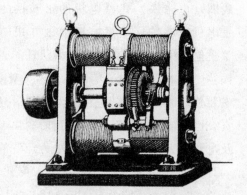

图6—25　格拉姆 A 型直流发电机

---

① 世界博览会旧译为"万国博览会"，系直接采用日语译名。

门子－哈尔斯克公司（Siemens－Halske）的
设计人员阿尔特涅克（Hefner-Alteneck,
Friedrich von 1845—1904），将意大利物理学
家帕奇诺蒂设计的环状电枢和西门子的双 T 型
电枢相结合，发明了筒形鼓状电枢。他在木质
鼓上用木钉固定表面绕组，由于格拉姆的环状
电枢中，部分绕组是不起作用的，而阿尔特涅
克的鼓状电枢中的绕组都能被有效地利用，加
之鼓状电枢结构简单，铜线用量较少，西门子
－哈尔斯克公司曾批量生产这种鼓状电枢发电
机。1880 年，瑞典电工学家文斯特洛姆
（Wennström, Jonas）最早发现电枢内有效磁
路的重要性，将电枢导线嵌入电枢芯的槽缝
内，使电枢与激磁线圈形成同心圆，成为现在
通用的做法，于 1882 年获得专利。

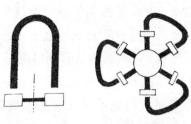

单永磁铁型（1832）　　　多永磁铁组合型（1846）

双T(H)电枢型（1850）　　　环状电枢型（1870）

鼓状电枢型（1873）　　　同心圆型（1892）

图 6—26　直流发电机结构演变示意图

　　由于这一时期双面涂绝缘漆的矽钢片还未
发明出来，发电机铁心内涡流发热现象十分严
重，为此有人试验用空冷或水冷的方法对发电
机进行冷却。1869 年，霍姆斯提出用流动的冷水冷却发电机的专利，1873 年在维
也纳世界博览会上展出的西门子－哈尔斯克公司生产的发电机，即采用了水冷
方式。

　　1879 年，美国发明家爱迪生（Edison, Thomas Alva 1847—1931）在其助手的
帮助下，对阿尔特涅克的鼓状电枢发电机进行改革，制成两台大型的二极发电机，
在慕尼黑博览会上做了演示，其效率达 87%。由于涡流的影响，在实际点燃 60
个电灯时，效率仅为 58.7%。当时，由于发电机理论尚未形成，发电机的改革多
是在试错中进行的。

## 第三节　交流发电机与输变电

### 一　交流发电机与变压器

　　对交流发电机作出重要贡献的是英国的费朗蒂（Ferranti, Sebastian Ziani de
1864—1930）。费朗蒂少年时即对电机感兴趣，17 岁时制成一台发电机卖了 5 英
镑 10 先令。后来，费朗蒂专心对转子进行改革，在格拉斯哥大学教授、物理学家
汤姆生（Thomson, William 1824—1907）的建议下，利用交流电来产生旋转磁场，

制成一种将绝缘铜带连续卷绕以产生感应涡流的
电枢，用这种电枢制成输出电压 15000 伏的交流
发电机，同时，他也倡导用高压进行远距离输电。

　　与此同时，美国以发明铁路机车空气制动
器而闻名的发明家、实业家威斯汀豪斯（West-
inghouse, George 1846—1914）以及戈登（Gor-
don, James Edward Henry 1852—1893）、卡普
（Kapp, Gisbert 1852—1922）等人也在研究交
流发电机。其中戈登的发电机 1885 年安装在英
国伦敦大西部铁路（Great Western Railway）的帕
丁顿（paddington）车站。这台发电机高 3 米，
重 22 吨，用每分钟 146 转、输出功率 447 千瓦
的蒸汽机驱动。1889 年，德国电气技师多里沃
·多布洛沃尔斯基（Dolivo-Dobrowolsky, Michail
von 1862— 1919）发明了
最早的三相交流异步电
机。由于矽钢片及绝缘材
料的进步，特别是 1880
年爱迪生为减少涡流而发
明的叠片铁芯，使电机的
体积、重量不断减少而功率不断增大。

图 6—27　费朗蒂高压单相交流发
电机转子

图 6—28　费郎蒂高压单相交
流发电机

图 6—29　多里沃·多布
洛沃尔斯基

图 6—30　特斯拉

　　交流输电的核心设备是变压器。1860—1870 年，一些
人以照明为目的进行了设计。俄国的雅布洛奇柯夫
（Яблочков, Павел Николаевич 1847—1894）用线圈绕组
分割方式为其电烛设计出"电灯分割"供电方式（1877
年获专利）。接着法国的戈拉尔（Gaulard, Lucien 1850—
1888）和英国的吉布斯（Gibbs, John Dixon 1834—1912）
于 1882 年设计的"照明、动力用分配方式"获专利，这
是一种开路式变压器的配电方式，也称"二次发电机"。
这种二次发电机由串联或并联的几个感应线圈构成，二次
线圈的电压可以由可动的铁芯调整。他们的变压器可以将
大容量的电能用交流的方式远距离输送，在 1884 年都灵
博览会上，曾以 5000 伏电压传送了 40 公里。但由于是开
磁路方式，很难实用化。

1880 年，出生于克罗地亚的特斯拉（Tesla, Nikola 1856—1943）在奥地利格拉茨大学对格拉姆电机进行实验时，设想定子绕组只要设计合适，通电时就会产生旋转磁场，由此可以产生相位差 120°的三个正弦交流电。1884 年他移居美国，向新泽西州的爱迪生公司求职，由于爱迪生不相信交流电会有什么用处而遭拒绝，而威斯汀豪斯坚信交流电在输配电方面的优越，购买了特斯拉的专利并于 1886 年在匹兹堡成立威斯汀豪斯电机公司。在特斯拉的指导下，制成输出功率 125 千瓦，输出电压 1000 伏，用蒸汽机驱动的交流发电机，全力推行三相交流配电方式。在英国，霍普金斯（Hopkinson, Edward 1859—1922）于 1884 年与助手共同研制成最早的闭路变压器。最早的交流发电站是英国的格罗斯维纳电站，该

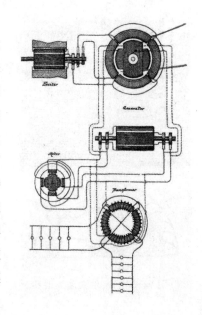

图 6—31 特斯拉变压器原理图

电站采用戈拉尔和吉布斯的变压器，于 1883 年开始为照明供电。1885 年，该电站发生事故，招聘费朗蒂担任了技术部主任，伦敦配电公司随即投入 100 万英镑，在费朗蒂指导下开始了大规模的电站建设。1891 年，费朗蒂设计了 2 台输出电压 5000 伏、频率为 83 赫兹的费朗蒂发电机，用输出功率 1250 马力的蒸汽机驱动。配电方式采用 2 段制，先将发电站发出的 10000 伏高压交流电用他设计的变压器降至 2500 伏，再在用户区将 2500 伏的电降至 100 伏供用户使用。

## 二 水力发电与火力发电

早期驱动发电机的原动机主要是蒸汽机，后来在水力发电站使用了水轮机，在火力发电站使用的是汽轮机，而小型移动式发电机组多用柴油机或汽油机。

水轮机亦称水力涡轮机，其原型是水车。19 世纪后，各种形式的水轮机被发明出来。法国矿山学校教授布尔丹（Burdin, Claude 1788—1873）给新式水车起名叫透平（turbine），他的学生富尔内隆（Fourneyron, Benoît 1802—1867）于 1827 年制

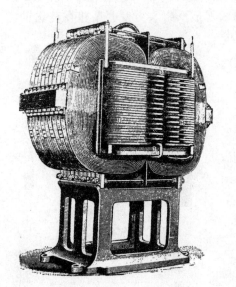

图 6—32 费朗蒂设计的 150 马力变压器

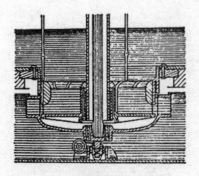

图6—33　富尔内隆水轮机

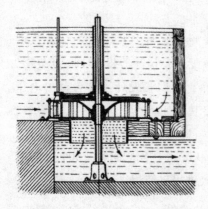

图6—34　弗朗西斯水轮机

作出反冲式水力涡轮机，这种水轮机可以在落差5米的水流下运转，功率达200马力。1849年，美国水力工程师弗朗西斯（Francis, James Bicheno 1815—1892）发明了外侧安装固定叶片，内侧安装旋转叶片，适用水位落差40～300米的混流式水轮机。这种水轮机与富尔内隆的水轮机的水流方向相反，是由桨轮的外圈向内流动的，结构简单，效率较高，适应的水头范围较宽，广泛应用于水电站带动发电机发电。

1870年，美国水力工程师佩尔顿（Pelton, Lester Allen 1829—1908）发明了一种水从喷嘴中喷出，让喷出的水冲击叶片，靠水流的动能使叶片旋转的冲击型水轮机，适用于水量不多，但落差较大（300～1800米）的水力发电站中。1920年，奥地利工程师卡普兰（Kaplan, Viktor 1876—1934）制成卡普兰水轮机，这种水轮机适用于水量多、落差小的水力发电站，它可以随水量的变化而变动螺旋桨叶片，以保持最高效率。把水轮机与发电机结合起来的设想是1865年德国人特普勒（Toepler, August Joseph Ignaz 1836—1912）提出的。最早的水力发电站建在英国的戈达尔明（Godalming），两年后美国也建成水力发电站。但是，由于水轮机必须安装在水流丰富的偏僻山区，而电的用户又多集中在城市，在远距离输变电技术没成熟前，发展是相当困难的。

需要锅炉提供高压蒸汽工作的汽轮机，又称蒸汽透平或蒸汽涡轮机，不但是现代火力发电站、核电站广泛应用的原动机，也可以单独用于船舶、冶金等方面，还可以利用余热为城区居民生活或工厂供热。

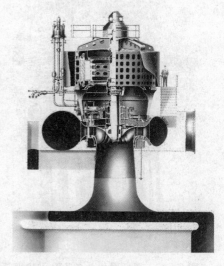

图6—35　卡普兰水轮机

早在公元前 120 年，古希腊的希罗（Heron of Alexandria 活跃于公元 1 世纪）就发明过一个靠蒸汽喷射的反作用力旋转的蒸汽球。1626 年，意大利的布兰卡（Branca, Giovanni 1571—1645）在其著作《机械》（*Le Machine*）中，设计了一个利用蒸汽推动轮盘粉碎药剂的装置。真正实用的汽轮机是瑞典的拉沃尔（De Laval, Gustaf 1845—1913）于 1882 年发明的，其结构是在圆筒周围安有叶片，蒸汽通过喷嘴冲击叶片使轮子转动，这是最早的冲击型

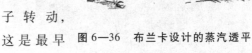

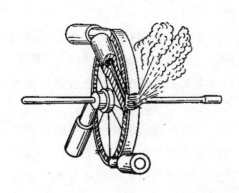

图 6—37　拉沃尔汽轮机（1882）

图 6—36　布兰卡设计的蒸汽透平

汽轮机。1884 年，英国的帕森斯（Parsons, Charles Algernon 1854—1931）为驱动发电机，发明了一种利用蒸汽在叶片之间边膨胀边通过而产生反冲作用的汽轮机，转速达 8000 转/分，他还发明了与这种汽轮机配套的发电机。1888 年，他为 Forth Banks 电站安装了一台 75 千瓦，每分钟转速 4800 转的涡轮高压交流发电机。1891 年，又制成效率更高的径流凝汽式汽轮机。1896 年，美国西屋公司购得帕森斯的这一专利，几经改进，成为火力发电站的主要设备。

### 三　电站

爱迪生于 1879 年发明了白炽灯后，为发展电灯事业于 1882 年在伦敦建立了发电站，安装他在 1880 年研制的 110 伏自激式直流发电机，这种发电机可以为 1500 个 16 烛光的白炽灯供电。同年 9 月 4 日，爱迪生在纽约建立的安有 6 台直流发电机的"中央发电站"也投入运行，对 8000 只白炽灯供电。此后爱迪生还为工厂、商店、运动场建造了上百个小型发电站。

帕森斯发明的汽轮机，很快即用于电站装

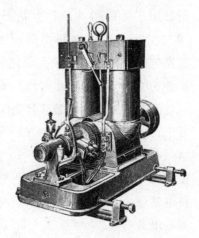

图 6—38　爱迪生的直流发电机

图6—39 爱迪生的中央发电站（1882）

图6—40 尼亚加拉水电站厂房

备，火力发电站所用的汽轮机为提高效率多采用凝汽式汽轮发电机组。20世纪50年代，燃气轮机开始用作火力发电站的原动机，由于其以空气而不是用水为介质，省去了锅炉、冷凝器、给水处理等大型设备，体积小、重量轻、占地少、机动性好，多用于机动性电站。1970年，法国研制成燃气—蒸汽联合发电机组，可以用煤气或天然气为燃料，而且由于可以利用燃气轮机发电后的余热产生蒸汽，因此有更高的热效率，在各国新建火力发电站中得到广泛应用。

与火力发电站并行发展的是水力发电站，它利用堤坝提升水位，以水轮机为原动机驱动发电机发电。早期的水力发电站多为小型电站。1873年，瑞士建成最早的水力发电站，总装机容量为620千瓦。1895年美国的尼亚加拉水力发电站建成，总装机容量为14.7万千瓦。20世纪末世界上最大的水力发电站是巴西与巴拉圭交界处的伊泰普水力发电站，装机容量达1269万千瓦。中国第一座水力发电站——台湾龟山水力发电站于1905年建成，装机容量为600千瓦。

火力发电站和水力发电站是目前各国广泛使用的两种电站形式。20世纪后，还建成利用潮汐水位差发电的潮汐电站，最大的潮汐电站是1967年投入运行的法国布列尼塔圣马洛湾电站，装机容量为24万千瓦。还有利用风力的风力发电站、利用地热的地热电站，但是规模都很小。20世纪后半叶出现的核电站已成为可以与水电、火电并列的电站形式。

图6—41 尼亚加拉水电站

### 四　远距离输变电与交流电路理论

19世纪80—90年代，虽然社会对电力的需求与日俱增，但是由于当时的电力都是低压直流电，输送不远，限制了电力的应用。1882年，法国物理学家德普

图6—42　德普雷在慕尼黑世界博览会上展示他的发电机（1882）

雷（Deprez, Marcel 1843—1918）进行了高压远距离输电实验，他将装在米斯巴赫煤矿中的直流发电机发出的电能，始端电压为1343伏，末端电压为850伏，沿57公里电报线（直径4.5毫米钢线）输送到慕尼黑世界博览会，带动一台电动机运转，电动机带动水泵，把水升高2.5米，形成一个"人工瀑布"。该输电线路的线路损耗达到78%，它既说明远距离输电的可能性，但也显示了直流电在远距离输电中的局限性。

关于电力的输送方式，是采用直流输电还是采用交流输电，曾有过很长时期的学术争论，爱迪生和英国物理学家W. 汤姆生（Thomson, Sir William 1824—1907）都极力主张采用低压直流，而美国的威斯汀豪斯和英国的费朗蒂则主张采用高压交流。

由于当时电力应用开始从照明向工业动力扩展，而水力发电站的选址往往距离用电的厂矿较远，低损耗远距离输电已经成为迫切需要解决的问题。许多人在理论与实践上对此进行了研究，费朗蒂用实验证明，采用交流高压输电方式最有可能解决这一问题。

德国的电气技师多里沃·多布洛沃尔斯基研究了三相交流理论，发明了三相

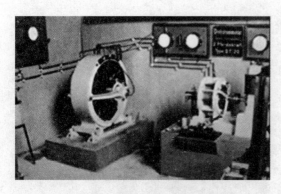

图 6—43　多里沃·多布洛沃尔斯基的
三相交流异步电动机

交流异步电动机、三相交流变压器，1890 年研究了三相四线制交流配电方式。1891 年，他指导德国通用电器公司架设了 178 公里远的输电线路，用 1.5 万～3 万伏高压将内卡河用水轮发电机发出的电能输送到法兰克福世界博览会，效率达 77%，由此证明了三相交流高压输电的可行性。美国威斯汀豪斯的西屋公司，购买了法国物理学家戈拉尔在 1882 年发明的变压器专利，对交流电机和变压器进行了大量的研制工作，为推广高压输电方式，击败爱迪生并取得了对美国电力的垄断权，在不到一年的时间内设计制造了包括 12 部三相发电机在内的全套电站设备，在 1893 年芝加哥世界博览会上成功地进行了展示实验。1896 年，尼亚加拉水力发电站采用了该公司的发电输电设备，在电站将发电机发出的 5000 伏交流电升至 11000 伏，输送至 40 公里外的布法罗市（Buffalo）。这一输电方式的成功使高压交流输电方式迅速在世界范围内推广开来。

进入 20 世纪后，输电电压越来越高，因此电站覆盖用户面积也越来越大。世界上各时期架空线最高输电电压为：1910 年 120 千伏（美），1920 年 150 千伏（美），1930 年 220 千伏（美、德、法、苏），1940 年 280 千伏（美），1950 年 400 千伏（瑞典、苏、法、西德），1960 年 500 千伏（苏）。高压送电所用的变压器、电缆、绝缘材料也相应有了进步。输电线最早使用的是钢质电报线，后来为减少阻抗采用了铜质电线，1900 年后出现了铝线。电力价格在 1905—1935 年间下降了 90%，发电量、电力网的长度均成为衡量一个国家工业化的重要指标。

交流输电方式的发展，要求交流理论随之发展。但是，由于交流理论的复

图 6—44　19 世纪末的发电机

杂性，使许多电气技术人员在理解上遇到很大困难。爱迪生之所以反对交流输电，除了因为他在直流输电方面投入了很大资本外，另一个重要原因，是他没有接受系统的数学教育，很难理解复杂的交流理论。

1890 年，多里沃·多布洛沃尔斯基确立了三相交流配线方式后，交流电路理论开始迅速发展。1891 年，多里沃·多布洛沃尔斯基在法兰克福的国际电工学会上提出一份报告，奠定了交流理论的基础。在这一报告中，多里沃·多布洛沃尔斯基提出了交流理论的第一命题，即在给定频率及绕线圈数时，磁通的大小由电压值确定。磁通量如果按正弦波变化，电压也按正弦波变化，且有 90° 的位相差，并将此作为交流理论的第二命题。由此阐明了电压与磁通量间的相位关系。还提出并分析了"激磁电流"及"动作电流"的概念，建议将电流的基本波形用正弦曲线表示。多里沃·多布洛沃尔斯基的三相交流理论成为 19 世纪 90 年代交流电动机和变压器设计的基本理论。

在三相异步电机理论发展中起了很大作用、表征异步电机动作特性重要函数关系的"圆图"，则是海兰（Heyland, Alexander Heinrich 1869—1943）于 1894 年发表的《多相感应电动机和变压器的图解分析》一文中确立的，后来德国数学家克鲁格（Krug, Karl Adolf 1873—1952）于 1909 年给出了精密的数学证明。

在交流电路理论的发展中，最重要的是复数概念的引入。

最早用复数去研究电现象的是英国物理学家希维赛德（Heaviside, Oliver 1850—1925），1884 年，他在求解铁芯中的感应电流时使用了虚贝塞尔函数。在 1886—1887 年又提出了传输线的自感概念，建立了匀质导线的电流传输方程式，虚数的引入为用复数求解交流现象开辟了道路。

爱迪生助手、哈佛大学电学教授肯内利（Kennelly, Arthur Edwin 1861—1939）在 1893 年发表的论文《阻抗》中，对电感、电容给出完整的数学表达式，还将导纳和阻抗用矢量表示，并阐明了欧姆定律和基尔霍夫定律适用于"调和电流"（正弦电流）。1894，肯内利提出表示电压电流位相的符号，提出了应用双曲线函数表征电路中电压、电流的基本方程式。

在交流电路理论的形成中起过重要作用的还有美国电气技术学家斯坦因梅茨（Steinmetz, Charles Proteus 1865—1923），他早年在德国参加学生运动，后来为了逃避宪兵追捕而流亡美国。1893 年在第 5 次国际电气会议上，他提出的论文比肯内利的论文内容要广泛得多。他的关于交流电路及电路设计的有关理论，在尼亚加拉电站的送电实验中得到验证。此外，斯坦因梅茨还对输电线路的电晕现象、避雷、过度现象用 2000 伏的脉冲机进行了实验，建立了输电线路过度现象的数学理论。

19 世纪 80 年代在电机设计中确立的磁滞理论和斯坦因梅茨的交流电路理论，都成为远距离高压输电网发展的主要理论，对 20 世纪后电气化的发展起了重要作用。

## 第四节 电的早期应用

### 一 电解

伏打电堆发明后的 20 年内，欧洲科学界关心的是电的化学效应。

在伏打发明电堆的同一年，英国解剖学家卡莱尔（Carlisle，Sir Anthony 1768—1840）与实验技师尼科尔森（Nicholson，William 1753—1815）马上进行追加实验，他们用 17 个电堆构成电池组，当时在实验时为了导电顺利，常在金属接触点滴一滴水，1800 年秋的一次偶然机会，发现其中一个电极出现气泡，另一个电极变黑。进一步研究弄清了气泡中是氢，另一个电极出现氧，由此发现了水的电解效应，而此前人们一直认为水是一种单一的物质。

图 6—45 戴维

1803 年，瑞典化学家柏采留斯（Berzelius，Jüns Jacob 1779—1848）发现盐溶液在电解时，在阴极上出现碱，在阳极上出现酸，这表明酸碱带有相反的电荷，导致他后来创立化学亲和力理论。

1801 年，进入刚被政府认可的英国皇家哲学研究所的化学家戴维，用 250 对锌片及铜片组成了一个巨大的电堆（电池组），开始用电解方法研究各种化合物中的金属成分。1807 年 10 月 6 日他把电堆的两个极插在熔融的氢氧化钠之中，发现在阴极上得到了金属钠，随后又制得金属钾，从而确立了电解法。电解法为电化学打下了牢固的实验基础，同时也为获得高纯度物质开拓了新的领域。后来戴维又分离出锶、钡、钙、镁、氟、氯、碘等元素。戴维在 1813 年还发表了农业化学著作《农业化学基础》。戴维的另一个重要贡献是选中了当时还是个印刷装订工的法拉第担任自己的助手。法拉第在 1832—1833 年用定量方法研究了电解，提出了法拉第电解定律。

其后，电解方法在金属提纯方面得到广泛应用，用电解法精炼铜、铝、镍、金、银等金属的工业企业，在 19 世纪末 20 世纪初迅速发展起来。

### 二 电照明

1802 年，苏格兰工程师默多克（Murdoch，William 1754—1839）制成煤气发生装置，为博尔顿 - 瓦特公司的工厂照明用。10 年后默多克的助手克雷格（Clegg，Samuel 1781—1861）创设了最早的城市煤气公司。1815 年，美国在费城设立煤气灯公司，煤气灯开始在美国工厂中使用。煤气照明尽管很亮，但效率低又不安全，人们同时也在寻求其他的照明方式。1807 年，戴维发现伏打电堆开闭时有电火花出现。戴维用直径 1/6 英寸、长 10 英寸的浸在水银槽中的木炭制作电极，距离 1/40 英寸时，开始出现电弧，两极移至 4 英寸时还在继续放电出现电弧，他将这种放电现象定名为 Electric Arc。由此发明了弧光灯。

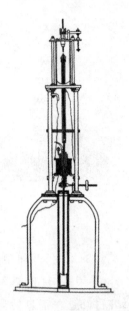

图 6—46 斯泰特的碳弧光灯

由于弧光灯需要用纯碳做电极，因此一直到 1845 年英国的丘奇（Church，Jabez）等人提纯碳素的技术出现后，电弧灯才开始在工厂、公共场所推广开来。由于两个碳电极是对接安装的，在点燃电弧过程中碳极不断燃烧而缩短，造成两碳极间距离加大而导致电弧熄灭。1846 年，英国的电气技师斯泰特（Staite，William Edwards 1809—1854）和法国的塞林（Serrin，Victor 1829—1905）等人设计出一套复杂的电极自动调整机构才解决了这一问题。斯泰特在所制作的弧光灯上装设了一种时钟机构，使碳棒能以固定速率进给，次年又引入"高温计原理"，即利用电弧所发出的热量使铜线膨胀，从而使掣子提起，于是与齿轮啮合的齿轮链便向上推动碳棒，保持上下碳棒间的距离。然而斯泰特的弧光灯需要用丹尼尔电池供电，限制了其使用，直到 1870 年格拉姆发电机的发明和 1873 年格拉姆工厂用弧光灯照明后，许多公共场所也开始用弧光灯照明，弧光灯才有了广泛的市场。后来不少人都制作了类似的碳弧灯，但是要自动调节处于同一直线上两个垂直碳极间的间隙，十分复杂，成本昂贵。

1875 年，俄国的雅布洛奇科夫（Яблочков，Павел Николаевич 1847—1894）在研究液体电解时，发现只要将两个碳极并行放置就可以不用复杂的电极调节机构产生持续的电弧放电，随后他制成了当时称作"电烛"的弧光灯。这是两根平行放置距离很近的直径 4 毫米的碳极，由中间的黏土隔离，顶端跨接一根石墨条，电流接通后，石墨条被烧掉，两极碳棒间形成电弧，并逐渐向下点燃发出弧光，轻而易举地解决了自动调节处于同一直线上垂直碳极间的间隙这一难题。当时制成的这种弧光灯，每对电极可点 2 小时左右。为了延长点燃时间，他设计出在一个灯座上放置几组电极，可以依次点燃的"电烛"，这种弧光灯传到英国和法国后，主要用于街道、广场、商店、剧场的照明。1878 年，巴黎歌剧院周围安装了 16 台"电烛"用

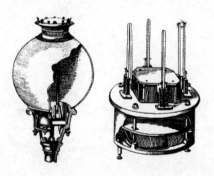

图 6—47 雅布洛奇科夫电烛(左，1867)，四烛弧光灯(右，1878)

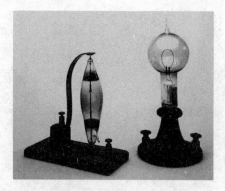

图6—48 斯旺的碳丝灯

于照明。

在戴维试验弧光灯的同时，法国的德拉里夫（De la Rive, Charles Gaspard 1770—1834）将白金丝封入高真空玻璃管中进行点燃试验，由于当时真空技术不过关而失败。其后正是弧光灯全盛时期，但人们很快发现弧光灯光线太强，造价昂贵，不适合居家使用，且易使人眼疲劳，并不是理想的光源，转而探究德拉里夫的燃灯方法。

英国化学家斯旺自1860年左右即开始白炽灯的研究，然而由于真空泵的不完备更没能找到实用的灯丝而始终未能制成。1865年，斯普伦格尔（Sprengel, Hermann 1834—1906）发明了水银真空泵，斯旺得知这一消息后自1877年重新研制白炽灯，1878年制成碳丝白炽灯。

同一时期，美国的爱迪生在发明留声机后，也转而研制白炽灯。1879年10月21日，他制成用炭化棉纤维制作灯丝的白炽灯，寿命达40小时。爱迪生发明白炽灯后，于1885成立爱迪生电灯公司，发明了计量用户用电量的电度表，为推广白炽灯创造了条件。

斯旺和爱迪生的碳丝灯问世后，由于碳丝点燃的寿命不长，不少人开始研究寿命更长的灯丝。1893年，奥地利化学家韦尔斯巴赫（Welsbach, Carl von 1858—1929）研制成用锇制作灯丝的锇丝灯，1905年出现了用熔点为2996℃的钽制作灯丝的钽丝灯。1904年后，有人用熔点高达3410℃的钨制作灯丝，随着用粉末冶金法提炼钨以及钨棒冷拉技术的成熟，1911年后，钨丝灯成为白炽灯的主流。

白炽灯的出现彻底改进了照明方式，也促进了电站的建立和输变电系统的研究。

## 三 有线电报

19世纪，欧洲各国随着产业革命的进行商业贸易迅速扩展，特别是铁轨马车的兴起，车站间的通信成为安全行车的必备前提，传统的主要为军事使用的通信技术开始成为经济活动及其他社会活动通信的重要手段。用电作为通信媒介的尝试起源很早，从18世纪的静电式电报机到19世纪发展为电解式电报机和电磁式电报机。

图6—49 爱迪生的碳丝灯

（一）静电式电报机

莱顿瓶和摩擦起电机发明后，人们可以在一定时间内获得静电荷。1753 年，一个署名 C. M. 的人在《苏格兰人》（*Socotland magazine*）上发表了一封信，提出较为完整的用静电进行通信的设想，他设计的电报机的结构是：平行放置互相绝缘的代表 26 个英文字母的 26 根导线，发报端用摩擦起电机与相应导线接触，视接收端所连接的小球对纸片的吸引来确定传送的字母。C. M. 是何许人已不得而知。尽管 C. M. 的设计相当详细而完整，但是在当时并未引起人们的注意。

发明悬臂通信机的夏普（Chappe, Claude 1763—1805）在 1790 年曾大规模地实验电报机，他设计了用两个在表盘上有 10 个数字刻度的摆锤同步的钟，作为发送和接受信息的装置用莱顿瓶瞬间放电，接受者记录放电瞬间指针的位置以接收预先规定的信号。

1795 年，西班牙巴塞罗那的萨瓦尔（Savart, Félix 1791—1841）设计了一种在发报端用莱顿瓶放电，在接收端检验电脉冲的通信方法。在西班牙宫廷的支持下，物理学家坎皮略（Campillo, Francisco Salva 1751—1828）于 1798 年架设了马德里至阿兰胡埃斯（Aranjuez）约 42 公里的电报线路。最为成功的静电电报机是英国贵族罗纳尔兹（Ronalds, Francis 1788—1873）设计的，他采用类似夏普的方法，在发报和接收端用导线连接两个由时钟驱动的同步旋转的字母盘，发报端字母盘旋转到规定位置时让莱顿瓶放电，收报端相应字母处的木髓球即会动作，由此可以直接得到发报端所发的字母。

（二）电解式电报机

当萨瓦尔得知电流具有电解作用后，放弃了静电式电报机的研究，1804 年设计出用伏打电堆作电源，根据水电解时出现气泡作为指示器的电报机。成功地研制出电解式电报的是德国人索默林（Sömmerring, Samuel Thomas von 1755—1830），他在收报端将电解容器标上字母，一根导线对应一个字母与发报端相连接，收报端发生气泡的容器所示字母即发报的字母。1809 年他在慕尼黑科学院做了公开演示。他的设计与萨伐尔的设计基本一样，只是他在收报端安有报警器。开始时用了 35 根导线，后来简化为 8 根，但这类电报机由于线路架设费用太高而未实用。

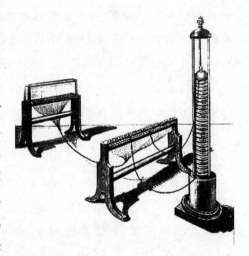

图 6—50　索默林的电报系统（1809）

图6—51 库克和惠斯通的
5针电报机

观看索默林电报演示的俄国大使馆工作人员席林（Schilling, Paul von Canstatt 1786—1837），对电报机产生了很大兴趣，此后用了27年时间研究电报机，其结构方式成为后来英国的库克（Cooke, William Fothergill 1806—1879）和惠斯通（Wheatstone, Sir Charles 1802—1875）设计电磁式电报机的原型。

在索默林实验后，还有不少人研究电解式电报机，但都未能具备实用价值。

（三）电磁式电报机

19世纪20年代后，电流磁效应、安培定律、电磁感应定律相继被确立，利用电磁间这些相关性制作通信装置的尝试随即展开。

1829年，席林制成使用6条发报线、2条呼叫线的电报机。这种电报机在收报端安有6个磁针式的检流计，根据6个磁针组合表示字母。1836年，库克在德国看到这一模型后，深信电报会随着铁路的发展而并行发展。回到英格兰的数月间试制了几种电报机模型，并取得了为利物浦至曼彻斯特间架设铁路电报的权力。库克为完成这一工作，请物理学家惠斯通协助研制电报机，1836年库克和惠斯通发明5针式电报机后继续合作在英国架设电报线路。电报通信在英国很快形成高潮，到1868年英国各电报公司已经架设了25000公里的电报线路。5针电报机是当时最为实用的一种电报机，但是需要5根电报线和1条回线，有时因线路故障报务员只好用2条线路通报，这成为双针式电报机的开端。

惠斯通于1840年研制成ABC电报机，次年又研制出纸带式印刷电报机。英国当时各电报公司各有各的电报通信网，并采用了不同形式的电报机。

为了配合5针电报机，最早的电报线是由5条用麻包裹的铜线组成的埋在地下的多芯电缆，它是由格林尼治的恩德比兄弟公司（Enderby Brothers）在1838年制造的，当时叫做"电报绳"。由于地下电缆的维护费用昂贵，库克在1842年申请了一项关于悬空架线方法的专利。这种方法是将铁线、铜线或者由多条细铁线缠绕在

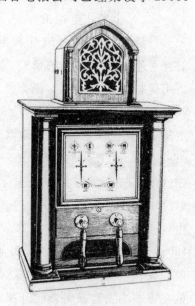

图6—52 库克和惠斯通的双针
式电报机（1842）

一根铜芯线上的绞合线，架设在一排排下端埋入地下的木杆上，悬吊着传送电报信号的。

德国的数学家高斯和物理学家韦伯（Weber, Wilhelm Eduard 1804—1891）于 1833 年制成一种利用磁铁发出声响的 5 针电报机，他们的学生斯泰因海尔（Steinheil, Carl August von 1801—1870）于 1836 年研制出实用的声响式电报机，并发现大地可以作为回线（零线）用，由此发展出只用 1 条传输线的单针式电报机。

对有线电报在世界范围内的普及起了重要作用的是莫尔

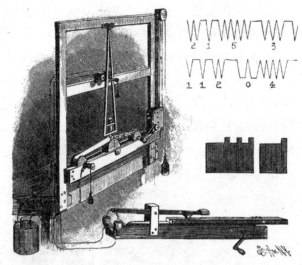

图 6—53　莫尔斯电报

斯（Morse, Samuel Finley Breese 1791—1872）电报机和电码的发明。莫尔斯是美国纽约大学著名的画家，1832 年在从欧洲旅行回国的船上，莫尔斯得知电报实验的消息后当即草绘电报机图纸，回到纽约后即开始研制。

1837 年，莫尔斯研制出美国最早的电报机，后在纽约州铁工厂主的儿子维尔

图 6—54　莫尔斯电报接收机

（Vail, Alfred Lewis 1807—1859）的协助下，完成了由按键、电磁铁、钢笔、记录纸构成的莫尔斯电报机的最后形式。莫尔斯的电报机利用电流的断续组合，即电码来表示一定的字母，将断续的电流用继电器转换成机械运动，用记录装置记下所传的信号，发报速度达每分钟 30 个单词。1844 年，在美国政府的资助下，莫尔斯将他设计的电报系统安装在华盛顿到巴尔的摩之间

64 公里的试验电线上通报并获成功。从此，电报由实验阶段进入实用阶段。1858 年，出现了使用莫尔斯电码的高速自动收发报机，发报端用专用的凿孔机先在纸带上凿出与电文字符相对应的圆孔，再把这种凿孔纸带在莫尔斯电码自动电报机上发送，收报端则用波纹收报机在纸带上录出点划电码，其通报速度比人工发报快约 20 倍。

图 6—55　莫尔斯

到 1872 年莫尔斯去世前，他的电报机已经在欧洲、美洲被广泛采用。

莫尔斯还发明了在铜线外用多股铁线缠绕的架空电缆。库克得知这一消息后，发明了内部用棉纱缠绕的铜线，外覆铅管的耐腐蚀电缆。1846 年，W. 西门子又发明了被覆橡胶的电线制造机，对电报线路的敷设提供了极为方便的条件。W. 西门子是 19 世纪德国著名的发明家和企业家，他早年是普鲁士军队的技术军官，1841 年发明了金银的电镀法，1847 年在柏林创立西门子 - 哈尔斯克电气公司，开始组装制造外包覆绝缘材料导线的机器，克里米亚战争期间为俄军架设电报线路，1867 年发明了自激式发电机，1879 年发明有轨电车和无轨电机，并在柏林架设了有轨电车线路，他的公司很快成为闻名世界的电气企业。

图 6—56　电报局

莫尔斯电报机由于没有直接传送字母的电报机方便，在一些铁路车站仍在使用惠斯通的 ABC 直读电报机。1855 年，美国的一位音乐学教授休斯（Hughes, David Edward 1831—1900）发明了可以直接打印文字的印刷电报机。这种电报机用一个像钢琴键盘式的字母键盘，经过一套机械机构将传送的信号打印在纸上，每分钟可以处理 250～300 个字母。1878 年回到欧洲的休斯又发明了传声器，命名为 microphone（麦克风）。

（四）海底电缆与多工通信

19 世纪中叶，欧美大陆的电报通信网已经基本形成，为了跨越大洋进行洲际间电报通信，特别是新大陆与欧洲的电报通信，欧洲不少人尝试了海底电报电缆的敷设试验。

1854 年，布雷特兄弟（Brett, Jacob 1808—1898 and John Watkins 1805—

1863）创立 General Ocean 电报公司，开始敷设多佛海峡海底电缆，第一次失败后在机械师克兰普顿（Crampton，Thomas Russell 1816—1888）的帮助下，制造了用硬铜线作芯线，外覆树胶和麻线再用铁线缠绕的电缆，于 1851 年敷设成功，此后横跨北海、地中海的海底电缆也敷设成功。

布雷特兄弟在美国的一些资本家和英国政府的共同资助下，经美国巨富费尔德（Field，Cyrus West 1819—1892）的努力于 1857 年 8 月开始敷设大西洋海底电缆，英国和美国提供了 4 艘船协助这一工作，经过几次失败后于 1858 年 8 月敷设成功，电缆总长 1950 英里，英国女皇与美国总统互致电报祝贺。但是 6 周后电缆中断，损失达 50 万英镑。直到 1866 年，英国物理学家 W. 汤姆生为克服海底电缆过长所造成的信号电流波形失真问题，发明了灵敏度极高的收报机，并在他亲自指挥下，于 7 月 27 日大西洋海底电缆才最终敷设成功。至此，有线电报网在世界范围内已经形成，这一快捷的远距离通信方式，促进了 19 世纪后半叶资本主义由自由竞争向垄断的发展，对世界政治经济与军事均起到重要的作用。

图 6—57　爱迪生

在一条电报线上可以同时进行往返通信的双工通信法（差动继电器法），在 1858 年被美国的斯特恩斯（Stearns，Joseph Barker 1831—1895）研究成功后，很快得到普及，到 1878 年实现了大西洋海底电缆的双工通信。与此同时，沿同方向可以同时通信的四工通信（四路多工电报）自 1855 年奥地利的斯塔克（Stark，J. B.）开始研究后，许多发明家投入这一研究行列，直到 1874 年，爱迪生才最终完成了四工通信。

19 世纪末，电磁波的发现和马可尼（Marconi，Guglielmo Marchese 1874—1937）与波波夫（Попов，Александр Степанович 1859—1906）无线通信实验的成功，导致了 20 世纪初无线电通信技术的出现。到 20 世纪后，有线电报开始被无线电报取代，而且不再使用利用按键时间的长短发送电码的方式，而是由计算机进行编译码作业。20 世纪 80 年代前，无线电报在交通运输、部队指挥、民间远距离通信中得到应用，但由于其操作与读取不便，到 20 世纪末被无线及有线电话取代。

#### 四　电话

早在 17 世纪，英国皇家学会秘书胡克（Hooke，Robert 1635—1703）即做过用金属线和传声管传声的实验，传递距离达 200 米。1851 年多佛海峡电报电缆的

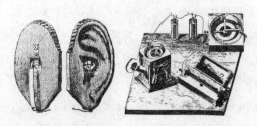

图6—58 赖斯的电话机

图6—59 格雷的电话机

敷设成功，使有线电报业发展到一个新阶段。受电报业迅速发展的刺激，19世纪下半叶许多人开始研究用电远距离传递声音的装置。电话通信是"声—电—声"的转换过程，电话机是语言通信的终端设备。最早设想用电传声的是美国人佩奇（Page, Charles Graon 1812—1868），1837年他提出通过开闭电磁铁以产生声音的论文。

1860年，德国物理学家赖斯（Reis, Johann Philipp 1834—1874）将制造啤酒桶的木板削成人耳状，在耳蜗处蒙上肠衣，将声音引起的膜振动变为强弱变化的电流，制成送话器；又将固定在小提琴琴身上的缝纫针绕上线圈制成简单的受话器，由此发明了电话。并创用 telephone 一词。同年，美国发明家梅乌奇（Me-ucci, Antonio Santi Giuseppe 1808—1889）制成自称为 teletrofono 的电磁式电话系统。可惜这一发明因经济拮据而无力进行下去。

1876年2月14日，美国的贝尔（Bell, Alexander Graham 1847—1922）和格雷（Gray, Elisha 1835—1901）各自独立地向美国专利局提出电话专利申请，因格雷比贝尔晚提交2小时，电话专利被贝尔获得。

贝尔出生于爱丁堡，早年给发明视听法在聋哑学校当教授的父亲做助手，同时随惠斯通学习电报机，26岁到美国后担任波士顿大学语音生理学教授。1875年，贝尔研制出用一根传输线同时传送多个不同频率电流，在收报端用共鸣继电器独立收报的多工电话系统。同时在亨利的支持和电工沃森（Watson, Thomas Augustus 1854—1934）的帮助下，发明了用放在绕有线圈的铁芯上的膜片振动，引起线圈电流变化的方法制成送话器，以及用同样装置但使电流变化引起膜片振动发声的受话器。在1876年3月10日的实验中，贝尔与邻屋的沃森首次成功通话："沃森先生，请到我这里来！"这是人类用电话系统传递的第一句话。他的这种可变磁阻的装

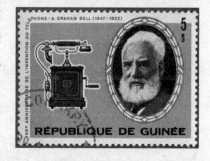

图6—60 贝尔

置作为受话器时虽然灵敏度很高，但是作为送话器时输出功率太低影响传输距离。1877 年，贝尔架设了 8 公里长的电话线进行通话，并创办了贝尔电话公司。同年，爱迪生利用炭精微粒在振动膜振动时因压力变化而电阻变化的原理，制成输出功率较高的炭精送话器。1878 年发明印刷电报机的休斯发明了用炭块和炭棒组成的灵敏度远高于爱迪生送话器的炭精送话器。炭精送话器和变磁阻受话器相结合，成为后来电话机的基本形式。

图 6—61　贝尔电话试验（纽约—芝加哥）

1882 年，比利时的雷瑟尔贝盖（Rysselberghe, Francois van 1846—1893）采用了在电报线路中加设扼流圈，以防止电报线路因电脉冲急剧升降对单线式电话线路干扰的方法，使长途电话的架设成为可能。当时由于没有拨号装置，最早的电话交换是人工进行的，1879 年出现人工电话交换台。1891 年，美国的斯特洛杰（Strowger, Almon Brown 1839—1902）发明了电话自动交换机后情况有了改进。这种交换机能自动接通 99 个电话机，电话机上设有两个按钮，按一定的按动按钮次数，交换机即可自动接通所要接通的电话。20 世纪 20 年代后，出现了使用机械式拨号盘机构的电话，70 年代后随着电子技术的发展，出现了全电子交换系统的电话，拨号盘也发展成为按键。

19 世纪末 20 世纪初，欧美及其殖民地的一些主要城市都普及了电话，中国的上海、天津、香港均可以与其他国家的城市互通电报电话。

像蜘蛛网一样的电话线、电报线及正在兴起的照明线路遍布城市上空，电线杆林立成为继第一次技术革命后工厂烟囱林立的城市新景观。

图 6—62　早期电话交换台

图 6—63　纽约街头对比图（左图为 1890 年电报电话电线纵横交错的
图景，右图为 1910 年左右线路埋入地下后的图景）

## 第五节　冶金、无机化工与橡胶

### 一　钢铁的大量生产，转炉、平炉与电炉

　　人类使用金属材料已有几千年的历史，最早使用的是自然存在的金、银和铜。1750 年人类使用金属 13 种，1850 年为 43 种，到 20 世纪末已超过 80 种。金属材料分黑色与有色两大类，黑色金属材料中最常用的是铁与钢，有色金属材料中最常用的是铜与铝。

　　产业革命发生后，对钢铁的需求量与日俱增，然而铸铁作为结构材料却有很大的不足，搅炼法生产的钢产量有限。1843—1848 年英国铺设了 5000 多公里的铁路，加之造船业从木船向铁船的过渡，对钢铁的需求是相当大的。英国虽然在 18 世纪即确立了焦炭炼铁和搅炼法炼钢的钢铁生产体系，但是搅炼炉体积有限还属于手工业作坊的产物，其炼制质量受制于工人个人技巧，随着高炉的不断增大，搅炼炉数量剧增，如 19 世纪一台高炉需要 60 台搅炼炉配合作业。

　　（一）贝塞麦酸性转炉炼钢法

　　用粗铣铁大量生产钢的方法，最早是美国发明家凯利（Kelly，William 1811—1888）完成的，1847 年他发现向熔化的铁水中吹入空气时，由于铁水中含的碳会迅速燃烧使铁水温度不但不会降低反而会升高，由此可以炼得钢，他称之为"依靠空气使铁水沸腾法"。1851 年他根据这一方法建造了炼钢炉，但直到英国的贝塞麦（Bessemer，Sir Henry 1813—1898）公布他的炼钢法之前，他的方法一直秘而不宣。

图 6—64　贝塞麦

贝塞麦的父亲原是法国造币厂技师，因逃避法国大革命而流亡英国。贝塞麦小学未毕业即在父亲的工厂中劳动，20 岁时发明了邮票盖销机，被英国政府采用，后来还发明了活字铸造机和制造铅笔的新方法。在 1850 年的克里米亚战争中，贝塞麦对来复枪产生了兴趣，由于来复枪的枪管开有来复线，为了保证来复枪的发射力，枪弹必须与枪管密切配合，但是这样很容易因膛压剧升而炸膛，为此他开始研究炼制高强度铁材料（钢）的方法。

图 6—65　贝塞麦转炉

当时用坩埚炼钢需要用含碳量极低的可锻铁（即铣铁，可锻铸铁），为了炼制可锻铁，要将铁矿石加入熔融的铸铁中，使铁矿石中含的氧与熔融铸铁中的碳结合生成一氧化碳而使铁水脱碳。贝塞麦设想，如果直接向熔融的铸铁（铁水）中通入含氧的空气，不是既可以去掉铁水中的碳也可以使铁水冷却而得到可锻铁吗？但是实验结果却相反，由于吹入的空气使铁水中的碳和杂质被氧化而放出大量的热，铁水不但没有被冷却反而剧烈升温。他认为，只要在适当时间停止供气，就可以使铁水的碳含量恰在铸铁与可锻铁之间，这样就可以不必先炼出可锻铁而直接炼出钢来。他为了炼制这种钢，设计出容易倾倒钢水的转炉。

1856 年 8 月 11 日，贝塞麦在英国科学振兴会年会上，以"不用燃料生产可锻铁和钢的方法"（*On the Manufacture of Malleable Iron and Steel without Fuel*）为题公开了他的研究成果。他说："仅仅向熔融铁水的炉底吹入空气，铁水中

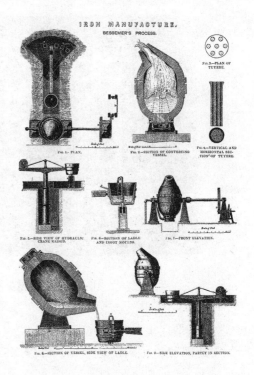

图 6—66　贝塞麦转炉设计图

的杂质就会被氧化变成浮在铁水上面的炉渣，或者变成气体放出，在出铁口流出放着强光的钢水。"他的这一发明引起了社会很大反响，但是许多钢铁厂采用他的方法都失败了。为此，贝塞麦转炉炼钢法受到以英国冶金学家珀西（Percy，John 1817—1889）为首的冶金界的严厉批评，但是却得到奥地利冶金学家通纳（Tunner，Peter 1809—1897）的鼓励和支持。贝塞麦一面遭受着钢铁业者的批评，一面继续研究。1860 年，在谢菲尔德（Sheffield）设立炼钢厂，用从瑞典进口的铁矿石炼成的铣铁为原料，炼制出优质的钢来。

贝塞麦转炉炼钢法传入瑞典后获得很大成功，在欧洲各国迅速发展起来。1858 年转炉炼钢法传入法国，1862 年德国的克虏伯（Krupp，Alfred 1812—1887）又引进德国，几年后，一台转炉在 25 分钟内可炼得 20 吨钢。此前，一台搅炼炉 2 个小时仅能炼得 250 千克的钢。后来发现，贝塞麦转炉失败的原因是这种方法不能除去铁水中的磷，使炼出来的钢含有大量磷酸亚铁结晶而变脆，而搅炼法倒可以除去部分磷。由于贝塞麦使用的转炉炉衬是硅酸材料，俗称"酸性转炉"，而英国铁矿石含硫、磷较多，这种酸性转炉炼钢法在英国并不适用，而法国铁矿石含磷量很低，用贝塞麦法可以炼制出优质的钢。

图 6—67  采用贝塞麦转炉的炼钢厂

（二）西门子 - 马丁平炉炼钢法

与此同时，移居英国的 F. 西门子（Siemens，Friedrich August 1826—1904）为熔炼玻璃发明了蓄热法，与其兄 Ch. W. 西门子（Siemens，Charles William 1823—1883）合作研究成功平炉炼钢法，这种平炉与贝塞麦转炉不同，转炉利用向铁水中鼓风，铁水中的碳被氧化产生的热量维持并提升炉温，不需要热源，而平炉则需要热源。1861 年，他们采用蓄热式煤气发生炉，用煤气取代了固体燃料，1864 年采用了法国炼铁业者马丁（Martin, Pierre-Émile 1824—1915）提出的向铁水中投入一定比例的熟铁屑以稀释并控制铁水中碳含量的方法。平炉炼钢的原材料既可以是矿石也可以是废铁，而且可以用低品位的煤炭制成的煤气为燃料。1866 年西门子在伯明翰建造的平炉投入生产，

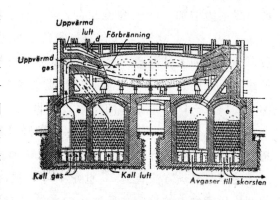

图 6—68　平炉炼钢炉设计图

1867 年，这种平炉在巴黎世界博览会上因获得金奖而广为人知，1868 年被引入美国，1870 年引入俄国。这种方法后称西门子 - 马丁平炉炼钢法，与贝塞麦转炉一起成为后来炼钢技术体系的基本炉型。

（三）托马斯碱性转炉炼钢法

由于贝塞麦转炉用的是酸性炉衬，因此仅可以用于含磷低的铣铁，西门子 - 马丁平炉炼钢法也不能使用高磷矿石，对于含磷高的铁矿，这两种炼钢方法都无能为力。搅炼法的铁水温度在 1300℃ 左右，铁矿石中的五氧化二磷比氧化铁稳定，而转炉法温度达 1600℃，五氧化二磷发生还原反应，磷会进入钢中，为此搅炼法仍在普遍使用。1875 年，伦敦一个法院的书记官托马斯（Thomas, Sidney Gilchrist 1850—1885）利用一个小型转炉进行实验，发明了采用含锰的石灰石进行烧结以制造碱性炉衬的方法，1877 年他在炼制中向铁水中投石灰石使磷与之反应生成磷酸钙矿渣，由此解决了钢水脱磷问题，而且由于矿渣中含有磷，粉碎后可以作为农业化肥使用，这一方法也称托马斯碱性转炉炼钢法。他在 1877 年 3 月向英国钢铁协会报告了他的发明，但是并没有得到大家的重视。后来在博尔科沃恩公司埃斯顿炼铁厂（Eston Ironworks of Bolckow Vaughan and Co）经理里查兹（Richards, Edward Windsor 1831—1921）的帮助下，于 1879 年 4 月进行公开实验获得成功。

这三大炼钢方法的完成，加之此前的高炉焦炭炼铁，构成了近现代钢铁技术体系的核心部分，使钢和铁均可以大批量生产。19 世纪末，钢

图 6—69　巴黎埃菲尔铁塔(1889)

的产量大为增加，1870 年全世界产钢 51 万吨，1900 年增为 2783 万吨。30 年间增加了 50 多倍。1889 年美国钢产量位于世界首位，其次是德国。19 世纪中叶以后，由于钢的大量生产，不但满足了传统机械生产的需要，而且用于钢结构桥梁的建造，同时，钢结构与水泥、混凝土结合，以及 1854 年奥蒂斯（Otis, Elisha Graves 1811—1861）电梯的发明，19 世纪末高层建筑开始在美国芝加哥、纽约等一些大城市中出现，巴黎的埃菲尔铁塔则是第一个全钢结构建筑。钢结构的桥梁特别是铁路桥在世界各地成为主要的桥梁形式。

转炉和平炉方法直到 20 世纪中叶才被冶炼普通钢的富氧炼钢法和炼制合金钢、优质钢的电炉炼钢法所取代。富氧炼钢炉直径为 9 米，高 10 米，每 40 分钟可炼出 350 吨钢材。1870 年，德国的西门子试验用电弧产生的热量进行炼钢，但由于当时电力价格很高而未能推广，1899 年，法国冶金学家埃鲁（Héroult, Paul 1863—1914）设计的电弧炉，利用电极与金属材料之间所产生的电弧，供给冶炼

图 6—70　奥蒂斯的电梯

过程中所需的热能。现代电弧炼钢用的三相电弧炉就是按埃鲁的电弧炉原理制造的，这是一个内衬耐火材料的钢制圆柱形炉，在其顶部有一可移动的盖子，三个石墨电极能穿过这个盖子进入炉膛。炉料全部由碎钢组成，由其表面和电极之间产生的电弧加热。吹入氧气，必要时可加入石灰石、氟石及氧化铁，它们和杂质一起生成漂浮于钢水表面的炉渣。最后把表层的炉渣去掉，再倾斜电炉把钢水从出铁口排出。一个大的电弧炉在 30 分钟内可生产 150 吨钢。20 世纪后，电炉炼钢已成为炼制优质钢和合金钢的主要方法之一。

## 二　有色金属：铜和铝

人们使用最多的有色金属是铜和铝及其合金。

在 19 世纪，铜是用放在地面下焦炭炉中的坩埚冶炼的，这种方法一直延续到 20 世纪。用这种方法不但生产铜锭，还生产黄铜、镍青铜和磷青铜等铜合金。早在 1779 年，英国的基尔（Keir, James 1735—1820）即发现，在熔化的铜中渗入一定量的锌，可以得到一种既可以热锻又可以冷锻的铜合金（黄铜），1832 年后英国的芒茨（Muntz, George Frederick 1794—1857）、索比（Sorby, Henry Clifton 1826—1908）、内维尔（Neville, Francis Henry 1847—1915）等人对黄铜的炼制、

铜锌比例及性能进行了大量研究，使黄铜在 19 世纪末成为重要的有色金属材料。

欧洲人在 1824 年左右炼制出一种浅白色的铜镍锌合金，这种合金不易氧化且加工性能良好。含磷 10%、锡 5% 以下的磷青铜是 1871 年被德国的金策尔（Kunzel，Carl）研制成功的，这种磷青铜具有很好的抗拉强度和弹性，适合制作各种电器中的电接点和弹簧。在电信方面用于电报或电话线的硅青铜是 1889 年法国冶金学家韦耶（Weiller，Lazare 1858—1928）研制成功的。19 世纪末又炼制出具有很好抗磨性的镍青铜。

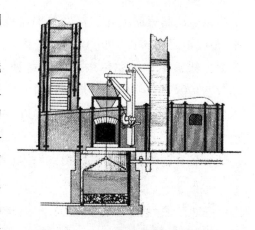

图 6—71　用于硫化物矿石熔炼铜的熔矿炉侧视图

19 世纪末，由于电力输送的需要和电机制造业的发展，急需大量导电性能优越的纯铜，而且实验发现，铜的纯度越高，其电阻率越小，输电损耗也越低。传统的冶炼方法很难得到高纯度的铜。英国的埃尔金顿（Elkington，James Balleny 1830—1907）在 1865 年申请了关于电解铜的专利，他提出用粗铜或白冰铜铸成有挂耳的铜板，将这些铸铜板垂直悬挂在导电母线上，铸铜板作为电解槽的阳极，在这些铸铜板之间以及外侧，挂有用轧制铜板（后来用涂覆铜粉末的杜仲树胶板）制作的阴极板，用饱和硫酸铜水溶液作为电解液。将若干个电解槽串联，由一台永磁发电机供电，还提出了从阳极淤泥中回收银、金、锡和锑的方法。1869 年，英国开始采用这一方法精炼铜，1892 年，美国纽约开办了美洲第一家铜电解厂。

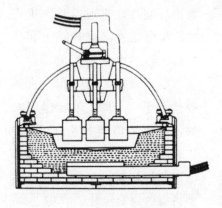

图 6—72　电解铝用的 16000 安培埃鲁电解槽

铝是自然界储量很大的轻金属，但铝是以三氧化二铝的形式存之于地壳中的，这种称作铝矾土的矿石，含氧化铝达 50% 以上。1854 年后，法国化学家德维尔（Deville，Henri Etienne Sainte – Claire 1818—1881）用苛性钠浸渍碾碎的铝矾土矿石，再用水洗掉偏铝酸钠，通入二氧化碳得到纯氧化铝，再在氯气中煅烧氧化铝制成氯化铝，最后用氢气还原制得纯铝。这种方法制得的铝纯度仅为 97% 左右，造价很高，只用来制作装饰品及名贵餐具。1886 年，美国的霍尔（Mall，Charles Martin 1863—1914）和法国的埃鲁各自独立地发明了用电解法制铝的工艺方法。他们将纯净的氧化铝矿石与冰晶石（六氟铝酸钠，$Na_3AlF_6$）混合物在1000℃左右熔化，通电后析出的熔融纯铝沉到电解槽底部。这一方法被称作霍尔-埃鲁法。这种方法在不久后因拜尔（Bayer, Karl Joseph 1847—1904）发明的提纯铝矿石的方法而得到完善，一直应用至今。由于当时电力价格很高，铝的产量仍很少，直到20世纪30年代电力价格大为下降后，铝才被大批量生产出来。1909年，德国的威尔姆（Wilm, Alfred 1869—1937）制造出硬度较高的铝镁合金（杜拉铝），后来成为制造飞机的重要材料。

### 三　轧制与焊接

#### （一）轧制

虽然19世纪中叶后钢可以大批量生产，但是许多有色金属铜、镍以及碳钢零部件都要先用坩埚熔化，再浇注到铸铁制成的硬模中成型。当时普通的焦炭炉可以容纳几个容量在50~100磅的坩埚，但批量大的大型金属材料如钢板、圆钢、角钢，特别是大量使用的钢轨必须使用轧机。在钢还不能大量生产前，铁金属型材是用可锻铁轧制的，其工艺是先将铁坯锻打大体成型，再放在安装有带槽的轧辊的轧机中轧制。轧机通常是二辊式的，材料依次通过轧辊上相邻的槽，经多次往返轧制，最后成为所要求的型材。第一批可锻铁钢轨是1820年轧制成功的，长度仅15英尺左右。1857年，轧制出第一批用酸性转炉冶炼的钢轧制的钢轨，10年后平炉钢的钢轨也轧制成功。

图6—73　轧制20吨级装甲板（1861）

图6—74　轧制镀锡薄板用的薄板轧机

19世纪中叶，美国人弗里茨（Fritz, John 1822—1913）在匹兹堡制成第一台三辊式轧机，这种轧制省却了容易使轧件冷却的返回工序，可以使轧件连续地往返轧制，极大地提高了轧制效率，不久后，多辊式轧机即成为钢材轧制设备的主流。1884年，第一台万能轧机投产，由于使用了有槽轧辊，可以直接使用钢锭轧制，省略了事先锻制成型工序，使轧制范围大为扩展。对于金属板材则需要多台轧机连轧配合，到19世纪末，三辊式轧机在热轧厂和冷轧厂中应用都很普通。

1862年，美国的贝德森（Bedson, George 1820—1884）发明了一种可以生产金属线材的轧机组，这台机组由16个双辊轧机组成，可以将25×25毫米的熟铁棒最后轧制出直径6.25毫米的线材。

最早的拔丝机是英国的伯恩（Byrne, Samuel Henry 1841—1892）于1885年制成的，其上的拔丝模要用金刚石或其他硬质宝石制造，一般要通过几个口径依次缩小的拔丝模来达到所需要直径的金属线材，到1890年，最后两道拔丝模的拔丝速度已达每分钟1000英尺。无缝钢管的生产工艺是德国的工程师曼内斯曼兄弟（Mannesmann, Reinhard 1856—1922 and Max 1857—1915）于1885年提出的，并于1887年正式投入运行。

（二）焊接

焊接是指将金属在熔融的状态下加以连接的方法。在19世纪电力技术出现前，主要的焊接技术是铸焊、锻焊和钎焊。铸焊多用于大型青铜器件的连接，出土的苏美尔及中国商周至秦汉的许多青铜器都有铸焊加工的痕迹，铸焊可能是人类最早发明的焊接方法。锻焊多用于钢铁器件的连接或兵器的锻铸，公元前10世纪的古埃及、地中海及中国的春秋时期即已出现。钎焊要用熔点低于被焊器件的金属如银、铅、锡及其合金作为焊料，在防止金属受热氧化的焊药保护下进行的焊接，多用于工艺品、饰物的连接。

电弧焊是1885年由俄罗斯的别纳尔多斯（Бенардос, Николай Николаевич 1842—1905）发明的，开始时用碳棒与发电机的一个极相连接，发电机的另一个极与焊件连接，碳棒与焊件接触时产生的电弧可以局部熔化钢或铁，再用一钢丝做焊接填料即可完成焊补。1890年他又用金属棒代替碳棒作为电极并获得专利。1904年瑞典人谢尔贝里（Kjellberg, Oscar 1870—1931）发明了涂层焊条，并建立了焊条厂，使手工电弧焊进入了实用阶段。1920年美国制成自动电弧焊机，使电焊开始了自动化。随着焊接技术在20世纪的广泛应用，适合不同需要的新的焊接方法如等离子焊（1909）、惰性气体保护焊（1926）、埋弧焊（1935）、摩擦焊（1956）、超声波焊（1956）、激光焊（1970）等被发明出来。1885年，美国的汤姆森（Thompson, Elihu）获得电阻焊机的专利，经过多年努力，到19世纪末，缝焊机、点焊机和对焊机都被发明出来。

气焊及气割也是19世纪末发明的。1880年，法国的布兰兄弟（Brin, Arthur

and Quentin Leon）取得了用化学过程批量制造氧的专利后，英国的弗莱彻（Fletcher, Thomas 1840—1903）于 1887 年设计成功将氧与煤气相混合的焊炬（俗称"焊枪"），利用这种高温火焰，既可以熔化切割金属，也可以用于焊接（需备铁丝焊料）。随着电石工业的进展，进入 20 世纪后煤气开始被乙炔取代，乙炔燃烧无味，火焰温度可达 3000℃～4000℃，且不产生有害物质，是一种很理想的焊接燃料。

气焊与电焊在 20 世纪的机械工业、造船业、土木工程等方面均得到广泛的应用。

## 四　无机化工

### （一）硫酸

在英国工业革命中，由于纺织业漂白染色的需要，出现了罗巴克（Roebuck, John 1718—1794）铅室法制硫酸、卢布兰（Leblanc, Nicolas 1742—1806）制纯碱及坦南特（Tennant, Charles 1768—1838）用熟石灰与氯作用制造漂白粉等一系列发明，到 19 世纪 20 年代，无机化学工业在英国基本形成。

图 6—75　盖－吕萨克

铅室法制硫酸法发明后，受法国化学家盖－吕萨克影响，1827 年法国的德索梅（Desormes, Charles Bernard 1771—1862）发明了盖－吕萨克塔，这种塔可以对反应中氮的氧化物进行吸收，使铅室法制硫酸连续化。1859 年，英国的格劳夫（Glover, John 1817—1902）又发明了格劳夫塔，这种塔可以将氯的氧化物回收再利用，至此，铅室法制硫酸的工艺已相当完备，可以连续地进行硫酸的批量生产了。

但是用铅室法制造的硫酸浓度、纯度都不高，无法满足有机合成反应中对发烟硫酸的需要，接触法即将二氧化硫直接氧化成三氧化硫制造硫酸方法的发明，解决了这一问题。

早在 1817 年，英国化学家戴维就发现，接触白金丝可以促进二氯化硫的氧化。1831 年英国布里斯托尔的醋商菲利浦斯

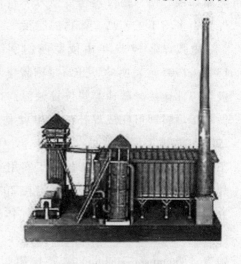

图 6—76　格劳夫塔

（Phillips, Peregrine）取得接触法制硫酸的专利，但没能实用。19 世纪 70 年代后随着有机合成工业特别是茜素合成的出现，对发烟硫酸需要大增。1875 年，德国弗莱堡矿山学校的温克勒（Winkler, Clemens Alexander 1838—1904）将铅室法生产的硫酸高温分解成 $SO_3$ 和 $O_2$，再用 Pt、$V_2O_5$ 作为催化剂制得发烟硫酸，但工业化生产未能成功。这一方法最终由德国化学家克尼奇（Knietsch, Rudolf 1854—1906）采取低温（400℃以下）进行合成反应才取得工业化生产的成功，1898 年获专利。此后接触法成为硫酸的主要制造方法。

（二）硝酸与磷酸

1750 年，法国化学家鲁埃勒（Rouelle, Guillaume François 1703—1770）将用硝石与硫酸反应制得的稀硝酸（$NaNO_3 + H_2SO_4 = NaHSO_4 + HNO_3$），与浓硫酸混合蒸馏制得较浓的硝酸。1904 年，挪威的伯克兰（Birkland, Krisstian Olaf Bemard 1867—1917）采用强磁场控制电弧的方法，开始利用大气制造硝酸（大气固氮）的工业生产。但是更为经济的是 1905 年以后出现的将氨接触氧化制取硝酸的接触法。1900 年，德国物理化学家奥斯特瓦尔德（Ostwald, Friedrich Wilhelm 1853—1932）弄清了氨氧化反应的热力学机理后，1915 年空气氧化炉设计成功，用铂作催化剂的氨氧化法制硝酸开始了大量生产。1924 年美国杜邦公司开发出高压合成硝酸的方法，可以生产浓度达 50% ~ 60% 的硝酸。

在化肥和医药方面有重要应用的磷酸，是德国在 1870 年后开始大规模工业化生产的，采用的工艺是将磷灰石 $Ca_{10}F_2(PO_4)_6$ 与浓硫酸反应，滤去沉淀所得的滤液即是磷酸。1939 年，孟山都公司将电炉制造的黄磷燃烧生成磷酐（$P_2O_5$），再溶于水制成纯磷酸（$P_2O_5 + 3H_2O = 2H_3PO_4$）。

（三）纯碱

早期的卢布兰法制纯碱法产量不高，伴随生成的氯化氢向大气排放，污染严重。直到 1836 年英国的戈西奇（Gossage, William 1799—1877）发明了用吸收塔回收氯化氢制造盐酸的方法后，问题才得以解决。1866 年后，有人将氯化氢与氧反应制得氯气，再用氯气制成漂白粉。1887 年在英国化学家钱斯（Chance, Alexander 1844—1917）的努力下，成功地利用卢布兰制碱法生成的硫化钙，回收硫磺。由于卢布兰法的成功，到 19 世纪末一直是主要的制造纯碱的方法。

1859 年，比利时工业化学家索尔维（Solvay, Ernest 1838—1922）

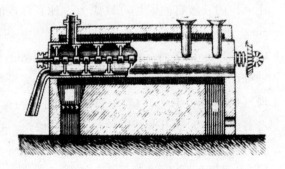

图 6—77 索尔维煅烧碳酸氢钠制造
碳酸钠的设备

将炼焦厂的粗氨水与石灰窑生成的二氧化碳混合，制得碳酸钠（纯碱）。1861 年获取专利后，索尔维进而发明用氨、二氧化碳和食盐为原料制造纯碱的方法，即氨碱法。[①] 1865 年创办索尔维制碱公司，开始大批量生产纯碱，到 1886 年，已达到日产纯碱 1.5 吨的生产规模。索尔维法与卢布兰法相比，生产过程要简单得多，氨水可以重复使用，二氧化碳也可以回收一半以上，由于反应温度不高，燃料大为节省。

以卢布兰法制碱知名的英国胡琴森公司（Hutchinson）很快取得索尔维的氨碱法的垄断生产权，1874 年在英国建立了用索尔维法生产纯碱的工厂，到 19 世纪末，年产量达 20 万吨。该工厂到 20 世纪发展成为世界上最大的综合化工企业——帝国化学工业公司（ICI）。

1915 年后，用直接合成氨的方法可以大规模生成氨后，氨的市场价格大为降低，索尔维法开始取代卢布兰法成为主要的制造纯碱方法。

（四）烧碱

在烧碱（苛性钠，NaOH）工业方面，1844 年，法国化学家坦南特在卢布兰法制碱厂中，用碱的母液制取烧碱，这一方法由于设备简单，曾风行一时。1890 年由于发电设备的完善，德国的布罗伊尔（Brauer, August）在电解槽中采用水泥隔膜，在阳极侧生成氯气，在阴极侧生成水溶液和氢气，开始了用食盐电解法生产氯气和烧碱的实验，但是无法将纯碱与剩余的食盐水分离。美国的卡斯特纳（Castener, Hamilton Young 1858—1899）和奥地利的克尔纳（Kellner, Carl 1850—1905）用石棉做成隔膜，采用水银法电解食盐水制取烧碱获得成功，烧碱开始了大量生产。

**五 橡胶**

橡胶是一种在自然环境下有很高弹性的高分子材料。11 世纪，南美印第安人已经在利用天然橡胶。天然橡胶是由橡胶树乳液加工而成的，把橡胶树皮割开，让流出的胶液自然固化可以成为一种有弹性的固体。1761 年，法国人马凯（Macquer, Pierre-Joseph 1718—1784）和埃里萨尔（Herissant, Louis Antoine Prosper 1745—1769）发现，凝固后的橡胶可以溶于松节油和乙醚，将这种胶液涂在织物上可以制成防水布，并发现橡胶可以擦去铅笔字迹。1770 年英国化学家普利斯特列（Priestley, Joseph 1733—1804）将这种橡胶称作 rubber，即"擦具"，1820 年左右橡胶被大量用来制造用作文具的橡皮。1823 年，英国出现了利用石脑油作溶

---

① 索尔维制碱法即氨碱法以食盐、石灰石、氨为原料，反应如下：$NH_3 + CO_2 + H_2O = NH_4HCO_3$；$NH_4HCO_3 + NaCl = NaHCO_3 + NH_4Cl$；$2NaHCO_3 = Na_2CO_3 + CO_2 \uparrow + H_2O$。用中间产物 $NH_4Cl$ 可以回收氨：$2NH_4Cl + CaO = 2NH_3 \uparrow + CaCl_2 + H_2O$。

剂的防雨橡胶布加工厂，由此使橡胶在欧洲传播开来。但是天然橡胶化学活性高，耐老化性不足。

1812 年，英国化学家汉考克（Hancock，Thomas 1786—1865）在英国申请了将橡胶用于衣物的专利，并于1820 年设计出橡胶塑炼机，可以加工出成块的橡胶，使橡胶大规模生产成为可能。之后汉考克又设计出橡胶切片机和切丝机，以及将橡胶与其他物质如沥青混合炼制的混炼机。

图 6—78　橡胶塑炼机

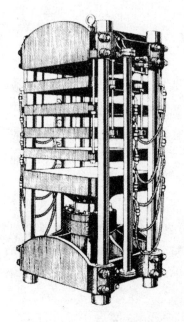

图 6—79　液压平板硫化机

天然橡胶在使用中有遇冷变硬遇高温发黏的不足。1839 年，美国费城的五金商人古德伊尔（又译固特异，Goodyear，Charles 1800—1860）在对橡胶进行实验时，意外发现将加热的橡胶中放入硫磺可以消除这些不足，1844 年他取得硫化橡胶的美国专利。古德伊尔硫化橡胶的方法被汉考克得知，他进行追加实验成功后，抢先于 1843 年申请了英国专利，这使得硫化橡胶在英国和美国迅速发展，美国于 1892 年创立了橡胶垄断企业——合众国橡胶公司。但橡胶的大规模应用是直到 20 世纪初用炭黑作补强剂之后的事，用炭黑补强的橡胶有很好的强度、弹性和耐磨性。

橡胶最广泛的用途是制造各种交通工具的轮胎。早在 1845 年，苏格兰工程师、企业家汤姆森（Thomson，Robert William 1822—1873）取得首项充气轮胎的专利，汤姆森发明的这种轮胎由外胎、内胎、垫带三部分组成。外胎是用平纹帆布制得的单管式胎面无花纹壳体，内胎是由几层浸透橡胶溶液的帆布制成的带有气门嘴的环形胶管，用于保持轮胎的充气压力，垫带是用于保护内胎与轮辋的着合面，不受轮辋磨损的环形胶带。这一专利可惜未能实用。直到 1886 年，英国贝尔法斯特的兽医邓洛普（Dunlop，John Boyd 1840—

图 6—80　古德伊尔

1921）为他 10 岁的儿子改装自行车，设想利用压缩空气的气垫代替实心轮胎减少振动。他发明的充气轮胎是将一个全橡胶制的内胎，包上帆布套，外用加厚的橡胶条保护成为行驶面。从帆布套伸出的边，将轮胎固定在车轮的轮辋上，用橡胶溶液作黏合剂。首次试验便取得良好效果，1888 年 12 月 7 日获得专利。1890 年韦尔奇（Welch, Charles）提出用钢丝加固的轮胎，巴特利特（Bartlett, William Erskine）提出带卷边的"嵌入式"轮胎，几年后英国的所有自行车都安装了充气轮胎。充气汽车轮胎最早出现于 1895 年波尔多—巴黎汽车赛上，1900 年邓洛普公司生产出第一批汽车轮胎。充气轮胎的发明推动了橡胶工业和汽车工业的发展。

由于橡胶的大量使用，橡胶种植很快从南美洲向印度、南亚一带扩展。

## 第六节　农药与化肥

### 一　农药

农药与化肥是近代化学工业进步的产物，由此使农业出现了所谓的"化学农业"。农药和化肥的使用，对于提高农作物产量具有极为重要的作用，但其副作用也日趋明显。20 世纪后半叶，许多国家为保护生态和环境都在提倡"绿色农业"，反对过量使用农药和化肥，但是农药和化肥对于消灭农作物病虫害，迅速补充地力的作用很难用其他方法取代。

病虫害和杂草一直是农业生产的一大天敌，用化学药剂消灭病虫害的思想在中国很早就已出现，在西方则是在经典化学理论充分发展的 19 世纪中叶后出现的。农药的发展大体经历了 3 个时期，即无机农药时期（19 世纪中叶—20 世纪中叶）、有机农药时期（20 世纪 50—70 年代）、有害生物综合治理（IPM）时期（20 世纪 70 年代后）。

1851 年，法国人格里森（Grison）发现硫磺合剂的杀虫性之后，一种制造方便、成本低廉、药效显著的石灰硫磺合剂的农药被大量制造出来。波尔多是法国的一个小镇，在 1878 年葡萄霜霉病大流行的时候，葡萄园主发现为防止路人随便采摘葡萄而用硫酸铜石灰水喷洒过的葡萄，未受到葡萄霜霉病的侵害。1882 年法国人米亚尔代（Millardet, Pierre-Marie-Alexis 1838—1902）确定了硫酸铜石灰水对消灭植物霉菌的有效性，称为"波尔多液"，并证明其有效成分是硫酸铜。进一步研究发现，波尔多液对霜霉病、炭疽病、棉腐病、稻瘟病、烟草赤星病均有效。其后各类硫酸铜合剂类农药开始出现，1892 年美国的莫尔顿（Moulton, F. C.）研制出砷酸铅，被大量生产并用于欧美国家的农业生产中。这些农药被称为无机农药，是 19 世纪末 20 世纪初的主要农药。

## 二　化肥

农作物生产所需的肥料，在很长的历史时期内是依靠含有作物营养元素的天然有机废物，即"农家肥"提供的。19世纪初，德国柏林大学教授、农学家泰伊尔（Thaer, Albrecht Daniel 1752—1828）创立"腐殖质营养学说"，认为土壤肥力主要来源于腐殖质。1840年，德国吉森大学教授、农业化学家李比希（Liebig, Justus von 1803—1873）发表《化学在农业和生理方面的应用》一书，1843年又出版了《有机化学在生理学与病理学方面的应用》，反对"腐殖质营养学说"，认为土壤中的矿物质是一切绿色植物的唯一营养，创立了"矿物质营养说"，大力倡导用工业方法生产肥料。

李比希经过多年试验，认定了氮、磷、钾、钙、镁、硫等元素对植物生长的作用，由于钙、镁、硫对植物生长是次营养元素，一般土壤中并不缺乏，重点确定了氮、磷、钾三元素为化肥生产的重点。1845年，他发现用稀硫酸处理骨粉得到的浆状物（主要含有过磷酸钙）的肥效远高于单纯用骨粉，由此认为将肥料制成可溶性盐类，有利于植物的吸收，后来还提出用光卤石钾矿生产钾肥、用硫酸处理天然磷矿生产过磷酸钙的设想。李比希的工作，为20世纪化肥的大量生产与应用提供了理论与实践的依据。

图6—81　李比希

1809年，在智利发现了硝酸钠矿（俗称智利硝石），1825年开始大量开采，成为19世纪世界的主要氮肥来源。19世纪后半叶，许多国家掌握了用硫酸吸收煤气中的氨以生产硫酸铵的工艺，到20世纪初，硫酸铵开始取代智利硝石成为主要的氮肥。1909年，德国卡尔斯鲁厄工业大学教授、化学家哈伯（Haber, Fritz 1868—1934）用锇作催化剂在17.5~20Mpa和500℃~600℃的条件下，将电解水产生的氢与大气中的氮成功地合成了氨。德国的巴登苯胺和纯碱公司在波施（Bosch, Carl 1874—1940）的努力下，1913年利用这一方法工业生产氨，这一方法后来被称为"哈伯－波施法"，不久后，在美国等国家建立了工业生产氨的工厂。1920年，德国用氨基甲酸铵大量生产尿素（碳酰二胺），后来美国的杜邦公司也大量生产尿素，并于1935年当作肥料销售。第二次世界大战后，尿素成为主要的氮肥，其他的氮肥还有肥田粉（硫酸铵）及氨水等。

最早成功地制成过磷酸钙的是都柏林的医生默里（Murray, James 1788—1871），约在1817年他就进行过实验，经过20余年的研究后，发明了用磷酸钙矿石与硫酸混合搅拌制造过磷酸钙的方法，1842年获得专利，可惜他商业生产未能成功。最早正式生产过磷酸钙的是英国化学家劳斯（Lawes, John Bennet 1814—1900），他自 1834 年开始在自己的农场中进行实验，1843 年在伦敦附近开办了生产过磷酸钙的工厂，到 19 世纪 70 年代，他工厂的过磷酸钙年产量已达 4 万吨。

1884 年，德国人荷耶尔曼（Hoyermann, Gerhard 1835—1911）提出用托马斯炼钢炉冶炼含磷较高的生铁所生成的炉渣作为磷肥。这两种肥料在市场上出现不久，就出现了直接使用磷元素制造磷肥的技术，导致了富过磷酸钙、重过磷酸钙、磷酸二钙等磷肥的出现。

草木灰是传统的钾肥，李比希提出三元素说后，人们开始寻求化学方法生产钾肥。1861 年德国人在开采盐岩时在施塔斯富特（Stassfart）发现了贮藏丰富的钾矿，19 世纪 90 年代出现用光卤石提炼氯化钾的工厂。

## 第七节 内燃机的发明

### 一 煤气发动机

蒸汽机虽然输出功率很大，但体积很难缩小，且需要具备供给蒸汽的锅炉。小型动力机到 19 世纪初已引起许多人的注意并从事这一研制。19 世纪出现的内燃机一开始是使用煤气为燃料的，俗称煤气发动机或 Gas 机（中国曾长期将煤气音译为嘎斯），后来发明了至今仍在使用的汽油机和柴油机。热机按燃料在汽缸内或汽缸外燃烧分为内燃机和外燃机两大类。蒸汽机是从汽缸外部的锅炉供给蒸汽做功的，属于外燃机；而煤气机、汽油机、柴油机的燃料直接在汽缸中点燃做功，属于内燃机。内燃机根据使用的燃料又分为燃气机和燃油机两类。

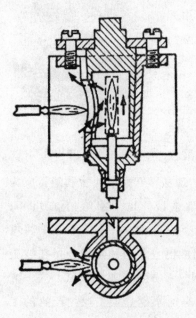

图 6—82 巴尼特的点火装置

1833 年，英国的赖特（Wright, Lemuel Wellman 1790—1886）设计成一种将煤气与空气的混合气体注入汽缸中，引燃后用活塞驱动曲轴旋转的发动机，虽然于同年取得专利但未能实际制造出来，这已经是向内燃机发明迈出的第一步。1838 年，英国的巴尼特（Barnett, William Hall 1802—1865）对赖特的内燃机进行了改革，他将煤气在引爆前预先压缩，并设计了一种巧妙的点火装置。1860 年，法国人勒努瓦（Lenoir, Jean Joseph Étienne 1822—1900）发明了带有电点火系统、靠煤气和空气混合爆燃运行的实用二冲程煤气内燃机，其结构与卧式双作用式蒸汽机相似，有一个汽缸、一个活塞、一根连杆和一个飞轮。它与蒸汽机的不同之处仅在于用可燃的煤气代替蒸汽，当活塞到达中间位置时，蓄电池和感应圈便提供必要的高强度电火花点燃混合气体。当活塞返回时，废气被排出，在活塞另一边新充入的煤气和空气则被点燃，故该发动机是双作用式的。这种发动机沿用了蒸汽机上所用的滑阀，并采用水冷。但是该发动机由于没有压缩过程，热效率不高，仅为4%左右，每马力小时耗用煤气为100立方英尺，比同样功率的蒸汽机运行费用高，但是运转很稳定。

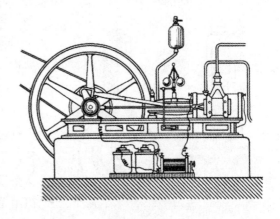

图6—83　勒努瓦燃气发动机（1860）

法国工程师德·罗沙斯（de Rochas，Alphonse Beau 1815—1893）对内燃机效率进行研究，1862年提出实用燃气发动机必须满足的条件，

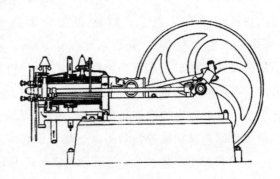

图6—84　奥拓的卧式燃气发动机（约1878）

即四冲程原理。1867年，德国的奥托（Otto，Nikolaus August 1832—1891）与实业家兰根（Langen，Eugen 1833—1895）一同制成自由活塞式四冲程的煤气机。这种煤气机通过活塞的两次往复运动完成混合气体的吸入、压缩、点火和排气过程。1872年，奥托和兰根创立德意志煤气发动机公司，批量生产他的发动机。1876年他发现利用飞轮的惯性可以使四冲程自动实现循环往复，使燃气内燃机的热效率提高到14%。同年在巴黎的世界博览会上展出了这种高效率的煤气机，获金质奖章。在工程界也将这四冲程原理称作奥托循环。1878年，奥托开始成批生产卧式燃气内燃机。到1880年，奥托内燃机的功率由原来的4马力提高到20马力，1883年，奥托制造出200马力煤气内燃机，热效率到1894年已达到20%以上。在动力发展史上，燃气内燃机是继蒸汽机之后的先进发动机，它装置简单，热效率高，加之煤气生产较为容易，使燃气内燃机得以广泛应用。

## 二　汽油与重油发动机

虽然煤气机可以部分地取代蒸汽机，但是由于煤气运输和存储困难，给煤气

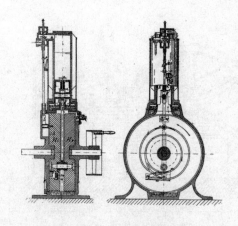

图6—85 戴姆勒汽油机结构

机的使用带来许多不便，有人开始研究使用当时照明用的煤油作为燃料的煤油发动机。

1873年，奥地利的霍克（Hock，J.）设计出一种先用高压空气将煤油喷成雾状，再点燃驱动活塞做功的煤油机，并取得专利。不过这种发动机由于煤油燃烧不完全，功率很低而没有实用价值。真正实用的是德国的格罗布（Grob，J. M.）设计的立式煤油机，他采用了奥托循环方式，安装雾化器和由外部加热的汽化器，使燃油进入汽缸时即发生汽化，以达到充分燃烧的目的。同一时期，英国的坎贝尔（Campbell，J. R.）、霍恩斯比（Hornsby，R. 1790—1864）等人则研制成更为实用的卧式煤油机，其结构类似于1878年奥托研制的卧式奥托机。

在燃油发动机研制中发明的将燃油气化与适量空气混合注入气缸以充分燃烧的方法，为后来的汽油机所采用。然而无论是煤气机还是煤油机，由于燃料的燃烧值较低，发动机的转数不高，都属于低速发动机。

19世纪下半叶，在石油炼制中将易燃不好处理的汽油，大部分挖坑倒掉。在奥托公司工作的戴姆勒（Daimler，Gottlieb 1834—1900）试验用汽油为燃料的发动机，他认识到高转速能提高发动机功率，小而轻的高速发动机更适合人们的需要。1883年，戴姆勒研制成功热管点火式汽油内燃机，转速达800～1000转/分。1885年，他获得立式单缸发动机专利。这种发动机装有密闭的曲柄箱和飞轮，使用了空吸式进气阀和机械式排气阀，安装了节速器，用以在速度预定值前阻止排气阀的开启，借助一个封闭式的风扇使空气围绕汽缸环流，以对其进行冷却。与此同时，他还发明了表面汽化器，以使汽油在空气中迅速蒸发。这种立式单缸汽油发动机的输出功率为0.5马力，转速为500～800转/分，汽缸高度不足30英寸，重110磅，由此确立了小型高效的发动机基础，成为后来制造的各种汽油内燃机的原型。1890年戴姆勒设立"戴姆勒发动机公司"，开始批量生产他的汽油发动机。由于汽

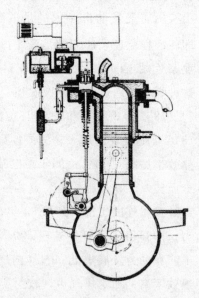

图6—86 戴姆勒汽油发动机剖面

油的燃烧值远大于煤气和煤油，所以产生的动力也高于煤气和煤油发动机。

柴油发动机是德国技师狄塞尔（Diesel，Rudolf 1858—1913）发明的，他毕业于慕尼黑大学，后来在林德制冰机工厂工作。1879年，他与林德（Linde，Carl von 1842—1934）合作设计了制冷机。1893年发表论文阐述了定压加热循环（又称狄塞尔循环，Diesel cycle），其过程是将空气送入汽缸进行压缩，当在压缩终了时，用一台喷油泵将精确定量的少量燃料喷入，由于空气受压缩产生高温，燃料立刻自动着火燃烧，反应时间极短，空气压力变化极小，近于定压。狄塞尔循环应用于柴油内燃机，由于被压缩的是空气，可以采用较大的压缩比，因而热效率要比奥托循环（定容加热循环）的煤气、煤油或汽油内燃机热效率高得

图6—87　狄塞尔发动机

多。在克虏伯公司的帮助下，他于1897年制造出实用的发动机，输出功率25马力。这种发动机俗称狄塞尔发动机。

1898年，狄塞尔在慕尼黑博览会上展出了他的发动机。最初的狄塞尔发动机使用的是细煤粉，后改为廉价的重油、柴油为燃料。狄塞尔发动机不但用于驱动发电机发电，1913年还制造出使用狄塞尔机的机车，后发展成内燃机车。1903年，狄塞尔和法国工程师鲍谢（Bochet，Adrian 1863—1922）及迪克霍夫（Dyckhoff，Frederic）试制成功船舶用狄塞尔机，20世纪后狄塞尔机在机车、汽车、船舶特别是农用、矿用机械以及坦克、装甲车方面得到广泛应用。1913年10月狄塞尔在去伦敦的船上失踪，狄塞尔的死至今还是个谜。

## 第八节　汽车与公路运输

### 一　蒸汽汽车

汽车是当代人类最重要的大众化的交通运输工具，汽车与四通八达的公路网成为20世纪交通运输的一大特色，公路里程、汽车生产量和拥有量已成为一个国家工业化程度的重要指标之一。汽车制造是一门综合性技术，涉及发动机、金属材料、电子电器、橡胶、控制、机械等多方面。蒸汽机发明后，即有人以蒸汽机为动力制作蒸汽汽车。

1769年，法国的居尼奥（Cugnot，Nicholas Joseph 1725—1804）为拉运大炮研

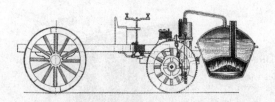

图6—88 居尼奥蒸汽汽车

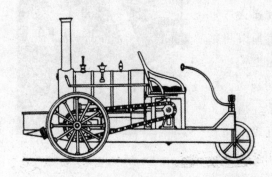

图6—89 里基特的蒸汽汽车（1858）

制出一种利用蒸汽推动活塞的蒸汽三轮汽车，能载4个人，时速为3.2公里左右，比人步行速度还慢。英国矿业工程师特里维西克在车上安装了一部高压蒸汽发动机。两年后，他又制造了一辆类似公共马车的蒸汽汽车，可乘坐8个人，时速达9.6公里，在伦敦演示后也未引起人们的注意。1827年，英国的加内爵士（Gurney，Sir Goldsworthy 1793—1875）制成第一台实用的蒸汽汽车，该车把发动机安装在后部，自重虽只有3吨，却可以容下18位乘客，时速达到19公里。1834年，苏格兰蒸汽汽车公司成立，开始了公共汽车营运。1858年，英国白金汉郡的里基特（Rickett，Thomas）制成一台类似于小型铁路机车的三轮蒸汽汽车，两个大后轮和一个供操纵用的前轮，包括驾驶员在内的3个座席安在锅炉上，炉工站在车后台子上工作。在两个后轮中，一个后轮通过链条与蒸汽机相连，另一个后轮则在主轴上自由转动。当上陡坡或路面不好走时，驾驶员还能通过离合器同时驱动双后轮前进。该车自重约1.5吨，最高时速12英里。两年后，他又设计了一辆重量更大、用齿轮代替链条驱动的蒸汽汽车。他最后设计的是一辆将曲柄和驱动车轴直接联结与铁路机车相似的蒸汽汽车。

　　1863年，美国马萨诸塞州的罗帕（Roper，Sylvester Howard 1823—1896）制造了自重只有300千克，最高时速却达32公里的轻型汽车。由于蒸汽汽车的噪声大，黑烟多，易损坏路面，而且不安全，引起公众反对，使其发展受到限制。

　　到19世纪70年代后，仍有不少人在研制蒸汽汽车，他们设法提高蒸汽机效率，缩小体积并在控制方面大加改进。1872年，英国格拉斯哥的伦道夫（Randolph，Charles 1809—1878）制成一台15英尺长的蒸汽汽车，中间的立式锅炉两侧安装两个立式双缸蒸汽机，每

图6—90 伦道夫的蒸汽汽车（1872）

个蒸汽机各自通过正齿轮驱动一个大后轮，车前面还首次安装了后视镜。该车自重达 4.5 吨，最高时速仅为 6 英里。1889 年，法国的塞波莱（Serpollet，Léon 1858—1907）研制成可以在 2 分钟内产生蒸汽启动汽车的快速锅炉，又引起了人们对蒸汽汽车的兴趣。当时许多人制作的蒸汽汽车时速均可达 40 公里，在各种汽车比赛中经常领先。直到 1906 年，美国的斯坦利兄弟（Stanley，Francis Edgar 1849—1918 and Freelan Oscar 1849—1940）还在研制普及型双座蒸汽汽车，时速达 205 公里。但蒸汽汽车起动十分复杂，一次

图 6—91　塞波莱的蒸汽三轮车

起动要有 20 多个步骤，费工费时。20 世纪初由于效率高、机动性好的汽油汽车的出现而逐渐被淘汰。

### 二　电动车

蓄电池发明后，不少人研制利用化学电池为能源的电动车。

首次制成电动车的是法国的特鲁韦（Trouvé，Gustave 1839—1902），在 1881 年巴黎举办的国际电器博览会上，展出了特鲁韦提供的一辆电动三轮车。该车前面是两个小从动转向轮，后面是一个大的驱动轮，两台电动机安装在两个从动轮之间的轴上，用齿轮将动力传至后轮。这台车重 55 千克，使用普朗泰发明的铅酸电池。

英国的中央工业大学物理学教授、电气技师艾尔顿（Ayrton，William Edward 1847—1908）和芬斯贝利工业学校（Finsbury Technical College）工学教授佩里（Perry，John 1850—1920）参观巴黎的国际电器博览会回到英国后，于 1882 年制成一台重 370 磅的电动三轮车，使用 10 个蓄电池，电机通过齿轮与一个车轮啮合，速度每小时 9 英里。但是由于英国"红旗法"的限制，[①] 电动车在英国发展并不顺利。其后，英国的沃德（Ward，Radcliffe）于 1886 年，沃尔克（Volk，Magnus 1851—1937）于 1887 年均研制出四轮电动车进行试验，到 19 世纪末，伦敦出现了出租电动车。

电动车在美国却得到了很好的发展。

1890 年，纽约的里克（Riker，Andrew Lawrence 1868—1930）组装成美国第一辆电动三轮车。他在英国产的转轮式三轮车上安装上自制的 1/6 马力的电动机，

---

① 该法律规定，机动车在公路上行驶：（1）至少有 3 人开车；（2）其中一人至少在车前 60 码外步行开路，要手持红旗不停地摇动以提醒行人；（3）限速每小时 4 英里，经过村镇时限速每小时 2 英里。

车重仅 150 磅，时速 8 英里。次年，莫里森（Morrison，William 1850—1927）制成美国首台四轮电动车，车座下面装有 24 个总重 770 磅的蓄电池，电池带动一个 4 马力的西门子直流电动机，车速每小时 14 英里。

图 6—92　莫里森电动车

电动车的出现引起了美国社会的广泛关注。1894 年，机械工程师莫里斯（Morris，Henry G. 1840—1915）和电气工程师萨洛姆（Salom，Pedro G. 1856—1945）合作成立了电动客车与货车公司，同年，推出首台自称为电动车（Electrobat）的四轮电动车。该车总重 4250 磅，用了 60 个铅酸电池，电池重 1600 磅。次年又推出一系列电动车，其中最大的是安有两个大前轮和两个小后轮的四轮双座式电动车，该车使用充气轮胎，仅电池就重 1650 磅。最小的车重仅 1180 磅，底盘用冷拉钢管焊成，也用了充气轮胎，还使用了滚珠轴承。1896 年 11 月 1 日，他们在纽约市开办了电动车出租业务，推出用前轮驱动的布棚双座四轮轿车。

20 世纪后，美国许多家庭都拥有 1 台电动车或汽油、蒸汽汽车，供上下班用，可是许多家庭偶尔要长途旅行或在城际间交通，由于电动车行程有限、充电困难，蒸汽汽车启动费时费力且噪声大，逐渐让位于启动容易、机动性强、噪声适中的汽油汽车。

20 世纪 60 年代后，由于石油和环境问题，被冷落多年的电动车重新引起人们的重视，不少人都在研制电动车，开发高蓄能的轻型电池和适用于电动车的电动机。由于适合电动车用的低重量、高容量电池尚不完备，加之汽油汽车技术已十分成熟，而且稍加改装即可燃用低污染的天然气，因此电动车至 20 世纪末也未能成为家用机动车的主流。

### 三　内燃机汽车

19世纪20年代后，以煤气为燃料的内燃机被发明出来，不久后，以煤气内燃机为动力的煤气汽车开始出现。勒努瓦在发明带有电点火系统的煤气机后的第二年，便将它装在一辆运输车上，成为世界上第一台用内燃机驱动的"不用马拉的车辆"，后又将其装在轮船上作为动力。

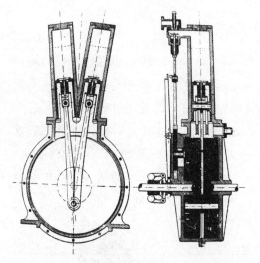

图6—93　戴姆勒双缸汽油发动机

1872年，德国的奥托和兰根创立"德意志煤气发动机公司"后，生产他们在1867年研制的四冲程自由活塞式煤气发动机。四冲程发动机虽然比勒努瓦二冲程的效率较高，运行平稳，但是由于煤气的不可压缩性，使用这种发动机的汽车需要背负一个很大的装煤气的装置（开始是用不透气的口袋），而且行驶里程有限。19世纪90年代后，随着汽油汽车的出现煤气汽车很快被淘汰。

在汽车家族中，发展最为完善、使用最普遍，而且质高价廉的汽车，是以汽油或柴油为燃料的汽车。

戴姆勒研制成功使用汽油的高速发动机后，1885年他将之安装在一台木轮的自行车上，时速12公里，并获专利。第二年，戴姆勒将一辆四轮马车改装成带有摩擦离合器的四轮运货车，采用后轮驱动，用操纵杆控制前轮转向，时速达18公里。之后戴姆勒试验将两个汽缸互相倾斜15°，两个连杆连在一个公共的曲柄上

图6—94　本茨三轮车（1886）

图6—95　戴姆勒制成的第一辆
四轮内燃机汽车

制成双杠汽油发动机，1889 年，取得这种 V 型双缸发动机专利。他采用功率为 1.1 千瓦的双缸 V 型发动机，研制出的新型的四轮内燃机汽车，最高车速达 18 公里/时。同年戴姆勒在巴黎世界博览会上展出一台四轮汽车，该车的车架是用钢管焊成的，安有带实心橡胶轮胎的钢圈车轮，采用了摩擦离合器和四挡变速器。次

图 6—96　本茨汽车（1896）

年，戴姆勒创办的戴姆勒发动机公司，在生产汽油机的同时开始生产汽车。

同一时期，德国的本茨（Benz, Karl 1844—1929）也在研制发动机和汽车，他首先制成安装有汽油发动机的三轮车，时速为 13 公里，其后奔驰汽车也正式投产，并以其销售商女儿的名字"梅赛德斯"（Mercedes）注册了汽车商标，在此后的 10 年间销售了近 2000 辆。

汽车的出现，刺激了一批一直在研究"不用马的马车"的美国技师，他们在 19 世纪末研制生产了汽油汽车 300 辆、蒸汽汽车 2900 辆、电动车 500 辆，各地建立起许多汽车维修厂和

图 6—97　Mercedes-Benz 汽车

零件加工厂。同一时期，法国、德国、英国不少人也都在研制汽车，然而几乎所有的汽车价格都十分昂贵，仅是一种贵族的奢侈品。

图 6—98　福特（左）与爱迪生（右）

在爱迪生电气公司担任技师的福特（Ford, Henry 1863—1947），在爱迪生的支持下利用业余时间研制汽车，于 1896 年制成第一台四轮汽车，1903 年创办福特汽车公司，致力于大众化汽车的制造。为降低成本，他采用了利用传送带的底盘

流水线装配方式式，自 1908 年开始大批量生产廉价的 T 型福特车，使汽车价格从 1908 年的 2000 美元到 1913 年降为 850 美元，1917 年降为 600 美元。1903—1915 年制造了 100 万辆汽车，到 1921 年达到年产 100 万辆的生产规模。

图 6—99 T 型福特车生产线

20 世纪上半叶，各国汽车公司纷纷推出自己的新型汽车。日本在第二次世界大战后，本田、丰田、日产、马自达等汽车公司迅速发展，到 20 世纪 80 年代，日本汽车产量已赶上美国，年产 800 万辆，到 20 世纪末，日本和美国的汽车年产量各达 1200 万辆。在第一次世界大战中就出现了使用柴油发动机的汽车，后来大型汽车如大型客车、货车及特种车，工程机械、筑路机械多采用马力大的柴油发动机。

图 6—100 T 型福特车

汽车发展到今天，已经达到极为完善的地步，然而其中各项技术却是经多个国家的发明家、工程师们在几十年间逐渐研制完成的。发动机的启动最早是用手摇的，1911 年美国的克特林（Kettering, Charles Franklin 1876—1958）发明了电子式启动器，并在凯迪拉克汽车上装用。1949 年克莱斯勒公司采用了应用至今的点火钥匙启动器。圆形方向盘是 1894 年后开始取代传统的自行车手把式或舵把立式结构的。1895 年，在汽车上开始采用苏格兰兽医邓洛普于 1888 年发明的充气轮胎。1928 年出现了同步变速箱，而液压悬挂系统是 20 世纪 50 年代后出现的，它可以极大地减少行车中的振动。20 世纪 80 年代后出现了无级变速系统（CVT）。其他如保险杠（1905）、雨刷（1916）、速度表（1902）、侧镜（1916）、

图 6—101 汽车在普及

内后视镜（1906）、燃油表（1922）、暖风（1926）、自动升降车窗（1946）、安全带（1946）、方向盘杆锁（1954）的发明与应用，使现代汽车已经成为操作简便而灵敏、安全系数高、速度快而舒适的大众化的"代步工具"。

### 四　自行车与摩托车

#### （一）自行车

最早的雏形自行车是法国人西夫拉克伯爵（Sivrac, Comte Mede de）于 1790 年作为玩具制作的，木架前后安装两个木轮，人坐在座上两脚蹬地前进。1818 年，德国人德拉伊斯（Drais, Freiherr Karl von Sauerbronn 1785—1851）在英格兰制成一辆自行车，也是在一个木构架前后安装两个木轮，但是前边安有把手式样的舵把可以操控方向，人骑在车上用两脚蹬地使车前进，时称"娱乐木马"。

图 6—102　德拉伊斯式自行车（又称娱乐木马，约 1818）

1839 年，苏格兰的麦克米伦（Macmillan, Kirkpatrick 1812—1878）制成带有脚蹬的自行车，用曲柄连杆将动力传向与后轮联结的踏板上，人用两脚交替踏动踏板前进。前轮大、后轮小，将脚蹬子、曲柄与车轮直接相连的自行车，则是 1867 年法国人米肖父子（Michaux, Pierre 1813—1883 and Ernest 1841—?）设计的。19 世纪中叶后，自行车首先在法国流行起来。1869 年，巴黎的自行车技工苏里雷（Suriray, Jules Pierre）将轴承安装在穆尔（Moore, James 1849—1935）参加世界上第一次自行车赛（Paris—Rouen, 1869 年 11 月 7 日）的车上。

1874 年，英国考文垂的自行车设计师斯塔利（Starley, James 1831—1881.）发明接线式辐条车轮，1877 年又发明了链条与齿轮组合的动力传动方式。1879 年，英国的劳森（Lawson, Harry John 1852—1925）制成一种用安有脚蹬的曲柄机构用链条驱动小后轮以增速的自行车。1880 年，斯塔利采用在前轮轴上直接安装脚踏板以克服以往自行车传动比较困难的缺点，该车前轮直径为 150 厘米，后轮直径仅为 50 厘米，形成了前轮大、后轮小的"高轮车"。该车的速度虽然增加了，但由于这种车轮的大小不同，因此难以掌握平衡，行驶起来很不安全。为此，当时欧美各国曾一度开设了许多自行车驾驶训练学校来培训人

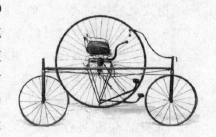

图 6—103　斯塔利的自行车

们如何掌握自行车驾驶技术。

　　1881 年，新加坡的史密斯机械公司为了解决"高轮车"的安全问题，又设计了一种与上述相反的即前轮小、后轮大的"星形"自行车。该车采用了操纵杆式的结构。

　　当时不少人发明了各种形式的自行车，这一时期在市场上已有 200 多个品种的自行车在出售。到了 1885 年，英国的斯塔利制造出了两轮几乎相等的自行车，后来，邓洛普发明的充气轮胎首先用于自行车上，到 1890 年已制造出与当代自行车结构相同的自行车。

图 6—104　高轮自行车

　　自行车在 20 世纪前半叶几乎成为许多国家普遍使用的大众化交通工具，60 年代后由于汽车的普及，自行车在一些发达国家仅作为健身运动的工具而存在。中国在 90 年代前，自行车一直是极为普及的大众化的交通工具，城区街道都划有专门的自行车通道。20 世纪末，由于石油的紧缺和汽车尾气对环境污染的加重，不少人又提倡将自行车作为大众的交通工具。

　　（二）摩托车

　　摩托车在早期与汽车之间并无明显区别，因为一开始人们都试图用新型高效动力机安装在自行车、三轮车或四轮车上，自行车和三轮车安装发动机即是后来的双轮、三轮摩托车的前身，而安装发动机的四轮车则是通常所说的汽车。

　　1867 年，美国的罗帕（Roper, Sylvester Howard 1823—1896）发明了世界上最早的摩托车，这是一辆哥伦比亚高车架自行车，搭载一台双缸蒸汽发动机，并在骑手的坐垫下安装了锅炉，可以达到 40 公里/小时的速度。

　　戴姆勒于 1885 年获得安装高速汽油发动机的自行车的专利，这是摩托车的第一个专利。他制成的这台摩托车，在两个直径相同的木制车轮间立式安装空冷单缸发动机，用皮带驱动后轮，发动机安有热管点火器和表面汽化器。而本茨于 1885 年制成的所谓的汽车，实际上是一台三轮摩托车。

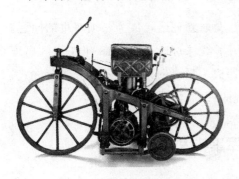

图 6—105　戴姆勒双轮摩托车（1885）

　　摩托车出现后引起了许多人的兴趣，1893 年德国的 Hildebrand & Wolfmüller 公司，1895 年英国的德迪翁爵士（De Dion, Marquis Jules-Albert 1856—1946）、法国的波列（Bollée, Léon 1870—1913），1896 年

英国的霍尔登（Holden，Sir Henry Capel Lofft 1856—1937）、法国的沃纳兄弟（Werner，Michel and Eugene）均对摩托车进行了试制与改进，其中沃纳设计的安有小型高速发动机的普及型安全摩托车于 1900 年开始大量生产。1903 年，美国人哈利（Harley，William Sylvester 1880—1943）和戴维森（Davidson，Arthur 1881—1950）在美国威斯康星州制造的摩托车，时速达 72 公里，其结构式样成为现代摩托车的基本形式，这种摩托车在市场上十分畅销。

摩托车在 20 世纪 20—30 年代极为流行，意大利 1928 年投产的"古奇"500S型摩托车一直生产了 50 多年。

第二次世界大战后，出现了低座小型轻便摩托车，这种车由于操作简便、安全性好在意大利首先流行起来。这一时期的摩托车一般安装的是单缸或双缸的小型发动机，到 20 世纪中期后出现了四缸发动机的摩托车，这种摩托车最早是本田公司于 1966 年上市的 CB750 型，时速达 190 公里，且行驶平稳，噪声小，性能十分可靠。此后日本生产的摩托车很快占领了国际市场，直到 20 世纪 90 年代后，英国才生产出一种在外观设计上超过日本的全封闭的新式摩托车，使传统的摩托车式样发生了变化。

### 五　公路热的兴起

随着汽车的大量生产及人们对汽车观念的改变，自 19 世纪末供汽车行驶的公路在各国开始大量修筑，20 世纪 30 年代形成了继"铁路热"之后的"公路热"。

20 世纪中叶后，出现了用沥青或柏油作为路面防水材料的"黑色路面"，高等级公路多采用混凝土路面，全封闭的高速公路在许多发达国家也迅速发展起来，各类筑路机械及适应不同气候、地理环境的筑路方法保证了筑路的质量和速度。"门到门"的公路运输，成为有别于铁路、船运、航空的一个重要的特点和优势。

公路通车里程的不断增长及汽车的增多，交通管理已经成为必须解决的问题。美国于 1914 年在俄亥俄州的克利夫最早采用了红绿灯管制，1918 年在纽约出现了红黄绿三色灯管制系统，不久后，三色灯即成为世界通用的交通灯光管制方式，而人行横道斑马线标志则是在 1935 年后出现的。

## 第九节　近代军事技术

### 一　火药与炸药

近代的火炸药起源于中国的黑火药，黑火药经阿拉伯人传入欧洲后引起了欧

洲人对火药的研究兴趣，随着欧洲工业革
命和化学的进步，

一些化学家用化学方法发明出新的威
力更猛的炸药或发射药。1845 年，德裔瑞
士化学家申拜恩（Schönbein，Christian Fri-
edrich 1799—1868）在自己的实验室用棉
围裙擦抹溢出来的硫酸和硝酸时偶然发现
生成新的化合物硝化纤维。1865 年，英国
化学家阿贝尔（Abel，Sir Frederick Augus-

图 6—106　制造硝化甘油的装置

tus 1827—1902）经研究后发现了硝化纤维具有爆炸性，进一步研究发现，用其代
替黑火药（顺药）作为发射药既无烟、发射能力又远高于黑火药，是一种优秀的
无烟火药，通常称为火棉。申拜恩设计使用混合酸处理棉花并用水冲洗掉剩余的
酸，发明了生产硝化纤维的标准方法，使硝化纤维很快取代黑火药成为主要的发
射药，由此奠定了近代火炸药化学的基础。此后，单基、双基、三基炸药很快被
制造出来。

1846 年，意大利化学家索布雷罗（Sobrero，Ascanio 1812—1888）将无水甘
油慢慢滴入浓硝酸和浓硫酸的混合酸中，得到了一种新的物质——硝化甘油。制
成后，他将一滴硝化甘油放入试管中加热，发生了威力巨大的爆炸，这使他非常
震惊，立即终止了这项研究，担心这种炸药被用于战争。一年后，他在极少的几
位科学家中公布了他的研究成果，1862 年才初步解决了生产和使用中的安全问
题，开始小规模生产。一开始，硝化甘油并没有作为炸药使用，而是作为一种治
疗心脏病的药物。但是硝化甘油是液态的，对冲击、振动很敏感，运输起来十分
危险。瑞典的诺贝尔（Nobel，Alfred Bernhard 1833—1896）对硝化甘油进行研
究，于 1867 年无意中发现，硅藻土吸收硝化甘油后仍然具有爆炸性，但是性状很
稳定，于是用硅藻土吸收硝化甘油制成使用安全的达纳米
特（Dynamite）炸药，1871 年他将硝化纤维溶于硝化甘油
制成爆炸力更强的黏稠状的"爆胶"炸药。

1867 年诺贝尔发现，硅藻土吸收硝化甘油制成达纳米
特后，敏感性大为降低，必须用起爆装置起爆。雷酸汞
（俗称雷汞）的爆炸作用能够可靠地引爆达纳米特，于是
发明了在圆筒形金属外壳中装入雷酸汞的雷管。雷管的发
明是炸药应用历史上的一个转折点，广泛用于工程爆破和
战争的炸药引爆。1887 年，诺贝尔又发明了以硝化甘油和
硝化纤维为基本原料的拜里斯蒂特（Bailistite）双基无烟

图 6—107　诺贝尔

火药。

继诺贝尔之后，1889 年，阿贝尔等人用丙酮溶解硝化纤维和硝化甘油发明了柯达（Cordite）双基无烟药，用作发射药。

在 19 世纪发明的猛炸药中还有苦味酸（2，4，6 - 三硝基苯酚）、梯恩梯（TNT，三硝基甲苯）和特屈尔（2，4，6 - 三硝基苯甲基胺）。早在 18 世纪，人们就将苦味酸作为染色剂用于毛纺织物染色。1871 年在对德国的一家染房爆炸事件的调查中，发现了苦味酸的爆炸性，许多国家开始将苦味酸作为猛炸药使用，但是其酸性较强易腐蚀弹壳，时常发生枪炮炸膛事故。1863 年，德国的威尔布兰德（Willbrand，Julius 1839—1906）用硝酸和浓硫酸与甲苯反应制得 TNT（三硝基甲苯）。这种 TNT 爆炸力很强，但对撞击和摩擦的敏感度又很低，使用十分安全，1891 年用作炸药后很快取代了苦味酸，成为 20 世纪主要的猛炸药。1877 年，荷兰的默滕斯（Mertens，Karel Hendrik）用发烟硝酸与二甲基苯的硫酸溶液反应制得特屈儿，1906 年后用于装填雷管和炮弹，因其毒性大而被后来出现的太安炸药和黑索金取代。

1891 年，德国的托伦斯（Tollens，Bernhard 1841—1918）将季戊四醇硝化后制得太安（季戊四醇四硝酸酯）炸药，第一次世界大战后开始工业生产，在第二次世界大战中得到广泛使用，当时，德国月产 1440 吨，美国月产 500 吨以上。这种炸药在第二次世界大战后，由于安定性较差而被黑索金取代。黑索金（环三亚甲基三硝铵）最早是作为药物使用的，1899 年由亨宁（Henning，Georg Friedrich 1863—1945）成功合成。1922 年，德国的赫茨（Herz，Edmund Ritter von 1891—1964）通过硝化乌洛托品制得黑索金，此后的研究完成了其工业生产工艺和对爆炸性能的掌握而成为一种新的猛炸药。第二次世界大战期间，德国月产达 7000 吨。

20 世纪 50 年代后，出现了新的猛炸药溴托根（环四亚甲基四硝胺）及浆状炸药、乳化炸药、耐热炸药和广泛用于采矿、筑路的硝铵炸药，还出现了用于航天、导弹等在特殊环境条件下使用的特种炸药。

## 二  军用毒剂

古代人在战争及狩猎中，毒剂即有所使用。进入 19 世纪后，在克里米亚战争中使用过有机砷化物的毒剂炮弹，美国国内战争期间使用过氯气炮弹。在第一次世界大战中，化学毒剂开始大规模地用于战争。

1914 年 8 月，法国首次使用催泪弹（溴化芳烃类）。同年 10 月，德国首次使用了喷嚏剂（氯磺酰邻联二茴香胺）。1915 年 1 月，德国在马祖尔湖战役中对俄军大量使用装有催泪物质的 T 型炮弹，同年 4 月在比利时的伊普雷（Ypres）战役中首次向法军和加拿大军队阵地施放氯气，造成对方军队的大量伤亡。不久后，德国将合成染料用的化工原料光气（氧氯化碳）、双光气（氯甲酸三氯甲酯）作为窒息性毒剂，将芥子气（ββ-二氯二乙硫醚）作为糜烂性毒剂使用。法国把化工原料氢氰酸作为全身中毒性毒剂，将路易氏气①作为糜烂性毒剂使用。

在第一、第二次世界大战期间，德、日、美、英、法、苏等国均投入力量研制并生产各种军用毒剂。1932年，德国的施拉德尔（Schrader, Gerhard 1903—1990）研制成最早的神经性毒剂——塔崩（tabun），1937年又发现了毒性更大的神经性毒剂——沙林（sarin），不久后德国即建厂投产。美国建立了一些工厂专门研究生产芥子气、路易氏气、氮芥气（三氯三乙胺）及各种发烟剂和纵火剂等。苏联生产出光气、双光气、芥子气、路易氏气、氢氰酸、亚当氏气（二苯胺氯砷，1915年为德国化学家 H. A. Willand 合成，1918年美国的 R. Adams 又独立合成）、氯化苦（全身性毒剂，学名三氯硝基甲烷）等多种军用毒剂，年产量达9.6万吨。第二次世界大战参战各国及日本侵华战争中均大量使用过军用毒剂。

图6—108 一战中戴防毒面具的士兵

第二次世界大战后，美国在朝鲜战争中使用过光气，在越南战争中使用过枯草剂和落叶剂。伊拉克在两伊战争以及镇压本国库尔德人的战争中，都曾用过毒剂，甚至俄罗斯在处理莫斯科轴承厂俱乐部被车臣妇女劫持事件（2002）中，也使用了毒气。

由于毒剂在战争中的使用，促使防生化武器装备的出现，最早是在第一次世界大战中，德国为施放氯气给士兵配备了防毒口罩和装有能还原氯气的防毒面具。为防止光气和氢氰酸，防毒面具中又装填了能使光气水解、与氢氰酸中和的烧碱。除防毒面具外，还出现了防毒衣、防毒手套、防毒斗篷等。

虽然1889年和1907年两次海牙会议上，均作出禁止使用化学毒剂和毒剂武器的规定，然而其后的第一、第二次世界大战中都是军用化学毒剂大量使用和生产的高峰期。化学毒剂和毒剂武器是属于大规模杀伤性武器，是国际法严加禁止的，需要联合国和国际社会发挥力量，争取全面销毁并禁止生产这一不人道、违反人性的武器。

---

① 氯乙烯氯砷，1918年美国的刘易斯（W. Lee Lewis）研制成功的一种糜烂性毒剂。

### 三　兵器

在 19 世纪中，由于炼钢技术和炸药制造技术的进步，各种轻型兵器和重型兵器被发明出来。

中国宋代即出现了突火枪和火铳，元朝、明朝均对火器有不少改革，但直到清末，火器在军队装备中始终处于次要地位，无论是汉兵还是蒙兵、清兵，他们更相信自己练就的"武功"。

图 6—109　毛瑟枪

在欧洲，18 世纪前的火绳枪和燧石枪①都是内镗光滑的滑膛枪。1776 年，英国人弗格森（Ferguson，Patrick 1744—1780）发明了在枪管内镗开有来复线的来复枪，并在枪管上设有标尺，不但使射程提高了一倍，达 180 米，而且命中率也大为提高。1807 年，苏格兰牧师福赛思（Forsyth，Alexander John 1769—1843）发明了可以用于制造火帽（percussion cap）的雷酸汞，1816 年即出现了铜制火帽。1849 年，法国的米尼耶（Minié，Claude-Étienne 1804—1879）发明了发射时能封闭枪膛的圆锥形子弹，这种子弹与 1841 年德国枪械技师德赖泽（Dreyse，Johann Nicolaus von 1787—1867）发明的撞针式后装弹枪相结合，成为后来步枪的基本结构。1863 年，德国著名枪械设计师毛瑟兄弟（Mauser，Wilhelm 1834—1882 and Paul 1838—1914）设计的毛瑟枪，口径 11 毫米，枪长 1340 毫米，重 4.68 千克，射速每分钟 4～5 发，有效射程 400 米。它除汇集了以往的来复线技

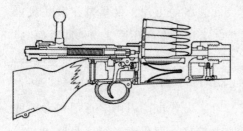

图 6—110　毛瑟步枪弹仓原理图

术、枪弹后装技术、枪弹定装技术、金属弹壳技术、底火技术、击针技术外，还采用了可转动带机柄的枪机来实现开闭锁，手推枪机向前进弹，手拉枪机向后退壳。它是世界上第一支成功地采用金属弹壳枪弹的步枪，这一发明奠定了近代步枪的结构基础。1868 年获得专利。1884 年改进为可装 8 发子弹的弹仓式步枪，1888 年开始使用无烟火药，口径改为 7.62 毫米。

---

①　火绳枪——用火绳点燃火药发射子弹的枪；燧石枪——靠打击燧石发火点燃火药发射子弹的枪。

19 世纪 60 年代后，法国的莫泽格兵工厂检验员沙瑟波（Chassepot, Antoine Alphonse 1833—1905）也研制成一种口径小但射程为德赖泽步枪射程的 2 倍达 1200 米的撞针式后装弹枪。不久后，出现的铜皮弹壳，进一步解决了子弹发射时气体外喷问题。

1886 年，法国的特拉蒙（Tramond, Baptiste 1834—1889）将军领导下的军事委员会对步枪进行了改进，口径缩到 8 毫米，枪长 1.3 米，重 4.18 千克，枪管内开 4 条来复线，弹仓装弹 8 颗，最早使用了无烟火药为发射药。该枪由于性能优良，在军中服役达 50 年以上。

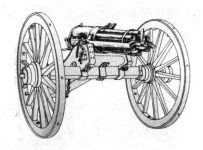

图 6—111　加特林机枪（1862）

19 世纪中叶，随着钢铁冶炼技术、火炸药技术和枪械技术的进步，欧美军界开始追求如何提高子弹的发射速度问题。

早在 1860 年，美国的枪械技师亨利（Henry, Benjamin Tyler 1821—1898）即制成一种带弹仓的卡宾枪，弹仓中装有 14 发子弹。真正实用的连发枪，是 1862 年美国农业机械师加特林（Gatling, Richard Jordan 1818—1903）发明的。这是一种由 6 支 14.7 毫米口径组成的安装在枪架上的手摇式机枪，转动曲柄 6 支枪管即可依次发射。

1887 年，移居英国的美国机械师马克沁（Maxim, Hiram Stevens. 1840—1916）发明可连续射击的"马克沁重机枪"。马克沁重机枪是世界上第一挺以火药燃气为动力进行工作的自动武器，1894 年获得专利。该枪采用枪管后坐式自动原理，肘节式闭锁机构，发射 M71 式 11.43 毫米枪弹，枪身重 27.2 千克，连枪架重超过 40 千克，使用装弹 333 发的帆布弹带供弹。由于子弹发射是连续的，枪管极易发热，因此枪管外部装有冷却水套，理论射速每分钟 600 发，可单、连发射击，也可以每分钟 100 发进行慢速射击。机枪工作时，利用膛内火药燃气作动力，在枪

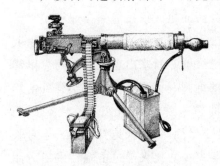

图 6—112　马克沁重机枪（1887）

管后坐时拨动有枪弹的帆布弹带，完成再装弹工序，并由曲柄连杆式闭锁机构完成每发子弹的闭锁和击发动作。1889 年英国海军首次试用。马克沁重机枪在日俄战争及第一次世界大战中发挥了重要作用，其杀伤力是其他枪械无法比拟的，在索姆河会战中，德军利用马克沁

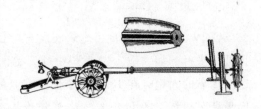

图 6—113　16 世纪的炮筒镗床（上为镗刀）

重机枪一天伤亡英军达6万人，英军则投入了刚研制出来的坦克参战。

与此同时，近代的火炮技术也有了相当大的进步。在火炮的加工中，关键是炮镗的镗孔。到16世纪后，炮筒开始用简易的镗具镗制，不久后即出现了水平镗床，然而这种镗床加工效率不高，其加工精度需要技工的人为控制。

14世纪中叶后，德国的施瓦茨（Schwarz, Berthold）用铅锡合金铸造火炮，发现其具有良好的发射性能，不久后在欧洲出现铸造的青铜炮，16世纪后开始用铁铸造炮。法国1489年铸造的Mons Meg前装炮，射程达2500米，可发射大型石弹。由于当时火炮炮管长短、口径均很混乱，到16世纪中叶，西班牙国王查理五世（Charles V 1500—1558）和法王亨利二世（Henry II of France 1519—1559）初步规定了本国的火炮规格。1671年法国组建炮兵团，由此使炮兵成为一个独立的兵种。

图6—114　Mons Meg前装炮（法国，1489）

图6—115　克虏伯大炮

16世纪欧洲主要发展的是一种发射角度高、弹道曲率大、口径大、炮身短而粗，依靠炮弹在炮筒中滑落撞击引信而发射的迫击炮。炮弹主要是燃烧弹，后来出现装填炸药可以爆炸的炮弹和圆形弹壳内装小弹丸与炸药的榴霰弹。17世纪英、法等国的军队广泛装备一种炮身较长，炮身长度与口径之比大于迫击炮，发射时用点燃的引信引爆"榴弹"的榴弹炮。榴弹炮的炮弹爆炸威力很大，当时主要装备战舰。

到19世纪初，出现了炮管长度与口径之比远大于榴弹炮，炮弹较小、射程远且可以平射的加农炮。19世纪中叶，德国克虏伯公司利用其先进的炼钢技术，生产出优质的大炮，在1854年慕尼黑工业博览会上，展出的大炮试射3000发炮弹炮身毫无损坏。19世纪末，法军开始装备德国枪械技师豪斯纳（Haussner, Konrad）研制的炮管在炮架上可以滑动，以消除后坐力从而提高射击速度的野战炮。

法国利用豪斯纳的专利进一步研究，制成 75 毫米口径的轻便灵活的野战炮，射击速度可达每分钟 25 发左右。

## 第十节　大量生产方式的确立

### 一　零部件互换式生产

大量生产方式于 19 世纪中叶兴起于美国。美国独立战争后，由于地广人稀，工匠极为缺乏，在很长时期内只能出口原材料，从英、法等国进口机械、工具和纺织品。如何让技术不熟练的工人利用机器可以大量制造出质量上乘的物品来，成为当时美国许多发明家的梦想。

图 6—116　柯尔特

大量生产的基础是零部件互换式生产，英国惠特沃斯（Whitwpth, Joseph 1803—1887）提出的螺纹标准化是其基础。到 20 世纪后，大量生产方式由于泰勒（Taylor, Frederick Winslow 1856—1915）等人创用的用科学方法管理生产，以及福特的汽车底盘流水线生产而进一步丰富发展，直接导致了后来自动化生产体系的出现。标准化、系列化、大型化成为 20 世纪工业化生产的基本趋势，由此大量物美价廉的物品被制造出来，丰富了人们的生活，促进了经济的飞速发展。

互换式生产要求加工出来的零部件必须满足一定范围的公差，由此要有精密的加工机械和检测手段。这种方式一般认为是美国人惠特尼（Whitney, Eli 1765—1825）所创始的。惠特尼在生产轧棉机时，已经采取了初步的零部件互换式生产方式。1798 年，他生产来复枪时采用专用设备和模具分别生产各部件，借助模具进行加工的方法是他的首创。

出身织布工家庭的柯尔特（Colt, Samuel 1814—1862）从小就对火药和电池有兴趣。柯尔特 16 岁时在一个船长手下当见习工，在从波士顿到加尔各答的长时间航海中，柯尔特设计了连发式手枪，这是一种采用圆形弹仓可装 6 发子弹的"左轮手枪"。1832 年春，他对手枪做了改革，并筹措资金在新泽西州的帕特森建立了生产连发手枪的工厂。这项发明于 1836 年取得了英国和美国专利。但是这个工厂没有实行互换式生产方式，因此不能大量生产这种结构精密的手枪，虽然制造了大约 5000 支连发手枪，最终于 1842 年倒闭。在美国对墨西哥的战争期间（1846—1848），柯尔特与美国警备队签订了制造 1000 支连发手枪的合同，由于帕特森工厂制造的手枪早已卖光，只好削制木头枪模型做样品。1846 年深秋，柯尔特带着他的木制手枪模型来到惠特尼步枪工厂，要求委托生产。惠特尼为了制造与该工厂已经生产的滑膛枪和来复枪结构不同的这种新型手枪，重新制造了专

图6—117 柯尔特手枪

用机床及模具夹具等，柯尔特由此了解到，只有惠特尼的工厂在进行零部件互换式的生产。

柯尔特的目的是自己生产，因此他把惠特尼工厂里的新机器和模具夹具全部买了下来，于1847年在哈特福德建立了自己的工厂。在机械工洛特（Root, Elisha King 1808—1865）的帮助下实行了零部件标准化，开始用零部件互换式生产方式生产连发手枪。这样，在同类零件中选用任何一个加以装配，都能符合设计要求。洛特设计了许多半自动化的机床，为了保证工件精度又制作了许多量具，并准备了各种特殊模具和夹具，加工这些辅助工具所需要的费用和制造机床的费用几乎一样多。

柯尔特不但顺利地完成了与美国警备队的合同，也使他的工厂迅速发展起来。到1853年，该工厂已拥有1400台机床，手枪零部件全部实行了标准化，哈特福德的兵工厂和他在英格兰的分厂已引起了全世界的瞩目。

由此所谓"美国式"的大量生产方式在柯尔特工厂中得以完成，该厂所采用的制造方法是相当成功的，许多其他制造业者也都引进了洛特的方案，洛特所画的许多精美的机械设计图和详细说明书，一直保留到今天。

柯尔特连发手枪在南北战争中发挥了很大的作用。就在南北战争开始的第二年，即1862年1月10日柯尔特在哈特福德去世，洛特继任了公司经理。

## 二 缝纫机的大量生产

美国人辛格（Singer, Isaac Merrit 1811—1875）缝纫机的生产是对大量生产方式的重要开拓和推广。

英国工业革命中，纺纱机和织布机相继实现了机械化，但是服装业和制鞋业还是手工作业，效率很低，对需求量大且规格较为一致的军服类，无法实现批量生产。

1790年，英国的鞋匠圣托马斯（Saint Thomas）设计出一种先打孔再穿线缝制皮鞋的单线链式线迹手摇缝纫机，并申请了专利。这种缝纫机用木材制作机体，部分零件用金属材料制造，这是世界上第一台缝纫机。但是他的工作长期不为人所知，其发明直到1873年才被发现。后来虽然有人还在设计缝纫机，但是在很长时期内并未能引起自认为手艺高超的裁缝们的兴趣。直到1830年，法国的裁缝蒂莫尼耶（Thimonnier, Barthélemy 1793—1859）发明了一种针头带弯钩的木制链式线迹缝纫机，他在巴黎创办了生产缝纫机的公司，可惜生产的80台缝纫机很快就被担心失业的手工裁缝们群起而捣毁。这是一种很实用的缝纫机，1841年曾用来给法国陆军加工军服。1845年，蒂莫尼耶与合作者对这种木结构的缝纫机改进后申请了专利，后来他还研制成全金属结构的缝纫机。蒂莫尼耶的缝纫机研制和生产一直不够顺利，直到1857年才在巴黎的世界博览会上展出，不过这时美国的缝纫机已经大批量生产，很快占领了欧洲市场。

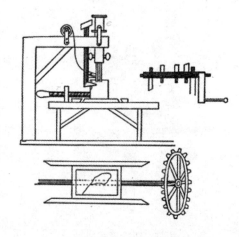

图6—118　圣托马斯手摇缝纫机设计图

这一时期虽然还有不少人在设计各种形式的缝纫机，但是对后来缝纫机定型有决定性影响的是美国的豪（Howe, Elias 1819—1867）和辛格的缝纫机。

美国的仪表机床技师埃利斯·豪出生于马萨诸塞州一个农民家庭，先天腿部残疾，16岁时在一家织布机制造公司当学徒，学徒期满后到波士顿随机械师阿利·戴维斯（Ari Davis）从事钟表车床制造工作。期间他听到来工厂的客人谈论缝纫机，引起了兴趣，他回家认真观察了妻子做针线活的情景，开始考虑如何用机器来代替人手指的缝纫工作。

1844年，埃利斯·豪观察并研究了织布工手里拿着的穿过纬线的梭子，他设想：如果将针孔不开在针柄而开在针尖，即使针不完全穿过布也能使线穿过布。当针垂直地穿进布，在布背面就会形成一个线环，如果再有另一根引线的梭子穿过这个线环，这两根线就可以达到缝纫的目的了。在这一思想指导下，他于1845年研制成功第一台缝纫机。这种机械由前端有穿线针孔的弯曲的针和类似梭子的另一根针组成，代替手工使用一根针的是两根针，线也被分别放在布的两面。他将针孔开在针的顶端，当针垂直穿过布时，布背面会形成一个线环，让另一针引线像梭子一样穿过这个环而实现缝纫。其缝纫速度为300针/分，但被缝织物的进给不完善、不连续，而且受到织物长度的限制。

埃利斯·豪将这台机器送给当地裁缝铺使用，但是遭到了拒绝。许多人对他的这项发明并不关心，因此埃利斯·豪打算把这台机器带到英国去。1846年，埃利斯·豪带着妻子和3个孩子

图6—119　豪的缝纫机（1845）

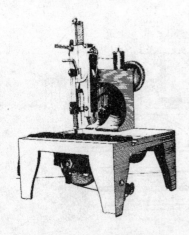

**图 6—120　辛格缝纫机**

来到英国，但是很快被骗，最后用专利证书作抵押并在船上厨房充当帮工，才得以回国。

出生于纽约州的辛格早年当机械工，曾获金属雕刻机专利，后来创办一个小工厂，制造加工布、皮革及其他各种材料的机器。一个偶然的机会，有一台坏缝纫机因为要修理而被送进工厂里来。辛格在充分研究了这台机器后，经改革制作出性能更好的缝纫机。这种机器与埃利斯·豪的一样采用了梭子原理，在一块水平放置的工作台板上，用一根垂直支柱连接着一根水平臂。用一根做上下运动的直针取代了埃利斯·豪的弧形针，在针头上开孔，针在布上垂直运动，靠他发明的"自由压铁"能把布料固定在相对针脚的适当位置上，用上线和下线把布缝起来。"连续导轮"可以使缝就的布向前移动。装在压脚里的弹簧可让线通过，压脚可以调节以适应不同厚度的布料。1859 年，辛格用脚踏板代替了手工驱动的曲轴轮，所制造的第一台缝纫机，成为后来家用缝纫机的雏形。辛格开始出售经过改革的性能很好的缝纫机。但是事隔不久，埃利斯·豪发现辛格采用了他设计的缝纫机上的两个机构，提出侵犯专利权的诉讼而获胜。此后所有的缝纫机制造商们都必须向埃利斯·豪支付专利使用费。1851 年，辛格与律师爱德华·克拉克（Edward Clark 1811—1882）合作创办公司，辛格－克拉克公司生产的缝纫机得到社会上很高的评价，需求量大增，辛格采用了零部件互换式生产方式，到 1870 年后便以年产 50 万台的大批量生产使企业壮大起来。

辛格－克拉克公司于 1856 年开始实行贷给偿还制度，即分期付款的办法。高价的缝纫机用这种办法可以比较容易地销售出去，因此，辛格的缝纫机很快便在世界范围内得到普及。辛格与发明收割机的麦考密克（McCormick，Cyrus 1809—1884）一起，同是后来购买贵重物品按月分期付款制度的创始人。

由武器制造工厂开始建立的零部件互换式生产方式，在缝纫机生产中也得到应用，后来在打字机、自行车以及汽车制造业中更进一步得到了推广和发展。

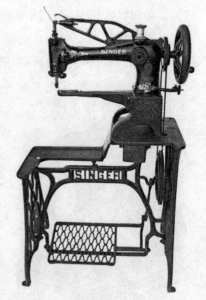

**图 6—121　经改进的辛格缝纫机**

### 三　螺纹的标准化

螺旋的使用历史悠久，古希腊人在榨取葡萄汁制葡萄酒，压榨橄榄制取橄榄油时使用的压榨机，就利用了螺旋原理。在工场手工业时代，欧洲的工匠即使用螺母、螺栓，但螺纹没有统一公认的规格，而是各行其是。这给零部件的维护和修理带来了很大的不便，更不适合机械的大批量生产。带有丝

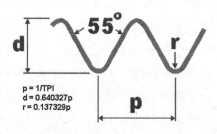

图6—122　惠特沃斯的螺纹标准

图6—123　塞勒斯

杠和光杠的车床出现后，螺纹可以自动切削，螺纹标准化已成为急需解决的问题。

1841年英国工匠惠特沃斯（Whitwoth，Joseph 1803—1887）提出的螺纹标准，规定螺纹剖面顶角为55°，牙谷和牙角为统一的圆形，直径以英制长度英寸为单位。螺纹标准的确定给当时的英国机床工业带来了巨大的影响，促进了互换式生产方式的采用。1849年，惠特沃斯按照自己的理论改进了瓦特的千分尺，制成了精确测量工件尺寸的测长器。19世纪下半叶，他将标准化和精度引入整个机器制造业，被迅速推广到世界各地，为保证产品质量提供了依据。

美国学徒出身的塞勒斯（Sellers，William 1824—1905）1848年在费城创建了自己的工厂。在这个工厂中，塞勒斯除了设计制造机床外，还制造机车车轮。他的公司后来与班克洛夫特公司合并成班克洛夫特-塞勒斯公司。1856年班克洛夫特（Bancroft）去世后，这家公司改名为威廉·塞勒斯公司。1868年，塞勒斯担任了经理，同年，塞勒斯设立了埃吉姆亚铁材公司，开始大量生产钢铁材料。1876年，费城举办博览会会场以及为博览会新架设的布尔库里桥所用的钢铁材料，都是这家公司生产的。

1873年，塞勒斯在费城的耐斯塔温创建了密

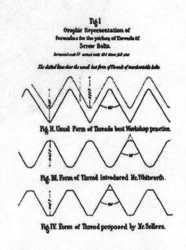

图6—124　塞勒斯的螺纹标准

特巴尔炼钢公司，自任经理。这家公司在美国最先采用了平炉炼钢法生产优质钢，还制造机车车轮和宾夕法尼亚铁路用的车抽。1875 年，美国政府向国内企业主提出加工定做海岸警备队向遇难船只投掷绳索用的曲颈炮时，该公司接受这一订单，塞勒斯圆满地完成了这一任务，由此奠定了该公司的发展基础。

　　塞勒斯既是一个在事业上获得成功的企业家，又是一个从事技术开发的发明家。他经常注意对机器和工具进行改革，研究发展了锻造方法，发明了制造螺栓的新型水压机，同时还对水压制钉机、起重机、钻孔机、凿孔机以及许多机床进行了改革。由于他对技术的钻研并搞出许多技术发明，使密特巴尔炼钢公司取得了很大发展。1873 年，该公司工作人员只有 70 人，到 1878 年就增为 400 人左右，到 1882 年发展到 600 人。

　　19 世纪随着各种机器的大量生产和普及，出现了使产品规格化的趋势。塞勒斯在从事各种机器的生产中，也同惠特沃斯一样，提出了螺纹尺寸规格化的建议。

　　1864 年，塞勒斯公布了他设计的螺纹标准尺寸，规定螺纹剖面为顶角 60°的等腰三角形，在螺纹的顶部和底部各为高的 1/8 处切成平面。此外他还提出了按公制标准尺寸制造螺栓和螺母的建议。4 年以后，塞勒斯提出的螺纹标准为美国政府采用，这就是后来通行的公制螺纹标准。

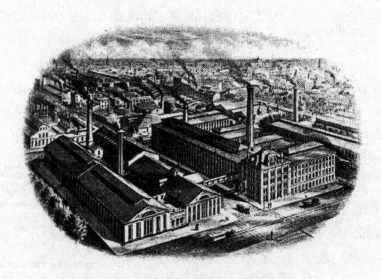

图 6—125　塞勒斯的工厂

# 第七章　20世纪前半叶

## 第一节　概述

经历了19世纪经典自然科学的全面发展和钢铁、电力、化工技术的划时代进步之后，20世纪的科学技术进入了一个全新的发展时期，在科学史和技术史领域一般将20世纪称作现代。

20世纪上半叶，爆发了两次有众多国家参与的"世界大战"。1914年首先爆发了历时4年的第一次世界大战，1939年又爆发了历时6年的第二次世界大战。这之间对世界政治、经济格局产生较大影响的是1929年的资本主义经济危机（经济恐慌）和战争形式的巨大变化。

19世纪末，泰勒（Taylor, Frederick Winslow 1856—1915）倡导的管理科学化，到20世纪20年代后在各主要资本主义国家里普遍开展，出现了产业合理化运动。由于对工人工作时间的精算以及基于工序自动化的大量生产方式的采用，使生产效率大为提高，生产成本大为下降，由此促进了资本的垄断和集中。第一次世界大战没有对美国造成任何危害，反而使美国成为各盟国的重要债权国。1925—1929年，美国工业产值占世界工业总产值的46%～48%（苏联除外）。自动化的推广造成大批工人失业，但大量生产方式却不断生产出超出市场需求的产品，由此导致了1929年始于美国的世界性的经济危机。在这场危机中，各主要资本主义国家生产急剧下降，美国骤降至1905年的水平，英国降至1897年的水平，德国降至1896年的水平，失业者达3000万人。美国通过罗斯福（Roosevelt, Franklin Delano 1882—1945）的"新政"使经济得到缓慢恢复，而德国产生了以纳粹（Nasos，民族社会主义）为代表的法西斯军国主义，日本则开始了海外侵掠，发起了长达8年的侵华战争。

20世纪初，经典量子论、原子结构和相对论的出现为现代自然科学理论的形成提供了基础，20年代后，量子力学、基本粒子理论、现代数学、现代宇宙论和现代生物学和化学均开始形成，由此构成了现代科学理论的基本框架，与技术直接相关的各类"技术科学"、"工程科学"也大量出现。科学教育和技术教育发展迅速，以培养工程师为目标的工科类大学在各国纷纷建立。

这一时期，发展最快的技术门类是水陆交通、航空、无线电、电子、化工和原子能。

由于汽车的普及，"公路热"在各国兴起，公路等级不断提高，里程不断扩展。1895年美国仅拥有几百辆汽车，1930年达到2000万辆。在动力方面，汽油汽车和柴油汽车在性能方面很快战胜了蒸汽汽车和电动车而成为汽车的主流，使汽车成为重要而方便的陆路运输工具。在船舶制造方面，装有强力的内燃机、燃气轮机的全钢制的舰船开始成为造船业的主流。与此相伴的是机动性极好的坦克、装甲运兵车、指挥车、各种先进的战舰被大量制造出来。

在航空方面，继1903年载人动力飞机试飞成功之后，飞机制造业迅速发展起来。特别是1932年，仪表操纵着陆法的发明以及道格拉斯DC-3型飞机的出现，使单翼机开始成为飞机的主流，到40年代，装有涡轮发动机的飞机时速已达极限（接近声速），地面的指挥系统、导航系统已成体系。飞机的制造带动了制铝业、航空发动机工业的进步，促进了空气动力学的形成。在第二次世界大战中，制空权的争夺成为决定战争胜负的关键因素。

在无线电电子学方面，1921年美国开始无线电广播之后，无线电技术迅速发展，从长波、中波一直发展到具有定向性的短波广播，由此导致了雷达的发明及其在第二次世界大战中防空方面应用。这一时期电视已由机电式转向电子式，到40年代一些主要电视台已经出现，黑白电视开始普及。

在化工方面，这一时期重要的进展是煤化工和石油化工，德国用加氢法（Berzelius, J. 1913）和合成法（Fischer, F. 1926）发展了人造石油产业，到1941年，德国的人造石油已达年产400万吨。在美国，由于杜邦公司的努力，尼龙、合成橡胶、塑料均已批量生产。发达的资本主义国家在合成化学、高分子化学等领域取得了划时代的进步。

在原子能方面，基于爱因斯坦（Einstein, Albert 1879—1955）狭义相对论推论的质能关系式，由于中子的发现使原子能的研究在这一时期取得重要进展。美国于1942年建成原子能反应堆，原子弹作为美国陆军曼哈顿工程项目而完成，对日本投降从而结束第二次世界大战起到了重要作用。

这一时期，底特律生产方式即以传送带为基础的流水作业方式，与泰勒的时间动作合理化一起形成了生产自动化的新形式，进一步促进了产品高质高效地大批量生产。

## 第二节 科学管理与生产的自动化

### 一 现代科学管理理论

"科学管理"一词是 19 世纪末美国人泰勒创用的。当时，美国工厂的生产十分混乱，企业主对每个工人一天的合适工作量茫然无知，工人则消极怠工以发泄其对企业主的不满。泰勒认为，这种低效的管理主要是只凭经验、预感行事所造成的，如果工人和管理者都知道自己的工作要求以及完成与不完成这些要求的后果，劳资关系会变得和谐，生产效率也会提高。

泰勒为了确定工人的工作定额，以切削工（车工）为研究对象，对生产过程进行了"时间研究"，他把工人的操作分解为若干要素，用秒表测定完成每个要素的时间，来进行动作研究。他为了确定车床切削速度标准，用了 26 年对刀具进行改革，还发明了高速钢。

图 7—1 20 世纪初用蒸汽机为动力的机械加工车间

泰勒于 1911 年在美国机械工程学会的年会上发表了他的研究成果《科学管理原理》（*The Principles of Scientific Management*）。

他的科学管理方法提出后，受到工会的激烈反对，他们认为，这样做工人会因其动作标准化、机器人化而失去人性，将导致工人间剧烈的生产竞争。俄国十月革命胜利后，为了迅速恢复国民经济，列宁（Ленин，Владимир Ильич Ульянов 1870—1924）认为："资本主义在这方面的最新发明——泰勒制，也同资本主义其它一切进步的东西一样，……是一系列最丰富的科学成就，即按科学来分析人在劳动中的机械动作，省去多余的笨拙的动作，制定最精细的工作方法，实行最完善的计算和监督制等等。"并要求"应该在俄国研究与传授泰勒制，有系统地试行这种制度并把它适应下来"[1]。

图 7—2 泰勒

① 《列宁选集》第 3 卷，人民出版社 1977 年版，第 493 页。

第一次世界大战后，由于受俄国十月社会主义革命的影响，各国工人运动高涨，加之 1921 年和 1929 年的经济危机，资本主义各国为了摆脱困境而大力推行产业合理化，科学管理方法和管理手段开始得到重视。

科学管理方法与流水线大量生产方式的采用，虽然提高了生产效率，但却造成工人因过度疲劳而劳动意欲低下的问题。由此出现了吉尔布雷思（Gilbreth，Frank Bunker 1868—1924）和巴恩斯（Barnes，Ralph M. 1900—1984）等人的动作经济研究，梅奥（Mayo，George Elton 1880—1949）则自 1927 年起用了 5 年时间在芝加哥的一家工厂进行调查试验，弄清了生产效率与劳动意欲和人际关系间的相互影响，认识到管理中人际关系的重要性。斯隆（Sloan，Alfred Pritchard 1875—1966）针对当时市场变化引发的企业竞争，在通用汽车公司提出了"集中领导分权管理"的新管理体制，使通用汽车公司在 1929 年的经济危机中反而迅速成长起来。不久后，数学方法引入管理中，1924 年贝尔实验室的休哈特（Shewhart，Walter Andrew 1891—1967）采用管理图进行统计性的质量管理，1931 年发表《产品生产中的质量控制》，开创了统计质量管理（SQC），使管理进入了数学化、精密化、多样化阶段。

管理学在 20 世纪迅速形成一门涉及自然科学、工程学、经济学、心理学、人类学和社会学的综合科学，成为现代企业管理的基本理论。

## 二　自动化生产方式的确立

19 世纪 50 年代零部件互换式大量生产方式的确立，形成了所谓单一化（Singlezation）、标准化（Standardization）、专业化（Specialization）的 3S 技术体系，以及由大量机床、模具夹具和少量熟练工人、大量不熟练工人组成的机械化生产体系。1910 年后，由于这一时期出现了以传送带为中心配有大量单功能机、专用机的机械体系构成的流水线大量生产方式，使从事这一生产系列中任何工作的工人的效率，受制于传送带的速度。因此在 3S 的基础上，又加上了同步化（Synchronization），即 4S 体系。到 20 世纪 20 年代，科学管理法中的时间、动作研究开始在传送带工作系列中采用，设置了将加工与输送有机结合的自动生产线。

20 世纪 20 年代，在美国的福特汽车厂中最早开始了汽车底盘组装生产线，以传送带为基础的发动机加工自动生产线于 1924 年在英国出现后，1929 年即传至美国。第二次世界大战后出现了大型高性能的自动化生产线。到 60 年代，具有记忆、运算、控制功能的电子计算机与自动化生产相结合，出现了自动化机械生产体系以及数字控制型的 NC（Numerical Control，数字计算机控制）工作机械和群管理的自动机械体系。

"自动化"一词是 1948 年福特汽车公司副经理哈达（Hader，Delmar S.），为

新设立的研究新式自动机械部门起的名字，他将
"自动地"（automatic）和"作业"（operation）
两个词组合而成为"自动化"（automation），此
后，各工厂的生产方式迅速向自动化方向发展。
1958年美国出现了能自动调换刀具自动加工的
"机械加工中心"和自动化的机械手，这种自动
化因起源于底特律汽车生产流水线，也称"底特
律自动化"，化工厂、炼油厂所实现的从原料到
成品的全工序自动控制的生产过程称作"工序自
动化"，此外还出现了"办公自动化"。

图7—3　机械手

图7—4　恰贝克

　　在自动化生产中，
"机器人"是必不可少的
一种自动机械。"机器人"一词源于1920年捷克作家卡雷
尔·恰贝克（Karel Capek 1890—1938）讽刺机械文明的剧
本《罗其姆的万能机器人》，剧中机器人的名字叫Robot。
美国阿贡国家实验室于1950研制成有压力感应的工业机
械手，1959年美国Unimation公司的总经理恩格尔伯格
（Engelberger，Joseph 1925—2015）和德沃尔（Devol，
George 1912—2011）合作研制出世界上第一台工业机器
人。日本于1962年引进美国机器人制作技术开始大力研制和改进。1968年，美
国斯坦福研究所研制出智能机器人，此后机器人的研制和应用迅速普及开来。机
器人实质上是一种模仿人的功能的自动化机器，可以在特殊环境下代替人的工作，
在太空、深海、地下，以及排雷作业等方面得到广泛应用，而机械手在汽车装配
等行业中更是具有无可替代的作用。

## 第三节　航空工业的兴起

### 一　气球、飞艇与滑翔机

　　自古以来人类就幻想能在空中飞行，古希腊、阿拉伯及东方各民族均流传下
来许多关于人类飞行的神话和传说。到中世纪，欧洲有人制造各种由人工支配的
翼，模仿鸟的飞行冒险进行飞行实验，但均未能成功。列奥纳多·达芬奇（Leo-
nardo da Vinci 1452—1519）自30岁起用了20余年研究鸟类的飞行，完成了《论
鸟的飞行》研究手稿，科学地论述了鸟的飞行原理并设计了扑翼机、降落伞和直
升机，可惜他的这些先驱性的工作，在很长时期内并未能引起人们的重视。18世

**图7—5 蒙哥飞兄弟的热气球**

纪后有人开始研究作为飞机前奏的飞行器气球、飞艇和滑翔机。

（一）气球

法国的造纸业者蒙哥飞兄弟（Montgolfier, Joseph Michel 1740—1810 and Jacques Étienne 1745—1799）发现炊烟总是向上升起，突发奇想将热空气和浓烟充入用帆布做的气球中进行实验。1783 年 6 月 5 日，他们在里昂的一个广场上进行了公开实验，气球升高达 457 米，滞空 10 分钟。同年 9 月 19 日，蒙哥飞兄弟前往巴黎凡尔赛宫进行表演，他们在气球下面吊一个笼子，放入羊、鸡、鸭各一只，气球在空中飘行 8 分钟后由于热空气逐渐冷却而安全降落。

法国科学家罗齐尔（Rozier, Jean-François Pilâtre de 1754—1785）于同年 10 月 15 日首次用系留热气球进行飞行实验，升至离地面 26 米高处，滞空时间为 270 秒。同年 11 月 21 日，阿尔朗德斯侯爵（d'Arlandes, François Laurent le Vieux 1742—1809）和罗齐尔共乘一只容积 2200 立方米的蒙哥飞热气球从巴黎的 Muette 庭园升空，在高空飞行了 12 公里。

在热气球发明之后，根据英国化学家布莱克（Black, Joseph 1728—1799）使用氢气代替热空气的设想，法国物理学家查理（Charles, Jacques alexandre César 1746—1823）于 1783 年 12 月 1 日与组装气球的罗伯特（Robert, Nicolas-Louis 1760—1820）一同乘充氢气的气球，从巴黎的 Tuileries 庭园升空，在 2 小时中飞行了 43 公里，在 Nesle 着陆。罗伯特下来后，查理又独自升空，在 1.5 小时内上升至 2700 米高处。气球时代由此开始。

1785 年 1 月 7 日，法国人布朗夏尔（Blanchard, Jean-Pierre-François 1753—1809）和美国人杰弗里斯（Jeffries, John 1744—1819）乘热气球用了 2.5 个小时从英国飞越英吉利海峡到达法国。

气球在 19 世纪除了一般性表演外，还用于高空侦察和通信。在第一次世界大战争中气球被用于高空侦察（系留气球），第二次世界大战中日本曾用气球携带炸弹袭击美国。20 世纪后半叶，气球主要用于高空宇宙观测和气象研究方面。

（二）飞艇

飞艇是一种可以控制飞行方向和速度的流线型"气球"。自气球飞行成功后，人们为了克服气球飞行方向的不可控性，进行了长年的研究。1843 年，英国人梅森（Mason, Thomas Monck 1803—1889）研制的使用蒸汽机为动力的飞艇在伦敦试飞成功，时速 6 英里。1844 年 6 月 9 日，法国人勒·贝里耶（Le Berrier）组装的蒸汽动力飞艇在巴黎试飞成功。

图 7—6　查理制造的气球升空成功

飞艇按结构形式分为软式、半硬式和硬式三种。软式飞艇由主气囊和前、后副气囊组成，主气囊内充以昂贵的浮生气体——氦气或氢气。半硬式飞艇的气囊构造与软式飞艇相似，但在气囊下部增加刚性的龙骨梁，组成半硬式飞艇的艇体。硬式飞艇的艇体由刚性骨架外蒙布或薄铝皮制成。艇体不气密，主要起维持流线形或连接各部分的作用。艇体内部由隔框分割成许多小气室，每个小气室内放置由纤维织物制成的小气囊，气囊内为浮生气体。最早的硬式飞艇是由匈牙利人施瓦茨（Schwarz, David 1852—1897）设计制造的，采用铝制骨架，用薄铝板做气囊外壳，并将客舱和机械舱分隔开，但 1897 年 11 月 3 日试飞失败。

1851 年，法国技械师吉法尔（Giffard, Henri 1825—1882）制成了装有小型蒸汽机驱动螺旋桨的飞艇。飞艇长 43.6 米，最大直径约 12 米，气囊容积 2497 立方米，形如橄榄，下悬吊舱，吊舱中装一台重 160 千克 3 马力的蒸汽机，能使大型螺旋桨每分钟转 110 周，在其尾部挂有一块三角形的风帆用以操纵方向。1852

年 9 月 24 日，吉法尔驾驶飞艇从巴黎赛马场升空，以 10 公里/时的速度，飞行约 28 公里后在特拉普斯附近降落，实现了人类历史上第一次飞艇载人飞行。1879 年德国人亨莱因（Henlein, Peter 1485—1542）首次使用安装内燃机的飞艇飞行，1883 年法国的蒂桑迪埃兄弟（Tissandier, Albert 1839—1906 and Gaston 1843—1899）成功地用电动机驱动飞艇。1898 年，法国的桑托斯-杜蒙（Santos-Dumont, Alberto 1873—1932）制成一架安装戴姆勒汽油发动机的飞艇。这些飞艇均采用不透气编织物的充气气囊，其下用绳索吊挂吊包装载发动机、螺旋桨和控制飞行方向的飞行舵，人也在吊包中的结构方式，因气囊是软性材料，均属于"软式飞艇"。

图 7—7　梅森的飞艇

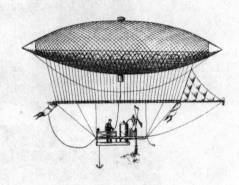

图 7—8　吉法尔蒸汽推进的飞艇（1852）

德国著名的飞艇设计师齐伯林（Zeppelin, Ferdinand von 1838—1917）于 1894 年完成了硬式飞艇的设计，1898 年制成第一艘名为 LZ－1 号的铝制外壳，在内部

图 7—9　蒂桑迪埃兄弟的飞艇

分割成的各小包室中放置多个氢气囊类似施瓦茨飞艇的"硬式飞艇"。该飞艇长128米,直径11.7米,氢气囊总容积约11300立方米,上装两台16马力的船用发动机。1900年7月2日首次升空试飞,因操纵性能不好在着陆时撞毁。后来齐伯林对飞艇结构进行了改进,在飞艇上安装85马力的发动机,于1906年制成两艘飞

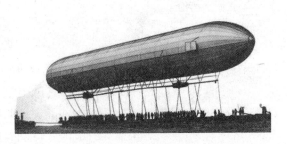

图7—10 齐伯林伯爵号硬式飞艇

艇并成功地进行了两次时速为57.6公里的试飞。1909年,齐伯林创设德国航空运输有限公司开始了旅客空中运输。1910年6月22日开始用LZ-7号飞艇在法兰克福、巴登和杜塞多夫之间载客定期飞行,成为世界上最早的空中定期航班。

1919年7月2日,英国建造的R34号飞艇不着陆飞行108小时12分钟,航程达5797公里,7月6日在美国纽约安全着陆。1929年8月8日,齐伯林公司生产的大型硬式飞艇齐伯林伯爵号完成了环球航行。1936年,齐伯林公司完成了装备完善、设

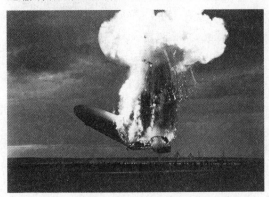

图7—11 兴登堡号飞艇失事

备豪华的巨型飞艇兴登堡号,该艇1936年3月首航,总航程达332571公里,曾37次跨越大西洋,1937年5月7日在美国新泽西州赫斯特湖的海军机场降落时,遭雷击起火爆炸。这一时期飞机正在蓬勃发展中,其性能远超越飞艇。"兴登堡"号飞艇的失事,宣告了飞艇时代的结束。

(三)滑翔机

早在18世纪末19世纪初,英国人凯利(Cayley,George 1773—1857)就从空气动力学的角度对飞行器进行了研究,确立了飞行器升力、飞行稳定性和飞行控制的有关理论。1799年凯利设计了滑翔机,1805年又设计了带垂直尾翼的滑翔机,后于1849年和1853年进行了滑翔机载人飞行试验。19世纪不少飞行爱好者设计了各种形状的滑翔机和动力飞机,但是真正对20世纪载人动力飞机发明起了重要影响的是德国人利连

图7—12 凯利制作的载人滑翔机

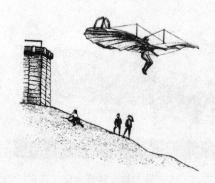

塔尔（Lilienthal, Otto 1848—1896）的滑翔机试验。他从 1891 年至 1896 年制成了 12 种滑翔机，进行了上千次的试验，积累了大量有关滑翔机结构和空气动力学方面的知识。1896年 8 月 9 日，他驾驶自制的滑翔机进行飞行试验时，被意外刮来的大风吹到悬崖上而遇难。

图 7—13　利连塔尔滑翔机试验

利连塔尔的遇难，震动了欧美的航空界，他的学生佩尔策（Pilcher, Percy Sinclair 1866—1899）又进行了多次滑翔机试验，并筹备进行动力飞行，于 1898 年制成 2.94 千瓦的小型发动机，设计用它带动螺旋桨。但遗憾的是，他在 1899年 9 月 30 日进行的滑翔机飞行试验时也发生事故遇难，年仅 33 岁。

图 7—14　亨森

## 二　首次载人动力飞行

1903 年 12 月 7 日，美国人莱特兄弟（Wright, Orville 1871—1948 and Wilbur 1867—1912）实现了首次载人动力飞机飞行，这是现代航空业的开端。在这之后的 100 余年中，无论是飞机的动力、结构材料、性能还是控制方面，其发展速度之快，对军事、经济、文化、社会乃至人们观念的影响之大，都是任何其他交通

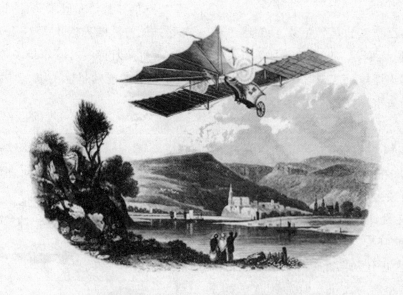

图 7—15　亨森的飞行蒸汽车（1842）

工具无法比拟的。它改变了战争的状态，形成了地空一体化的"立体战"模式，制空权成为决定战争胜负的重要因素。它极大地缩短了人类旅行、运输的时间，与通信的进步相结合使偌大的一个地球缩成一个"地球村"。它也为抗灾救灾提供了便利的交通工具。

动力飞机的研制已有很长的历史，早在1842年，英国人亨森（Henson，William Samuel 1812—1888）设计并制造了名为"飞行蒸汽车"的动力模型飞机，这是一架用蒸汽机驱动两个螺旋桨的单翼机，翼展150英尺，该机有保持稳定的可操纵尾部和离地、着陆的三轮装置，但试飞并不理想。1848年，斯特林费洛（Stringfellow，John 1799—1883）制造三翼式模型飞机，以蒸汽机为动力，用木材和帆布做成弧形机翼和独立的机尾，曾进行短时间的飞行，这是安装动力装置的固定翼飞机的最早飞行。从地面起飞成功进行动力飞行的最早模型飞机是1857年法国拉克鲁瓦兄弟（la Croix，Félix du Temple de 1823—1890 and Louis du Temple de）制作的小型牵引式动力单翼机。直到19世纪末，还有人在研制利用鸟的飞翔原理制造扑翼机，可惜均未获得成功。

图7—16  扑翼机（1899）

莱特兄弟自幼学习机械，后从事设计并生产当时非常流行的自行车，有很强的机械加工与设计能力。利连塔尔的飞行失事对他们产生了巨大刺激，他们立志继承利连塔尔的事业，自1899年起他们认真学习飞行前辈关于飞行的知识，对鸽子的飞行认真观察分析，认为利连塔尔的失事是因为他未能解决滑翔机飞行中的平衡问题，并动手自制滑翔机进行试验。

1900年9月莱特兄弟制成一架翼展5.18米的双翼滑翔机，通过试验掌握了翼尖翘曲平衡方法和水平升降舵的有效性，研究了升力和风阻问题。1900年冬他们又制成第二架滑翔机，加装了翼尖翘曲操纵杆。1901年9月至1902年8月，兄弟二人利用自制小型风洞研究了机翼形状对升力、阻力的影响。在掌握大量试验数据的基础上，于1902年制成的第三架滑翔机加装了可以转动的垂直尾翼，他们利用这架滑翔机成功地进行了300多次滑翔机飞行试验，掌握了航行中的控制问题。

在这一基础上，他们决定设计载人动力飞机。他们设计制造了一台四缸水冷式汽油发动机，功率为8.8千瓦，重77千克。根据风洞升力表设计制造了两台直径为2.59米的双叶螺旋桨，安装在新设计的飞机机翼后两侧，用自行车链条与发动机相连。这台动力飞机总重约 360 千克，为双翼机，翼展 12.3 米，驾驶员卧在下机翼中间操纵。

图 7—17　莱特兄弟飞机试飞

自 1903 年 9 月起他们为试飞进行了大量的准备工作，12 月 17 日 10 点，O. 莱特驾驶飞机在 W. 莱特在地面的照料下，成功地进行了飞行试验，虽然只飞行了 36.6 米，滞空 12 秒，但它为 20 世纪人类航空事业的发展揭开了新的一页。

当天，他们共进行了 4 次试飞，第二、第三次均飞行了 60 米左右，第四次由 W. 莱特驾驶，飞行了 59 秒，飞行距离达 260 米。第四次飞行后，一阵大风将飞机吹翻而毁坏。

1904 年 5 月，莱特兄弟又制成与第一架大体相同的飞机，从 5 月 23 日起共飞行了 105 次，同年 6 月，又制成第三架飞机，自 9 月 26 日起进行了 50 余次飞行试验，曾连续飞行 38 分 3 秒，飞行距离达 38.6 公里。这架飞机有很好的飞行稳定性和可操纵性，被认为是一架实用的飞机。

他们的飞行并未引起美国民众与美国政府的足够重视，此后的两年中，他们致力于对发动机、螺旋桨及飞机结构的改进，1908 年，他们驾驶飞机在法国勒芒进行飞行表演，引起了民众的轰动，这才引起欧洲各国及美国对这一新生运输工具的重视。

此后，美国的柯蒂斯（Curtiss, Glenn Hammond 1878—1930），法国的布莱里奥（Blériot, Louis 1872—1936）、法尔芒（Farman, Henri 1874—1958）等人均在自制飞机进行试飞，1909 年 7 月 25 日布莱里奥驾驶单翼飞机用 37 分钟飞越英吉利海峡。他们在欧洲、美国各地进行了多次飞行表演并举办航空博览会。在第一次世界大战前，主要是一批航空爱好者在从事飞机的改进、制造和试验。

## 三　从第一次世界大战到第二次世界大战

在欧美各国航空爱好者全力进行飞机性能改进、互相竞争的高潮中，迎来了第一次世界大战。战争期间，各参战国都投入大量人力、物力和财力研制飞机，制成侦察机、轰炸机，飞机生产也开始了批量化，飞机性能在短短的 4 年内得到飞速的提高。在 1914 年，飞机最大的飞行高度仅为 3000 米，到 1918 年战争结束时已达 8000 米，航程增加了 3 倍，起飞重量增加了 20 倍，航速增加了 2 倍。全世界上百个飞机制造公司 4 年间共生产了 18 万多架飞机。

图 7—18 双翼机 (1920)

第一次世界大战后，军用民用航空及利用飞机进行远距离飞行和探险活动开始展开，出现了各种科研机构，英国、法国、德国、日本均成立了空军部，并大力发展军用飞机。20 世纪 20 年代，一些发达国家即开始用商船改装或建造航空母舰。

早期的双翼飞机开始向单翼发展，至 40 年代初，流线型全金属单翼机已成为飞机主流，这些飞机安装了变距螺旋桨和可收缩的起落架，航速已达 700 公里/时。美国开发了一批大型客运飞机，其中著名的有 1933 年投入运行的波音公司的 B247 双发动机客机、道格拉斯公司的 DC-3 等，并形成了遍布各国的航空网。

到第二次世界大战前，传统的利用活塞发动机驱动螺旋桨的飞机的速度已达极限，一种新的喷气推进方式开始出现。

英国人惠特尔（Whittle, Frank 1907—1996）于 1931 年研制成功涡轮喷气发动机，1941 年 5 月 15 日，由英国格罗斯特（Gloucester）公司研制的 E28/39 喷气式飞机试飞成功。在此之前，德国的亨克尔公司（Heinkel）利用工程师奥海因（Ohain, Hans Joachim Pabst von 1911—1998）研制的涡轮喷气发动机装备的 He178 喷气式飞机，于 1939 年 8 月 27 日试飞成功。由此开创了航空喷气时代。但是，在第二次世界大战中参战的飞机主要还是螺旋桨飞机。

图 7—19 惠特尔和他的喷气发动机

第二次世界大战是一场规模空前的立体化战争，空军在战争中起了重要作用，全世界共生产了 100 多万架飞机，大规模的空袭、轰炸、空降、空中侦察与防空已成为战争的重要手段。

## 四 喷气时代的来临

20 世纪的后 50 年，是航空业全面发展的时期，由于材料技术、电子技术、无线电技术、雷达技术的迅速发展，使飞机性能和功能都得到了空前的进步，军用、民用飞机大都采用了喷气式。

图 7—20　美制隐形机 F117

到 60 年代，各发达国家的战斗机均已超过音速，后掠翼和三角翼取代了传统的直形和梯形机翼，还出现了变后掠翼和垂直起落的飞机。第二次世界大战后的朝鲜战争、越南战争、海湾战争以及伊拉克战争，都进一步显示了制空权在战争中的重要性。海湾战争共历时 42 天，空袭达 38 天，地面战斗仅 4 天。制空权的获得主要在于飞机的性能，由于 20 世纪 60 年代后高新技术的出现，隐形飞机、三角翼飞机、全自动飞机（无人驾驶机）等新机种被研制成功。在民用机方面，英国于 1952 年最早生产出喷气式客机，到 60 年代，出现了一批大型的喷气式客机，著名的有美国波音公司的 B737、B747、B757，道格拉斯公司的 DC－10、MD－11，英法联合研制的空中客车 A310、A330、A340，苏联的图 134、图 154 等。

民用飞机的航速均在 900 公里/时左右，且装有精确的自动导航和自动驾驶设备，保证了飞行航道和飞行时间的准确性，加之机场设施的完善，飞机已成为一种快速、安全、舒适的空中交通工具。

美国在完成阿波罗登月计划后，开始研制可以重复使用的载人航天器——航天飞机，自 1972 年尼克松（Nixon, Richard Milhous 1913—1994）总统批准后经 10 年的研制，第一架航天飞机"哥伦比亚"号于 1981 年 4 月 12 日进入轨道。航天飞机是航天与航空技术相结合的产物，是人类开发太空重要的全新的运载工具。

20 世纪，是人类征服天空并向太空延伸的时代，喷气飞机可以使飞机在距地面 1 万米高的空气稀薄的空间飞行，而 30 年代出现的直升机又可以像蜻蜓一样任意飞行和停降。飞机制造涉及一系列高新技术，因此，航空业的发达程度已成为一个国家现代化的标志之一。

## 第四节　电子、无线电、影视与印刷术

### 一　电子元器件

1864 年，英国物理学家麦克斯韦（Maxwell, James Clerk 1831—1879）在确立电磁场理论过程中，认为电磁波可能是一种光波。1887 年，德国物理学家赫兹

（Hertz，Henrich 1857—1894）用实验证实了电磁辐射的存在，发现并测定了电磁波的许多特性。他的发射机是一种电火花振荡器，有两块金属板，分别起谐振器和天线的作用，接收机也具有类似的构造。1895 年，英国物理学家卢瑟福（Rutherford，Ernest 1871—1937）在剑桥借助他在新西兰发明的一种新型检波器，成功地将电磁信号发射到 3/4 英里远的地方。1897 年，英国物理学家洛奇爵士（Lodge，Sir Oliver 1851—1940）设计出用感应线圈作为电磁谐振器的调谐工具，还发明了金属粉末检波器。在这些科学家们先驱性工作的基础上，电子与无线电技术迅速发展起来。

电子与无线电技术是 20 世纪发展起来的新技术，是信息技术的基础，是当代高新技术的核心技术，由此导致的"新产业革命"正在改变着人类生活与生产方式。

电子元器件是电子技术的重要组件，电子元件包括电阻、电容两大主要元件以及电感器、滤波器等无源元件。碳膜电阻（Gambrell，T. E. 和 Harris，A. F. 1897）、金属膜电阻（Wann，W. F. G. 1913）、TaN 电阻（贝尔实验室，1959）的发明，使电阻的体积不断缩小，有较好的环境适应性，阻值更趋稳定。由于 20 世纪 60 年代后电阻制造工业的改革，使电阻几乎可以制成电路所需的各种形状。

图 7—21 真空二极管

电容器是一种能存储电荷的电子元件，早在 1745 年，荷兰莱顿大学的穆舍布洛克（Musschenbroek，Pieter van 1692—1761）即制成最早的电容器——莱顿瓶。后来，云母电容器（Bauer，M. 1874）、低介电容器（Fitzgerald，D. G. 1876）、瓷介电容器（Lombard，L. 1900）、液体胎电解电容器（1921）、干式铝电解电容器（1938）、钽电解电容器（1956）相继被发明成功，并很快用于电子电路。

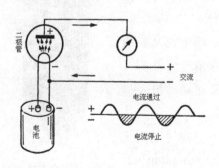

图 7—22 二极管整流（检波）电路

最早的电子器件是真空电子管。早在 1883 年，爱迪生在研究白炽灯时就发现了真空中热电子发射现象，即爱迪生效应。真空电子二极管是马可尼无线电公司的英国技师弗莱明（Fleming，Sir John Ambrose 1849—1945）于 1904 年发明的，他在真空管中用筒形金属片作阳极，把灯丝围起来，发现它有很好的整流和检波效能。1906

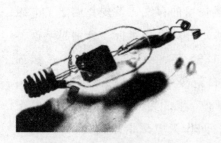

图 7—23　德福雷斯特的真空三极管

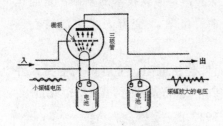

图 7—24　三极管放大电路

年，美国发明家德福雷斯特（De Forest, Lee 1873—1961）为了提高二极管的检波性能，发现在真空二极管的阳极、阴极间加入一锡箔片构成第三极，就可以制成对信号放大的三极管，后来他将第三极改成网状，又叫栅极。1918 年末之前，真空三极管是用做检波器、放大器和高频振荡器等的唯一的一种电子管。真空三极管内部栅极与板极（也称屏极或阳极）之间固有的静电电容，会导致栅极与板极电路之间的耦合，在输出电路与输入电路之间会产生自激振荡。1916—1919 年间，德国的肖特基（Schottky, Walter Hermann 1886—1976）提出，在栅极和板极之间再加一个栅极（后来称为帘栅极），可以减小板极和栅极间的反馈耦合。1926 年，美国 GE 公司的哈尔（Hull, Albert Wallace 1880—1966）又提出了这一解决办法并制成真空四极管。英国的朗德（Round, Captain Henry Joseph 1881—1966）于 1928 年将真空四级管投入实际使用。这种真空四级管栅极板极间的电容减小到 0.001 ~ 0.01 微微法，帘栅极被保持在一个恒定的高压下，加速了来自阴极的电子，帘栅极的开式网眼很容易让电子通过而到达板极，因此其工作的稳定性远高于真空三极管，一直生产和使用了几十年。

荷兰菲利浦公司的霍尔斯特（Holst, Gilles 1886—1968）和特勒根（Tellegen, Bernard D. H. 1900—1990）1927 年为了在较高的板极和栅极电压下，抑制真空四极管中的二次电子发射，在四级管的帘栅极和板极之间插入了一个抑制栅极，抑制栅极也是个开式结构，不会阻止由帘栅极加速的一次电子到达板极。这种真空五极管由板极、抑制栅极、控制栅极、帘栅极、阴极 5 个电极组成，其中由栅极控制的电流从板极流入，阴极流出，其原理与真空三极管是一样的。真空五极管普遍用于高频和低频放大，是用途最多、最成功的电子器件，直到 20 世纪 60 年代后才被晶体管所取代。

此后不少人对电子管进行研究和改革，橡实管（美国无线电公司，1933），以及用于微波通信的磁控管（Ranfdll, J. T. 1939）、速调管（Varian, R. H. and S. F. 1939）、行波管

图 7—25　真空电子管

（Kompfner，R. 1943）都被发明出来，特别
是 1923 年美国工程师兹沃里金（Zworykin，
Vladimir Kosma 1889—1982）发明的光电摄
像管，为后来的电视技术的发展打下了
基础。

　　20 世纪 30 年代，固体能带理论的完
成，为半导体技术的出现提供了科学理论。
由于电子管耗能大、发热严重、体积大，
严重地制约了电子技术的进一步发展。
1947 年，贝尔电话实验室的肖克利
（Shockley，William Bradford 1910—1989）、
巴丁（Bardeen，John 1908—1991）、布喇
顿（Brattain，Walter Houser 1902—1987）

图 7—26　半导体三极管

图 7—27　平面型场效应
晶体管

等人发明的锗半导体三极管，成为半导体技术发展的先
声。1949 年，肖克利进一步提出了 PNP 和 NPN 结型晶体
管理论。1950 年，贝尔实验室的蒂尔（Teal，Gordon Kidd
1907—2003）和利特尔（Little，John B.）成功地烧结出
大型锗晶体。1952 年蒂尔与斯帕克斯（Sparks，Morgan
1916—2008）等人发明了能精确控制掺入晶体的杂质量和
掺入厚度的扩散工艺，同年得克萨斯公司制成扩散型硅晶
体管。1959 年，肖克利创始的仙童公司的霍尔尼（Hoer-
ni，Jean Amédée 1924—1997）发明了平面工艺并制成平面
型晶体管。1962 年，仙童公司利用平面工艺制成金属—氧
化物—半导体场效应晶体管（MOSFET）。这种晶体管开关
速度快，工作频率高、噪声小，适用于放大电路、数字电
路和微波电路。1964 年，贝尔实
验室制成可产生微波的雪崩二极管。2001 年在荷兰研制出
能在室温下工作的纳米晶体管，为晶体管进一步缩小体积
提供了条件。

　　由于晶体管有效地取代了电子管，使复杂电子线路有
可能得以实现，但由于复杂的电子线路焊点过多，工艺复
杂，且占用空间过大，严重地束缚了电子制品向小型化、
多功能化、可靠性强的方向发展。1959 年 2 月，得克萨斯
公司的杰克·基尔比（Jack St. Clair Kilby 1923—2005）用

图 7—28　肖克利

扩散工艺在一块半导体材料上制作成具有完整电路的集成电路（IC），1959 年 7 月，仙童公司的诺依斯（Noyce，Robert Norton 1927—1990）和摩尔（Moore，Gordon Earle 1929—）用平面工艺制成集成电路。1968 年后出现了大规模集成电路和超大规模集成电路。这种电路可以在一块很小的芯片上，集成 10 亿个以上的晶体管。用集成电路装配的电子线路，使引线数大为减少，极大地缩小了体积，简化了工艺，提高了使用寿命和可靠性。

## 二　无线电广播

早在 1896 年，法国的莱布兰（Leblanc，Maurice 1857—1923）即设想用声音信号调制高频交流电，1902 年费森登（Fessenden，Reginald Aubrey 1866—1932）

**图 7—29　阿姆斯特朗**

试用话筒对电磁波进行调制。真空二极管和三极管发明后，德福雷斯特、阿姆斯特朗（Armstrong，Edwin Howard 1890—1954）等人于 1912 年研究成功利用输出信号返回输入端的正反馈再生电路，阿姆斯特朗于 1918 年又研究成功利用本地振荡波与输入信号混频，将输入信号频率变换为某个预定的频率以有效消除噪声的超外差电路，使收音机与无线电广播迅速发展起来。

1920 年，康拉德（Conrad，Frank 1874—1941）在匹兹堡为西屋公司（Westinghouse Electric Corporation）建立了第一座广播电台 KDKA，1926 年美国即建成全国性的广播网，至 1930 年无线电广播已在世界各国普及。当时采用的是振幅调制的调幅广播（AM），这种调制方式在接收时的噪声很难消除，对接收质量有影响。

1933 年，阿姆斯特朗发明了调频制广播（FM）方式。1941 年，美国开始了调频广播。这种广播方式比调幅广播有很强的抗干扰性，接收的音质大为提高，但是这种广播方式在电磁波传播中遇到大型障碍物容易

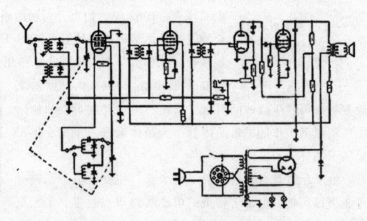

**图 7—30　电子管超外差式收音机线路图**

使信号减弱而形成盲区。随着数字化的发展，高保真度、抗干扰能力强、传输容易的数字式广播已经兴起。

20世纪中叶，不少人在研究具有立体感声音的立体声。1961年，美国实现了立体声广播。最早的立体声广播是将左（L）、右（R）两个声道的音频信号分别调制到两个载波上，用两台发射机以不同频率发射，在接收端用放置在适当位置的两个收音机接收。后来发展成用一台安有左右两个扬声器的收音机接收的调频立体声广播制式——导频制，还开发出四声道立体声广播。

### 三　无线电通信与电话

19世纪末，由于商业、贸易的增长，国际交往的不断增多，传统的有线通信（电报、电话）已经远远满足不了要求。马可尼（Marconi, Guglielmo Marchese 1874—1937）、波波夫（Попов, Александр Степанович 1859—1906）的无线电通信实验的成功，加之20世纪电子技术的进展，使无线电通信迅速发展起来。

德国物理学家赫兹于1888年证实英国物理学家麦克斯韦预言的电磁波存在后，俄国的波波夫于1895年在彼得堡俄罗斯物理学年会上演示了他研制的无线电收发报机。同年，意大利的电气工程师马可尼也制成无线电收发报装置，于1896年获英国专利并于次年创办马可尼无线电电报有限公司。1901年他在加拿大圣约翰斯港以风筝为天线成功地实现了跨越大西洋的无线电通信（从英国的普尔杜到加拿大圣约翰

图7—31　马可尼进行横跨大西洋无线电通信试验（1901）

斯港），由此排除了当时人们认为无线电波像光一样是直线传播的，不可能绕过弯曲的地球表面的担心。此后，无线电报通信很快普及开来。

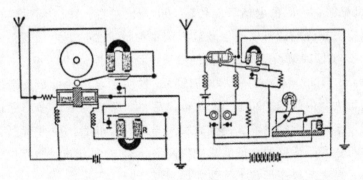

图7—32　马克尼（左）、波波夫（右）无线电线路

在第一次世界大战中，出于战争的需要，无线电通信为各国所重视。由于当时还没有用于无线电通信的放大线路，远距离通信只能靠大功率发射机（多极交流发电机），由于发射的电磁波信号任何电台只要调制到这个频率上即可以收到，因此要发射加密的电码。

图7—33 早期电台实验室

一战后，无线电通讯与无线电广播得到同步快速的发展，同时，一种传输距离远、容量大、保密性强的微波通讯也发展起来。微波只能直线传播，一般50公里左右就要设一个中继站。

随着超外差电路的出现，实现了语言无线电信号的稳定放大，除一些可以发射大功率电磁波的地面电台外，还出现了适合移动物体如舰船、飞机、车辆使用的小型电子管电台。到二战前，美国已研制出适合军用的电子管小型对讲机，即步谈机，这是一种同时具备发射和接收电磁波功能的移动电台。二战后这种对讲机采用晶体管、集成电路后进一步小型化。除语言通讯外，使用加密电码的方式广泛用于保密通讯中，由此二战时期许多人在研制密码破译机，还出现了

图7—34 二战时期美制步谈机

一批专事密码破译的谍报人员。

在20世纪初，一般的电话只能传输200公里左右，1914年后，在电话线路上安装用真空三极管制成可以使信号放大的中继放大器后，电话通信距离大为增加。1915年，美国即架设了覆盖全国的有线电话通信网，1927年，贝尔实验室的布莱克（Black，Harold Stephen 1898—1983）发明了电话通信负反馈线路，有效地解决了通话失真的难题。20世纪30年代后，布莱克为解决多路通话问题，研制成多路载波系统和同轴电缆，使全球瞬间通话成为可能。70年代后，形成了经电缆和卫星可达几千话路的全球电话通信网络。到20世纪末，数字电话很快代替了模拟电话，极大地提高了抗干扰性和保密性。

### 四 音像技术

#### （一）电视

最早的电视是采用机械扫描的。1884 年，德国的尼普科夫（Nipkow, Paul Gottlieb 1860—1940）发明了"尼普科夫圆盘"。这种圆盘有一排按缧线展开的小孔，当圆盘快速旋转时，影像的光线穿过这些小孔被分解为若干像素，投射到硒光电管而变成强弱电信号发射出去，接收端则利用类似装置可得到黑白图像。1925 年，英国的贝尔德（Baird, John Logie 1888—1946）利用这一圆盘，制成实用的机械电视装置，1929年英国广播公司开始定期播放电视节目。

图 7—35 贝尔德设计的彩电系统

在同一时期，不少人在研究电子式电视系统，美国工程师兹沃里金发明的光电摄像管和电视显像管，组成全电子的电视设备。1936 年，英国电气与公共事业公司改进了这一设备后，英国广播公司正式播放全电子式电视节目。1939 年后，美国也开始了电视广播。

彩色电视几乎是与电子式黑白电视系统同时被研制的。1928 年，贝尔德进行了将三原色图像依次传送的机械式彩色电视实验。1929 年，美国贝尔电话研究所也研制成将三原色同时传送的彩色电视。1949 年美国开了了彩色电视广播，采用的是顺序制式（CBS），但这种制式不能与黑白电视兼容。美国无线电公司的劳（Law, Harold B.）发明了三枪式阴罩显像管并制成了与黑白电视兼容的彩色电视机，1953 年，美国正式批准了这种电视标准，即正交调制式（NTSC）。后来法国、德国对此进行了改进，形成了 SECAM 和 PAL 制式，这三种制式成为世界彩色电视系统的三大制式。中国在 1959 年采用 PAL 制式开始了彩色电视广播。

20 世纪 80 年代出现了高清晰度的电视，其扫描线比通常的电视增加了一倍，为 1250 行。1988 年，法国汤姆生公司与荷兰飞利浦公司合作研制成功 16：9 的宽屏幕显像管。日本于 1991 年开始采用模拟方式的高清晰度电视广播（Hi-Vision），美国则研制成成本低、图像稳定、抗干扰能力强的数字化高清晰度电视（HDTV）。此外，在 20 世纪 80 年代后，液晶背投电视机、等离子电视机、场致发射电视机也被相继研制成功并投放市场，它们比传统的阴极射线管式的电视机有耗电少、屏幕大、清晰度高的特点，成为电视发展的一个重要方向。

#### （二）摄像与录像

摄像机是通过光电系统将被摄物的光像投射到摄像器件上，再转变成电信号

图 7—36 兹沃里金

加以输出或保存的装置。摄像器件随着电子技术的发展而不断更新，已经由电子式向固体式发展。1923 年，兹沃里金发明了光电摄像管后，利用光电摄像的摄像机在 30 年代即制造出来，但其摄像质量不高。1943 年美国无线电公司研制出高灵敏度的超正析摄像管，不过虽然图像摄制质量大为提高，但体积过大，结构复杂，十分笨重。1963 年，荷兰飞利浦公司研制成灵敏度高、体积较小的氧化铅摄像管。20 世纪 70 年代后，日本研制成成本低廉的硒砷碲摄像管，美国贝尔实验室研制成采用金属氧化物半导体（MOS）、电荷耦合器件（CCD）等固体器件的摄像机。

录像机是将图像与声音信号记录在磁带或芯片上以备重放的装置，它是在磁带录音机的基础上发展起来的，1956 年，美国的 Amper 公司研制成最早的磁带录像机。1959 年

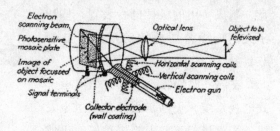

图 7—37 兹沃里金光电摄像管草图

日本东芝公司制成一种体积小的螺旋扫描方式的录像机，1971 年，日本索尼、松下、胜利公司共同研制成盒式录像机，1975 年索尼公司又推出 Beta 型彩色盒式录像机。1976 年胜利公司推出 VHS 型彩色盒式录像机，1982 年又推出超小型 VHS 录像机。这些录像机体积小巧，价格便宜，很快在世界范围内流行起来。1994 年，日本索尼、松下等公司利用数字技术研制成更为先进的数字录像机。

将摄像机与录像机结合在一起的摄录机，出现于 20 世纪 70 年代。随着 CCD 摄像器件的成熟，摄录机的性能不断提高，售价不断降低。除了专业型外，还生产出各种家用摄录机。20 世纪 90 年代，数字摄录机开始出现，1994 年，日本索尼公司推出微型数字摄录机。数字化的摄录设备可以直接接入电视机、计算机加以处理、存储，还可以通过互联网远距离传输。

图 7—38 VHS 录像机

## 五 摄影术

摄影俗称照相，其关键是照相机的发明与改进。照相的原理是暗箱的小孔成像。1657 年，英国的肖特（Schott, Gaspar 1608—1666）将两个可相互移动的箱

图7—39 达盖尔银版法摄影设备

体套在一起，一个有镜头，另一个可以用油纸或磨砂玻璃显示影像。

1826年，法国的尼普斯（Niépce, Joseph-Nicéphore 1765—1833）将熔解的犹太沥青涂在蜡纸上，用单镜头暗箱曝光8小时拍摄出第一张照片。1839年，法国的达盖尔（Daguerre, Louis-Jacques-Mandé 1789—1851）发明了达盖尔银版摄影术。他发明的相机长50厘米，十分笨重，曝光时间要15~30分钟，因此人物摄影十分困难。1888年，美国柯达公司生产出由美国发明家伊斯曼（Eastman, George 1854—

图7—40 莱卡相机

1932）发明的将卤化银感光乳剂涂在透明的赛璐珞片基上的"胶卷"，并生产出伊斯曼发明的使用胶卷的轻便的箱式照相机。

图7—41 宝丽来照相机

照相机的一个重要里程碑是35毫米相机的发明。1913年，德国的巴纳克（Barnack, Oskar 1879—1936）发明了使用35毫米胶卷的小型相机（莱卡相机），使照相机成为高级光学和精密机械制造技术的重要产品，其镜头可以替换，而且换胶卷容易，成为后来光学照相机的基本形式。

1947年，美国的兰德（Land, Edwin Herbert 1909—1991）发明了一步成像的相机"波拉洛伊德"（宝丽来，Polaroid），即俗称"拍立得"的相机。它采用特殊相纸，能直接感光并生成照片。由于没有底片，虽省去冲洗的麻烦，每次只能获得一张相片，且不能修版和放大。

　　这一时期，在镜头上亦有了许多改进和新发明，出现了变焦镜头、远摄镜头、广角镜头、微距镜头等，还出现了针对不同光线和产生特殊效果的镜片。

　　20世纪60年代，随着单片机的进步和电子测光系统在相机上的应用，出现了自动测光、自动调整快门速度和光圈的小型智能化相机，俗称"傻瓜"相机。20世纪90年代，数码影像技术的发展使照相技术发生了一次新的变革，一种全新的照相机——数码相机由美国于1991年开发成功，到20世纪末许多生产传统相机的大公司开始研制生产这种新型相机。这种相机的镜头部分仍采用传统的技术相当成熟的光学镜头，用CCD或CMOS器件接受光信号，通过对信号的扫描、放大、数模转换成数字量，存储在磁盘上，可以以数字文件形式保存或经由计算机进行存储、编辑、显示、传输，也可以经打印机打印成黑白或彩色照片。

图7—42　自动相机

## 六　电影

　　电影是当代流传最广、大众化的综合性影像艺术，但是其发明仅有百余年的历史。

图7—43　迈布里奇拍摄的奔马

　　早在19世纪初，就有人利用人的"视觉暂留"生理特征，制作各种旋转影像玩具。1872年，出生于英国的迈布里奇（Muybridge, Eadweard 1830—1904）在美国旧金山对马的奔跑进行首次连续摄影。1882年法国人马雷（Marey, Étienne-Jules 1830—1904）研制成以发条为动力1秒可拍摄12次的"摄影枪"，并用它拍摄了海鸥的飞翔照片。他对这种连续拍摄机进行多次改革后，于1888年制成用绕在轴上的感光纸代替感光盘的实用摄影机。

1888 年，美国柯达公司研制成将卤化银感光剂涂在明胶片上的胶片和胶卷后，爱迪生（Edison，Thomas 1847—1931）研制成用电动机驱动的摄影机。爱迪生为了用齿轮带动胶片运转，发明了一直用到 20 世纪 90 年代的两边带齿孔的胶卷。他还研制成一种可供单人观看的"观影机"，这种观影机使胶片在放大镜后面移动而形成活动画面。但由于每幅画出现的时间仅为 1/700 秒，亮度不足，画质较差。1891 年，爱迪生获观影机专利。不久后，美国人勒罗依（Le Roy，Acme）将幻灯机与观影机相结合制成放映机，并于 1894 年 2 月 5 日在纽约放映了两部影片。

图 7—44　马雷

对电影技术起决定性作用的是法国的吕米埃兄弟（Lumiere，Louis Jean 1864—1948 and August Marie Louis Nicolas 1862—1954），他们于 1894 年研制成"活动电影机"，1895 年申请专利。他们的活动电影机既是摄影机也是放映机。他们在工程师穆瓦松（Moisson，Charles 1864—1943）的帮助下，用间歇拉片机的抓片机构移动胶片，用带缺口的圆盘作为胶片移动时的遮片装置。他们用每秒 16 格画面拍摄了许多影片，1895 年 3 月 22 日，他们在里昂首次用这种机器放映电影。1895 年 12 月 28 日在巴黎卡普辛大街的"咖啡馆"公开放映影片，标志着电影的正式诞生。

图 7—45　发明电影放映机的
吕米埃兄弟

19 世纪末 20 世纪初，许多人投入了对电影机的改进和电影的拍摄，法国人梅里斯（Méliès，Georges 1861—1938）创立的大众电影公司到 1910 年已拍摄了 4000 余部电影。

20 世纪后，电影有了进一步发展。1927 年，法国人克雷蒂安（Chrétien，Henri Jacques 1879—1956）发明了变形镜头，可以将宽场景摄入正常胶片中，放映时再用这种镜头放出宽银幕影像，由此出现了宽银幕电影。20 世纪 30 年代后出现利用影片边缘的"光迹"进行录音的技术，使早年的无声电影及场外实地配音电影变成声影共步

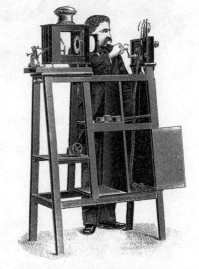

图 7—46　吕米埃兄弟研制的活动
电影机

的有声电影。20 世纪 40 年代后，出现了利用人工在黑白胶片描色的办法放映的彩色电影。20 世纪 50 年代后，随着彩色拷贝的出现，颜色郁丽的彩色电影成为电影的主流。同时，一些特殊的摄影机也相继被发明出来，如高速摄影机、水下摄影机、立体摄影机、环幕摄影机等。

20 世纪末，随着电子技术由电模拟向数字化的发展，电影的摄制和放映也开始转向数字化。美国和日本研制成较先进的数码放映技术，传统的电影胶片被各种形式的半导体存储器所取代，而且利用计算机可以对音像进行处理，还可以利用互联网和卫星向世界各地传送。

## 七 印刷技术的进步

### （一）铸字排字的机械化

在使用铅字（即铅锡锑合金活字，俗称铅字）的印刷中，最为复杂的工序是

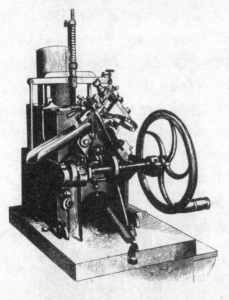

铅字的铸造和拣字排版。19 世纪后，许多人在研究铸字和拣字排版的机械化。1838 年，美国的布鲁斯（Bruce，David 1802—1892）发明的第一架实用的手摇铸字机获得专利。该机在工作时，回转架以摇动的方式，使铸模朝着融化锅的喷嘴来回移动。同这个摇动相配合，铸字机还作一连串组合运动，如适时开启和关闭铸模，并使字模倾斜着脱离新铸字的表面，使新铸字完全出坯。这种机器可以用人力驱动，也可以用蒸汽机作动力。这种机器很受印刷界的欢迎，甚至欧洲也有人在仿制这种机器。1881 年，英国印刷工程师威克斯（Wicks，Frederick 1840—1910）发明了有一百只铸

图 7—47 布鲁斯的铸字机

模的转轮铸字机，每小时能铸造铅字 6 万个，创造了机械铸字的最高速度，给印刷作业带来方便，免去了印刷后的拆版，只需将用过的铅字倒回熔锅就可以重铸铅字，每次都可以用新铸铅字进行排版印刷。

1840 年，法国的扬（Young，James Hadden）和德尔康布尔（Delcambre，Adrien）研制成一种排字机，也称钢琴式排字机。这种机器由一个人操纵键盘，另一个人则在铅字滑道的终端收集铅字，按照给定的尺寸调整铅字间隔并排满全行。1842 年 12 月 17 日出版的《家庭先驱报》（Family Herald）所用的印版，就是在这架机器上以每小时 6000 个字母和衬铅（行间无字处铅块）的速度排出来的。

在印刷界影响较大的是莱诺铸排机和莫诺铸排机。

莱诺铸排机是由美国人默根特勒（Mergen-thaler, Ottmar 1854—1899）发明的，样机于1885年完工后次年即投入《纽约论坛报》印刷所使用。这是世界上第一部自动行式铸排机，它利用键盘使检字排版作业完全自动化。这种铸排机在一个主控台上有90个字键，分别与90个不同的铜模箱相接，总共能装1500～1800个铜模，当打入文句时，相应的铜模依序顺着轨道掉在架上并排列整齐，再将整行一次铸成铅字条，之后铜模又会自动归到各模原来的箱内。用这种自动铸排机，每小时

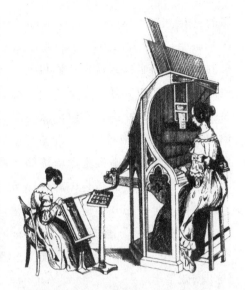

图7—48 扬和德尔康布尔的排字机

能检字排版5000～7000个字母或符号，是手工检排的5倍多。莱诺铸排机在报纸印刷史上开创了一个新纪元。

1887年，英国的兰斯顿（Lanston, Talbot）发明了一种单字铸排机，称作莫诺铸排机。这种铸排机靠用键盘动作来控制穿孔带，1894年由英国莫诺铸排机公司投放市场。

进入20世纪后，有人设想通过遥控来排字，直到1928年，在纽约首次展示了遥控排字装置，即电传排字机。电传排字机是一种电磁装置，它通过电报线路上电脉冲来操作铸排机。莱诺铸排机和莫诺铸排机都非常适合这种电传排字。

（二）印刷机的新发明

18世纪以前的印刷机，主要部件都是用木材制作的，强度有限，压印效果不佳。1798年，英国的斯坦霍普伯爵（Stanhope, Charles Mahon, Earl 1753—1816）发明了第一台全铁制的印刷机。这种印刷机由于采用了铁质压印板，印刷时可以承受很大的压力。泰晤士报社最先安装了这种铁质印刷机后，在印刷界铁制印刷机很快取代了木制的印刷机。

1790年，英国的尼科尔森（Nicholson, William 1753—1815）获得一项单滚筒印刷机的专利。他设计用墨辊上墨、由圆筒卷筒纸在卷墨印版上转印。但是真正实际使

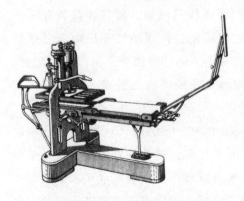

图7—49 斯坦霍普的铁制印刷机

用的是柯尼希（Koenig, Friedrich Gottlob 1774—1833）和鲍尔（Bauer, Andreas Friedrich）为伦敦的书籍印刷商本斯利（Bensley, Thomas? —1833）研制的使用蒸汽动力的印刷机，这台印刷机安装有一个大滚筒，其下是前后驱动的版台，大滚筒有三个互相分开的印刷表面，每转动一整圈印出三个印张，一系列的输墨滚筒由墨斗供墨，并能自动给印版上墨。其原理奠定了后来圆压平版印刷机的基础。1814 年，泰晤士报社安装了 2 台这种印刷机，印刷速度每小时达 1100 份。

　　第一台双面印刷机是由单滚筒印刷机发展而来的，它实际上是同一动力下的两台单滚筒印刷机的结合体。1815 年，柯尼希为印刷商本斯利制造了一台双面动力印刷机，可是它并不适合印刷书籍。泰晤士报社采用了这种双面印刷机，经过该报社工程师阿普尔加思（Applegath, Augustus 1788—1871）和考珀（Cowper, Edward 1790—1852）的多次改进，直到 1828 年，这种印刷机才获得了令人满意的印刷效果。

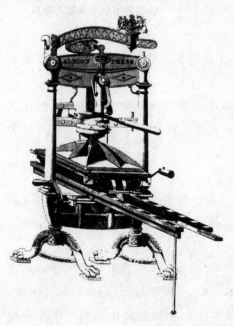

图 7—50　阿尔比恩印刷机

　　1820 年，英国印刷机制造商科普（Cope, R. W.）推出自称为阿尔比恩的印刷机。这种机器上的钢制横杆下压到垂直位置时，压印板向下运动，横杆的低端从压印板的顶部滑过。当横杆竖直时，压印板可以获得最大的压印力。与其他铁质印刷机相比，这种机器重量轻，操作简便，印压力大。这种机器后来发展出 13 种规格，可以印制从半页对开到全张的印刷物。

　　早在 1813 年，英国印刷商培根（Bacon, Richard Mackenzie 1755—1844）和技师唐金（Donkin, Bryan 1768—1855）就设计出一种轮转印刷机。这种印刷机采用在主轴四面装四只浅盘，每只浅盘装有一页印板，四面棱柱体在墨辊和压印筒之间转动，墨辊上下运动与四块平面印版相配合。虽然最终没能研制成功，但是它的设计思想以及橡胶墨辊为后来各种印刷机所采用。

　　1846 年，《费城公众纪事报》（Philadelphia Public Ledger）印刷所制成印刷速度极快的霍氏轮转印刷机，每小时可印刷 2 万个印张。这种机器的最大特点是印版和纸张分别放在不同的滚筒上，连续不断地一同转印。印版固定在水平滚筒周围的铸铁版台上，一个版台印一页。铅字的栏与栏之间用楔形金属条卡住，在中心滚筒的周围安装有四个小压印筒，当纸张送入机器时，由自动叼纸牙传递到四个压印筒和旋转的中央印版之间印刷。1865年，美国费城的印刷技师布洛克（Bullock，William 1813—1867）发明了使用连续卷筒纸的轮转印刷机。1889年，美国密执安州的考克斯（Cox，Paul）发明了可以将若干个印版一起印刷的卷筒送纸平台印刷机，这种机器很受中小规模的报纸印刷企业的欢迎，其各种改进型一直用到20世纪末。在1920年，切希尔（Cheshire，Edward）发明的立式印刷机实现了水平方向送纸和传纸，由芝加哥的米列公司生产，这种印刷机每小时可印5000个印张，是20世纪应用很广的凸版平台印刷机

图7—51　轮转印刷机（19世纪70年代）

（三）新印刷方法的出现

由于图像印刷的需要，一些新的印刷方法在19世纪后得以问世。

1796年，捷克的塞内费尔德（Senefelder，Johann Alois 1771—1834）发明了石版印刷。这是一种在表面密布细孔的石灰石板上绘制图文制成印版的印刷方法，是19世纪彩色图像印刷的主要方法。与用机械方法制作的木刻凸版和照相版不同，石版印刷是利用石板的化学性质的平版印刷方法。制作石印版的方法有两种：画家用石印油墨或蜡笔直接在石头上反向作画；在经过特别处理的纸上作画，然后转印到石板上。1868年开始用金属薄板代替印石，将金属薄板包卷在圆筒上，用滚筒方式进行印刷。

19世纪70年代，出现了用照相平版印刷的珂罗版印刷方法。珂罗版是一种利用油水不相容原理的平板印刷法，特别适合照片和绘画的印刷。这种方法多用厚磨沙玻璃作为版基，涂布明胶和重铬酸盐溶液制成感光膜，用照相底版敷在胶膜上曝光，制成印版，它最初出现在德国和法国，1893年，英国弗尼瓦公司（Furnival & Company）制造的第一台英国造珂罗版印刷机投入使用，用这种工艺

制作的彩色印版效果极佳。

1894 年，波希米亚的克利克（Klíc，Karel 1841—1926）发明了照相凹版印刷术。他将含重铬酸钾的明胶涂在纸基上，曝光后将其转移到另一纸基上，将纸基剥离然后用热水把可溶性胶层洗去，这样就可以通过一次腐蚀获得深浅不同的滚筒。这种方法能取得与原稿图像色调层次完整一致的印刷效果，是转轮凹版印刷用得最多的一种方法。用照相凹版印刷的名画，曾盛行一时。

胶印是借助用橡胶制成的胶皮布，将印版上的图文转印到承印物上的间接印刷方式。1904 年，美国平版印刷工匠赫尔曼（Herrmann，Caspar 1871—1934）和鲁贝尔（Rubel，Ira Washington）在改造平面石板印刷工艺的过程中，发现将金属印版图文上的油墨，经由橡胶滚筒转印到纸张上，可以印制出质量更高的印刷品来。1912 年，莱比锡的 VOMAG 公司制成第一台滚筒胶印机，这种胶印机每小时可以印 7500 个印张，一经问世就很快就取代了石印。1923 年，德国推出一种小胶印平版机，经过改进后其性能不亚于后来的复印机，而且还能大规模地进行商业印刷。第二次世界大战后，小胶印平版印刷机与在专用打字机上打印原稿技术相结合，成为一种新的印刷方法。

20 世纪 60 年代后，随着计算机排版工艺的出现，传统的铅字排版开始退出历史舞台。

## 第五节　煤化工与石油化工

### 一　煤的气化液化

煤是在地球上贮量最多的化石燃料，是植物残骸经过复杂的地质作用而生成的。在很长的历史时期内，煤主要是用作燃料。但是煤在运输、贮存和燃烧方面存在许多困难和问题，不但必须使用大量的运输工具如汽车、火车、轮船，而且燃烧时会向大气排放大量的硫、二氧化碳、粉尘等污染空气。煤的气化就是在高温下使蒸汽、空气通过煤或焦炭，生成含有氢、一氧化碳和甲烷的合成气（煤气）的过程。

早在 1812 年，英国即建立了利用炼焦炉生产煤气的工厂，此后，还研制成移动床蓄热式煤气发生炉，为城市供应可燃气体。1875 年，美国的飞艇驾驶员洛（Lowe，T. S.）曾经试验将水蒸气和空气交替通过炽热焦炭生成一种含氢和一氧化碳的水煤气。不久后，英国的普内门公司也采取类似方式制成效率较高的煤气发生炉。1888 年，俄国化学家门捷列夫（Менделеев，Дмитрий Иванович 1834—1907）提出将煤在地下不完全燃烧制成可燃气的煤气化设想。

进入 20 世纪后，发达国家城市的煤气需求量迅速增长。1926 年，美国杜邦

公司研究成用氧气和水蒸气将廉价细粒煤气化制取煤气的
方法，并以煤制得的合成气为原料生产出甲醇和氨。1934
年，出现了工业规模的加压气化炉，大量生产煤气。1937
年，苏联建成最早的地下煤气站。1952 年，一种将煤粉与
氧气和水蒸气一同吹入气化室制取低燃烧值煤气的气流床
炉投入使用，生产的煤气主要供应城市居民用气。20 世纪
70 年代后，美国等发达国家开始采用适应性强、产出能力
高的第二代煤气发生技术。此后由于廉价的石油、天然气
的大量开采，对煤的气化产生冲击，但是 70 年代后由于
"石油危机"，煤的气化又重新受到各国的重视，许多公司

图 7—52　门捷列夫

投入力量寻求新的气化方法，也有人开始对门捷列夫提倡的煤矿地下气化进行研
究，并进行小规模实验。

　　煤的液化出现在 20 世纪上半叶，将煤粉在高温、高压下与催化剂、溶剂发生
复杂的化学反应，使之成为一种类似石油的液体燃料，从中可以生产芳香烃、脂
肪烃等。1911 年，德国首次进行煤加氢液化实验，1913 年在高温高压下将煤和氢
反应得到液态燃料。德国化学家贝吉乌斯（Bergius，Friedrich 1884—1949）1931
年将煤加热至 400℃ ~500℃，在 300 个大气压下加氢，使煤液化制成人造石油。
此后建成 7 座反应装置，到 1939 年年生产能力达 135 万吨。在第二次世界大战
中，德国为解决石油的不足加速了煤液化的研究与开发，到 1945 年已经有 18 座
煤加氢液化装置在运行，年产量超过 400 万吨。

　　第二次世界大战后，美国和苏联等国家均在煤液化方面进行了大量研究，并
设立了工厂。1949 年，美国在弗吉尼亚州建成的第一座煤液化工厂正式投产，
1954 年在密西西比州又建成了第二座煤液化工厂。煤直接液化的三种方法：催化
液化、溶剂萃取液化和热解液化法均已相当成熟。煤的液化虽然可以制成人造石
油，但是其经济性与石油是无法相比的，探求更为经济的煤液化方法已成为许多
人研究的课题。在石油资源不断枯竭、价格不断上涨，而世界范围内的用油量逐
年增加的情况下，由于煤贮量的丰富，煤的气化液化将愈来愈得到各国的重视。

## 二　煤化工

　　在将煤炼制焦炭方面，中国明朝方以智在《物理小识》中记有"煤则各处产
之，臭者烧熔而闭之成石，再凿而入炉曰礁，可五日不灭火，殊为省力。"宋朝
时已使用焦炭炼铁，1961 年，出土的广东新会 1270 年前后的冶铁遗址中，发现
除炉渣、石灰石、铁矿石外还有焦炭。18 世纪初，英国的达比父子（Abraham
Darby Ⅰ 1677—1717；Ⅱ 1711—1763）经过多年努力，创用焦炭炼铁，取代了传

统的木炭炼铁方法。随着焦炭炼铁的普及，对炼焦过程中产生的副产物的研究，逐渐形成了煤化工。

早期的炼焦仅是为了生产焦炭，各种挥发物质全部被燃烧掉。1792 年，英国的莫道希（Murdoch，William 1754—1839）发明了封闭式铁炼焦炉，首次用煤炼制出煤气供照明用。19 世纪 70 年代，在欧洲出现了带有回收挥发性物质的炼焦炉，这种炼焦炉将焦化与加热分离开，使煤干馏后的挥发物质得以充分回收。

制造电石的设想是美国化学家哈尔（Hare，Robert 1781—1858）于 1839 年完成的，他将氰化汞与石灰混合用电弧加热，生成物便是电石（碳化钙）。1862 年，德国化学家沃勒（Wöhler，Friedrich 1800—1882）在研究金属氧化物时，将锌钙合金与碳混合加热得到碳化钙，并证明碳化钙与水作用会生成乙炔。1892 年，加拿大的威尔逊（Willson，Thomas Leopold 1860—1915）发明将石灰与焦炭混合用电炉加热制取电石的方法，这种方法简单易行，造价较低，1895 年美国建成最早的电石厂。将电石加水即可生成乙炔，乙炔在空气中燃烧可以发出明亮又无烟的火焰，因此早期生产的电石主要用于照明，后来发现其燃烧温度极高而发明了乙炔焊。19 世纪末，法国、德国和俄国的化学家们以乙炔为原料，通过加成、氧化、聚合等反应，制造出乙醛、乙酸、氯乙烯、丙烯腈等多种化工原料。20 世纪后，用乙炔又制成合成树脂、合成橡胶，电石开始成为重要的工业原料。

煤焦化产生的副产品煤焦油含有上万种有机化学物质。早在 19 世纪初，就有人尝试用煤焦油作为灯用油原料。1822 年，英国创建第一座煤焦油蒸馏厂，开始大量生产煤焦油，轻质馏出物用作油漆和橡胶溶剂，重质馏出物主要用于木材防腐和制作油毡。1819 年，英国实业家加登（Garden，Alexander 1757—1829）发现煤焦油中含有萘。1825 年，法拉第研究煤焦油时发现了苯。1833 年，法国的杜马（Dumas，Jean - Baptiste 1800—1884）和罗朗（Laurent，Auguste 1807—1853）从煤焦油中提取到蒽。1834 年，德国龙格（Runge，Friedlieb Ferdinand 1795—1867）从煤焦油中提取出苯酚、喹啉、吡咯和苯胺。1845 年，英国的曼斯菲尔德（Mansfield，Charles Blachford 1819—1855）从煤焦油中提取出苯和甲苯。1846 年，英国的安德森（Anderson，Thomas 1819—1874）从煤焦油中发现了甲基吡啶。这一系列的发现，证明煤焦油是一种重要的

图 7—53　精炼煤焦油的工厂（约 1860）

化工原料。

1856年，英国伦敦化学学院的帕金（Perkin, Sir William Henry 1838—1907）以苯为原料制成苯胺紫染料后，以煤焦油为原料制造人工染料、医药、香料、炸药等产品的煤焦油工业开始兴起。进入20世纪后，煤焦油工业得到进一步发展，成为染料、塑料、溶剂工业的基础产业。20世纪中叶后，由于石油化工的兴起，煤化工发展受到影响，但是由于煤贮量的丰富和石油的大量消耗，煤化工仍然是一个很有发展前途的化工产业。

### 三　石油工业

在古代，人们已经在利用地面溢出的石油。希腊人用沥青制成一种称作"希腊火"的火攻武器，罗马的一些庙宇中用石油点灯。印度、波斯人因畏惧敬仰里海西岸巴库地区溢出的石油，因自然原因被点燃且长期燃烧的火，而出现了"拜火教"。在中国，"石油"一词最早是宋朝沈括（1031—1095）在《梦溪笔谈》一书中创用的。英文石油（Petroleum）一词出现于1526年。

1855年，美国药剂师基尔（Kier, Samuel Martin 1813—1874）将从盐井中得到的石油进行蒸馏，生产灯油出售，基尔成为最早的石油冶炼者。1854年，美国的比斯尔（Bissell, George Henry 1821—1884）创办美国第一家石油公司——宾夕法尼亚石油公司，利用宾夕法尼亚所产的石油炼制各种石油产品，其中主要是灯油。当时炼油用铸铁锅，炼制的油品质量不高。

1859年8月，美国的德雷克（Drake, Edwin Laurentine 1819—1880）在宾夕法尼亚用蒸汽机驱动的顿钻打成第一口油井，井深21.69米，日产原油5000升。顿钻也叫冲击钻，靠钻头上下冲击粉碎岩石向下钻探，速度慢，效率低，后来逐渐被旋转钻代替。20岁

图7—54　德雷克油井

的洛克菲勒（Rockefeller, John Davison 1839—1937）于1862年在石油技师安德烈（Andrews, Samuel 1836—1904）的帮助下，在克里夫兰投资4000美元创办炼油厂，1870年发展成注资100万美元的标准石油公司，1879年组成石油托拉斯，成为美国最早的托拉斯企业，美国的垄断资本主义由此开始。俄国开发了巴库油田，印度尼西亚也发现并开发油田。当时炼油中的挥发性强且易爆易燃的汽油多被倒

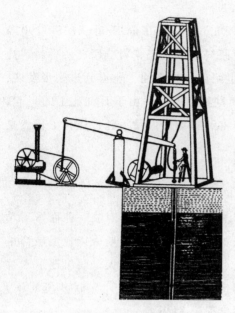

图 7—55　顿钻钻井

入深坑或烧掉。随着汽油机、柴油机的发明使用，轻质油有了广阔的市场，但是用传统的精馏方法轻质油产量仅占处理油的20%～30%，为此不少人开始研究新的炼制技术。

早在1889年，英国的雷德伍德（Redwood, Thomas Boverton 1846—1919）就提出，通过高温加热将分子量大的烃类分解成分子量小的烃类，即石油炼制的裂化法。美国标准石油公司于1915年左右最早实现了石油裂化法，将重质油裂解为相当于汽油馏分的轻质油。1936年，美国又开发出用硅酸铝作催化剂的催化裂化法，所得的汽油辛烷值很高。1938年开发出流化床催化裂化装置，使催化剂可以连续使用。1959年，美国开发出的加氢异构裂化方法

1961年在美国环球油品公司投产，这种方法是在催化剂的作用下，沸点高的油馏分可以转化为沸点低、辛烷值高的轻质油产品。

由于从石油中还可以提炼出大量有机化合物如乙烯、乙醚、丙酮等，一门新的产业——石油化工迅速兴起，石油已经成为国际性战略物资。

## 四　石油化工

石油化工是20世纪发展起来的全新的化学工业，在当代化学工业中占据主导地位。自美国德雷克于19世纪中叶用顿钻在加利福尼亚打出第一口油井之后，石油开采成为一门独立的行业。在很长的时间内，石油炼制主要是提取煤油用于点灯，其中的沥青用来制造防水的油纸。19世纪后半叶，炼油技术有了很大的进步，原油被炼制出石脑油（包括汽油、煤油、柴油等）及重油馏分，从重油馏分中可获得润滑油及石蜡。

图 7—56　洛克菲勒公司油田

到 20 世纪二三十年代，新兴起的石化工业开始用裂解方法生产烯烃，但技术尚不够完善，到 1941 年英国才建立了烷烃裂解生产乙烯的装置，到第二次世界大战后，裂解技术得到迅速发展。乙烯是石油化工中产量最大、用途最广的原材料，在石油裂解精炼中，不但可以得到精制的乙烯，还可以得到多种副产品。美国研究成功催化裂解法后，原油裂解后乙烯回收率可达 24%，裂解温度可降低 40℃~80℃。

乙烯主要用于生产聚乙烯、氯乙烯、环氧乙烯、苯乙烯、乙醛等化工产品。由氯化氢与乙炔加成而制造氯乙烯的生产方法，于 20 世纪 30 年代由 Griesheim-E-lektron 公司开发成功，美国孟山都公司（Monsanto Co.）于 1964 年又开发成功用乙烯—乙炔联合法生产氯乙烯的方法。环氧乙烯自 20 世纪 30 年代至 80 年代一直在进行工艺改革，美国的 Halcon 公司、杜邦公司为此做了大量工作。苯乙烯既是生产塑料的重要单体，也是用于生产合成橡胶的原料。

丙烯仅次于乙烯是制造环氧丙烷、聚丙烯、乙醇、丙烯腈的化工原料，而环氧丙烷又是制造树脂的原料，是 20 世纪 60—80 年代由美国、苏联、德国几家公司开发成功的。丙烯腈是合成橡胶、合成纤维、制造塑料的原料，是 20 世纪 50—60 年代由美国和德国开发成功的。丁乙烯的工业生产方法是 40 年代由美国标准石油公司开发成功的，后来，飞利浦公司开发成功用催化氧化脱氢法生产乙烯的工艺。

芳烃包括苯、甲苯、二甲苯等，是生产合成纤维、染料、橡胶、塑料、炸药、医药、农药的原料。在 20 世纪初，主要是从煤焦油中分离生产，20 世纪 40 年代美国发明了利用石脑油临氢重整方法生产甲苯，到 70 年代后，在美国环球油类公司、太阳油类公司和日本东丽及三井公司的努力下，主要的芳烃都从石油中提取的，而且工艺有了很大改进，使芳烃回收率大为提高。

到 20 世纪末，石油化工产品已极为丰富，石油化工以天然气和石油为原料，生产烃类及其各种衍生品等化工基本原料，是国防及国民经济的基础性产业，是 20 世纪发展最快的产业。

# 第六节　军事新技术

## 一　战争与科学技术

战争从本质上讲，是人群间、民族间、国家间为争夺生存空间或生存条件而进行的武装争斗，在现代，又经常是政治不可调和的产物。战争会造成物质财富的巨大破坏，人口的大量伤亡。但同时，战争又经常是应用新技术、促进某些特殊技术迅速发展的最好的动力，在战争中新兴的许多新技术，经常成为战后经济起飞的重要技术力量。

19世纪的许多新技术成果，在第一次世界大战中得到充分的发展和应用。飞机、坦克、潜艇、马克辛重机枪等的生产制造技术得到各参战国的充分重视，并在实战中得到部分利用，由此也使各国政府深感科学技术对战争进展的重要作用。

当然，绝不能认为战争似乎是促进科学技术发展的主要或唯一的动力，事实上，战后经济的需要，国际政治的需要也同样促进了科学与技术的发展。许多技术本身是可以"军民两用"的，如炸药和爆破技术，既可以是军用，也是采矿采石、筑路修桥所必需的。第二次世界大战后兴起的航天技术，既是抢占制天权（太空权），进行军事侦察甚至是"空间大战"所必需的，但同时在民用方面也有重要的应用前景，如天气预报、宇宙探测、灾害预警、太空医学，特别是通信方面。许多技术如通信、船舶、机械、冶金、化工等在非战争时期也经常接受政府按军备需要提出的订单组织生产，军界常是这些产业最大的用户。

20世纪科学技术的迅猛发展与两次世界大战及与战后各国军备竞争，具有密切的关系。两次世界大战虽然仅间隔20余年，但是由于这期间科学技术的发展，使战争形式发生了根本性的变化，如果说第一次世界战争是个准机械化的战争，那么第二次世界大战则是一个陆海空一体化的机械化战争。第一次世界大战的兵器装备基本上是19世纪的技术产物，在连发枪还不占主流的情况下，轻骑兵仍是主要的机动性兵种，步兵经常是列方阵，吹着风笛齐步进逼。飞机飞不高，坦克跑不快，还不是主力战争装备。但是在第二次世界大战中，机械化装备已经达到相当高的水平，各种新式兵器广泛用于战场，如连发兵器、多管火炮、无坐力炮、反坦克火箭筒、火箭炮、火焰喷射器、枪榴弹、弹道导弹、火箭以及机动性极强的坦克、装甲运兵车、航空母舰、各种类型的飞机、雷达、罗兰导航、原子弹、电子计算机等。参战国特别是美国动员了国内的一切力量和物资，投向军工生产，使许多技术难题得以迅速突破，科学家和工程师已经不再单纯地从事技术开发和研制，一些人直接参与了新式武器在战场上的装备与运用，物资运输的方案设计，战机、战舰的配置和编队等军事作战中的科学方法的研究。英国物理学家帕特里克·布莱克特（Patrick Blackett, Baron Blackett 1897—1974）和分子生物学家贝尔纳（Bernal, John Desmond 1901—1971）联合开发的OR（Operations research 军事行动研究，即运筹学）传到美国，引起军事科学上一次大的变革，也成为战后科学管理的重要内容，更使战争成为先进技术的大比拼。

## 二 曼哈顿工程与原子弹研制

原子能技术是20世纪人类所取得的一种新的能源技术，它得益于人类对原子结构和原子核结构的研究成果。

19世纪，人们普遍认为原子是物质不可分的最小微粒，是刚性的不可入的，经典物理学就是以此为基础建立起来的。1897年，英国物理学家汤姆生（Thomson, Joseph John 1856—1940）通过实验发现电子后，突破了这一传统观念，认识到原子是有结构的。不久后，英国物理学家、曼彻斯特大学教授卢瑟福于1911年发现了质子。1932年，卢瑟福的学生查德威克（Chadwick, Sir James 1891—1974）发现了中子，由此使人们进一步认识到原子核也有其结构。1919年卢瑟福用α粒子轰击氮原子核，第一次得到人工核蜕变成的物质氧17的原子核。1934年，法国镭研究所的物理学家约里奥－居里（Joliot-Curie, Frédéric 1900—1958）用α粒子轰击铝原子，发现了放射性同位素磷30。这些事实证明了原子核的结构在一定的情况下是可变的。

图7—57　爱因斯坦

意大利罗马大学的物理学家费米（Fermi, Enrico 1901—1954）考虑到中子不带电，可以更好地接近原子核，因此于1935年开始进行用中子轰击原子核的人工核反应实验。通过实验发现，当用石墨或水使中子减速后再去轰击原子核时，由于中子与原子核接近的时间较长，因此中子容易被原子核俘获而增大了核反应的可能性。

德国凯泽·威廉化学研究所的物理学家哈恩（Hahn, Otto 1879—1968）在分析费米用中子轰击铀产生的裂变物质时，发现了放射性的钡，开始时由于没有能分离出来，还错误地认为可能是镭或锕的同位素。哈恩把实验情况告诉了为逃避纳粹迫害而流亡瑞典，在斯德哥尔摩工业大学任教的奥地利物理学家梅特纳（Meitner, Lise 1878—1968），梅特纳提出了"铀的稳定性很小，铀核俘获一个中子后会分裂成大致相等的两个原子核"的结论。不久后，梅特纳的侄子弗里施（Frisch, Otto Robert 1904—1979）即用实验证明了铀核裂变后的这两部分是钡和镧。梅特纳和弗里施在细胞分裂的启示下，把这一反应称作"核裂变"，并根据爱因斯坦依据狭义相对论推导出来的质能关系式（$E = MC^2$），计算出1个铀核裂变会放出2亿电子伏的能量，比煤燃烧时1个碳原子氧化放出的能量大5000万倍。1939年1月，梅特纳和弗里施在英国《自然》杂志上公布了这一发现和结论，预言了铀核裂变会放出大量的能量——原子能。

当时，流亡到美国芝加哥大学的意大利物理学家费米和丹麦物理学家玻尔（Bohr, Niels Henrik David 1885—1962）对这一发现立即进行了研究。费米于1939年提出了链式反应的设想，同时法国的约里奥－居里夫妇、流亡美国的匈牙利物理学家西拉德（Szilard, Leo 1898—1964）等人又发现铀核分裂在释放出大量能量的同时，还会放出2~3个中子去轰击未反应的铀核，由此确认了链式反应

图7—58 奥本海默

的可能性。

第二次世界大战前夕，德国、法国、英国、美国和苏联都在进行原子核反应的研究，有不少科学家已经预计到，应用原子核的链式反应制成的炸弹其威力是空前的。理论计算表明，1克铀裂变放出的能量大约相当于燃烧2.3吨煤的能量。为了赶在德国纳粹之前掌握核武器，1939年8月，一批流亡美国的科学家希望爱因斯坦写信给美国总统罗斯福，尽快开展原子弹研制。罗斯福同意他们的建议，成立了铀顾问委员会，但是直到12月6日由于战争的进一步扩大，美国政府才批准拨款研制原子弹。1942年6月，美国组织了研制原子弹的"曼哈顿工程"计划，受纳粹迫害逃亡到美国的大批科学家在物理学家奥本海默（Oppenheimer, Julius Robert 1904—1967）和费米主持下投身于这一工作，1942年12月2日，在芝加哥建成的第一座核反应堆投入运行。

制造原子弹需要高纯度铀，为争取时间，1942年在橡树岭按当时所知道的三种铀浓缩方法（热扩散法、气体扩散法和电磁法），投资数亿美元同时各建一座浓缩铀工厂，加速铀元素的提炼。当时已经知道浓缩铀达到临界体积时即会发生剧烈的热核反应，为此在原子弹结构设计中，采用将两块小于临界体积的浓缩铀块分别置于炸弹前后方，中间隔开不接触，施放时引爆事先装在炸弹中的普通炸药，使两块浓缩铀块瞬间合并超过临界体积而发生核爆炸。

美国为加速制成原子弹，共动员了50余万人，其中科技人员15万人，耗资22亿美元，占用全国近1/3的电力，投入这样巨大的人力、财力和物力，如果不是战争的需要，这是任何国家也办不到的。经过两年的努力，到1945年，终于制成3颗原子弹，7月16日在新墨西哥州的荒漠上试验了1颗相当于2万吨TNT当量的原子弹，在半径400米范围内沙石全部熔化，半径1600米范围内一切生物均死亡。1945年8月6日和9日美军将所剩的2颗原子弹投向日本广岛、长崎，由此逼迫日本天皇迅速投降，结束了第二次世界大战。战后，苏联（1949）、英国（1952）、法国（1960）以及中国（1964）均研制成原子弹。

图7—59 原子弹试爆

### 三　火箭与导弹

1898 年，俄国的齐奥尔柯夫斯基（Циольковский，Константин Эдуардович 1857—1935）发表了一篇液体火箭的论文《用于空间研究的反作用飞行器》，1903 年又发表著作《利用喷气工具研究宇宙空间》，提出液体推进剂火箭的构思和原理图，推导出在不考虑空气阻力和地球引力的情况下，火箭飞行中获得速度增量的公式，为研究液体火箭发动机奠定了理论基础。1923 年，美国普林斯顿大学的高达德（Goddard, Robert Hutchings 1882—1945）研制成泵馈式液氧汽油发动机，并于

图 7—60　齐奥尔柯夫斯基

1926 年 3 月 16 日在马萨诸塞州的奥本（Auburn）发射了用液氧和汽油作推进剂的第一枚液体燃料火箭。该火箭飞行了 2.5 秒，最大时速为 100 公里。高达德最重要的贡献是对火箭飞行控制的设计。他曾试射一个由陀螺仪导航的火箭，使火箭的飞行维持在一个稳定和预定的轨道上。他研制的第一个性能稳定的这类火箭于 1932 年 4 月 19 日发射，但是美国政府当时更为关注的是一般武器和后来的原子弹研制，忽视了高达德的工作。

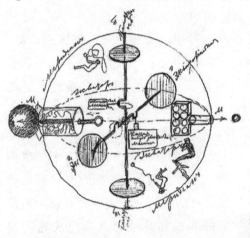

图 7—61　齐奥尔柯夫斯基的宇宙
飞船设想图

苏联的第一台液态推进剂火箭发动机于 1931 年进行了静态测试。同年，苏联成立了反作用力推进研究机构，进行液体推进剂发动机的研制。1932 年，苏联政府在莫斯科又成立了火箭研究与发展中心，由火箭专家谢尔盖·科罗廖夫（Королёв, Серге Савлович 1907—1966）负责中心的工作。1933 年 8 月 17 日，该中心发射的试验火箭达到

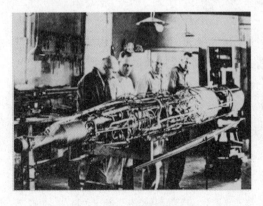

图 7—62　高达德火箭

1500 米高，成为苏联历史上发射成功的第一个利用反作用力的飞行器。1941 年，苏联研制成用硝化甘油等作推进剂的"卡秋莎"火箭炮。

火箭技术在德国也迅速发展起来。1927 年德国建立了太空旅行协会，一年后该学会试射了一个由液态氧和煤油驱动的火箭。1933 年，希特勒（Hitler, Adolf 1889—1945）上台后很快认识到火箭可能成为一种新的武器，德国陆军部加快了火箭研究的步伐。多恩贝格尔（Dornberger, Walter Robert 1895—1980）上尉在布劳恩（Braun, Wernher von 1912—1977）博士的协助下，在库莫斯托夫建立了一个特殊的军事研究部门。他们研制的第一枚燃用液态氧和酒精的发动机驱动的火箭，代号为 A1（Aggregate 1），但是首次发射失败。经布劳恩重新设计的这种火箭代号为 A2，于 1934 年试射成功。之后冯·布劳恩设计的 A3 火箭，安装了一个使用排气叶片和鳍状舵的三轴稳定控制系统。

从火箭到导弹，即飞行可控制的火箭是德国的布劳恩完成的 V2 火箭。德国空军研制的 V1（V 意为"复仇者"）飞行炸弹飞行速度太慢，飞行高度也不高，于是 1942 年转由布劳恩负责研制。布劳恩研制的燃料为乙醇和液态氧的 V2 远程火箭，长 14 米，重 13 吨，携带 10 吨燃料，可以在 68 秒内点火并产生近 3 吨的推力，射程 220 英里，可携带 1 吨 TNT 炸药。1942 年 10 月 30 日在第三次发射中获得成功，1943 年 10 月，希特勒下令制造 1.2 万枚这种火箭。

**图 7—63　V2 火箭**

V2 火箭上安有陀螺仪并利用伺服马达改变翼的角度以保持飞行的稳定，火箭达到一定速度后安装在火箭上的累积加速度计自动完成速度控制，已具有一定的制导功能，也可称为导弹。

1944 年 9 月 8 日，第一枚 V2 火箭从佩内明德①向巴黎发射。在同一天下午 6 点 44 分，另一枚 V2 火箭击中了伦敦。后来发射场转向法国北部的玛塔，截至战争结束有 2789 枚 V2 火箭射向英国和欧洲大陆。

几乎在同一时期，佩内明德的工程师们已经研究出比 V2 火箭更有威力的火箭，也就是第一枚洲际弹道导弹的原型 A9。1945 年 1 月 24 日，A9 有翼火箭样机试射成功，最大升空高度为 90 千米，最大速度为每小时 4320 公里，可惜德国战败在即而未得继续研究。

———————————

①　Peenemunde，德国东北部一村庄，位于波罗的海一海岛上。1937—1945 年是德国研制 V1 和 V2 等火箭的基地。

纳粹德国投降前夕，布劳恩带领 400 多火箭工程人员向美军投降，他们随后被美军派驻在美国的白沙导弹靶场，继续开展 V2 的研究。佩内明德剩余的工程技术人员和火箭、文献资料则落入苏军手中。战后，布劳恩指导了美国第一颗人造地球卫星、登月及航天飞机的设计与研制工作。

由于使用固体推进剂的火箭发动机具有结构简单、维护方便、发射准备时间短等优点，在第二次世界大战中，美、苏、英、德等国均在试验用硝酸甘油和消化纤维加少量二苯胺、硝酸钾和石蜡等制成的固体燃料作推进剂的火箭。战后美苏等国在固体燃料推进剂以及固液混合燃料推进剂的研制方面取得了许多重要成果，为航天技术的发展奠定了基础。

### 四　电子计算机的发明

电子计算机是人类最伟大的发明之一，它的出现导致 20 世纪中叶发生了一次重大的技术革命和产业革命，它的推广应用极大地解脱了人的脑力劳动，成为 20 世纪后半叶生产自动化、管理自动化和生活自动化的直接导火线。

#### （一）早期发展

人类利用机械进行数字计算的思想由来已久，算筹和算盘是最早的计算工具。1620 年英国天文学家、数学家冈特（Gunter，Edmund 1581—1626）制成实用的计算尺，它标有 1~10 的对数标度，从一端开始与 1~10 各个数的对数成比例地截取线段，每一线段的端点标上该线段等于其对数的那个数，这样标尺两端所标的数字就是 1 和 10。线段在尺上的加和减等于相对应的数的乘和除。该尺无滑动部分，须借另一个分规进行计算。这是最早的实用计算尺，后被称为冈特尺，冈特尺虽然还不具备近代计算尺的形式，但其原理与近代计算尺是一致的。该尺的原理及使用方法记载于他 1623 年出版的《函数尺》（De sectore et radio）中。冈特尺在英国通用了两个世纪。1621 年，英国的奥特雷德（Oughtred，William 1574—1660）用两根"冈特尺"制作了一种直形对角计算尺。他采用在一个标尺上滑动另一个标尺的方法，即把两个等同的直线的有对数刻度的尺合在一起，并用手来滑动调整。他还于 1622 年发明了一种圆形计算尺，他在两个同心圆盘边缘上刻上刻度，借助两个可以绕圆心转动的横

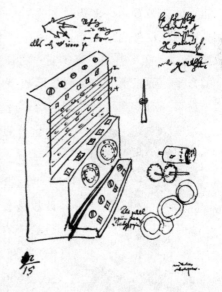

图 7—64　席卡特绘制的计算机草图

图7—65 帕斯卡

跨这两个圆盘的指针，进行对数计算。后来，许多数学家进一步改良了这种早期的滑尺，使之既有固定的又有滑动的对数刻度，加装了滑动指针，将多种刻度刻制在滑尺上，使滑尺能应用于不同的计算中，到19世纪中叶，计算尺已经在欧洲工程界得到广泛应用。

计算机从出现到现代经历了机械式、机电式和电子式三大阶段。1623—1624年，德国图宾根大学威廉·席卡特（Wilhelm Schickart 1592—1635）教授设计出带有进位机构、可进行四则运算的机械计算机。但他的工作长期不为人所知，直到1957年发现了他在1623—1624年给德国天文学家开普勒（Kepler, Johannes 1571—1630）的信件，才在信中见到了他绘制的计算机草图和说明。

最早的机械式计算机是1642年法国19岁的帕斯卡（Pascal, Blaise 1623—1662）为减轻作为收税官父亲的繁杂计税而制成的。这是一种能以数字方式进行加减运算的机械式计算装置，该装置由许多齿轮和平行的水平轴构成，外壳用铜制成，是一个长20英寸、宽4英寸、高3英寸的长方形盒子，面板上有一系列显示数字的

图7—66 帕斯卡计算机

小窗口。有6个可动的刻度盘，最多可把6位长的数字加起来，通过机壳上的窗孔可以看到数轮的位置并读出相加数的和。利用一些类似于电话拨号盘的水平齿轮把数字输入到机内，而齿轮则通过枢轮传动同数轮耦合。大多数数轮都是按十进制计数法传动，但是最右边的两个数轮，一个有20挡，另一个有12挡，分别用以计算当时法国的钱币单位"苏"和"第涅尔"。

1666年，英国发明家莫兰德（Morland, Samuel 1625—1695）爵士制作出加法器和乘法器，加法器面板上有8个刻度盘分别表示英国的8种铜币，在各刻度盘中，有一些同样分度的圆盘围绕各自的圆心转动，借助将一根铁尖插进各分度对面的孔中，可使这些圆盘转过

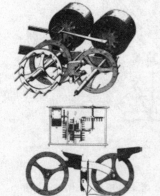

图7—67 帕斯卡计算机的
进位装置

任何数目分度。一个圆盘每转完一周，该圆盘上的一个齿便将一个十等分刻度的小的计数圆盘转过一个分度，由此将这一周转动记录下来。他研制的乘法器的工作方式，在一定程度上是根据"耐普尔骨筹"的原理，这种乘法器还可以进行开方运算。1673 年，莫兰德出

图 7—68　莱布尼茨计算机

版《两种算术仪器的说明和用法》，对他的两种计算器进行了说明。

　　德国数学家、哲学家莱布尼茨（Leibniz, Gottfried Wilhelm, 1646—1716）为了研制计算机专门到法国学习考察，于 1671 年研制成一种能做加、减、乘、除四则运算的步进式机械计算机。这种计算机也是用手摇的，但是采用了一种叫做"莱布尼茨轮"的阶梯轴，可以较容易地实现齿轮齿数的变化，从而能进行乘除运算。莱布尼茨一开始制作的是个木制模型，因制作粗糙仅能进行加减计算，且不灵敏。1674 年他参考帕斯卡计算机的说明，重新制作。该机由两部分组成：第一部分是固定的，用于加减计算，其装置与帕斯卡加法器基本相同。第二部分是

图 7—69　莱布尼茨轮

乘法器和除法器，由两排齿轮构成。莱布尼茨首创的阶梯式计数器，是一个带有 9 个嵌齿或齿的滚筒，每个齿均与滚筒的轴平行，其长度以等量递增。当滚轮转满一周时，某些齿便与连接着计数器的嵌齿轮上的齿相啮合，这个嵌齿轮可平行于滚动轴移动并借助标尺进行指示。另外还装设一个针轮，它可以随意改变与嵌齿轮啮合的齿数，其圆周上有 9 个可活动的齿，每当针轮转动一周，9 个齿中的一个便突起，与外部计数器啮合，计数器便可以向前移动到任何所希望的数。阶梯式计数器和针轮为后来的计算机所采用。

　　1821 年，英国皇家学会会员、剑桥大学的巴贝奇（Babbage, Charles 1792—1871）在银行家父亲的资助下，开始研制计算机。他提出了一套较为完整的程序自动控制的设计方案，利用多项式数值表的数值差分规律，于 1822 年完成了差分机 1 号（Difference Engine No. 1）的设计，并亲自动手制造出来。这台差分机采用十进位制，计算数值由互相啮合的一组数字齿轮表示。之后开始研制运算精度更高的差分机，可惜花掉了自己的所有积蓄和英国政府资助的 1.7 万英镑，历经 10 年也未能完成。

图 7—70　巴贝奇分析机

在此期间，巴贝奇受法国技师雅卡尔（Jacquard, Joseph Marie 1752—1834）用穿孔卡片控制自动提花织布机的启发，设想将程序编制在穿孔纸带上，以控制计算机的运算。1834年，巴贝奇完成了这种计算机的设计，他称之为分析机（又译为"解析机"，Analytical Engine）。在这一设计中，巴贝奇首次提出将计算机分为输入器、输出器、存储器、运算器、控制器 5 部分。由于受资金和技术条件的限制，直到巴贝奇去世也未能研制出来。直到 20 世纪末，澳大利亚的科学家们利用巴贝奇留下来的图纸并模仿当时的制造水平，用了近 6 年的时间于 1991 年 5 月制成巴贝奇分析机，并实际运算成功。

在巴贝奇研制分析机期间，得到了英国诗人拜伦（Byron, George Gordon 1788—1824）女儿埃达·洛夫莱斯（Ada Lovelace, 原名 Augusta Ada Byron 1815—1852）的支持和帮助。埃达·洛夫莱斯为巴贝奇的分析机建立了循环和子程序概念，为计算程序拟定了"算法"，认为这种机器今后有可能被用来创作复杂的音乐、制图和在科学研究中应用，并建议巴贝奇用二进制取代十进制。1842 年 10 月，埃达·洛夫莱斯在翻译意大利数学家梅纳布雷亚（Menabrea, Luigi Federio 1809—1896）论述巴贝奇分析机理论和性能的文章时，在译文后面她加了许多注释，说明了用分析机如何编程以及通用计算机如何分析数据等，提出计算机具

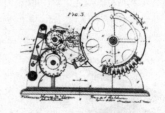

图 7—71　鲍德温发明的手摇式计算机

图 7—72　奥德纳研制的台式机械计算机

有记忆能力和将记忆存储在"仓库"中的设想。他们的工作为 20 世纪程序控制计算机的设计，提供了基本的思路。

1873 年，美国的鲍德温（Baldwin, Frances Jane 1830—1894）利用自己发明

的齿数可变的齿轮，制造出供个人使用的台式手摇计算机，申请了专利并大量生产。5年后，在俄国工作的瑞典工程师奥德纳（Odhner, Willgodt 1845—1903）也研制出用齿数可变齿轮代替莱布尼兹阶梯形轴的手摇计算机，这种计算机的数字直接刻在齿数可变的齿轮上，从外壳的窗口可以读出计算好的数字来。1884年，美国的费尔特（Felt, Dorr E. 1862—1930）又设计出按键台式计算机。按键式计算机和手摇计算机直到20世纪60年代廉价的计算器出现前，一直是主要的商业通用计算机。

1880年，美国人口普查局于雇用了统计学家霍勒里斯（Hollerith, Herman 1860—1929）参与当年的人口统计分析工作。该统计分析工作用了7年半的时间才完成。霍勒里斯决心效仿巴贝奇用穿孔纸带控制计算机的思想，使用带孔的纸带来使统计工作机械化。1887年，他制成一台这种机器，但是带孔的纸带对统计的数据处理很费力，经过分析后，霍勒里斯于第二年设计出使用穿孔卡片的统计制表机。这台制表机采用为便于确定正面而截去一角的3英寸×5英寸的卡片，卡片可以正确地放入"销压机"中读出。这种"销压机"在卡片上可能出现孔的位置下面，设有一个用于导电的水银罐。使用时通过关闭铰接盖阅读卡片，而铰接盖上有一个与水银罐对应的弹簧销。如果卡片上已穿了一个孔，弹簧销就穿过卡片上的这个孔与下面罐中的水银产生电接触，一分钟可以通过50~80张卡片。这种机电式的自动计数装置，加快了数据处理速度，避免了手工操作容易产生的误差，在1890年美国的人口普查以及后来奥地利、加拿大、挪威等国的人口普查中得到应用。霍勒里斯为了生产他的制表机创办的公司，在1911年与计量公司和国际计时公司合并，组成"计时制表计量公司"（CTR），1924年在总经理沃森（Watson, Thomas J. 1874—1956）的建议下，改名为"国际商用机器公司"（IBM）。在沃森的努力下，IBM后来发展成为国际著名的计算机产业跨国集团。

20世纪初，不少人对计算机进行了改进，加之当时电技术的进步，以电为动力，采用继电器为器件的机电式计算机开始出现。

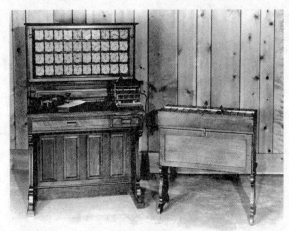

图7—73　霍勒里斯人口统计制表机

1927年，美国电学家布什（Bush, Vannevar 1890—1974）利用电度表中电压与电流的关系，设计出"积分机"，这是第一台用电流与电压模拟变量的"模拟式"

计算机。

1937 年，美国数学家艾肯（Aiken，Howard Hathaway 1900—1973）设计成利用继电器为器件的通用电子计算机，在 IBM 公司的支持下，艾肯领导的小组于 1944 年研制出了自动程序控制计算机（简称 ASCC，也称 Mark I），当年 8 月赠送给了哈佛大学。ASCC 的基本原理和巴贝奇机非常类似，利用穿孔纸带控制计算机的运算和存储，不过存储器只能存储 72 个 23 位数，外加一个符号位。ASCC 体积庞大，重 5 吨，长 51 英尺，高 8 英尺。运算速度不高，两个数的加法用 0.3 秒，乘法 3 秒，除法约 10 秒。然而这是第一台通用数字计算机，在哈佛大学日夜为科学和工程计算达 15 年之久。

最早的程序控制计算机是德国的朱思（Zuse，Konrad 1910—1995）完成的。他自 1936 年制成从全机械的 Z1 型直到 1943 年机电式 Z3 型。这台 Z3 型是世界上第一台程序控制通用电子计算机，工作程序由 8 道穿孔电影胶片提供，执行 8 种运算指令，采用二进制，字长 22 个二进位数。这台计算机使用了 2600 个继电器，存储容量为 64 个字节。1945 年他又制成改进型 Z4 型机，Z4 型机一直用到 1959 年。

（二）电子计算机的诞生

图 7—74　图灵

电子计算机的研制是和战争的需要分不开的。电子计算机一般指电子数字存储程序计算机，这种计算机具有自行控制、自动调整、自行操作的能力，还能够大量存储信息并对信息进行加工，在预定的程序下可以进行逻辑推理和判断。

第二次世界大战中，由于武器的进步、战争的复杂化，特别是喷气式飞机和导弹在战争中的大量使用，出现了许多需要在瞬时完成的复杂计算工作。原有的机械式的防空测量、测算系统已经远远不能适应这一要求。对高速飞机和导弹的控制和导航，地面防空系统对敌机的火力布置和弹道计算，都需要有一种快速、准确的计算工具。

为解决机电式计算机运算速度慢的缺点，德国数学家朱思等人提出制造用电子管为器件，运算速度达每秒 1 万次的电子计算机方案，但是未能得到德国政府的支持。

在德军入侵波兰前的 1939 年 7 月，英国数学家、逻辑学家图灵（Turing，Alan Mathison 1912—1954）得到波兰译码员雷吉威斯克（Rejewski，Marian Adam 1905—1980）研制的称作"炸弹"（Bomba）的密码破译机，在此基础上，图灵与韦尔什曼（Welchman，Gordon）研制出运用一系列电子逻辑演绎器件找出可能是恩尼格玛密码机的密码的密码破译机（Turing Bomba），在战争初期起了重要作用。1941 年，为了破译德国经改进保密性极强的采用了 32 个字母加密方法的密码机（电传打字机，Lorenz SZ），图灵和数学家纽曼（Newman，Max 1897—1984）、工程师弗劳尔斯（Flowers，Tommy 1905—1998）又研制成电子计算机前身的 Colossus 译码计算机（巨人）。这是一种专用的电子密码分析机，输入设备采用光电阅读机，输出设备采用电动打字机，内部由电子计算电路、二进制运算电路和逻辑电路组成，使用了 1800 只电子管，配备 5 个以上并行方式工作的处理器，每个处理器以每秒 5000 个字符的速度处理一条纸带上的数据。这种密码破译机没有键盘，它用各种开关和话筒插座来处理程序，数据则通过纸带输入。1943 年 10 月第一台 Colossus 译码机在英国投入使用，它破译密码的速度快，可以准确地把各种难解的字码信息破译出来，在第二次世界大战中发挥了重要作用。

图 7—75  德军的 enigma 密码机

图 7—76  Colossus 译码计算机

1942 年，美国的莫奇利（Mauchly，John William 1907—1980）在研制模拟计算机的基础上，于 1942 年 8 月提出制造 ENIAC（电子数字积分机，Electronic Numerical Integrator and Computer）计算机方案。方案被搁置一年后，由于战时防空火力网计算的困难才受到美军弹道实验室的重视。1943 年 4 月，美国军事部门与宾夕法尼亚大学莫尔学院的莫尔小组和阿尔丁弹道研究室签署了投资 40 万美元试制 ENIAC 的合同。

这项工作吸收了一大批优秀的数学家、物理学家、电子工程学家、逻辑学家、工程师参与，由莫里奇和 24 岁的埃克特（Eckert，John Presper 1919—1995）博士领导，但是直到第二次世界大战结束也未能制成，1945 年底总算完成了 ENIAC 的总装调试工作，1946 年 2 月 15 日试运行，1947 年运至位于阿伯丁的弹道实验室。这台机器全机长 30.48 米，宽 1 米，高 3 米，重 30 吨，占地达 170 平方米，用了 17468 只电子管和 1500 个继电器，由 30 个仪表盘排成巨大 V 形控制台，每秒可执行 5000 次加法或 400 次乘法运算。在弹道实验室，ENIAC 解算的最复杂问题是描写旋转体周围气流的 5 个双曲线偏微分方程，运算速度是继电器式计算机的 1000 倍。这台计算机采用 10 进位制，不但结构复杂，也限制了运算速度的提高。

图 7—77　ENIAC 研制组　　　　　　图 7—78　ENIAC

　　"ENIAC" 是由于战争的需要而用最短时间研制出来的，虽然制成后第二次世界大战已经结束，但是它的出现却影响了后来科研、生产、经济、文化、社会各个领域，导致了 20 世纪后半叶信息技术革命的产生。

### 五　雷达

　　雷达（radar）是无线电探测和定位（radio detecting and ranging）的简称。1897 年，马可尼提出用无线电波进行军事探测的设想，并认为利用短波传播的直线性是完成这一测试的最好选择。

　　1924 年及 1925 年，英国和美国在对大气层高度测量中，首次应用了无线电波的反射特性和脉冲原理。

　　1935 年，时任英国国家物理实验室无线电分部负责人的沃森·瓦特（Watson-Watt, Sir Robert Alexander 1892—1973），向英国空军递交名为"用雷达探查飞机"的报告后，在几位助手的协助下设计了用短脉冲调制的大功率发射机、捕捉脉冲的接收机和实用的发射与接收天线，研制成功第一套用于探测索沃克海岸上空飞机的实用雷达装置。

　　雷达的研制在美国也获得进展，海军实验室提供了 10 万美元的雷达研究经费。1935 年，海军实验室无线电分部研究室很快研制出当时最为先进的雷达。该设备使用 28.3 赫 5 微秒的脉冲波，探测距离达 4000 米。在实验室演示成功后美国海军船只开始配备雷达。

德国虽然在 1940 年左右已经能用雷达探知飞机和船只，但技术水平不高，且未被德国军方关注。

1939 年，英国海军部要求伯明翰大学研制一种大功率微波发射机。为了发射超短波和微波，以提高测定准确度，实验室的科学家们最先考虑采用 1939 年瓦里安兄弟（Varian，Russell Harrison 1898—1959 and Sigurd Fergus 1901—1961）在加利福尼亚大学发明的速调管，但功率不足。英国物理学家兰德尔（Ranfdll，John Turton 1905—1984）和布特（Boot，Harry A. 1917—1983）应用速调管的谐振腔原理研制成磁控管，可产生 3000 兆赫 20 千瓦的微波信号，使雷达准确度大为提高，后来英国与美国合作，研制成频率高达 1 万兆赫的

图 7—79　雷达

H2X 雷达系统。微波雷达在第二次世界大战中很快取代了超短波雷达，成为雷达的主流。英国先进的海岸雷达系统，曾成功地防御了德国对英国本土的轰炸。

第二次世界大战结束后，美国于 1946 年用雷达探测了月球，由此开辟了"射电天文学"这一新的研究领域。雷达与计算机相结合，出现了自动雷达侦测系统，可以对快速运动物体如高速飞机、导弹等进行预警。大功率速调管出现后，根据开普勒效应研制的目标显示雷达，可以探测出目标的速度。第二次世界大战后，除军事领域外，雷达在航空、航海、航天等诸多领域也都有广泛的应用。

### 六　枪械、火炮、坦克与航母

到 19 世纪末，枪械开始向自动发射方向发展，由于马克沁（Maxim，Hiram Stevens 1840—1916）发明的重机枪较为笨重，移动不便，1902 年丹麦的马森（Madsen，Vilhelm Herman Oluf 1844—1917）发明了轻便灵活的轻机枪，这种枪利用马克沁重机枪的连射原理，使用安装在枪体上的弹匣，气冷枪管，还安有两脚支架，每分钟可以发射 80～100 发子弹。意大利陆军上校列维里（Revelli，Bethel Abiel 1864—1930）于 1914 年研制成维拉 - 佩罗萨（Villa-Perosa）冲锋枪。

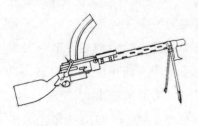

图 7—80　马森轻机枪

第一次世界大战中，马克沁重机枪被大量使

图 7—81 勃朗宁重机枪

用。1917 年，以设计制造各种自动枪械闻名的美国枪械技师勃朗宁（Browning, John 1855—1926）设计的勃朗宁重机枪，被美国政府采用。这种重机枪与马克沁的很相似，也采取水冷，重420 磅，需 4 个人才能搬动和使用，发射速度每分钟450 发，射程2000 米。勃朗宁重机枪在第二次世界大战中成为主要的固定发射型武器。第一次世界大战后，许多国家研制出更为轻便，弹仓容量大，可单发和连发的枪械，多采用手枪子弹，适合近距离作战。其中美国1928 年生产的汤普生冲锋枪每分钟可发射子弹800 发，但是射程仅46 米且后坐力大；1940 年德国士兵普遍配备的MP40 冲锋枪，虽然发射速度降为每分钟500 发，但射程已达 100 米。第二次世界大战后，各国研制出威力更强的突击步枪，如德式 StG44（口径 7.92 毫米）、苏式AK74（口径 7.62 毫米），以及小口径的美式 M16（口径 5.56 毫米）等。

图 7—82 迫击炮

在火炮方面，向移动灵活、远射程、炮弹威力不断增大的方向发展。1911 年德国制成具有现代瞄准具的迫击炮，1914 年又制成 42 厘米的大口径榴弹炮。1917 年，德国克虏伯公司制成口径 210 毫米，炮身长 36 米，重 142 吨的大贝尔塔炮，射程达 120 公里，可发射 210 公斤重的巨型炮弹。第一次世界大战中，还出现了火焰喷射器（1915）。第一次世界大战后，专门用于射击飞机的高射机枪和高射炮开始装备部队。第二次世界大战中，苏联研制出机动性强、多管发射的喀秋莎火箭炮，以及专门用于打坦克的肩扛反坦克火箭筒。

第一次世界大战爆发前，法、俄、奥等国均提出履带式车辆设计方案，1916 年，为应对机枪，英、法、德都在研制坦克。1917 年法国生产的雷诺 FT17 型坦克，重 7.4 吨，配备 37 毫米口径火炮，射程达 1000 米，虽然速度仅为 6～7 公里，比人步行快不了多少，但它是第一个采用旋转炮塔、不受地形限制的新型履带式坦克。"坦克"（tank）一词即英军在第一次世界大战中给命的名。第一次世界大战后，由于反坦克炮的出现，坦克向大功率、重装甲、高速度和大功率、重量轻、机动性好的两个方向发展。第二次世界大战中，美国制造出 75 毫米口径、时速 39 公里的雪曼 MC 型坦克，德国则制造出装甲更厚、重 180 吨的号称"无坚不摧"的巨型虎式坦克。

图 7—83　第一次世界大战中的坦克和飞机

在军舰方面，1895年，英国建造了排水量14000吨的装甲舰，配有30厘米火炮4门，航速为17节，成为近代战舰的基本形式。1909年又建造无畏号（HMS Dreadnought）主力舰，用汽轮机驱动，航速达21节。20世纪上半叶，战舰进入巨舰巨炮阶段，英、美、德、日等国都拥有25000~27500吨的主力舰。

海战中用于攻击舰船的鱼雷是1866年美国人发明的，到1898年时，美国建造了近代潜艇，配备鱼雷的潜艇和飞机，成为舰艇的两大劲敌。

航空母舰是在第一世界大战后出现的一种巨型舰船，可以搭载舰载机进行远洋巡航或作战，简称航母。航空母舰实际上是一个可以在海上游弋的机场，可以在一定范围内掌握制空权、制海权，向敌机、敌舰及陆上设施发动攻击，极大地扩展军机的作战范围。由于航空母舰本身的防御能力较弱，一般要形成一个包括巡洋舰、驱逐舰、潜艇、补给舰等在内的航空母舰编队。一艘航空母舰可以搭载几十乃至上百架舰载机，通常是多机种按比例搭载，以形成综合作战能力。航空母舰经过近百年的发展，已经成为一国军事实力最重要的标志之一。

航空母舰的出现，是与飞机的进步和第一次世界大战中飞机作战能力的不断提高分不开的。早在第一次世界大战前的1910年11月14日，美国飞行员伊利（Ely，Eugene Burton 1886—1911）驾驶柯蒂斯D式双翼机首次从伯明翰号巡洋舰前木制甲板上起飞。1911年1月18日，伊利又驾驶同一架飞机在后甲板铺有36米跑道的宾夕法尼亚号战列舰上，利用连有沙袋的钢索作为阻拦装置首次降落成功。1912年，英国的萨姆森（Samson，Charles Rumney 1883—1931）中尉驾机从

图 7—84　邓宁驾双翼机降落在暴怒号
航母的甲板上

行驶中的军舰上完成了起飞。在这些先行者冒险成功的基础上，1917 年 6 月，英国将一艘战列巡洋舰暴怒（Furious）号后方加装大型甲板，改装成世界上最早的航空母舰。该舰载机 20 余架。1917 年 8 月 2 日，出生于南非的暴怒号海军航空兵指挥官邓宁中校（Dunning, Edwin Harris 1892—1917），驾驶幼犬（Sopwith Pup）号双翼战斗机从暴怒号上成功起飞，后采取与军舰平行飞行侧滑方式降落到航行中的暴怒号甲板上。可惜同年 8 月 7 日第二次降落时飞机坠海，邓宁遇难。1918 年，英国将建造中的康特·罗索（Conte Rosso）号邮船拆除舰面建筑，改建成在高架的舰面上铺设 160 多米长的直通甲板的航空母舰。该舰甲板下面是机库，用升降机将舰载机升至甲板或降至机库，更名为百眼巨人（Argus）号，也载机 20 余架。

英国于 1918 年开始建造所谓正规的航空母舰赫尔姆斯（Hermes）号，1923 年 7 月服役。正处于军国主义扩张中的日本，于 1919 年参照赫尔姆斯的方案设计了凤翔号航空母舰，并于 1922 年 11 月抢先建成服役，成为世界上第一艘专门设计建造的舰空母舰。1923 年 2 月 22 日，凤翔号在东京湾进行舰载机起降试验，首次试飞的是用重金聘请的英国海军试飞员乔丹（Jordan）驾驶 O 式战斗机进行的。凤翔号和赫

图 7—85　日本凤翔号航母

姆斯号均载机 20 余架；都建有直通甲板，桅杆、烟囱、瞭望塔等突出部分都移至飞行甲板右舷，构成岛式舰上建筑舰岛（亦称舰桥）。这一布局成为后来航空母舰舰面结构的基本形式。

美国第一艘航空母舰兰利（Langley）号是 1917 年将 1913 年下水的朱庇特（Jupite）号运煤船改装而成的，1922 年 3 月 22 日正式启用。该舰铺设了长 165.3 米、宽 19.8 米的全通式飞行甲板，煤仓被

图 7—86　设有全通式飞行甲板的美国
兰利号航母

改成飞机库、汽油库、弹药库和升降机室，并发展了许多诸如弹射器、阻拦网等专为航空母舰的新设计。

1930 年英国建造的皇家方舟（Ark royal）号航空母舰，采用了双层两座全封闭式机库、位于右舷集成化的舰岛、液压弹射器，成为现代航空母舰的原型。该舰飞行甲板在舰艏和舰艉加装了向下倾斜的外伸板，扩大了飞行甲板的面积，舰前端安装两台液压弹射器，有三部升降机。侧舷及要害部位铺设装甲，以抵御敌方的攻击。

第一次世界大战后各列强签订的军控条约《华盛顿海军条约》在 1936 年到期后，英国、日本、美国都在大力进行本国的航空母舰建造，以战列舰和战列巡洋舰为海军主力的重炮巨舰开始让位于航空母舰编队。

20 世纪 30 年代后，为了适应在舰上起飞和降落，对舰载机进行了许多新的设计，折叠翼以及用于起飞和降落的甲板系留装置、起飞弹射装置、尾钩、拦阻索具均被发明并实用化。如果说一战中德国的潜艇加鱼雷给协约国特别是英国舰船造成巨大伤害的话，那么二战中，飞机加航空母舰则成为具有相当战斗能力的海上移动堡垒。

1945 年 12 月 3 日，喷气式战斗机成功地在航空母舰上降落，由此舰载机开始采用喷气式飞机。但是喷气式飞机比传统的活塞式螺旋桨舰载机要重得多，在原有的甲板上起飞其离舰速度不足以使飞机下方气流的托力克服机身重量，自力起飞和采用传统的液压弹射器已不足以应付其需求，为解决这一问题，一些新的起飞弹射方式被研究出来。

到 20 世纪末被采用的起飞方式主要有两种，即蒸汽弹射起飞和滑跳式起飞。

早在 1911 年，美国的埃利森（Ellison，Theodore Gordon 1885—1928）上尉就发明了用重锤与滑轮相结合的加速弹射装置，后改为用压缩空气推动活塞的弹射器，并于 1912 年 11 月 12 日进行了人类史上第一次弹射起飞，1915 年 10 月加装设在北卡罗来纳号巡洋舰上，这是最早实用化的弹射器。因为当时的舰载飞机重量轻、速度低，不需要弹射也可从航

图 7—87　斜角飞行甲板

空母舰的飞行甲板上自力起飞，弹射起飞并未受到重视。喷气式飞机诞生后弹射

器又开始被重视起来。1951年，英国海军航空兵后备队司令米切尔中校（Mitchell, Colin C.）提出将航空母舰蒸气轮机的蒸气送到弹射器上，进而发明了航空母舰用的蒸气弹射器，并在伯修斯号（Perseus）航空母舰上首次安装试验。这种弹射器的原理是，将飞机前轮上的弹射杆挂在甲板上弹射器的滑块中，由弹射的拖曳使飞机加速。1960年美国又研制成内燃弹射器，并将这种弹射器安装在企业（USS Enterprise）号核动力航空母舰上。

滑跳式起飞方式是由英国的泰勒（Taylor, Douglas）发明的，于20世纪70年代应用在无敌级航空母舰上，其原理是让飞机紧贴向上抬升约4至15度的滑跳式甲板进行滑行加速，以获得起飞的俯仰角和初始高度。

20世纪末，美军开始研究一种更为先进的电磁弹射器，这种弹射器以电磁炮（电磁抛射器）为基础。电磁弹射器是下一代航空母舰舰载机弹射装置，具有容积小、效率高、重量轻、运行和维护费用低廉的优点，但是在起飞甲板上需要开设较长的电磁滑轨。

在甲板结构方面，英国的坎贝尔上校（Cambell, Dennis 1907—2000）于20世纪40年代提出斜角飞行甲板的设计方案。这种设计是将甲板分为前后两段，后段甲板自舰身中心线左偏10度，前段甲板用于停机和飞机起飞，后段甲板即斜角区用于飞机降落，以防止因降落失败对舰岛和停机坪的撞击。20世纪50年代后，英美等国率先在航空母舰上采用了斜角飞行甲板。

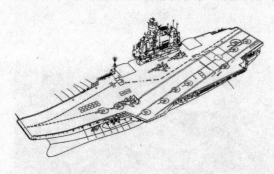

图7—88　瓦良格号航母舰面布局图

20世纪后半叶，航空母舰实现了舰载机的动力喷气化、主要武器导弹化和机上系统电子化，并发展了舰载的预警机、侦察机、电子对抗机、垂直/短距起落歼击机和直升机等，60年代后出现了专门用于起降垂直/短距起落歼击机和直升机的小型航空母舰。

中国航空母舰的研制起步较晚，至2012年仅有一艘中型常规动力称作辽宁舰的航空母舰。该舰前身是苏联库兹涅佐夫元帅级航空母舰的同级舰瓦良格（Varyag）号，20世纪80年代后期，瓦良格号在乌克兰建造时适逢苏联解体。苏联解体后瓦良格号归乌克兰所有，由于乌克兰经济状况不佳已无力继续建造。1998年，中国创律集团以将其改造成一个大型海上综合旅游设施的名义，用2000万美元购得。1999年7月，创律集团雇用拖船拖运瓦良格号回国，几经辗转于2002年3月4日抵达大连港。经过几年的测量、改造和补建后于2005年4月由中国海军开始续建，建成后于 2012 年 9 月 25 日正式更名为辽宁号，中国开始有了自己的航空母舰编队。

## 第七节　农业的机械化、化学化与食品的贮存

### 一　农业机械的进步

17 世纪前，农业生产工具的演进十分缓慢，各地主要还是沿用传统的农具，不少农具还是木制和石制的，效率很低，农民劳动强度很大，仅在犁地、耙地、秋翻、运输方面使用畜力。虽然一些地区已经用马，但是气力大动作缓慢的牛是主要的畜力，使用这样的畜力，农具再先进也发挥不出作用，这也影响了对农具改革的需求。18 世纪后随着欧洲工场手工业的发展，机动灵活的马开始成为田间主要的畜力，农机具的改革也由此开始。

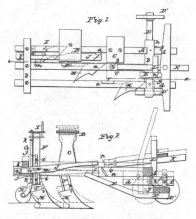

图 7—89　达文波特犁设计图

在英国，由于一种轻便的荷兰犁的引进，引起了人们对犁的形状改革的兴趣。英国皇家工艺学会（Royal Society of Arts）更是提供奖金，鼓励人们改革、研究新的农具。1785 年，铸工技师兰塞姆（Ransome, Robert 1753—1830）取得淬火铸铁犁铧的专利，这种犁铧在使用中铧头可以自行磨锐。1808 年，他又将犁铧设计成可以拆卸的标准化部件，使犁铧这类易损部件可以轻易地更换。1854 年美国的达文波特（Davenport, F. S.）设计出带座的双轮犁，使用这种犁的农夫不再步行扶犁，而是坐在犁座上驾马即可进行耕地。当时的工业国在粮食作物方面主要是小麦，在这些国家最早发明的新式农机具，几乎都是用于小麦耕种、收割、脱粒、麦壳与麦粒分离方面的。

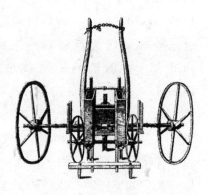

图 7—90　塔尔播种机

早在 1701 年，英国律师、业余农学家塔尔（Tull, Jethro 1674—1741）发明了一种用一匹马牵引同时播种 3 行的条播机，种子从贮种箱进入漏斗，再顺着犁沟进入垄沟中，使传统的点播变成条播。条播是播种方法的一大变革，成为后来许多谷物如小麦、稻米、小米、高粱等播种机设计的基本思想。英国技师库克

（Cooke，James 活跃于 1782—1794）于 1782 年又设计出用齿轮传动代替皮带和链

图 7—91　传统收割（1840）

条传动的多行条播机，到 19 世纪中叶英国农具制造商加勒特（Garrett，Richard 1755—1839）设计出让种子通过可以伸缩的金属管落到地面的播撒管，霍恩斯比（Hornsby，Richard 1790—1864）发明了用有弹性的橡胶制造的种子播撒管，这些发明使多行条播机更趋完备。条播机发明后很快被欧美的许多农场采用。

庄稼成熟后的收割作业一直是农业生产中最费力的工作，收割机发明前一些农场在收割季节需要雇用大量临时工。18 世纪后半叶，欧洲的一些农业技师设计出各种收割机、脱粒机，但都不够成功。

19 世纪，用机器代替人收割小麦的繁重劳动的收割机，首先在英国出现。1811 年，英国的史密斯（Smith，James 1789—1850）制成一种用两匹马推着靠近地面的旋转圆盘收割小麦的机器。1822 年，雷明顿的一个校长奥格尔（Henry Ogle）在布朗父子（Brown，

图 7—92　贝尔的收割机

Thomas and Joseph）的协助下，发明了被称为 Ogle - brown 的收割机。这种收割机用马牵引，用机架右侧的一个带割刀的水平臂往返运动收割小麦，割下来的小麦经旋转臂输送到后面的平台上。更为实用的收割机是英国神职人员贝尔（Bell，Patrick 1799—1869）发明的，这种收割机上面的木翻轮叶片将待割小麦向后拨倒，随之被一对交错移动的刀片从根部割断，割下来的小麦被翼轮抛向后面的帆布上被打成捆。可惜由于英国缺少大面积的农田，这些收割机并不太受农场主的欢迎。

与英国不同的是，美国农场广阔但农工严重不足，每年到庄稼收割时期尤为紧张。1831 年，美国弗吉尼亚农民麦

图 7—93　麦考密克收割机（1834）

考密克（McCormick，Cyrus Hall 1809—1884）的父亲曾采用机械收割小麦，但割下来的小麦零乱不易收集。麦考密克在此基础上研制成马拉小麦收割机。该收割机由水平割刀、指、拨禾轮、平台、主轮、侧回牵引、分禾器等部件组成，畜力牵引，能自动整理割下来的小麦，并投入后面的工作台上。其收割的速度比人工快 6 倍。1834 年获专利，1847 年他在美国辛辛那提建立收割机械制造厂，后迁至芝加哥。为了批量生产收割机，他制作了许多模具，并将许多机器摆成

图 7—94　马拉大型收割机

一排进行流水作业，由惠特尼（Whitney，Eli 1765—1825）创立的零部件互换式生产方式，在这里得到进一步的发挥，也为后来的美国农机具公司——国际收割机公司奠定了基础。1851 年，该厂制造的收割机不到 1000 台，1880 年猛增到60000 台。

　　进入 19 世纪后半叶，出现了大型的收割机，拉动这种收割机需要多匹甚至几十匹马，由几个农工联合操作。

图 7—95　马拉大型脱粒机（1881）

　　脱谷一直是个很费力的细致工作，在 18 世纪前的很长时期中，农夫是使用连

图7—96 夏普制造的扬谷机

枷进行"打谷",用木锨"扬谷"以使谷粒与谷壳分离的。1732年，英国的孟席斯（Menzies, Michael? —1766）发明了由水力驱动一系列连枷机构的机械式脱粒机，效率很高但是容易损坏。1786年，英国的米克尔（Meikle, Andrew 1719—1811）发明了用旋转的轧辊与固定的带凹槽的板完成小麦脱粒的滚筒式脱粒机，后来还出现了利用这一结构的大型脱粒机，这种脱粒机要用几匹马或水力驱动。

1777年，伦敦的农具制造商夏普（Sharp, James）开始生产一种很受农户的欢迎的扬谷机。这种扬谷机由人工摇动风扇并带动筛子振动，麦壳被风扇吹出，麦粒经筛孔下落从下部流出。夏普生产的扬谷机与中国汉朝（公元1世纪）时期发明的风扇车在原理上是一样的，至今中国南方稻作地区的个体农户还在使用风扇车。

引起农业机械化的是用动力机械代替人力和畜力。19世纪后，由于高压蒸汽机的发明使蒸汽机开始小型化，有人试验用可移动的蒸汽机作为耕地、收割和谷物脱粒的动力，这种可移动的蒸汽机就是一种经改造的蒸汽机车，是拖拉机的最早形式。1851年，英国的福勒（Fowler, John 1826—1864）设计出一种用安放在田头的可移动蒸汽机，牵引固定在很长

图7—97 移动式蒸汽机犁地试验（约1851）

的钢丝绳上的犁进行耕地的方法。这种方法很快传到欧洲，为了配合这种功率大但是移动不便的动力机，不少人对农机具进行改革，出现了适合在广阔平原上同时耕作几十行垄的大型平面犁。美国由于地广人稀，在农业机械化方面比欧洲更为迫切，1855年美国巴尔的摩的赫西（Hussey, Obed 1790—1860）发明了适合蒸汽机牵引的犁。

具有很强机动性、可以在田间行驶的拖拉机的发明和在农业生产中的应用，是

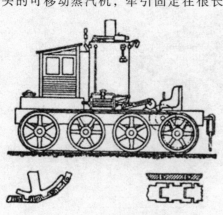

图7—98 布利诺夫设计的拖拉机

农业机械化的真正开端。对农用拖拉机要求的速度并不高，但是自重要大，更主要的是能在崎岖的农村道路和凸凹不平的农田中行驶。

图 7—99　凯斯公司生产的燃油三轮拖拉机

由于可移动的蒸汽机安装的是铁制车轮，车辆又很重，很容易陷在田里或把土压实，履带或大直径的宽幅车轮可以解决这一问题。早在 1770 年，爱尔兰政治家、发明家埃奇沃斯（Edgeworth, Richard Lovell 1744—1817）设计出履带式滚动装置，以《可以行驶任何马车并与马车一起移动的铁道或人工道路》为名申请了英国专利。他设想将若干木板条连接成一根环状的链，环状链连续地移动，以减少狭窄的马车车轮对地面的压强，使很重的马车可以在松软的土路上行驶，不过他未能实际制造出来。

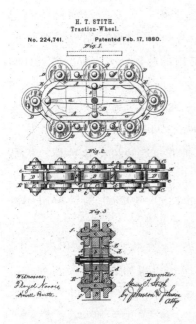

图 7—100　斯蒂特履带设计图

19 世纪中叶后，不少人在这方面作了尝试。1867 年，美国的明尼斯（Minnis, Thomas S.）制成农用履带式蒸汽拖拉机；1873 年，美国伊利诺斯州的帕尔文（Parvin, Robert Crouch 1836—1915）制成需要几个人操纵、结构复杂的履带式蒸汽拖拉机；1877 年，俄国的布利诺夫（Блинов, Фёдор Абламович 1827—1902）制成了俄罗斯第一台履带式蒸汽拖拉机。当时的履带式样各异，设计也不够合理，更不能转向，不少拖拉机后轮用履带，前轮还是使用铁轮以便转向。当时将安装履带的车称作连续轨道车（Wagon on Continuous Tracks）。

除履带式拖拉机外，采用宽幅轮式的蒸汽拖拉机也被制造出来。1892 年，美国的凯斯公司（Case Threshing Machine Company）制成机动性强、安装蒸汽机的三轮拖拉机，前面的小轮是导向轮，后面两个

图 7—101　Hornsby 公司的蒸气拖拉机（1908）

图 7—102　霍尔特内燃式引擎拖拉机
(1914)

大轮承载锅炉，不久后又生产出轻便的燃气和燃油轮式拖拉机。

早期的蒸汽拖拉机笨重而昂贵，需要几个人去操作，而且拖拉机的履带结构和制作不够精良，运行中经常出故障，影响了拖拉机的推广应用，由此实用的履带引起了许多人研究的兴趣，其中，1880 年美国的斯蒂特（Stith, Henry T.）设计的农用拖拉机履带，是较为成功的一种。

1889 年，美国芝加哥的查特发动机公司（Charter Gasoline Engine Company）制造出了世界上第一台安装汽油机的农用履带式拖拉机；1892 年，弗罗利克（Froelich, John 1849—1933）制成经改进的轻便实用的安装汽油机的履带式拖拉机。1901 年美国的隆巴德（Lombard, Alvin Orlando 1856—1937）在研制林业用牵引车辆时，发明出效果更好的履带。1904 年后，加利福尼亚的工程师霍尔特（Holt, Benjamin 1849—1920）也获得一项实用履带的发明专利，他创办的拖拉机制造公司于 1906 年批量生产履带式蒸汽拖拉机，4 年后又开始批量生产以汽油内燃机为动力的履带式拖拉机，这种拖拉机是当时最为成功的拖拉机。1904 年，英国的霍恩斯比和桑斯公司（Richard Hornsby & Sons Company），按照罗伯茨（Roberts, David 1859—1928）的一项用润滑螺栓连接履带各个分离的环节的设计，开始生产履带式拖拉机。

在 19 世纪末 20 世纪初，如同汽车一样，采用蒸汽机的拖拉机与采用汽油机、煤气机的拖拉机展开激烈的竞争，不久后柴油机、重油机也加入了竞争行列，最后，采用柴油机的拖拉机得到了市场的广泛认可。1931 年，美国开始生产以柴油机为动力的拖拉机。1932 年，美国的费尔斯通轮胎和橡胶公司（Firestone Tire and Rubber Company）生产出一种大直径的高花纹低压充气橡胶轮胎，极大地提高了轮式拖拉机的行驶和牵引性能。比履带式拖拉机更为机动灵活的各种形式的轮式拖拉机被大量生产出来。

日本在 20 世纪 30 年代研制出适合小面积土地使用的手扶拖

图 7—103　用拖拉机牵引的收割机

拉机，二战后这种手扶拖拉机在日本、中国以及东南亚许多国家得到推广。这种拖拉机使用充气轮胎和弗格森（Ferguson，H.G.）三点联动装置，与侧向割草机、捡拾压捆机以及饲料粉碎机都可以联结，成为农户方便的可移动动力机。

　　20 世纪中叶后，拖拉机已实现了液压操纵、液压传动、电子自动控制，激光定位以快速挂拆农具、转换工作场地。拖拉机马力不断加大，60 年代最大为 200 马力，70 年代最大为 450 马力，工作速度提高一倍，达每小时 10～15 公里。结构不断先进，效率不断提高，投入的劳力不断减少。"机械化"一词就是起源于用机械代替人力、畜力的农场工作方式。随着石油开采范围的扩展，炼油技术的进步，可以廉价地提供给农业机械大量汽油和柴油，促成了 20 世纪前半叶农业机械化迅速扩展。发达国家的农场从耕地、播种、中耕、施肥到作物的收获、运输、贮存加工几乎全部实现了机械化。

图 7—104　自行式联合收割机

　　由于拖拉机广泛代替了马匹，与之配套的农机具很快被研制出来，20 世纪 20 年代，将拖拉机与收割机、脱谷机组成了联合收割机，1944 年，自走式联合收割机开始批量投入市场。

　　以拖拉机与多种农机具配合，实现农业生产的机械化是 20 世纪农业生产的一大特点。

　　二　农药与化肥

　　20 世纪的农药与化肥在有机化学、合成化学的发展中，取得了许多新的进步，出现了所谓的化学农业，对于消灭农作物病虫害和农作物的增产起了重要的

图7—105 米勒

作用，同时，也加速了地力的退化和水土污染、生态的破坏。

1874年，德国化学家蔡德勒（Zeidler，Othmar 1859—1911）在博士论文中，介绍了二氯二苯三氯乙烷的合成，简称DDT，但是并未引起人们的注意。60多年后，瑞士化学家米勒（Müller，Paul Hermann 1899—1956）在改进一种杀虫剂时再次合成DDT，并于1939年发现了它的杀虫性，1940年作为农药开始商品化。六六六（$C_6H_6Cl_6$，六氯环己烷）是苯和氯在光的作用下生成的，法国的迪皮尔（Dupire，A.）于1943年，英国帝国化学工业公司（ICI）的斯莱德（Slade，Roland Edgar 1886—1968）于1945年先后制得。1945年发现其杀虫性后，英国帝国化学工业公司于1946年开始大规模生产。

此后德国又合成了多种有机氯杀虫剂及有机磷杀虫剂、除莠剂、有机硫杀菌剂等，这些杀菌、杀虫剂具有高效、低毒、广谱的特点，在农业生产中得到了广泛应用。20世纪60年代后出现了内吸性杀菌剂、杀虫剂，但由于植物内吸后，会有药物残留，使其在应用上受到限制。

清除田间杂草，一直是农业生产的一件十分繁重的工作。20世纪初，法国、美国开始用硫酸铜除杂草，后来使用氯酸钠作除草剂，但其在土壤中的残留作用时间较长，而不得不推迟作物播种期。1959年，英国帝国化学工业公司发明了百草枯，此后还生产了镇草宁、敌草快、敌草腈、西玛津等除草剂。第二次世界大战期间，美国研制出只杀死阔叶植物的选择性酸性除草剂苯氧基乙酸（MCPA，即2-甲基-4-氯苯氧基乙酸）、2，4-D（2，4-二氯苯氧乙酸）等，由于大多数除草剂对人畜毒性低，无积累中毒危险，因而在20世纪70年代后被大量使用。

农药对于消除农作物病虫害，保证作物收成起了重要作用，特别是DDT和六六六由于几乎对所有昆虫都有效，而且生产工艺简单，价格低廉，在人类生活、工农业生产特别是农业生产中得到大量应用。正是DDT和六六六的使用，不少地区消灭了疟疾，消灭了臭虫、虱子、跳蚤，有效地防止了传染病的流行，挽救了千百万人的生命。但是农药的大量应用对于环境特别是对土地的污染随着时间的推移而更加严重，而且大量对人体有害的农药不断以各种形式进入人体，同时，自然生态也在不断被破坏。"处处闻啼鸟"、"听取蛙声一片"的

图7—106 卡逊

自然景观已很难见到。自20世纪后半叶起，这一状况已经引起生物学界、社会学界特别是新出现的环境保护人士的高度关注。1962年，美国海洋学家卡逊（Carson, Rachel Louise 1907—1964）《寂静的春天》的出版，引起了人们对农药危害环境和其他生物问题的广泛关注。20世纪70年代后，一种新的称为"有害生物综合防治"（IPM）的方案开始形成。它要求人们运用多种防治方法，合理使用农药，应用选择性农药如拟除虫菊酯类、沙蚕毒素类、特异性杀虫剂等第三、四代农药，使消灭病虫害、清除杂草不至于影响到人类健康与环境的可持续发展。

在化学肥料方面，20世纪前半叶生产的都是单元性的氮、磷、钾肥料，但是作物要求的是多种肥料，而且因作物吸收程度的不同，这三种单元肥料的比例亦不同，为此有不少人在研究混合肥料。第二次世界大战前，德国就生产了一种称作硝磷钾的混合肥料，是用磷酸二铵、钾盐与熔融的硝酸铵混合制成的。20世纪50年代后，出现了更易于作物吸收的液体混合肥料，这是一种通过化学反应制成的含有多种营养素的复合肥料，是作物需要量虽少但其对作物的生长、开花、结实作用很大的微量元素（硼、锌、钼、锰、铜、铁）肥料。

20世纪末，出现了所谓的绿色农业，即限定农药化肥的使用数量，但它仍属于"化学农业"，还要施用数量不菲的化学农药与肥料。人口的剧增需要大量的粮食、蔬菜和肉类，不用化学农药与肥料，只能使已经十分严竣的粮食、食品的问题更加严重，然而化肥农药常年大量使用，又会造成江河湖海以及地下水的污染，影响人类健康。

### 三 食品贮存

食品加工与贮存的方法和手段，是伴随人类社会发展而不断丰富的，各民族在不同历史时期都有各自的食品加工贮存方法，如烟熏、盐腌、糖渍、晒干、通风、窖藏（冷藏）、冰冻等。

法国糖果商阿佩尔（Appert, Nicolas 1749—1841）在18世纪末发明的用玻璃瓶密封食品加热后再保存的方法，到19世纪初传至英美等国。美国人安德伍德（Underwood, William 1787—1864）于1817年首先想到用马口铁代替玻璃瓶，1819年他用这一方法在波士顿设厂批量生产肉罐头，到19世纪末，罐装食品在世界各地普及开来。

法国微生物学家巴斯德（Pasteur, Louis 1822—1895）的研究工作，证明食品腐败是微生物所致，食物中毒是病原菌繁殖产生的毒素引起的。自19世纪后半叶以后，在食品的贮存方面，普遍采用冷冻、干燥和高温灭菌法。

图7—107 阿佩尔

19世纪中叶，在英国和美国分别出现了用乙醚和空气为冷却介质的制冷机，用于医院制冰和冷却空气。1877 年，德国慕尼黑工业大学教授林德（Linde，Carl von 1842—1934）提出由压缩机、冷凝器、节流阀和蒸发器组成的蒸汽压缩式制冷循环，即林德循环，并采用氨为冷却介质制成氨蒸气压缩式制冷机，这种制冷机可以制冰和冷却液体，1879 年创办林德制冰机公司，推广他的制冰机。进入 20 世纪后，制冷技术发展迅速，1912 年出现了家用冰箱，1930 年出现用氟利昂为冷却介质的高效制冷技术后，电冰箱和冷房普遍采用氟利昂冷却技术。冷冻保存易腐食品的方法为人们广为接受，50 年代后，电冰箱几乎成为家居必备品。

第二次世界大战前，液体从旋转的滚筒上经过而干燥的旋转式干燥法，以及让热空气流过处于悬空状态的原料的流化床干燥法是主要的食品干燥方法。第二次世界大战中，牛奶采用喷雾干燥法加以保存，但是干燥后的牛奶很难复原成原状。1946 年，美国速溶牛奶公司获得一项凝聚专利，按这一专利提供的工艺，只要将已干燥的奶粉颗粒重新弄湿，当含水分达到 10% 时，进行震荡使之组成较大颗粒再干燥，由此可以产生出"速溶"奶粉。这一方法已广泛用于咖啡、茶、牛奶、果汁等速溶干燥商品的生产中。

早在 19 世纪 70 年代，罐头工业已经使用高压蒸汽灭菌法，进入 20 世纪后，出现了液压式灭菌器和无菌罐头生产法，到 60 年代又出现了火焰灭菌法。在牛奶灭菌方面，在 20 世纪头 50 年里，传统的巴氏灭菌法已被高温短时间加热法（HTST）所取代，高温短时间加热法是将牛奶用不低于 71.7℃温度处理 15 秒，然后迅速冷却至 10℃以下。英国又开发出超高温加热杀菌法（OHT），这一方法使用温度为 135℃~150℃，时间为 2~6 秒，可以用热管也可以用蒸汽喷蒸完成这一灭菌过程，使装在密闭容器中的液态牛奶保存相当一段时间。

20 世纪对食品灭菌的一个重要的新方法是辐射杀菌法。1943 年，美国军方希望美国麻省理工学院研究"射线对汉堡包影响"，研究发现，放射线同位素钴 60、铯 157 产生的 γ 射线或 β 射线对包装食品进行辐照处理，均可以对食品进行消毒、杀菌，延长贮存时间并不影响食品质量。后来这一方法还用于对液态药品的消毒。

# 第八章　20世纪后半叶

## 第一节　概述

第二次世界大战是人类历史上一次空前的人为灾难，欧洲战场死亡人数达3000多万人，加上东方战场总计死亡人数在6000万人以上。战后不久，在战时结成共同反法西斯同盟关系的各国，很快分裂为以苏联为首的社会主义阵营和以美国为首的帝国主义阵营，世界进入了被英国首相丘吉尔（Churchill，Winston 1874—1965）称作的"冷战"时代，尔后两大阵营在军备、政治、经济、文化、科学技术各方面展开了全面的竞争。

图8—1　莫斯科大学

第二次世界大战给各国的经济造成巨大的损失，其中苏联损失最大，达1280亿美元。经历过战火的城市几乎是一片废墟，重建家园、恢复经济几乎成为欧亚各国的当务之急。到1947年，除美国以外的世界总产值，相对于战前1938年102（设1937＝100）的94，尚未达到战前的水平，而美国却从79上升至165。西欧各国在美国"马歇尔计划"的援助下，到1950年左右基本达到了战前水平。

苏联虽然在战争中损失惨重，但是到 1948 年即恢复到 1940 年的水平，1948 年开始了大规模的自然改造计划，重点加快农村的电气化。同一年，莫斯科地铁通车，一批像外交部、莫斯科大学建筑式样的摩天大楼平地而起，经济进入了快速发展阶段。特别是 1949 年，中华人民共和国的成立极大地加强了社会主义阵营的实力，新中国以拥有 5 亿人口的姿态，仅用三年即战胜了多年战争造成的经济困难，1953 年开始了以奠定工业化基础为目标的第一个五年计划，同时实施苏联援华的 156 个建设项目。20 世纪 50 年代，新中国经济、社会、文化、科学技术发展进步之快，在中国历史乃至世界历史上都是空前的。

正是在这种世界性政治集团竞争的条件下，科学技术在战后得到空前的发展。依靠科学技术发展经济以增强国力，更成为各国的共识，一场持久的世界性的改造自然运动由此而起，自然环境破坏、生态失衡、资源能源枯竭、人口数量激增等问题由此变得日渐严重。

在美国，战时所采取的政府、军事机关、企业、大学和研究机构合作的方式，成为科学研究和技术开发的一种运作成功的先例。日本则提出了"官产学"相结合的研究开发方式。苏联和中国的许多科学研究和技术开发机构是受国家及军方控制的，并相应成立了专门的国家及军事科研与技术开发机构。基础科学研究仅在一些发达国家中还保留其传统，在日本及战后的一些新独立国家中，与工业化有关的应用研究学科得到空前重视。

由于战后各国经济的迅速恢复，加之战时一些尖端技术的解密和军用技术向民用的转移，这一时期成为 20 世纪技术发展最快的时期，以微电子技术和电子计算机为代表的一批新兴技术迅速兴起，开始了近代以来的第三次技术革命。这次技术革命的特征是微电子技术和电子计算机技术向其他技术领域的扩展，引起了社会生产和管理乃至人们生活的自动化。

这一时期，原子能技术开始向民用核能方向发展，继 1954 年苏联的奥布宁斯克核电站建成后，核能发电成为一种重要的发展最快的能源获得方式，同时，小型反应堆的研制成功，核动力开始成为舰船的动力。

苏联第一颗人造地球卫星发射后，在东西方两大阵营中引起了很大的震动。自 1957 年后两大阵营在航天器发射、宇宙探测各方面展开了全面的竞争，人类真正进入了航天时代。

20 世纪 70 年代后，世界政治格局相对稳定，起源于 20 世纪中叶的一批高新技术发展迅速，以此为基础的高新技术产业开始兴起。在发达国家，传统工业社会的基础产业开始衰落，成为夕阳产业。一场新的产业革命——信息革命已经到来，工业社会开始向信息社会过渡。中国 80 年代后的改革开放，使中国的科学技术、经济文化迅速发展，到 2000 年达到预定的人均 GNP1000 美元的水平。

在世界各国经济迅速发展的同时，由于盲目追求 GNP 的增长，无节制地大量消耗能源和资源所造成的环境污染问题，特别是水质和大气的污染、农田的沙漠化，到 20 世纪末已经相当严重。盲目的城市化和人口的聚集，城市垃圾的处理也成为一个新的社会问题。这在一些欠发达国家和地区已达到十分严重的程度。

## 第二节　计算机与微电子技术

### 一　电子计算机的新进展

对现代计算机结构作出重要贡献的是普林斯顿大学的匈牙利裔数学家冯·诺依曼（Von Neumann, John 1903—1957）。1944 年，担任美国弹道研究所和洛斯·阿拉莫斯科学研究所顾问的冯·诺依曼，在参与原子弹研制工作中遇到关于原子核裂变反应的数亿次的初等计算问题，他得知莫尔小组在研制电子计算机消息后，立即与他们合作。他提出机器要处理的程序和数据都要采用二进制编码，以使各种数据和程序可以一同放在存储器中，采用同时处理的并行计算方式以使机器把程序指令作为数据处理。1945 年初，他提出具有完整存储程序的通用电子计算机 EDVAC（Electronic Discrete Variable Automatic Computer，离散变量自动电子计算机）的逻辑方案。这种计算

图 8—2　冯·诺依曼

机由计算器、逻辑控制装置、存储器和输入输出五部分组成，后称冯·诺依曼机。计算机采用二进制在执行基本运算时变得既简单又快速，而且可以采用二值逻辑，从而使计算机的逻辑线路大为简化。诺依曼计算机几乎成为当代通用电子计算机的代名词。

1945 年底由完成 ENIAC 计算机的宾夕法尼亚大学莫尔电工学院，研制 EDVAC 机，1950 年完成了其主要实验设计，1952 年进行最后实验，并在阿伯丁美军靶场正式投入运行。EDVAC 机比 ENIAC 小得多，仅用 3500 只电子管，但性能比 ENIAC 优越得多。EDVAC 机的设计方案成为现代计算机设计的基础。

早期的商用机是美国国际商用机器公司（IBM）完成的。1947 年，IBM 公司制成一台继电器与电子管混合机 SSEC 机。1948 年制成全电子管的 604 机，该机仅使用了 100 只电子管，售出 4000 多台。1951 年研制第一台电子计算机的莫奇利（Mauchly, John William 1907—1980）和埃克特（Eckert, John Presper 1919—1995）在雷明顿兰德公司（Remington Rand）制成第一台通用电子计算机 UNIVAC，成功地完成了处理美国人口普查的资料。1955 年，IBM 公司开始生产以磁鼓做主存储器的普及型的 IBM650 机。20 世纪 50 年代，日本、德国、苏联、英

图 8—3 EDVAC

国、法国也都投入了计算机的研制和生产,中国在 1958 年开始研制电子管计算机。

电子计算机出现后,很快即在科研和生产方面得到应用,它的发展随着电子元器件的进步而经历了四代。

第一代电子计算机以电子管为主要器件,开始于 1946 年。这一阶段,完成了可以大量存储信息的内存储器,并在第一台电子计算机基础上采用了二进位制,增加了运算器和控制器,使电子计算机可以实行自动控制、自动调节和自动操作。这一阶段的电子计算机主要用于火箭的控制与制导等科学计算。由于电子计算机价格昂贵,还不能普及。

第二代电子计算机以晶体管为主要器件,第一台晶体管电子计算机 IBM7090 是 IBM 公司于 1959 年制成的。晶体管具有体积小、寿命长、耗电省等优点,使计算机的可靠性和运算速度都远远超过电子管计算机,到 1964 年就出现了运算速度达二三百万次的大型晶体管计算机。第二代电子计算机可以通过程序设计语言进行计算,因此除科研计算外,还广泛用于工业自动控制、数据处理和企事业管理等方面。

第三代电子计算机是以集成电路为主要器件的,开始于 1965 年 IBM 公司生产的 IBM360 机。这一代电子计算机仍以存储器为中心,引入了终端概念,并与通信线路连接成网络。一台 360 计算机可以连接大量的终端,分散在各地的用户可以同时使用同一台计算机,其研制经费达 50 亿美元,远超过美国研制原子弹计划的 20 亿美元。1970 年 IBM 公司又研制成速度更快、体积更小、性价比更高的 IBM370 机,从 20 世纪 60 年代后期,由电子计算机、通信网络和大量远程终端组成的各种管理自动化系统,如生产管理自动化系统、运输管理自动化系统、银行业务自动化系统等开始大量出现。

第四代电子计算机采用了集成度更高的大规模集成电路,开始于 20 世纪 70 年代。电子计算机体积进一步缩小,功能进一步增多,运算速度进一步加快。这一时

图 8—4 IBM360

期，制成了所谓的微处理器。微处理器的
出现，使电子计算机真正进入了普及应用
阶段，对促进社会生产和社会生活的进步
起了划时代的作用。

图8—5　家用电脑

电子计算机问世后，其发展速度是极
为迅速的。1971年制成的微型机与第一台
电子计算机相比，体积不到它的三万分之
一，造价降低为万分之一。作为微电子技
术核心元器件的集成电路成为当今世界上
最有活力、最引人注目的一个新兴领域，
一个国家开发集成电路的速度和水平反映了这个国家科学技术水平和基础工业能
力。电子计算机则沿着自动化、小型化、高速大容量化方向发展。为适应大型复
杂系统如天气预报、空间技术、核反应堆设计及控制、社会经济系统的计算模拟
以及其他社会活动的需要，已经研制出巨型机、微型机、计算机网络和智能机器
人等。

电子计算机具有逻辑判断、信息存储、处理、选择、记忆及运算、模拟等多
种功能，特别是20世纪70年代微处理器的问世，使社会生产自动化程度愈来愈
高，不但出现了各种自动化机械、自动化生产线、自动化车间、自动化工厂，还
出现了办公自动化和家庭自动化。如果说近代以来工具机取代了人手使用工具加
工工件的机能，动力机取代了人的体力，那么，电子计算机则取代了人的部分脑
力劳动，因此也将之誉为"电脑"。

## 二　微电子技术

1968年，集成电路发明者之一的诺依斯（Noyce，Robert Norton 1927—1990）

图8—6　霍夫

创办了英特尔公司，"英特尔"（Intel）是集成电路和智能
两个词的缩写，1971年，其研究经理霍夫（Hoff，Marcian
1937—）为日本的计算器制造商（Busicom）设计并制造
成功由3片集成电路组成的称作4004的微处理器
（CPU），该处理器将所有逻辑电路都集中在中央处理器芯
片上，另2片分别用于存储程序和数据，分别担任运算
器、控制器和寄存器的功能。这是世界上第一块微处理
器，在这块3毫米×4毫米的芯片上集成了2250个MOS
晶体管，每秒运算速度达6万次，其计算能力相当于第一
台电子计算机ENIAC。1971年11月5日，英特尔公司宣

称："一个集成电子新纪元已经来临。"1972 年又推出 8 位字的 8080 芯片。1975年一个业余计算机爱好者、工程师埃德·罗伯茨（Ed Roberts 1941—2010）利用8080 芯片制成世界上第一台小型家用电子计算机"Altair"。不久后，比尔·盖茨（Bill Gates，1955—）和助手研制出"BASIC 8080"软件，Altair 配上这种软件可以方便地利用 BASIC 语言来使用这种电子计算机。1977 年，乔布斯（Jobs, Steve 1955—2011）等人创立苹果公司，推出"苹果 II 型"便携式电子计算机。1981 年，IBM 公司采用英特尔公司8088 处理器，推出它的第一台个人电子计算机（PC）。此后，个人电子计算机或家庭电子计算机开始普及。

图 8—7　微处理器 4004

微处理器的问世，加快了生产的自动化和运输工具如火车、飞机、轮船的自动驾驶，出现了卡片式计算器、电子手表（钟）、电子游戏机、微型高级计算器，甚至连通用的光学照相机、摄像机也利用 CPU 开始了自动化，出现了全自动、半自动相机。

利用电子计算机进行工程设计和场景模拟已经引起设计领域的一场革命，传统的计算尺、圆规、三角板、制图仪面临淘汰。利用电脑进行的制图和排版，也使传统的铅字排版系统退出了历史舞台。带有超薄微处理器的"智能卡"正在取代传统的钥匙和货币。微电子计算机技术几乎渗透军事、医学、生物学、航天、航空各个领域，而 Internet 网更引起了通信方式的巨大变革。

图 8—8　乔布斯

微处理器正在改变世界，改变人们的生活与生产方式，改变人们的思维和偏好，这是人类历史上一次划时代的变革，可以说，微处理器技术开启了信息时代。

## 第三节　航天技术

### 一　人造地球卫星与载人航天

航天技术又称宇航技术，是第二次世界大战期间在火箭技术基础上兴起的一门新的技术门类。

（一）人造地球卫星

第二次世界大战后，美国和苏联均获得了德国的
火箭研制人员和用于研制火箭的设备。自1957年后，
东西两大阵营在航天器发射、宇宙探测等方面展开了全
面竞争，使航天技术在20世纪后半叶得到迅速的发展。

早在1951年，在伦敦召开的第二届国际宇航代
表大会上，就成立了"国际宇航联合会"，并提出发
射人造卫星和载人太空站的建议。

随着"冷战"的升级，苏联利用德国的设备经
过努力很快研制出T1火箭，随后研制的单级地球物
理火箭T2参与了"1957—1958国际地球物理年"
活动。1957年8月26日又成功发射了CCCP-1号洲
际弹道导弹。1955年，拥有足够技术实力的美国宣
布将于1957年利用先锋号（Vanguard）科学探测火

图8—9　苏联第一颗人造地球
卫星

箭发射一枚科学卫星，苏联也宣布将发射一枚卫星，但由于苏联的研制工作一直
处于保密状态而被西方忽视。

由冯·布劳恩（von Braun, Wernher 1912—1977）博士领导的美国陆军开发
人员研制出有较强运载能力的火箭，但是艾森豪威尔（Eisenhower, Dwight David
1890—1969）总统认为卫星发射应具有和平目的，不同意用冯·布劳恩的军用火
箭发射第一颗人造地球卫星。

1957年10月4日莫斯科时间22时，苏联从哈萨克斯坦的秋拉塔姆发射场，用
SS-6三级集束运载火箭发射成功人造地球卫星东方1号（Спутник-1）。这颗卫星重
83.62千克，直径58厘米，运行轨道为椭圆形，远地点896公里，近地点244公里，
每90分钟绕地球一周。卫星上安装的两台无线电发射机，发出"嘀嗒—嘀嗒"的
无线电信号。所安装的探测仪器则将太空气象、宇宙线、陨石尘埃等资料送回地面。
这颗卫星最终由于高空大气摩擦作用在1958年4月14日返回地球大气层时烧毁。

图8—10　小狗"莱卡"

苏联于当年11月3日，又发射成功第2
颗人造地球卫星，重508.3千克，载有爱斯基
摩小狗"莱卡"，莱卡在一周后因空气供应耗
尽死于太空。

苏联第一颗人造地球卫星发射成功后，在
东西方两大阵营中引起了很大的震动。社会主
义阵营各国普遍欢呼雀跃，进一步坚信社会主
义制度的无比优越，以美国为首的帝国主义阵

营则恐惧不安。

美国仓促于 1957 年 12 月 6 日用海军研制的科学探测火箭，在卡纳维拉尔角发射了一颗重约 1.35 千克的小卫星，但是卫星升起了几英尺后即倒退爆炸。艾森豪威尔总统不得不改变初衷，要求布劳恩用军用火箭尽可能快地发射一颗探测卫星。

1958 年 1 月 31 日，美国第一颗人造地球卫星探险家 1 号，用朱诺 1 号火箭在卡纳维拉尔角发射成功。卫星重 13 千克，呈笔形，其上安装的盖革管发现了环绕地球的辐射带的存在。同年 3 月 17 日，美国又发射了第二颗人造地球卫星先锋 1

号，这是世界上首颗装有太阳能电池板的人造卫星，主要用于地球观测。工作 3 年后虽然机能已丧失，但是直到今天，先锋 1 号仍在太空中运行，如果没有意外干扰，将会永久运行下去。

除美国和苏联外，英国于 1962 年 4 月 26 日把 60 千克的羚羊 1 号卫星送入了太空。羚羊 1 号卫星的设计是为了研究地球的电离层及其与太阳之间的关系，同时记录最主要的宇宙射线。

图 8—11　先锋 1 号地球观测卫星

苏联在太空领域的领先，使美国政府承受了相当大的政治压力，迫使美国开始对本国的科学技术进行重新评价。为迅速发展美国的航天事业，美国政府成立了国家航空航天局（NASA），制订了载人飞行的水星计划。

1962 年，苏联又提出了一个用于科学研究的宇宙号计划，后来主要用于军事侦察。美国则公开了正在运行的萨莫斯（Samos）卫星、导弹观测系统和米达斯（Midas）导弹防御警报系统的军事计划。

萨莫斯计划中的发现者 14 号的返回舱，成功地在半空中被一个 C-119 回收飞机用一个特殊的捕获网抓到。里面是第一批从太空拍摄到的侦察照片，苏联的领土都被拍摄到了，最高分辨率为 10 米。其后，卫星已经拍摄了所有的苏联导弹基地，米达斯 4 号卫星还探测到 1961 年 10 月从卡纳维拉尔角发射的一个太阳神 1 号导弹。1960 年 4 月，美国海军发射的子午仪 1B 卫星表明，卫星可以提供导航服务。

利用卫星可以进行遥测遥感、地面侦察、导弹预警的功能被美苏政府所重视，此后各种类型的军事卫星和侦察卫星被大量研制并发射。在民用方面，各国发射了多种气象卫星、通信卫星、海洋卫星、地球资源卫星和科学卫星。

（二）载人航天

1959 年，美苏两个超级大国都开始设计并测试各自的载人飞船，美国载人飞行的水星计划是完全公开的，而苏联的计划则是国家最高机密。

美国海军军官谢泼德（Shepard，Alan 1923—1998）准备在 1961 年 3 月进入太空，但是这次飞行一直延误到 5 月，而在 1961 年 4 月 12 日，苏联把空军上校加加林（Гагарин，Юрий Алексеевич 1934—1968）送入太空轨

图 8—12　加加林

道。这是首次载人航天。此前，苏联在 1959 年 7 月 18 日至 1961 年 3 月 9 日共进行了 8 次未载人试验飞行，其中失败 5 次，加加林的飞行是第 9 次，具有很大的冒险性。

1961 年 5 月 5 日，美国宇航员谢泼德搭乘的宇宙飞船被发射到了太空轨道上，在卫星的亚轨道上持续飞行了 15 分钟。水星计划共发射 15 次，8 次失败。水星计划的第二次载人飞行于 1961 年 7 月 21 日由格斯·格里索姆（Gus Grissom 1926—1967）进行。苏联继加加林之后进入太空的是 25 岁的苏联宇航员格尔曼·季托夫（Герман Титов 1935—2000），1961 年 8 月 6 日搭载东方 2 号飞船进入太空。

1963 年 5 月 15 日作为最后一个水星任务，美国宇航员斯奇拉（Schirra，Wally 1923—2007）搭载西格马（Sigma）7 号飞船进入轨道飞行。苏联宇航员瓦莲京娜·捷列什科娃（Валентина Терешкова 1937—）则成为进入太空的第一个女性，她于 6 月 16 日搭载东方 6 号飞船进入太空后，苏联的东方号计划正式落下了帷幕。

## 二　阿波罗登月计划

水星计划完成后，美国总统肯尼迪（Kennedy，John Fitzgerald 1917—1963）在 1961 年 5 月提出到 1969 年要向月球派遣宇航员，即阿波罗登月计划。为了使宇航员完成登月计划，宇航员必须具有长时间宇宙飞行，在空间操纵飞船，与其他飞船的交会、对接和空间行走或者舱外活动的经验。这个项目称作双子星座计划。

双子星座飞船是由太阳神 2 号火箭发射的，在发射双子星座 3 号之前进行过两次不载人试飞。1965 年 6 月 3 日发射的双子星座 4 号，载有宇航员爱德华·怀特（Edward Higgins White 1930—1967），飞行了 4 天，并首次进行了舱外活动。

图 8—13　人类登月

双子星座的下一个目标是飞船的实际对接，1966 年 3 月 16 日，宇航员尼尔·阿姆斯特朗（Neil Armstrong 1930—2012）和大卫·斯科特（David Scott 1932—）乘坐的双子星座飞船与阿金纳 8 号飞船会合，实现了这个目标。

1966 年 7 月，双子星座 10 号实现了与另一个阿金纳飞船的对接。1966 年 11 月双子星座 11 号创 1368 千米高度纪录。双子星座 12 号以另一次对接和成功的舱外活动结束了这个计划。

美国阿波罗计划是一项旨在尽快登月的特别计划，其政治意义远大于它的科学性，目的是确保西方而不是东方在全世界的技术领先。美国国家航空航天局的科学家们在对可能采取登月的三种方法研究后，最终决定采用地球轨道交会方法，这是指将所有登月所需的零部件分批发射到地球轨道上，在那里被组装成一个单独的系统，加注燃料后再送向月球。

作为运载工具的土星号火箭，是由冯·布劳恩博士在位于哈斯维尔（Huntsville）的美国国家航空航天局的太空飞行中心设计和开发的。其中土星 5 号三级火箭高 110 米，推力达 3400 吨，其

图 8—14　冯·布劳恩

上配备了当时最先进的飞行计算机，不过它的计算能力仅相当于当今最简单的袖珍计算机。

图 8—15　首次登月的宇航员（左为阿姆斯特朗）

阿波罗探月飞船由三个部分组成：主控舱，供三名宇航员往返月球；服务舱，直到再次返回到地球大气层之前一直与主控舱相连，服务舱重 24 吨，该舱包括一个 9.3 吨推力的发动机，还包括供电供水的燃料间；登月舱，有四条细长的登陆支架，重达 15 吨，里面乘坐的两名宇航员可以在月球上登陆，再次起飞时进入月球轨道与主控舱对接。

阿波罗 7 ~ 10 号宇宙飞船在 1968 年 10 月 11 日至 1969 年 5 月 18 日进行了 4 次试飞和模拟登月后，阿波罗 11 号于 1969 年 7 月 16 日首次登月。由宇航员阿姆斯特朗主控，在主控舱飞行员柯林斯（Collins, Michael 1930—）和登月舱飞行员奥尔德林（Aldrin, Buzz 1930—）的配合下，完成了第一次登月尝试。登月舱小鹰号 7 月 20 日安全登陆，阿姆斯特朗踏上月球的静海石海。他和奥尔德林在月球表面行走 2 小时 21 分，收集到 22 千克样本。小鹰号在月球上停留 21 小时 30 分，主控舱哥伦比亚号在月球轨道上停留 2 天 11 小时 30 分，全部飞行历时 8 天 3 小时 18 分 35 秒。

图 8—16 阿姆斯特朗登上月球

最后一次是 1972 年 12 月 7 日发射的阿波罗 17 号飞船，任务是在月球的陶拉斯－利特罗（金牛座凹壑区，Taurus-Littow）上进行着陆。登月舱挑战者号在月球表面持续了 3 天 2 小时 59 分。宇航员在三次月球表面行走中，历时 22 小时 5 分，收集到 110 千克样本。其中第二次月球行走用时 7 小时 37 分，是月球行走史上最长的一次。整个任务持续 12 天 13 小时 1 分 59 秒。

阿波罗计划到 1972 年 12 月，已有 12 个人在月球表面行走，并将 385.6 千克的月球样本带回地球。当目标完成后，由于经费的原因，其他的登月计划被取消了。

阿波罗计划实行情况：

1968 年 10 月 11 日——阿波罗 7，完成了将土星 1B 发射装置射入地球轨道的任务。

1968 年 12 月 21 日——阿波罗 8，太空飞船乘载第一批宇航员飞往月球，绕月球旋转 10 圈。

1969 年 3 月 3 日——阿波罗 9，在太空中的模拟登月及返回地球轨道上对登月舱进行测试。

1969 年 5 月 18 日——阿波罗 10，模拟登月飞行，在月球轨道上持续飞行 2 天 13 小时。

1969 年 7 月 16 日——阿波罗 11，宇航员首次登月尝试。月球表面行走 2 小时 21 分，收集到 22 千克样本。

1969 年 1 月 14 日——阿波罗 12，宇航员两次月球行走用时 7 小时 45 分行走，收集到 34 千克样本。

1970 年 4 月 11 日——阿波罗 13，服务舱的爆炸阻止了登陆计划。

图 8—17　登月车

1971 年 1 月 31 日——阿波罗 14，宇航员两次月球行走，收集 44.5 千克的样本，使用有轮的工具和模型电车。

1971 年 7 月 26 日——阿波罗 15，宇航员月球行走中操纵第一个月球漫游工具，收集到 78.5 千克的样本。

1972 年 4 月 16 日——阿波罗 16，宇航员三次月球行走，用时 20 小时 14 分，收集到 96.6 千克的样本。

1972 年 12 月 7 日——阿波罗 17，宇航员三次月球行走用时 22 小时 5 分，收集到 110 千克的样本。

苏联在 1967 年 3 月 10 日至 1970 年 10 月 20 日间进行了 11 次登月前的准备飞行。苏联的登月计划被称作 L-3 计划，它是以联盟号飞船技术和巨大的 N1 火箭技术为基础的。

1970 年 9 月发射的月球 16 号是首次航行到月球上的自动太空飞船，装有一个带电钻的泥土取样器，收集了泥土和岩石并成功地返回地球。月球 16 号任务之后又有 4 个相似的任务，其中 2 个获得成功。

### 三　航天飞机与空间站

（一）航天飞机

1981 年以来，航天飞机已经执行了 100 多次的飞行任务。在这一点上，没有任何其他的太空交通工具可以与之相比。

布劳恩及其佩内明德火箭团队曾计划基于 V2 技术开发一种有翼的可以回收的飞行器，20 世纪 50—60 年代美国试飞了可以反复使用的火箭式飞机。20 世纪 70 年代初，美国航空航天局拟建造一个空间站和一台可以反复使用的"航天飞机"，运送货物和航天员。然而因为这项任务预算要比整个阿波罗计划多出 25 亿美元，被迫取消了建立空间站的项目，只开始航天飞机项目。航天飞机由三个主要的部分组成，即轨道器、燃料箱和助推火箭。轨道器装备着三个巨大的主发动机，主发动机的燃料由附着在轨道器腹部的外部燃料箱里的液态氧和液态氢供给。在轨道器重新进入地球大气层时，外部燃料箱向两侧的两个固体火箭加速器提供燃料。

图 8—18　航天飞机发射

第一架进行太空轨道飞行的航天飞机是哥伦比亚号（1981），第二架是挑战者号（1983），第三架是发现者号（1984），而后是亚特兰蒂斯号（1985）。1986 年挑战者号发射失败后，又建造了奋进号并在 1992 年 5 月 7 日进行了首次飞行。

美国的航天飞机发生了两次严重的事故。1986 年 1 月 28 日，挑战者号航天飞机在发射 73 秒后发生爆炸，7 名宇航员全部遇难。2003 年 2 月 1 日，哥伦比亚号航天飞机在完成任务返航时坠毁，又造成 7 名宇航员遇难。这两次事件对美国乃至国际航天事业产生了巨大冲击。2011 年 7 月，美国航天飞机全部退役，美国的航天飞机时代结束。

苏联也研制成功航天飞机，不过它的唯一一架航天飞机"暴风雪"号，是用能源号运载火箭发射的，只执行了一次太空任务。暴风雪号进行了未载人的自动太空飞行，1988 年着陆于拜克努尔发射场。这个航天飞机计划以及能源号运载火箭都由于经费困难而取消。

（二）空间站

空间站是由一些巨型的太空舱相互连接而成的多节航天器。

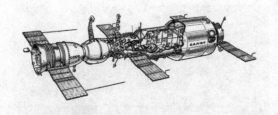

图8—19　礼炮号空间站

1971年苏联发射了人类第一个空间站礼炮号，礼炮号空间站是由一些单独的太空舱组成的，比太空试验室空间站早两年。礼炮号空间站原计划依靠称为"联盟"号的宇宙飞船在地球与太空之间运送宇航员。联盟号飞船能够搭载3名宇航员进入礼炮号空间站，并能够在轨道中进行单独的科研飞行。

联盟号宇宙飞船重6.6吨，长8.35米，包含一个设备舱、下降舱和轨道舱，第一次有人控制飞行是在1967年4月，这是一次为了赢得太空竞赛的表演性飞行。

保留了联盟号的基本设计的联盟T号宇宙飞船，在1979年底开始启动，并在次年进行了载人飞行。

最著名的国际空间站是苏联的和平号空间站，这是一个相互连接的太空舱的组合，第一个模块是在1986年2月19日从拜科努尔人造卫星发射基地发射升空的。和平号空间站最初由礼炮号舱体组成，最后扩展为由一个小型量子1号及4个大小与和平号核心部分相同的称为量子2号、晶体号、光谱号和自然号的舱体组成。1995年，第一个美国人开始对和平号进行访问，这是美国和俄罗斯宇航员在国际空间站联合工作的有效演习。和平号空间站直到2000年还在工作。

图8—20　和平号空间站

与苏联（俄罗斯）在过去的30年中积累了大量的空间站经验相比，美国只建造了一个称作天空实验室的空间站和一个国际空间站。

1966年，随着阿波罗计划的推进，美国国家航空航天局开始着手在地球轨道上建一个空间站。天空试验室是在1973年5月14日发射升空的，这个空间站包含一个被清空的14.6米长、直径6.7米的土星V号第三级，这里提供了两层共283平方米的宇航员生活和工作场所。

1984年，美国总统里根（Reagan, Ronald Wilson 1911—2004）宣布国际空间站将在1994年前全面运行。这是一个包括加拿大、欧洲和日本在内的国际性空间项目。自1992年起，在一年内经过多次航天飞机飞行组装已完成巨型的双龙骨结构，该项目完成后，空间站的重量将超过453吨，长度111.32米。到1994年，当这个项目已经有了250亿美元的赤字时，俄罗斯加入国际空间站项目中。

1998年10月，第一个国际空间站的舱体俄罗斯的曙光号太空舱被发射。1998年12月美国的团结号太空舱对接在曙光号太空舱上。另一架航天飞机在1999年5月进行了一次维修飞行，国际空间站进入全面运行的日期推迟到2004年，整个计划延误了10年。

图8—21　国际空间站

#### 四　太空探索

（一）水星

美国在1973年11月发射了水手10号宇宙飞船，它的飞行轨道是先经过金星，然后绕太阳运动。在它到达预定轨道的旅程中，分别于1974年3月、9月和1975年3月三次经过水星，探测到水星的温度在-183℃到187℃之间，它有一个金属核，占了水星体积的80%，水星的直径是4885公里。

（二）金星

美国对金星的探测已经失败过12次，美国的水手2号在1962年12月到达金星，它是第一个成功的星际探测器。金星系列探测器发现金星的大气层中有95%是二氧化碳，金星的表面温度高达475℃。1975年，金星8号和10号拍摄到了第一批金星表面的图片，后来金星13号和14号带回第一批彩色的金星表面图像。苏联的金星探索在1985年6月结束，1989年，美国的航天飞机亚特兰蒂斯号将麦哲伦金星雷达绘图仪送入金星的极地轨道，开始了持续3年的图像测绘。

（三）月球

第一个撞向月球的人造物体是苏联的月球2（Луна 2）号，它是一个直径1.2米的铝镁合金球体，于1959年9月12日发射。一个月后发射了月球3号，所载的主要仪器是摄像—电视成像系统，10月7日开始在离月球65000公里的地方运转。在月球上第一次"软着陆"的是1966年2月苏联发射的月球9号，一个重100千克的月球9号表面舱飞向月球，其上装备有一个1.5千克重的电视摄像机。1966年后美国发射了五个勘测者号在月球的不同部分软着陆，继而开始了阿波罗登月计划。

（四）火星

1964年11月28日美国发射的水手4号火星探测器，探测到火星表面的许多

图 8—22　水手 4 号火星探测器

部分和月球一样，覆盖着环形山，布满陨石坑，还有干涸的河床、巨型峡谷和 25 公里高的火山。两个海盗号飞船在 1975 年发射，探测到火星的大气层几乎全部是二氧化碳，表面压力是 7.6 毫巴，最大风速是 51 公里/小时。

（五）木星

第一个探索木星的飞船是 1972 年 3 月美国发射的先驱者 10 号，它在 1973 年 12 月到达了目的地。先驱者 11 号在 1973 年 4 月发射并在 1974 年 12 月到达目的地。1979 年又发射了航海家 1 号和 2 号。由亚特兰蒂斯号航天飞机在 1989 年 10 月送入太空的伽利略号飞船，在 1995 年 12 月 8 日首次进入环木星轨道，放置了一个下落舱进入木星的大气层，离木星更近时，探测到一个云层，风速 640 米/秒。

图 8—23　先驱者 10 号木星探测器　　（六）天王星与海王星

天王星的大气由氢、氦、甲烷组成，它的卫星之一天卫五（Miranda）是曾经破裂后再次融合到一起的。海王星的大气层上部风速 2000 公里/时，它的卫星海卫一（Triton）温度是 −235℃，是太阳系中最冷的物体。

（七）哈雷彗星

1986 年哈雷彗星重返地球。欧洲的乔托（Giotto）号是在英国制造的一个旋转的鼓形飞行器，重 960 千克，直径 1.867 米，高 2.848 米。3 月 13 日乔托号从哈雷彗星彗发的上部穿过，发现每秒有 10 吨水分子和 3 吨尘埃被扔出彗星，彗星的核长 15 公里，宽 10 公里，在"山"和"谷"组成的波浪起伏的表面上有两个巨大的喷射孔，尘埃和气体从这里被喷出。

利用各种航天器对太阳系行星的探查，不但使人类增长了知识，也清楚地认识到，在太阳系中地球是唯一适合人类及各种生物生存的星球。

## 第四节　可控热核反应的利用

第二次世界大战后，原子能技术沿着军用和民用两个方向发展。在军用方面，美国、苏联、法国、英国、中国等一些经济实力较强的国家，都进行了原子弹试验，掌握了制造、投射原子弹的技术。在运载方式、控制方式、弹型方面都有不少进展，出现了战略性核武器和战术性核武器。在民用方面，作为电站的一次能源建成原子能热电站和发电站（又称核电站），还制成小型核动力装置，安装在燃料消耗大补充困难的大型舰船和商船上。

原子能可控利用的关键，是在反应堆中用石墨等吸收核裂变时放出的多余中子，以使反应可控。在核电站中，利用核裂变放出的能量（热能）使水变为蒸汽，用蒸汽驱动汽轮机，再用汽轮机驱动发电机发电。

作为热源的核反应堆（原子能反应堆）已发展出多种类型，主要有：以高压水冷却并使中子减速的压水式反应堆（即压水堆 PWR）；以轻水（即普通的水）作为冷却剂和减速剂，水在堆内沸腾以提高热效率的沸水式反应堆（即沸水堆，BWR）；用高压重水（即 1931 年发现的氧化氘，$D_2O$）冷却并对中子减速，直接使用天然铀为燃料的热中子反应堆型的高压重水式反应堆（即重水堆，PHWR）；水冷却用石墨作减速剂，在输出电力的同时还产生钚的石墨轻水型反应堆（即轻水堆，RBMK）；用石墨作减速剂，用二氧化碳作冷却剂的热中子反应堆型的气冷式反应堆（即气冷堆 AGCR）；用液态金属作冷却剂，发电的同时还可以生产核燃料的快速中子反应堆型的液态金属式快速增殖反应堆（即增殖堆，LMFBR），其中，压水堆（PWR）被认为是一种标准型的核反应堆。

20 世纪 70 年代后，压水堆和沸水堆技术已十分成熟，单堆电功率达 130 万千瓦。到 20 世纪末，全世界共有核电站 430 座，装机容量达 371.544 百万千瓦，其中美国拥有 107 座，法国 59 座，日本 55 座，英国和俄罗斯各 30 座。

### 一　原子能发电

（一）苏联

20 世纪 20 年代，苏联即开始了核物理的研究工作。1921 年 11 月生产出镭，随后建立了生产镭的工厂。1940 年 12 月 31 日在《真理报》上刊载的文章中指

出，核物理的研究不仅是最大的理论研究课题，还是探讨新能源，探讨由铀及同类元素原子核分裂而获取新能源的途径。这一观点预言了人类开发利用原子能的方向。第二次世界大战中，苏联遭受巨大损失，但是仍建立了三个核电站的研究机构：原子能研究所、理论物理研究所、实验物理研究所。

20 世纪 40 年代末，苏联建立了铀的采掘和精炼工业，建立了铀同位素分离工厂。随后于 1949 年 12 月 23 日爆炸了第一颗原子弹，1953 年 8 月 2 日爆炸了第一颗氢弹。

**图 8—24　库尔加托夫**

1950 年决定建立以铀为核燃料、石墨为慢化剂，普通水冷却的石墨水冷反应堆的实验核电站。以设计苏联第一颗原子弹的号称苏联原子弹之父的库尔加托夫（Курчиатов，Игорь Васильевич 1903—1960）领导的小组，当年 12 月完成了反应堆的设计，1951 年由苏联物理动力研究所所长布洛欣采夫（Блохинцев，Дмитрий Иванович 1907—1979）进行电站设计。

1954 年 6 月 26 日，位于莫斯科近郊奥布宁斯克的人类最早的核电站投入运行，输出功率 5000 千瓦，该电站建成后运行顺利，证明了核能发电的可行性。苏联从事核电站工作的专业人员几乎全部在这里接受过训练。1954 年原子能研究所设计出 76 万千瓦的反应堆，1958 年后，设计出更为先进的 ВВЭР 型反应堆，效率由 27.6% 提高到 33%。70 年代后作为通用堆型开始普及。除石墨水冷堆外，还加紧研究更为先进的快中子增殖反应堆，1972 年，以发电和海水脱盐为目的的 BN350 快中子增殖反应堆在舍甫琴柯附近的里海边投入运行，之后又建成输出 1500 万千瓦的大型堆。

1974 年 11 月 5 日为庆祝十月革命 57 周年，列宁格勒核电站输出 100 万千瓦的第一号反应堆临界运行，标志着苏联开始向大型反应堆的过渡。到 1979 年，第三号反应堆投入运

**图 8—25　奥布宁斯克核电站**

行，输出功率达 3000 万千瓦，成为当时苏联最大的核电站。

（二）美国

1951 年 12 月，美国在爱达荷州建成第一台用于发电实验型增殖反应堆

（EBR1）。1953 年，艾森豪威尔总统签署了和平发展核能计划，同年，美国原子能委员会在宾夕法尼亚州建造了 60 兆瓦的船载演示型压水堆，该反应堆于 1957 年开始运行。1957 年，美国在 Hibbing 建成以 136 个大气压的高压水为慢化剂和冷却剂的压水堆核电站，电功率为 14.1 万千瓦，1959 年又建成沸水堆核电站。

西屋公司设计的世界上第一台发电用的 250 兆瓦压水堆于 1960 年开始运行，一直运行到 1992 年。美国阿贡国家实验室（ANL）设计了世界上第一台沸水堆。1960 年，通用电气（GE）设计的沸水堆投入运行，功率达 250 兆瓦。1966 年，美国在桃花谷建成高温气冷堆核电站。

20 世纪 60 年代后，安装 1000 兆瓦以上压水堆和沸水堆的核电站在美国各地迅速建立起来。但是由于 1979 年美国宾夕法尼亚州哈里斯堡附近的三里岛核电厂的事故，使美国的核电发展遭到重创。直到 1990 年，100 多个核电站才陆续开始运营。

（三）日本

第二次世界大战后，联合国禁止日本进行与原子能相关的研究。直到 1954 年日本才开始民用核电的开发。

1955 年 12 月，日本制定《原子力基本法》，确定了民主、自主、公开的原子能研究与利用三原则。1956 年 1 月 1 日设立了原子能委员会。

1956 年 6 月在茨城县那珂郡东海村设立独立法人机构日本原子能研究所，使东海村成为日本核能研究的中心。1957 年 11 月 1 日，9 家电力公司与电源开发会社共同出资设立日本原子力发电株式会社（株式会社即股份公司）。

1963 年 10 月 26 日，日本第一台核电机组开始运行。为纪念这一天，确定每年 10 月 26 日为日本的原子能日。日本最初的商用核电厂设在东海村的东海发电所，反应堆采用当时世界最先进的英国制的石墨减速二氧化碳冷却型反应堆，之后引入的商用反应堆皆为轻水堆。

日本是一个资源、能源贫乏的国家，对外石油依赖十分严重，1973 年的中东石油危机对日本经济造成巨大的冲击，为此日本政府极力想通过发展核电摆脱困境。1974 年，日本国会通过了《电源开发促进税法》《电源开发促进对策特别会计法》《发电用施设周边地域整备法》，从国策上确立了对核电站进行补助的方针。此后，核电站在日本各地迅速发展，到 20 世纪末，已拥有 50 多座核电站。

（四）法国

法国和日本一样，本国缺乏石油，煤炭资源在 50 年代即已枯竭，其后核电在法国各地迅速建立，到 20 世纪末法国已拥有近 59 座核电站，其核电数量仅次于美国，居世界第 2 位，全国电力有 80% 来自核能，1999 年的核电站发电量达 3750 亿千瓦时。

（五）中国

中国的核工业已有 40 多年历史，已经能够设计、建造和运行自己的核电站。2007 年，建成和在建核电站 10 余座，已运行的总装机容量达 907.8 万千瓦，总发电量 628.62 亿千瓦时。

## 二　可控核聚变

目前的核电站都是以 $U^{235}$、$Pu^{239}$、$U^{233}$ 为裂变燃料，均属于核裂变的元素，在地球的大陆范围内已探明的铀储量为 417 万吨，每千克铀裂变可放出相当于 2700 吨标准煤燃烧释放的能量，其对大气的污染及辐射污染远低于以煤为燃料的火力发电站，而且其发电成本比燃煤火力发电站低 15% ~ 20%，目前所存在的问题主要是核废料处理问题。

由于用于核裂变的 U、Pu 等在地球上的蕴藏量是有限的，它与化石能源石油、天然气、煤一样都属于不可再生能源，而用于核聚变反应的氢的同位素氘、氚等，由于海水中含量极为丰富，可供人类使用几十亿年，因此自 20 世纪 50 年代起，苏联、美国、英国就开始了可控核聚变的研究。

为实现可控的热核反应必须建成核聚变反应堆，由于核聚变反应时氘、氚等核燃料均变为高度电离的等离子体，其温度可达上亿摄氏度，因此任何材料都难以作为堆体材料。1958 年，苏联建成当时世界上最大的热核装置 Ogra1，之后又建成 Ogra2。到 1975 年 6 月 29 日，苏联库尔恰托夫研究所建成世界上最大的用封闭磁场作为约束聚变反应的堆体——磁约束核聚变托克马克（Tokamak）装置。1991 年，欧洲联合核聚变实验室成功地进行了一次可控核聚变，产生了一个持续 2 秒的核聚变，功率达 2 兆瓦。1994 年，美国普林斯顿大学利用托克马克装置取得了 10.7 兆瓦的电功率。

一旦可控核聚变得以实现，有可能成为人类永久性的可靠能源。

## 三　核动力

（一）民用船舶

核动力商船是采用核动力来推进的商用船舶，世界上第一艘核动力商船是美国的萨凡纳（Savannah）号，长 181 米，宽 24 米，排水量 22000 吨，于 1961 年 12 月建成，1962 年 8 月投入运行。动力装置由一座 74 兆瓦的反应堆和 2 台汽轮机组成，最大航速 24 节，一次装上 32 个燃料棒续航力为 300000 海里，载重量 8500 吨，运营了 8 年。德国于 1968 年 12 月建成世界上第一艘核动力矿石运输船奥托·汗（Otto Hohn）号，排水量 26000 吨，安装一座 38 兆瓦反应堆驱动，后来被改造成由常规的柴油机驱动的集装箱船。日本建成的第一艘核动力货船"むつ"号，排水量 8300 吨。

图 8—26　萨凡纳号核动力商船

　　由于核动力商船运营费用太高，其发展受到限制，但是随着石油的短缺，其潜在价值是不容忽视的。

　　由于苏联北方一年只有 4 个月可以通航，破冰船对于在结冰的海面上航行是十分必要的。1953 年，苏联开始设计核动力破冰船列宁号，排水量 16000 吨，1959 年建成下水，1960—1965 年在冰上航行了 15 万公里。1974 年又建造了北极号和西伯利亚号两艘核动力破冰船，在北极 2 米厚的冰上时速可达 3 海里，远高于一般破冰船。

图 8—27　西伯利亚号核动力破冰船

（二）核潜艇

应用核动力最为成功的是核潜艇。

常规潜艇受电池电量限制，在水面下很难长时间持续航行，而且需要经常浮出水面进行充电，各发达国家非常注重发展核动力潜艇。早期的核潜艇均以鱼雷作为武器，以后由于导弹的发展，出现携带导弹的核潜艇。

世界上第一艘核潜艇是由美国海军研制和建造的。1946年，以美国海军军官里科弗（Rickover, Hyman George 1900—1986）为首的一批科学家开始研究"舰载压水反应堆"。第二年，里科弗向美国海军和政府建议制造核动力潜艇。1951年，美国国会通过了制造第一艘核潜艇的决议。第一艘攻击型核潜艇鹦鹉螺（USS. Nautilus, SSN57）号核潜艇，于1952年6月开工制造，1954年1月21日下水。该艇长98.5米，水下排水量4000吨，装有6具鱼雷发射管。舱体分为6部分，反应堆舱中设有一台S2W型压水反应堆，当时的造价为5500万美元，最大航速25节，最大潜深150米。1958年横渡北冰洋，首次探测了北冰洋的深度。

图8—28　第一艘核潜艇鹦鹉螺号（1954）

在鹦鹉螺等试验型核潜艇之后，美国攻击核潜艇共发展了六代。第一代鳐鱼级（1955）采用S3W/S4W核反应堆。第二代鲣鱼级（1956）采用S5W核反应堆。第三代长尾鲨级（1959）水下最高航速30节，最大潜深300米。第四代鲟鱼级（1963）最大潜深500米，可在北冰洋冰层下活动，装备战斧巡航导弹、捕鲸叉反舰导弹（AGM - 84 Harpoon），配备多种电子／水声装备以及鱼雷射击指挥系统、惯性导航设备和"奥米加"导航设备等。第五代攻击型核潜艇洛杉矶级（1972），应用了各种降噪措施，是世界上建造数量最多的一种核潜艇。从20世纪80年代开始，美国开始建造第六代攻击核潜艇海狼级。该级首艇海狼号于1989年开工，1997年服役。这种潜艇机动性高、安静性好，其艇壳采用高强度的HY100钢，可在冰层下安全活动。

在发展攻击型核潜艇的同时，美国还研制建造了可以发射弹道导弹的战略核潜艇。世界上第一艘战略核潜艇是美国建造的华盛顿级，共建了5艘，艇上可携带16枚北极星弹道导弹，射程为2200公里。

第二代战略核潜艇伊桑·艾伦级（Ethan Allen class submarine 1961），携带16

枚北极星 A2 弹道导弹，射程 2750 公里。第三代拉斐特级（La Fayetteclass subma-rine 1963），装备的海神弹道导弹，射程 8500 公里。第四代（1974），也是最先进的一代战略核潜艇俄亥俄级，可携带 24 枚三叉戟弹道导弹，射程 12000 公里。首艇于 1981 年 11 月正式服役，到 1997 年 9 月完成了 18 艘的建造计划。

苏联核潜艇的建造比美国要晚，从 20 世纪 50 年代中期为了在冷战中对抗美国海军核动力潜艇，苏联开始设计建造核动力潜艇，到 20 世纪 90 年代苏联解体前已发展到第四代。

苏联第一代攻击核潜艇是 N 级核潜艇（1955），采用 1 台核反应堆，其性能大致相当于美国第三代核潜艇。1965—1990 年苏联又建造了第二代攻击核潜艇 V 级，第三代 A 级于 1970—1983 年建造，共有 37 艘。采用 2 台 170 兆瓦型压水堆。最大潜深 700 米，是世界上航速最快、下潜最深的潜艇。第四代 O 级，采用 2 座 200 兆瓦压水堆，可以发射反潜导弹及巡航导弹。

苏联的第一代弹道导弹核潜艇 H 级始建于 1958 年，1962 年服役。可携带 16 枚萨克 SSN4 型弹道导弹。第二代 Y 级动力装置采用 2 座 PWR 型核反应堆，携带 16 枚索弗莱 SSN6 型弹道导弹。1971 年，开始建造第三代 D 级。第四代台风级于 1978 年开始建造，采用 2 座 PW330～360 兆瓦型核反应堆，携带 20 枚 SSN20 型潜地弹道导弹（射程 8300 公里），是世界上最大的潜艇。

英国、法国、中国、印度相继制造了本国的核潜艇。中国在 20 世纪 60 年代即开始研制核动力潜艇。091 型攻击核潜艇是中国第一代攻击型核潜艇（SSN），共建造 5 艘，首艇 1968 年在葫芦岛渤海造船厂动工建造，1974 年 8 月 7 日交付使用。092 型弹道导弹核潜艇 1978 年动工，1981 年 4 月下水。093 型攻击型核潜艇是第二代核动力攻击型潜艇，具有较强的隐身性。094 型弹道导弹核潜艇于 2004 年 7 月下水。

（三）核动力航空母舰和巡洋舰

自美国建成核潜艇后，核动力的优越性得到美国军方的认可，决定研制核动力航空母舰。

世界上第一艘核动力航空母舰是美国于 1958 年 2 月开工建造，1961 年 11 月 25 日建成服役的企业（USS Eenterprise，CVN - 65）号。更换一次核燃料可以连续航行 10 年，可以高速地驶往世界上任何一个海域。

继企业号之后，美国于 20 世

图 8—29　美国企业号核动力航母

60年代后又建造尼米兹级核动力航母（Nimitz – class aircraft carrier）。企业和尼米兹的满载排水量均为9万余吨，可载机90架，后者外形稍大，尼米兹级是目前世界上最大的航空母舰。首只舰1975年5月建成服役。舰上装有2座核反应堆和4台蒸汽轮机，航速30节以上，装填一次核燃料可持续使用13年。直到21世纪初，一直是美国海上力量的支柱。在此基础上，美国进而设计建造福特级大型核动力航空母舰。美国是当今世界上航母力量最强大的国家，美国的核航母技术仍处于世界领先地位。

长滩（Long Brach）号核动力巡洋舰由美国伯利恒钢铁公司于1957年11月开工建造，1959年下水，1961年正式服役。该级巡洋舰仅此1艘（CGN9），是世界上第一艘核动力巡洋舰，也是世界上第一艘核动力水面舰艇，它的诞生不仅在巡洋舰的发展史上，而且在核动力舰艇的发展史上都具有十分重要的意义，同时，它也为核动力航空母舰的发展提供了可行性的成功范例。该舰1980年后进行了现代化改装。增设了导弹装置。班布里奇（Bainbridge）号核动力巡洋舰是作为与核动力航空母舰协同作战的核动力巡洋舰。1959年由美国伯利恒钢铁公司开始建造，1961年10月建成服役。它是继企业号航空母舰，长滩号巡洋舰之后第三艘核动力战舰，也是世界上最小的核动力水面舰只。舰上装备了较强的武器装备和电子设备，1974年后进行了现代化改装。

到2005年，美国拥有核动力航空母舰11艘，核动力巡洋舰9艘；俄国有核动力巡洋舰4艘，核动力破冰船8艘。

## 第五节　交通运输技术的新进展

### 一　高速列车

进入20世纪50年代后，随着材料技术、机械加工技术、电子技术的进步，列车开始向高速化方向发展。高速列车指时速在200公里以上的列车，日本、法国、德国是高速列车发展水平最高的国家。1964年，日本东京至大阪的东海岸新干线高速列车开通，全长515公里，使用称作子弹号的O系列高速列车，时速为210公里，在1964—1986年运行。1986年后，制造出100系列、200系列、300系列、500系列高速列车，成为世界上营运速度最快的列车。

法国在1978年制成TGV型高速列车，德国在1985年制成ICE型高速列车。1990年5月TGV型的最高试验时速达515公里，但正常时速在300公里以内。由于高速列车技术的成熟，到1997年，全世界已建成高速铁路线4369公里。中国的高速铁路建设始于2004年，2008年开通第一条高速铁路（北京—天津）。1998年国产的高速电力机车研制成功，时速达240公里。2008年后开始研发时速380

公里的高速列车。

在传统的路轨式列车的基础上，20世纪60年代后，一些新的可高速运行的列车被研制出来。早在1909年，发明液体火箭的美国的高达德（Goddard, Robert Hutchings 1882—1945）即提出磁悬浮的设想。日本在1962年、德国在1971年均开始了这方面的研究。1979年，日本的磁悬浮列车时速达515公里。英国在1983年，德国在1994年，美国在1996年均建成短途的磁悬浮列车线路。

此外，以电磁原理的子弹型列车、磁飞行式列车等新概念与设计已经出现，未来的列车将更为安全、高速和舒适。

## 二  管道运输

管道运输是20世纪发展极为迅速的一种运输方式，它对于气体、液体物质的运输有损耗少，运送费用低，运量可适时控制，不污染环境，不受时间、气候和地面条件限制的优点。

1865年，美国开采宾夕法尼亚州的油田时，西克尔（Syckel, Samuel Van）在美国宾夕法尼亚州用熟铁管敷设了一条9756米长的输油管道，该管道用的是直径为50毫米，长为4.6米的搭焊铁管。管道由宾夕法尼亚州皮特霍尔铺至米勒油区铁路车站。沿线设三台泵，由于口径太小，每小时仅能输送原油13立方米。即便如此，也已经解决了石油的基本运输问题，否则需用2000辆马车将石油运至火车站或码头，然后由火车或船舶运至匹茨堡，再从火车站或码头再由马车运至炼油厂，其费用是极为昂贵的。

1886年，俄国在巴库油田修建了一条管径为100毫米的原油管道，1893年美国建成第一条从炼油厂直达码头的成品油管道，这是管道运输的创始阶段，但是在管材、管道连接技术、增压设备和施工专用机械等方面还存在许多问题。1895年，随着轧钢技术的进

图8—30  石油装在大罐子里运输（约1540）

步，已经可以生产出质量较好的输油钢管。1911年，输气管道开始用乙炔焊进行管路的连接。1928年，用氩弧焊代替了乙炔焊，生产出无缝钢管和高强度钢管，从而降低了耗钢量。

1916年，管道运输采用电动机离心泵为动力，使运输速度和距离大为增加。20世纪20年代后大型卷管技术和电焊技术相结合，使管道直径大为增加，管道

的拼接质量也有了保证。1943 年，美国建成直径 630 毫米、长 2240 公里的大型原油管道运输线。第二次世界大战后，管道运输在世界各国都得到重视。1958 年，美国在得克萨斯州海边建成第一条海底输油管道，这为后来的海底采油工业提供了基础。

在天然气输送方面，1880 年建成依靠自喷压力的远距离天然气输送管道，1947 年大型压缩机的采用，使 20 世纪后半叶天然气管道运输得到空前的发展。

图 8—31　管道运输

到 20 世纪 70 年代，利用 3 万马力的燃气轮机驱动的离心式压缩机，每年可运输几百亿立方米的天然气。在 20 世纪，许多发达国家的城市都经历了一个由燃煤向燃气的转换，天然气管道及煤气管道在城市中几乎遍布每家每户。

20 世纪 60 年代后，矿浆开始使用管道运输。1967 年，澳大利亚建成直径 220 毫米、长 85 公里的矿浆运输管道线路，年运输量 250 万吨。1980 年，巴西建成铁矿浆管道运输线，管道直径 508 毫米，长 404 公里，年运输量可达 1200 万吨。以后混凝土浆、煤浆等也采用了管道运输。80 年代后，出现了耐蚀性强、成本低又便于安装的塑料管道，后来为增加其强度又在管壁中加入了环绕钢丝。为解决低温易脆的不足，研制出了聚氯乙烯 Ø1120 毫米弹性管道。

其实，管道运输在古代即已出现，古希腊罗马的城市输水，有不少区段就使用了管道。公元前 200 年左右，中国采用竹管输水。19 世纪后，随着城市化的进展，在城市设计中，首先要有上水、下水（污水）管道的设计方案。现代城市居民的自来水、下水道更是家喻户晓的管道运输实例。

### 三　集装箱

集装箱运输是将待运货物装入标准化的箱式容器中，再用车、船、飞机运载的一种运输方式。

1801 年，英国的詹姆斯·安德森博士（James Anderson）提出用集装箱运输的设想，19 世纪 30 年代英国为了铁路运输的方便，特别是货物转运的方便，开始采用大型箱体装运杂件的运输方式。1853 年，美国铁路开始采用集装箱运输；1886 年，德国采用集装箱运输。此后伴随铁路运输在世界范围内的普及，用箱体装运小件、杂件的运输方式在世界范围内推广开来。进入 20 世纪后，随着经济的全球化，对箱体、运输程序开始了标准化。1933 年在法国巴黎成立了国际集装箱局（BIC），负责制定集装箱在全球流通的规则，规定每只集装箱只使用一个运输代码。1961 年，国际标准化组织（ISO）成立了专门负责集装箱标准的专业委员会（TC104），颁布了集装箱的规格、系列、技术条件等。1972 年联合国国际海事局（IMOUN）颁布了"国际集装箱安全公约"（CSC），由此使集装箱运输在世界范围内可以顺利地进行海陆空联运。

集装箱结构有封闭、开启和折叠式三种，其材料多为钢质、铝合金、玻璃钢及合成树脂等。国际通用集装箱按其长度有 20 英尺（6.06 米 × 2.44 米 × 2.59 米）和 40 英尺（12.19 米 × 2.44 米 × 2.59 米）两种。随着集装箱运输的发展，有一定规格要求的集装箱汽车、集装箱列车、集装箱船及集装箱码头也随之发展起来，更出现了相应的集装箱装卸工具、铲车、仓库等。

# 第六节　激光、光纤与通信新技术

## 一　激光

1916 年，爱因斯坦（Einstein, Albert 1879—1955）发表《关于辐射的量子理论》，首次提出受激辐射的概念，即处于高能态的粒子在某一频率的量子作用下，会从高能态跃迁到低能态，同时发射一个频率及运动方向与射入量子一样的辐射量子。1924 年，美国物理学家托耳曼（Tolman, Richard Chace 1881—1948）发表《分子在处于高量子态期间》，认为通过受激辐射可以实现光的放大作用。1951 年，美国的珀赛尔（Purcell, Edward Mills 1912—1997）用氟化锂做核反应实验时，首次获得 50 千赫的受激辐射。到 1954 年，美国的汤斯（Townes, Charles Hard 1915—2015）制成氨分子束微波激射器。20 世纪 50 年代后，许多科学家投入微波激射器的研究。1957 年，斯柯维尔（Scovil, Henry Evelyn Derek　1923—2010）等人首次实现了第一台固体微波激射器的运转。

图 8—32　激光器

1960 年 7 月，美国的梅曼（Maiman, Theodore Harold 1927—2007）制成世界上第一台红宝石激光器，他用脉冲氙灯进行光激励，激光以脉冲形式输出，波长 6943 埃，峰值 10 千瓦。1960 年 12 月，美国贝尔实验室的贾凡（Javan, Ali Mortimer 1926—2016）以及贝内特（Bennett,

William Ralph. Jr. 1930—2008)、赫里奥特（Herriott, Donald R. 1928—2007）制成在红外线区域工作的氦氖激光器，证明了激光具有相干性，并具有很好的方向性和高亮度的特点。此后，科学界对激光工作物质、激光性质、激光品种开始了大量研究。到 80 年代，研制出的激光器数以千计，其中实用的也有几十种。斯尼泽（Snitzer, Elias 1925—2012）在 1961 年研制的钕玻璃激光器是一种大功率的脉冲器件，主要用于激光核聚变实验。1964 年，美国的范尤特（Van Uitert, L. G.）研制的掺钕钇铝石榴石激光器是一种可以在室温下工作的固体器件。此后汞离子激光器（1963）、氩离子激光器（1964）、二氧化碳激光器（1964）以及异质结砷化镓激光器（1970）等相继问世，输出光波长为 335 埃～2650 毫米。

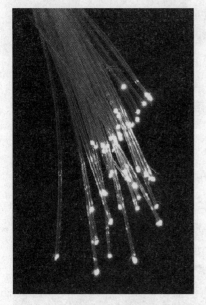

图 8—33　光学纤维

此外，一批能发射超短脉冲和巨脉冲以及可以用于军事的大功率激光器，在 20 世纪 80 年代后也被研制成功。

激光技术在工农业及国防领域有广阔的应用空间。在工业方面，自 20 世纪 60 年代后，利用红宝石激光实现了对坚硬脆性高的材料进行打孔、切割、焊接；在医学上，出现了激光手术刀和视网膜焊接术，到 20 世纪 80 年代后，激光技术几乎在医学各学科中都得到应用。

全息照相术也是激光问世后才出现的。早在 1947 年，英国的伽柏（Gabor, Dennis 1900—1979）即提出记录光的全部信息强度与相位的全息照相概念，但直到 20 世纪 70 年代后，利用激光为参照波的全息照相才真正发展起来。

## 二　激光通信与光纤

与无线电通信相比，以光作为传递信息的运载工具有容量大、抗干扰能力强和保密性好等优点。

1960 年氦氖激光器出现后人们即进行了大气激光通信实验，但受大气干扰严重。由于太空中没有空气，激光通信于 1971 年开始应用于宇宙通信，许多国家建立了以地球同步静止卫星为中继的激光通信网。

1966 年，英国标准电信实验有限公司的高锟提出用玻璃纤维作为地面激光通信传输缆线的设想。1970 年，美国康宁公司研制出衰减率低于 20 分贝/公里的纯二氧化硅光学纤维，同年，适合光纤通信的光源——双异质半导体激光器亦研制成功，由此使光纤通信成为可能。此后的研制使光纤的衰减率逐年降低，而半导体激光器寿命在逐年增加，光纤通信在技术上已经成熟，正向大范围实用化方向发展。

图 8—34  BP 机（数字型）

### 三  移动通信

移动通信包括移动无线电通信和移动电话两类。移动无线电通信是在无线电报、固定式无线电话基础上发展起来的，多用于较大的移动体如汽车、火车、船舶、飞机等专业无线电通信网络。其体积随电子器件由电子管向晶体管、集成电路、大规模集成电路的转换而不断缩小。

早在 1940 年，贝尔实验室就研制出称作 Bell - boy 的小型呼叫接收机，1948 年又研制出称作 Bell Boy 的寻呼机。随着电子器件的发展，大规模集成电路及微处理器芯片的应用，呼叫接收机的体积变小、成本下降，功能不断完善。1968 年，日本率先开办寻呼业务，标志着大容量公众寻呼业务开始走向社会。无线电寻呼机的全称为 Radio Paging Receiver，简称寻呼机、传呼机或 Pager、BP 机等，20 世纪末随着移动电话的发展逐渐被淘汰。

1946 年，贝尔实验室研制出第一部移动通讯电话，由于体积太大而无实用价值。1973 年 4 月，成立于 1928 年的美国摩托罗拉公司（MotorolaInc）的工程师库帕（Coope，Martin 1928—   ）开发出美国第一部民用手机，传入中国后俗称"大哥大"，库帕被誉为"现代手机之父"。手机在西方出现后，发展十分迅速，其重量在 1987 年约 750 克，1987 年约 250 克，1996 年约 100 克。第一代模拟制式手机（1G）到 1995 年发展到第二代即数字手机（2G），以欧洲的 GSM 制式和美国的 CDMA 为主，除了可以进行语音通信外，还可以收发短信。1997 年出现第 3 代即 3G 手机（3rd Generation），增加了接收电子邮件或网页数据、录音录像及摄影等功能，在声音和数据的传输速度和质量上也大为提升。

移动电话实际上就是一个可以接收和发射的可移动电台。移动电话由于其功率有限，远距离通信必须有中

图 8—35  手机（大哥大）

继站，若干中继站组成了蜂窝网，它由移动通信终端、基站以及移动交换中心组成。蜂窝网由若干个服务区组成。由于卫星通信的进展，移动电话已经可以进行全球范围内的即时通话。

20世纪90年代发展起来的蓝牙技术、WAP技术、GPRS技术则是新型的通信技术。蓝牙技术可以使各种固定设备与移动设备实现无线连接；WAP技术则可以使一系列通信设备可靠地进入互联网和其他电话设备；GPRS技术是一种高速数据处理技术，具有永远在线、高速率的优点。

### 四 互联网

20世纪60年代末，美国国防部的高级研究计划局（Advanced Research Projects Agency，ARPA）为了能在战争中保障通信联络的畅通，建设了一个分组交换试验军用网，称作"阿帕网"（ARPAnet）。1969年正式启用，连接了4台计算机，供科学家们进行计算机联网实验用。

20世纪70年代，ARPAnet已经有几十个计算机网络，但是每个网络只能在网络内部互联通信。为此，ARPA又开展了用一种新的方法将不同的计算机局域网互联的研究，形成互联网。当时称为Internetwork，简称Internet。在研究实现互联的过程中，计算机软件起了主要的作用。

1974年，美国国防部高级研究计划局的卡恩（Kahn，Robert Elliot 1938— ）和斯坦福大学的瑟夫（Cerf，Vinton Gray 1943— ）开发了TCP/IP协议，其中包括网际互联协议IP和传输控制协议TCP。这两个协议相互配合，其中，IP是基本的通信协议，TCP是帮助IP实现可靠传输的协议，并定义了在电脑网络之间传送信息的方法。

ARPA在1982年接受了TCP/IP，选定Internet为主要的计算机通信系统，并把其他的军用计算机网络都转换到TCP/IP。1983年，ARPAnet分成两部分：一部分军用，称为MILNET；另一部分仍称ARPAnet，供民用。TCP/IP具有开放性，TCP/IP的规范和Internet的技术都是公开的，任何厂家生产的计算机都能相互通信，由此使Internet得到迅速发展。

1986年，美国国家科学基金组织（NSF）将分布在美国各地的5个为科研教育服务的超级计算机中心互联，并支持地区网络，形成NSFnet。1988年，NSFnet替代ARPAnet成为Internet的主干网。NSFnet主干网利用TCP/IP技术，准许各大学、政府或私人科研机构的网络加入。1989年，Internet从军用转向民用。

1992年，美国国际商用公司（IBM）、微波通信公司（MCI）、MERIT网络公司三家公司联合组建了一个高级网络服务公司（ANS），建立了一个新的网络，叫做ANSnet，成为Internet的另一个主干网，使Internet开始走向商业化。

1995 年 4 月 30 日，NSFnet 宣布停止运作，而此时 Internet 的骨干网已经覆盖了全球 91 个国家，主机已超过 400 万台。到 20 世纪末，Internet 已成为一个开发和使用信息资源的覆盖全球的信息库。在 Internet 上，包括广告、工农业生产、文化艺术、导航、地图、书店、通信、咨询、娱乐、财贸、商店、旅馆等 100 多个业务类别，覆盖了社会生活的各个方面，构成了一个虚拟的信息社会缩影。

### 五　卫星通信与卫星定位导航系统

1945 年，英国物理学家克拉克（Clarke，Arther Charles 1917—2008）在《无线电世界》上发表文章，提出利用地球同步轨道上的卫星作中继站，进行通信。美国于 1960 年 8 月把覆有铝膜的直径 30m 的回声 1 号卫星，发射到约 1600km 高度的圆轨道上进行通信试验。1962 年 12 月 13 日，美国发射的低轨道卫星中继 1 号，于 1963 年 11 月 23 日首次成功地实现了横跨太平洋的日美间电视转播。

世界上第一颗同步通信卫星是 1963 年 7 月美国发射的同步 2 号卫星，它与赤道平面有 30°的倾角，相对于地面作 8 字形移动，因在大西洋上首次用于通信业务。1964 年 8 月发射的同步 3 号卫星，定点于太平洋赤道上空国际日期变更线附近，这是世界上第一颗地球同步轨道静止卫星，同年 10 月转播了东京奥林匹克运动会的实况。这一时期，卫星通信还处于试验阶段。1965 年 4 月 6 日，美国发射了最初的半试验半实用的静止卫星晨鸟号，用于欧美间的商用卫星通信，卫星通信开始进入实用阶段。

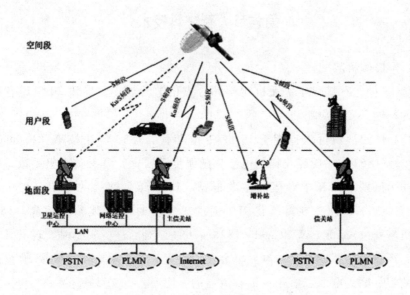

**图 8—36　通信卫星系统示意图**

卫星通信正受到迅速发展的光纤通信的挑战。光纤通信比卫星通信的容量大，传输速率高，很多越洋和陆地通信已经被光缆所取代。20 世纪 90 年代后，卫星电视直播、卫星声音广播、卫星移动通信以及卫星宽带多媒体通信成为卫星通信的四大发展潮流。

最早的卫星定位系统，是美国海军自 1958 年研制 1964 年投入使用的子午仪

卫星定位系统（Transit），由于这一系统卫星数目少、运行高度低而无法提供连续的实时三维导航。全球定位系统（Global Positioning System，GPS）即卫星定位导航系统，是美国从 20 世纪 70 年代开始研制，历时 20 年，耗资近 300 亿美元，具有在海、陆、空全方位实时三维导航与定位能力的卫星导航与定位系统。1973 年美国国防部制订了 GPS 计划，从 1973 年到 1979 年发射了 4 颗试验卫星，研制了地面接收机及建立地面跟踪网；从 1979 年到 1984 年又发射了 7 颗试验卫星，研制了各种用

图 8—37　全球定位导航系统星座网

途的接收机。1989 年 2 月 4 日第一颗 GPS 工作卫星发射成功，到 1993 年底建成由 24 颗卫星组成的军民两用的 GPS 星座网，即 GPS 网。

## 第七节　新材料技术

### 一　半导体材料

由于 19 世纪有机化学、无机化学和合成化学的进步，导致 20 世纪各种非金属材料的相继开发和应用。

对半导体的认识可以追溯至 19 世纪 30 年代，1833 年法拉第（Faraday，Michael 1791—1867）发现硫化银的电导率随温度而变化，具有负电阻系数，他把这一性质作为区别导体和半导体的主要根据。1873 年，德国的布朗（Braun，Karl Ferdinand 1850—1918）在对硫化铝、黄铁矿实验时发现其整流效应。1874 年，英国的史密斯（Smith，Willoughby 1828—1891）对硒进行实验时发现其具有光电导效应，即在光的照射下硒的电导率会发生变化。这些重要发现导致 20 世纪初硫化铝检波器、硒光电池、氧化亚铜整流器的发明。

20 世纪 30 年代，随着量子力学的创立和固体能带理论的成熟，英国的威尔逊（Wilson，Harold Albert 1874—1964）研究了半导体模型。1939 年苏联的达维

多夫（Давидов，Александр Ссргеевич 1912—1993）提出 p-n 结概念。1948 年，美国的肖克利（Shockley，William Bradford 1910—1989）等人发明了半导体固体放大器——点接触型晶体管，由此引起了科学界对半导体材料的重视和研究。

20 世纪应用最多、工艺最为成熟的是金属及非金属半导体材料，主要是锗和硅。早在 1823 年，瑞典的柏采留斯（Berzelius，Jöns Jacob 1779—1848）就用金属钾还原四氟化硅制得硅。1886 年，德国化学家温克勒（Winkler，Clemens Alexander 1838—1904）在分析硫银锗矿时，制得 GeS，再用氢还原制得锗。然而硅和锗的半导体性质直到 20 世纪 40 年代才被科学界所认识。

在 20 世纪 50 年代前主要的半导体材料是锗，1954 年美国得克萨斯仪器公司发明了用硅代替锗的新一代晶体管，由此使硅开始成为主要的半导体材料。70 年代后，出现了化合物和混晶半导体材料，如砷化镓、硫化镉、镓铝砷等。

目前应用最广的是硅材料，由于硅具有耐高压高温和可供大电流通过的特点，很快应用于整流和大功率晶体管的制作。硅作为半导体材料，其纯度是十分关键的。到 20 世纪 60 年代多晶硅和单晶硅生产工艺已相当成熟，多晶硅的生产采用氢还原 $SiHCl_3$ 的方法和将硅烷（$SiH_4$）热裂解的硅烷法，而单晶硅的制造多用直拉法和悬浮区熔法。前者可生产长 1 米以上、直径 25 厘米的单晶硅棒，但是易受环境的污染，纯度受影响；后者可克服前者的这一不足，但是易出现晶体错位的现象。二者结合的一种方法已成为重要的硅单晶生长技术，这种方法是将多晶硅棒顶部熔化，与籽晶接触后缓慢提拉。这种方法可以生产直径 15 厘米以上，且位错少、纯度高的硅单晶。

20 世纪 50 年代初，为提高半导体材料的耐热性和在高频领域工作，开始了对锑化铟、砷化铟即对化合物半导体的研究。至 20 世纪 60 年代，发现砷化镓（GaAs）是一种易于制备且性能优良的半导体材料，这种材料的制备需要极为严格的环境条件。1970 年美国建立了第一家生产砷化镓的工厂，采用的是"水平布里支曼法"（Horizontal Blidgman，HB）。

## 二　陶瓷材料

早在史前时期，人类就制成各种陶器，后来在中国又利用高岭土烧制出瓷器，陶瓷所具有的性能是其他材料无法相比的。进入 20 世纪后，英国的梅勒（Mellor，Joseph William 1869—1938）和布拉格（Bragg，Sir William Henry 1862—1942）等人对陶瓷材料的结构、组分变化对陶瓷性质的影响、烧制工艺等方面均有许多新的发现和改进，烧制出许多新的陶瓷品种，其应用范围也在不断扩展中。

1924 年，德国人研制成硬度仅次于金刚石的氧化铝陶瓷。1935 年，西门子公司正式生产这种陶瓷，其硬度及耐高温性能均优于硬质合金钢刀具。第二次世界大战后，在电力、电子技术领域得到应用，汽车、飞机也都使用这种陶瓷制作耐高温高压的火花塞。1957 年，美国通用电气公司研制成半透明氧化铝陶瓷，由于其耐高温高压的优越性能，广泛用于制造高压钠灯灯管，飞机、坦克、轿车的风挡或防弹窗，红外制导导弹的整流罩等，成为现代高技术领域的重要材料。

作为金刚石代用品的碳化硅（SiC）在 1891 年由美国的艾奇逊（Acheson, Dean 1856—1931）在实验室偶然发现时，误认为是一种类金刚石物质，称为金刚砂。1893 年他用电弧炉烧结石英和碳的混合物制成碳化硅后，到 20 世纪 50 年代在工艺上又有了很大的改进，后来用热压烧结法成功地制造出以氮化硅为黏合剂耐高温的碳化硅陶瓷材料，由于其在高温情况下几乎不会发生变形和破坏，在燃气轮机的燃烧室、导向静叶片方面已得到应用。

电子陶瓷材料在 20 世纪 50—60 年代受到苏联科学家的重视，他们进行了大量的研究，掌握了滑石瓷、莹青石瓷、锂辉石瓷、石英玻璃陶瓷等高频绝缘陶瓷，以及金红石瓷、钛质瓷、铁电陶瓷等电介质陶瓷的生产制造方法。20 世纪末，电子陶瓷的研究重点转向柘榴石系化合物及正铁氧体（又称钙钛矿型铁氧体）系化合物方面。陶瓷已广泛应用于电子、通信、机电、核能、航天、军事工程等多方面。

### 三 复合材料

复合材料是由两种或两种以上材料经一定工艺制成的一种兼有几种材料性能的材料，是 20 世纪后半叶的新兴材料技术。复合材料可以克服单一材料性能的不足，而具有几种材料共同的优点，可以在高温、低温、高压、高真空及各种辐射的环境下不改变性能。20 世纪 50 年代后，出现了玻璃钢、金属陶瓷、碳纤维复合材料等多种复合材料，其中玻璃钢的年产量达 100 多万吨，20 世纪 80 年代出现的碳纤维与塑料、陶瓷、玻璃、金属均能复合而成为新的纤维复合材料，在民用工业、航天航空、交通通信领域均得到应用。20 世纪末，复合材料又有了新的发展，出现了高性能、多功能及特殊功能的复合材料，由此不但提高改善了传统生产工艺的不足，也使在特殊环境下的技术开发成为可能，如抗高压、高温的导弹弹头、各种航天器部件、核能及核动力技术方面的特殊部件均使用了这类复合材料。

### 四 塑料

塑料是高分子材料的一种。高分子材料是 20 世纪出现的一种新型材料，它具有众多结构相同的化学单体构成的网状分子结构，由此使高分子材料既具有很好的强度和弹性，又具有非金属材料的绝缘性和隔热性。目前主要有塑料、合成橡胶、合成纤维等。高分子材料是在 19 世纪高分子链状结构理论及 20 世纪高分子合成技术的基础上发展起来的。

图 8—38 申拜恩

塑料是人类最早生产的高分子材料。1846 年，瑞士巴塞尔大学的申拜恩（Schönbein，Christian Friedrich 1799—1868）将棉花放入浓硫酸和浓硝酸的混合酸中，制成硝化纤维，发现它可以在乙醚和乙醇混合液中溶解，他将这种溶液称作"珂罗酊"。英国冶金学家帕克斯（Parkes，Alexander 1813—1890）得知这一消息后，于 1850 年将珂罗酊溶液进行蒸发，得到一种耐水且有弹性的固体物。他认为，这种材料可以作为绝缘材料使用。由于这种模塑制品质地太硬难于加工，所以未被推广。1865 年，帕克斯用硝化纤维、酒精、樟脑、蓖麻油混合制成一种能在一定温度和压力下熔化的硝化纤维制品。

1870 年，美国的海厄特（Hyatt，John Wesley 1837—1920）在寻找象牙台球的替代品时通过实验发现，樟脑的酒精溶液对硝化纤维是一个理想的增塑剂，把它加入硝化纤维后，性能柔韧，材料容易加工，由此发明了赛璐珞，随后创立赛璐珞制造公司，生产的赛璐珞广泛应用于制造台球、电影胶片、假牙、镜框及各种工艺品方面。1878 年，海厄特又发明了注射模塑技术，即后来在塑料工业中广为使用的注塑技术。赛璐珞是最早用化学方法改性的塑料，直到 1927 年耐燃安全的醋酸纤维塑料问世之前，赛璐珞一直是人们唯一使用的人造塑料。

1872 年，德国的拜耳（Baeyer，Adolf von 1835—1917）认为苯酚与甲醛在酸的作用下可以生成树脂，即后来的酚醛树脂，1900 年英国的史密斯（Smith，Arthur）提议将酚醛树脂用于绝缘材料。1907 年，美国的贝克兰（Baekeland，Leo Hendrik 1863—1944）在研究苯酚与甲醛反应后发现，这种反应在酸中可以生成一种可溶的树脂，可以替代虫胶或赛璐珞。他将苯酚和甲醛缩合，再掺加木粉等填料，制成最早的具有一定韧性的合成塑料——酚醛塑料，当时用于制造各种电器制品。

图 8—39 齐格勒

1935 年 12 月，英国帝国化学公司的佩林（Perrin，Michael 1905—1988）等在进行乙烯高压实验时意外得到聚乙烯粉末，1939 年英国建造了一个 50 升的反应器，开始了最早的高压聚乙烯生产。聚乙烯具有良好的绝缘性，很快成为高压电缆的绝缘材料。1953 年，德国马克斯－普朗克研究所的齐格勒（Ziegler，Karl 1898—1973）发现用三乙基铝［（$C_2H_5$）$_3$Al］和四氯化钛（$TiCl_4$）作为催化剂，可以使乙烯在常温下聚合。此后意大利于 1954 年，德国于 1955 年，法国于 1956 年，美国于 1957 年均开始了工业化生产聚乙烯。

1927 年，德国和美国开始了有机玻璃（聚甲苯丙烯酸甲酯）的生产。1928 年开始了最早的氯乙烯塑料生产，后几经改进成为重要的热塑性塑料。此后，聚氯乙烯（1931）、聚苯乙烯（1933）、聚丙烯（1954）等几百种塑料被开发出来，到 20 世纪 80 年代，全世界塑料产量已达 5000 万吨，几乎应用于工业、军事及人类生活的各个领域。

### 五　人造橡胶

人造橡胶也称合成橡胶，由于天然橡胶产量有限，在 19 世纪末一些化学家开始研究人造橡胶。

1860 年，英国化学家威廉姆斯（Williams, Charles Greville 1829—1910）发现，橡胶的主要成分是异戊二烯，天然橡胶是由分子量很大的异戊二烯聚合而成的。1879 年，法国化学家布恰特（Bouchardat, Apollinaire 1809—1886）用异戊二烯合成一种有弹性的物质。1909 年，德国化学家霍夫曼（Hofmann, Fritz 1866—1956）用 2，3-二甲基丁二烯-1 为原料合成甲基橡胶，1912 年后德国开始工业化生产。1930 年，德国将丁二烯与丙烯腈聚合，开发出丁腈橡胶并很快进行工业化生产。当时，丁二烯是用乙炔、乙醇或煤为原料制造的，1942 年，美国标准石油公司开发出用丁烯催化脱氢生产丁二烯的方法，此后石油成为制造丁二烯的主要原料。

20 世纪 30 年代，德国和苏联又研制出成本较低、耐压性能较好的丁钠橡胶，这种丁钠橡胶的原料是用电石水解产生的丁烯，但是电石水解耗电量大，因此成本较高。20 世纪 60 年代，开始用从石油、天然气取得的丁二烯代替丁烯。1940 年，杜邦公司开始生产 1932 年由卡罗瑟斯（Carothers, Wallace Hume 1896—1937）研制的，用氯丁二烯聚合性能更接近天然橡胶的氯丁橡胶，1943 年研制成耐热、耐老化且具高绝缘性能的丁基橡胶。1954 年，美国用四氯化钛 - 三烷基铝催化剂将异戊二烯聚合成异戊橡胶。异戊橡胶的结构和性能均接近于天然橡胶。50 年代末，美国、日本的公司又制成顺丁橡胶，其结构规整、性能优良。20 世纪 60 年代后，出现了一些具有特殊性能的新品种，如硅橡胶、乙丙橡胶等 200 多种新型人造橡胶，成为军用、民用的重要橡胶材料。

1960 年，世界合成橡胶产量达 244 万吨，开始超过天然橡胶产量（202 万吨），到 20 世纪 80 年代合成橡胶产量超过天然橡胶产量一倍多。

由于现代化学的发展，可以用"高分子设计"方法来控制改变聚合物结构，根据需要合成新的合成橡胶品种，橡胶生产向大型化、自动化、多品种小批量方向发展。

### 六　合成纤维

合成纤维是 20 世纪发展最快的新型化工产品之一。早在 1900 年，英国即建成年产 1000 吨的黏胶纤维工厂。1931 年，德国的法本公司（IG. Farben AG）研制成聚乙烯纤维，商品名为"PeCe"，但由于其不耐热，很难在服装业应用而未得到发展。后来发展起来的尼龙、涤纶、腈纶、丙纶、维尼纶等成为合成纤维的主要产品。

（一）尼龙（聚酰胺纤维）

尼龙是最早大量商品化的合成纤维。尼龙 66 是美国杜邦公司用了近 10 年时间，耗资 2000 万美元，合成了上百种聚酰胺，最后从中选中由己二胺和己二酸反应生成的聚合物，于 1936 年投产，商品名为 Nylon-66，并创立了在室温下拉丝成形的熔体纺丝工艺。德国的施拉克（Schlack, Paul 1897—1987）利用己内酰胺缩聚制成聚酰胺，1940 年建厂投产生产聚己内酰胺，商品名为"Perluran"，即贝龙，尼龙 6。第二次世界大战后日本研制出尼龙 3、尼龙 4、尼龙 9，法国研制出尼龙 11，苏联研制出尼龙 7，但真正被市场所接受而大量生产的还是尼龙 66 及尼龙 6，其高强度和耐磨性是其他纤维无法比拟的，因而得到了广泛的应用。

（二）涤纶（聚酯纤维）

涤纶是 1941 年由英国的温菲尔德（Whinfield, John Rex 1901—1966）和迪克森（Dickson, James Tennant）研制成功的，1953 年美国杜邦公司开始工业生产，商品名为"Dacron"。以后欧洲、日本许多国家也开始生产。由于涤纶具有很好的形状稳定性，其短丝主要用于织造涤纶布，用于服装业，长丝则用于工业，其产量逐年增加，是年产量最多的合成纤维之一。

（三）腈纶（聚丙烯腈纤维）

腈纶有"人造羊毛"之称，其强度远高于羊毛，而其柔软蓬松性与羊毛十分接近，是羊毛的重要替代品。腈纶是 1939 年德国法本公司赖因（Rein, Herbert 1899—1955）研制成功的，1948 年，杜邦公司将之命名为"Orlon"，1950 年开始工业生产，其后许多国家对其生产工艺进行了改进，使成本进一步降低，质量进一步提高，到 20 世纪 80 年代后，其世界年产量占合成纤维的 20%。

（四）丙纶（聚丙烯纤维）

丙纶是德国有机化学家齐格勒与意大利化学家纳塔（Natta, Giulio 1903—1979）在 1954 年研制成功的，于 1959 年投入工业生产。其原料丙烯是石油裂解制取乙烯的联产产物，资源丰富，因而丙纶广泛用于工业，在民用方面多用于织造地毯。

（五）维尼纶（聚乙烯醇甲醛纤维）

维尼纶是一种耐热、耐水性均较好的合成纤维。1924 年被德国人最早合成，1939 年日本的樱田一郎（1904—1986）等人在工艺上做了重大改进，1948 年在日本工业生产。20 世纪 70 年代后，日本、中国、朝鲜等均成为维尼纶生产的大国，维尼纶主要用于工业用品的织造方面。

20 世纪 60 年代后，一些耐热、抗燃性强、高强度的特殊用途的合成纤维开始问世，还出现了具有特殊功能的合成纤维，如高分子交换纤维、中空纤维等。

合成纤维不但可以作为传统自然纤维的替代或补充品，而且由于其特殊的性能广泛用于航空航天、海洋工程、信息通信等各方面，成为自然纤维无法替代的重要化工材料。

除上述塑料、人造橡胶、合成纤维三类高分子材料外，在 20 世纪还出现了光敏高分子材料，如感光树脂和光致变色高分子材料；医用高分子材料，如人工器官用的各类高分子材料；特殊用途的高分子材料，如各种黏合剂、建筑用的各种高强度低重量的聚酯材料等。

# 第八节　生物技术

生物技术又称生物工艺或生物工程，它利用现代生命科学、信息技术和化工技术，加工生产各种生物新产品或进行生物改良、生物防治、环境治理等。主要包括基因工程、细胞工程、酶工程和发酵工程四大类，是 20 世纪后半叶发展最快的高技术，在工农业生产、医疗卫生、环境治理与保护等方面已有广泛的应用。到 20 世纪 90 年代，生物技术的许多领域发展都十分迅速，生物技术已成为当代重要的高技术门类。

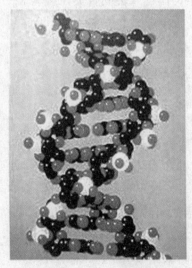

图 8—40　DNA 双螺旋结构模型

## 一　基因工程

基因工程也称遗传工程，是采用类似工程设计的方法，按照人类需要将具有遗传信息的目的基因，在离开生物体的情况下进行剪切、组合、拼装，然后把经过人工重组的基因转入宿主细胞内进行复制，使遗传信息在新的宿主细胞或个体中高速繁殖，以创造人工新生物。1973 年，首次实现了遗传基因的人工剪切和重组，人类按自己需要创造特定生物品性的新物种的愿望终于得以实现。

现代遗传学创始人奥地利神父孟德尔（Mendel，Gregor Johann 1822—1884）通过豌豆试验，将决定生物体性状的因素称作"遗传因子"。1909 年，丹麦遗传学家将"遗传因子"改称为"基因"（gene）。1930 年，美国生物学家莱文（Levene，Phoebus 1869—1940）将"酵母核酸"称作"核糖核酸"，将"酵母核酸"中的糖分子少一个氧原子的"胸腺核酸"，称作"脱氧核糖核酸"。1934 年，莱文将构成核酸的许多片段称作"核苷酸"，这些核苷酸由一个嘌呤（或嘧啶）、一个糖分子和一个磷酸分子构成。脱氧核糖核酸的英文缩写为 DNA，核糖核酸的英文缩写是 RNA。

1953 年，美国的分子生物学家沃森（Watson，James Dewey 1928—）、克里克（Crick，Francis Harry Compton 1916—2004）等人用实验发现了 DNA 的双螺旋结构，揭示了生物遗传的结构特征。1957 年，美国生物化学家科恩伯格（Kornberg，Arthur 1918—2007）以此为基础，成功地合成 DNA。1959 年，美国生物化学家奥焦亚（Ochoa，Severo 1905—1993）又体外合成 RNA 获得成功。1961 年后，不少生物化学家对 DNA 双螺旋结构进行研究，到 1967 年，已发现并破译了 20 余种氨基酸密码，并发现 RNA 能将细胞核内的 DNA 遗传密码传入细胞质中。1967 年，科恩伯格等人合成具有感染活性的病毒 DNA。至此，人类掌握了遗传物质的制造方法，可以通过改变基因，控制生物体遗传性能。1973 年，美国的科恩（Cohen，Stanley Norman 1935—）与博耶（Boyer，Herbert 1936—）等人首次完成了体外基因重组技术，开辟了遗传工程研究的新纪元。美国加利福尼亚和南旧金山大学的基因技术公司于 1977 年开始生产生长素。1980 年，科恩和博耶创建基因公司生产干扰素。1976 年，美国的柯拉纳（Khorana，Har Gobind 1922—）成功地合成人的遗传基因。

基因工程在生物制药、农作物品种改良、生物优生及转基因动植物培育以获得某些特殊性能的物种方面均得到应用。利用基因技术的克隆技术（无性繁殖技术），在动物方面已获得成功，但对人类的克隆目前尚有争议。20 世纪 80 年代后，各国相继成立了 1300 余家生物技术公司，生产销售医用蛋白质等生物制品。1993 年，科恩和博耶创建的基因工程公司营业额已达 5 亿美元。

## 二　细胞工程

细胞工程是将细胞在离开生物体情况下进行培养、繁殖，使细胞的某些特性发生改变以创造新品种或提取某些物质的过程。包括细胞及组织培养、细胞融合、体细胞杂交、细胞器移植、染色体工程等。

细胞工程开辟了基因重组的新途径，不需要分类、提纯、剪切、拼接等基因操作工艺，只需把遗传物质植入受体细胞中，就能生成杂交细胞。它克服了常规杂交的局限性，开辟了远缘杂交的新途径。1960年，英国生物学家发明了用酶脱除细胞壁的方法，开始了细胞融合技术的研究。1957年，日本的冈田善雄（1928—2008）发现失去活性的仙台病毒能使两个动物细胞合成具有两个细胞核的新细胞，此后动物细胞融合技术迅速发展起来。1973年，日本的千畑一郎（1926—）等人完成了固化酶和固化细胞技术。1978年，德国的梅尔歇斯（Melchers，Johann Georg Friedrich 1906—1997）用细胞融合技术培养出马铃薯和番茄的杂交种"薯番茄"，开辟了植物细胞融合技术的新途径。1979年，日本出现了细胞和原生质体的融合技术。此后，胚胎工程、胚胎分割、无性繁殖、蛋白质工程技术迅速发展起来，出现了人工合成牛胰岛素、蛋白质设计、生物芯片、人造种子及试管动物、植物工厂等生物培育方式。

基因工程与细胞工程相结合，正在改变着人类对生物的认识和控制功能，有人称为是一场"绿色革命"。

### 三　酶工程

酶实质上是一种高分子蛋白质，起着生物催化剂的作用。1897年，德国化学家布赫纳（Buchner，Eduard　1860—1917）发明了用磨碎的酵母菌液汁对葡萄酒发酵的方法，由此开创了酶化学的研究。

1930年，美国的萨姆纳（Sumner，James Batcheller 1887—1955）和诺思拉普（Northrup，John Howard 1891—1987）成功地揭示了酶的本质、功能和结构。在第二次世界大战期间，创始了发酵工程中的生物反应器技术，战后在生物工程中得到迅速应用。酶工程是利用酶所具有的某些催化功能，用生物反应器或工艺方法，生产人类所需要的生物产品的方法和过程，包括酶制剂的开发和生产、酶的固化技术、酶分子的化学修饰、酶反应装置的开发等。20世纪50年代，出现了以微生物为主体的酶制剂工业。

20世纪末，已开发工业用酶50余种、医用酶120余种、酶试剂300余种，这些产品广泛用于食品、医药、纺织、制革、造纸、能源、农业及环保等方面。微生物酶制剂是工业酶制剂的主体，带动并促进了许多新产业的发展。随着20世纪后半叶科技界和产业界对酶的机理、结构、复制、合成等认识的提高，工艺得到不断创新。

图8—41　巴斯德

### 四　发酵工程

发酵工程又称微生物工程，是利用微生物的某些特定功能，通过现代工程技术手段产生有用物质或直接把微生物用于工业生产的技术过程，包括培育优良菌体、发酵生产代谢产物、改造天然物质等。

1857 年，法国微生物学家巴斯德（Pasteur, Louis 1822—1895）认为各种发酵过程是由不同的微生物引起的，阐明了发酵这一生化过程的本质。新的微生物工程又称现代发酵工程，是传统的发酵技术与现代生物工程相结合的产物，使发酵技术进入微生物工程阶段，是当代生物工程应用于工农业的主要渠道。它更使人类定向创造新物种成为可能，还出现了许多应用现代微生物技术产生的新产品和新工艺，如微生物食品、微生物塑料、微生物采矿、微生物新能源、微生物净化污水等。

生物技术是一项投资少、效益高的技术，它建立在生物资源的可再生基础上，可以把高温高压下的生产过程，改变成常温常压下的生物反应过程，更可以按人的意识创造、生产新的生物品种和制品。它将改变人类对自然的认识，并为人类提供新的控制自然的手段，是 20 世纪后半叶兴起并正在迅速发展的一门高技术。

## 第九节　现代医学科学与技术

### 一　医疗诊断新技术

近代以来，医疗技术取得了飞速的发展，新的医疗技术不断出现，进入 20 世纪后，生物技术正在改变人类传统的生物观念，并与医疗技术相结合，出现了许多新的医学治疗诊断技术，并形成了新的医学观念。

精确的诊断技术起源于体温计。意大利医学教授桑托里奥（Santorio, Biograph 1561—1636）1611 年即制造出一种原始体温计。真正实用的体温计，是德国物理学家华伦海特（Fahrenheit, Daniel Gabriel 1686—1736）在 1729 年左右发明的酒精温度计和水银温度计，并确立了华氏温标后出现的。1742 年，瑞典乌普萨拉大学教授、天文学家摄尔修斯（Celsius, Anders 1701—1744）确立了摄氏温标（水的沸点为 0°，冰点为 100°），4 年后他的同事 M. 施勒默尔（Schlem-

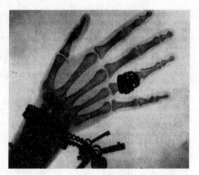

图 8—42　人手的 X 射线照片

mer, M.）把这种标记法颠倒过来确立了一直流行至今的百度温标。1857 年，英国医生奥尔伯特（Allbutt, Thomas Clifford 1836—1925）发明的医用温度计是一根刻度范围在 95 ℉~110 ℉或 35℃~45℃之间的短管，并在装水银的银泡上端设计了一个拐点。温度升高时，水银膨胀使水银流过拐点而上升，但当温度降低时，却无作用力使其回落。这样可以方便读数，然后再甩动温度计使水银返回小球泡内。这种温度计通称体温计，一直流行至今。

体温计和 1816 年法国医生拉埃内（Laennec, René-Théophile-Hyacinthe 1781—1826）发明的听诊器成为近代重要的物理诊断仪器。

1895 年，德国物理学家伦琴（Röntgen, Wilhelm Conrad 1845—1923）发现了 X 射线后，随即用 X 射线摄下了他妻子手的 X 射线图，使 X 射线透视成为之后的

图 8—43　CT 原型机

重要诊断方法。为了对胃肠等软组织器官进行透视，1897 年美国医生坎农（Cannon, Walter Bradford 1871—1945）发明了"钡餐"。

1973 年，美国的柯马克（Cormack, Allan McLeod 1924—1998）、英国工程师豪斯菲尔德（Hounsfield, Sir Godfrey Newbold 1919—2004）将 X 透视发展成可以得到身体不同层面影像的 X 射线计算机体层摄影仪（CT）。这种机器由 X 光断层扫描仪、微型计算机和显示屏组成，成为当代放射诊断的最重要手段。1976 年 CT 广泛应用于临床以来，不断得到完善，到 20 世纪 80 年代，CT 已经发展到第五代。1979 年，出现了"彩色 X 射线断层照相术"，其原理是当病人身体或头部通过扫描仪时，一束 X 射线快速环绕该部位旋转，其强度随透过的身体组织性质呈现强弱变化，探测器将接收的这些信号传给计算机，由计算机将之转化为影像。

核磁共振成像技术（MR1）是当代电子学、CT、计算机与核共振频谱学等科学技术的结晶，MR1 利用人体内的氢原子在强磁场中受到脉冲激发后产生磁共振现象，通过空间编码技术把散发出来的磁共振产生的电磁波以及与其有关的质子

密度、弛豫时间等参数，经计算机处理形成影象。MR1 比 X 射线透视和 CT 有更高的灵敏度，可以明显地提供病变部位及状况。这项技术出现后，到 1982 年已经在许多医院用于临床诊断。

传统的内窥镜在 20 世纪也得到彻底变革。最早的内窥镜是法国医生德索米奥（Desormeaux, Antonin-Jean 1815—1894）于 1853 年发明的，用于直肠检查。在病人肛门内插入硬管，借助蜡烛光观察直肠内壁。1861 年，德国的迈尔（Meyer, Christian Erich Hermann von 1801—1869）发明了眼底镜。1878 年在德国出现了膀胱镜，19 世纪末出现了支

图 8—44　CT

气管镜和食道镜。进入 20 世纪后，内窥镜技术有了进一步的发展。1903 年，美国的凯利（Kelly, Howard Atwood 1858—1943）发明了直肠镜。1950 年，日本医生宇治达郎（1919—1980）在奥林巴斯公司帮助下，发明了软式胃内摄影法，其后随着电子技术的进步，利用光纤的无痛胃镜用于临床。1962 年，德国人创立了脑室镜检法。1963 年，日本创制了纤维内窥镜，1964 年研制出纤维内窥镜的活检装置。20 世纪 80 年代后，激光技术和超声技术与内窥镜技术相结合，使内窥镜诊断技术的准确性大为提高。

20 世纪后半叶，动态血压记录仪、三维超声扫描技术、多普勒诊断仪等新的诊断技术均已临床应用，这些新诊断仪器和技术的应用，极大地提高了对疾病的诊断能力和精度。

## 二　生物药物与化学药物

自古以来，世界各民族均以植物及动物、矿物作为药物。古埃及人在公元前 1600 年即使用牛胆汁、番红花、蓖麻油、阿片（鸦片）等为药材。公元 1 世纪，古希腊的迪奥斯科里德斯（Dioscorides）所著《药物论》（*De Materia Medica*）中，记载了来自生物的生药 500 余种，将植物分为芳香、烹饪及药用 3 类。中国的《神农本草经》以及唐朝苏敬等人编写的《新修本草》、明代李时珍（1518—1593）的《本草纲目》均是对中国古代药物的总结。直至今天，有 40% 左右的药物仍是植物的提取物，而且有些植物药剂对某些疾病的治疗效果是无法用其他药物代替的。

17 世纪后，欧洲炼金术向医药化学开始转变，阿拉伯人及欧洲人在炼金术中

发明的各种化学器皿及天平等用于药物学研究。进入 19 世纪后，在成功地从植物中提取吗啡、颠茄、喹宁、毛地黄、强心苷、阿托品等生物碱的基础上，随着有机化学、合成化学的出现，药物的化学合成和工业化生产于 19 世纪末开始出现。

19 世纪末，德国药学家艾里希（Ehrlich, Paul 1854—1915）就致力于研究对人体无害但能杀死细菌的化学药物。1907 年，他发现对人体无害的"锥虫红"染料能杀死非洲昏睡病病原虫后，即开始了药物合成的研究。1909 年，他与日本留学生秦佐八郎（1873—1938）研制成一种可以杀死梅毒螺旋体的砷制剂 606，他称为 Salvasan，对其进一步改进后称为"914"，用于治疗梅毒。

1924 年，德国合成了抗疟疾药"扑疟喹咛"，1930 年合成了"阿的平"，用于治疗在热带被昆虫叮咬，因微生物感染的血吸虫病、黑热病、阿米巴痢疾、疟疾等疾病。1932 年，德国法本公司病理实验室主任多马克（Domagk, Gerhard 1895—1964）制成一种红色合成染料"百浪多息"（胺磺氮偶）。这是一种对胺基苯磺酸的衍生物，1935 年多马克发现百浪多息对葡萄球菌有很强的抑制作用，可治疗猩红热、产褥热及丹毒等因链球菌感染所致的疾病。1935 年，法国巴斯德研究所的特雷弗尔（Tréfouél, Jacques）等人发现百浪多息治疗的主要成分是磺胺基，由此发现了磺胺类药物对各种炎症的疗效。1938 年，英国 May & Baker 公司研制成第 693 种化学药物，命名为磺胺吡啶或 M&B 693，可有效地治疗肺炎和脑膜炎。化学方法合成磺胺类药物，工艺简单、成本较低且使用方便，到 1945 年，各国合成的磺胺类药物已达 5000 多种，用于临床的也有二三十种。

### 三　抗生素

抗生素的发现是 20 世纪医药方面的一个重要突破，最早的抗生素是 1928 年

图 8—45　弗莱明

伦敦圣玛丽医院的细菌学教授弗莱明（Fleming, Sir Alexander 1881—1955）无意中发现的青霉素。当时，弗莱明正准备用显微镜观察培养皿中葡萄球菌时，发现培养皿上被一种来自空气的青色霉菌所污染，在青色霉菌周围的葡萄球菌全部死掉。他认为可能是青色霉菌产生了某种杀灭葡萄球菌的物质。他又多次重复实验，都得到满意的结果。他于 1929 年将这一发现发表于英国皇家《实验病理季刊》上，并称产生的这种杀菌物质为"青霉素"。后来证明这种物质能杀灭链球菌、白喉和炭疽杆菌，但对人及动物毒性很小。此前，弗莱明于 1921 年曾发现一些动植物的分泌物中含有一种可以杀死细菌的物质，

他称为"溶菌酶"。由于当时艾里希的606、多马克的
磺胺正引起医学界的极大兴趣，他的这一发现并未引起
重视。直到1939年，英国牛津大学病理学家弗洛里
（Florey，Howard Walter Florey，Baron 1898—1968）和
生物化学家钱恩（Chain，Sir Ernst Boris 1906—1979）
合作，重新研究了青霉素性质，并解决了其提纯问题后
才开始在美国大量生产，并迅速用于第二次世界大战中
的战伤救护。青霉素自20世纪40年代至今已经历了三
代。第一代是天然青霉素，如青霉素G（苄青霉素）；
第二代是20世纪70年代后将青霉素母核6-氨基青霉烷

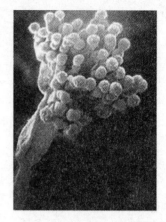

图8—46　青霉素菌株

酸（6-APA）改变侧链，制
成半合成的青霉素，如甲氧
苯青霉素、羧苄青霉素、氨苄青霉素；第三代是20世纪
80年代后出现的母核结构带有与青霉素相同的β内酰胺
环的新一代青霉素，但没有四氢噻唑环，如硫霉素、奴
卡霉素等。青霉素（Penicillin）曾译为盘尼西林。

　　弗洛里、钱恩及其助手们通过临床发现，青霉素对
脑膜炎、白喉、淋病、梅毒、猩红热等急性传染病均有
明显的疗效。这一发现震动了医学界，许多人开始研究
抗生素。

图8—47　科赫

　　20世纪40年代前，结核病是一种不治之症，死亡
率相当高。德国细菌学家科赫（Koch，Robert 1843—1910）曾解剖过一个因患结
核病死亡的年轻人，发现他的肺部布满了后来称为"结核节"的小颗粒。科赫将
这些小颗粒研碎染色，经多次显微观察，终于发现
了结核杆菌。青霉素被发现后用于治疗结核病也无
效。1932年美国微生物学家瓦克斯曼（Waksman，
Selman Abraham 1888—1973）从土壤中寻找霉菌。
1939年至1943年间，他领导的小组从土壤中分离出
1万余株能对病原菌产生抑制作用的抗生素。1943
年，他们成功地从灰色霉菌的培养基中分离出可抑制
结核菌和多种革兰氏阴性杆菌的抗生素。1944年1月
他将这一发现公布，并将之命名为"链霉素"。此前，
他在1941年提出了"抗生素"这一术语。链霉素的
发现，使长期无法治疗的结核病得以有效的控制。

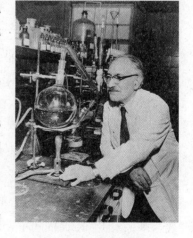

图8—48　瓦克斯曼

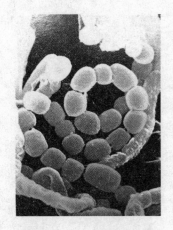

图 8—49 从链丝菌提取的
链霉素菌株

20 世纪 40 年代，青霉素和链霉素的生产及其对细菌的有效性，使医学界对发现新的抗生素产生极大的兴趣，许多新的抗生素被发现并批量生产。1947 年发现了对胃肠杆菌有特效的氯霉素，1948 年发现了金霉素，后来又发现了土霉素、四环素、先锋霉素、红霉素、氨基苷、4-喹啉等。但由于致病细菌的抗药变异，一些产生抗药性的突变型菌株会迅速繁殖而使人患病。因此，细菌学家、药物学家始终在努力发现或培养新的抗生素。

### 四 维生素

维生素是人体不能产生而必须从食物中摄取的基本营养物质。

19 世纪 80 年代，荷兰医生埃伊克曼（Eijkman，Christiaan 1858—1930）研究荷兰驻东南亚军队患的脚气病时，发现其发病原因是未食用富含维生素 B 的食物所致。1907 年，美国生物化学家芬克（Funk，Casimir 1884—1967）从米糠中提取维生素 B 成功，并命名这类食物中所含的带有氨基的有机碱性物质为 "Vitamine"，中文译名为 "维他命"，后改称为 "维生素"。1913 年，美国生物化学家麦科勒姆（McCollum，Elmer Verner 1879—1967）和戴维斯（Davis，Marguerite 1887—1967）发现并提取出 VA，

图 8—50 埃伊克曼

区分了水溶性和脂溶性两种维生素，并对不同种类维生素冠以 A、B、C、D……加以区分。20 世纪 20 年代，维生素 A、$B_1$、$B_2$、$B_6$、C、D、E 及 PP（抗癫皮病维生素）、泛酸、叶酸等均已提取成功。1948 年，美国和英国从动物肝脏中提取出治疗恶性贫血的 $B_{12}$。20 世纪 30 年代后，生物化学的研究进一步弄清了许多维生素都是各种辅酶的成分，并弄清了各种维生素的化学结构，为大批量生产维生素提供了条件。

当时许多维生素是从动植物中提取的，最早用化学合成方法制成的维生素是维生素 C。1933 年，瑞士生物学家赖希施泰因（Reichstein，Tadeus 1897—1996）用木糖为原料合成维生素 C，1934 年又研究出用葡萄糖为原料的合成法。美国生物学家威廉姆斯（Williams，Robert Runnels 1886—1965）自 1926 年开始从米糠中提取维生素 $B_1$ 的结晶，并弄清了其结构中含有硫原子。他将这种结晶称作 "硫胺"，于 1937 年成功地用化学方法合成了硫胺。此后，瑞士化学家卡勒（Karrer，

Paul 1889—1971）于 1933 年合成核黄素；1936 年，埃文斯（Evans, Herbert McLean 1882—1971）用皂化方法从小麦胚芽油中制得液体维生素 E，后来化学合成了消旋的维生素 E。维生素 A 和维生素 D 则是 1932 年后从鱼肝油、麦角甾醇中提取的。

### 五　器官移植术与人造器官

器官移植术是 20 世纪 70 年代发展起来的一项新的医疗技术，包括不同人体之间的器官移植、人体内组织的移植和将动物器官向人体的移植，这是与医学界对组织相容性作用的发现以及离体器官保存方法、显微外科技术、免疫抑制剂控制排斥反应技术、血管吻合术等的进步分不开的。或者说，上述发现和技术是器官移植术发展的基础。

20 世纪 80 年代，由于美国研制成高效的抗排异药物环孢菌素，可以有效地防止人体对移植来的他人器官的排斥，使器官移植术的成功率空前增加，而且，同时进行多个器官移植成为可能。1989 年，美国进行了首例心、肝、肾同时移植手术，日本东京女子医科大学进行了首例异血型肾移植手术。美国、澳大利亚、英国还进行了活供体肝脏移植手术。奥地利进行了首例用 13 个小时，同时移植胃、肝、胰腺和小肠的手术。中国也成功地进行了肝、胃、肺、脾、肾、胰岛、甲状腺、胸腺等多种器官和组织的移植。

由于器官移植需要大量的人体器官，其来源是个不容易解决的问题。不少医学家一直在进行动物器官移植于人体的实验。1964 年，美国密西西比大学的外科医生曾将一个黑猩猩的心脏移植到一个 68 岁病人身上，但病人几小时后死亡。1984 年 10 月 26 日，美国洛马林达大学医疗中心为出生两周心脏严重发育不全的女婴，做了心脏移植手术，将一个 7 个月的雌狒狒的心脏成功地移入女婴体内，女婴存活 21 天。由于所使用的抗排斥药物严重地损伤了她的肾，最后因肾衰竭死亡。这是 20 世纪动物器官移植人体的最成功案例。

由于人体器官脱离供体后存活时间很短，即使冷藏也只有 7 天左右，因此保存供体器官是器官移植必须解决的关键问题，但目前这一问题尚未解决。1996 年，美国的法伊尔（Feyer, Gregory M.）等研究出一种低温保存器官的方法，这种方法是将人体器官放入加有低温保存剂的水中，在 $5.07 \times 10^{7}$ 帕斯卡的高压下迅速降温至 $-125℃$，水在这一压力下

图 8—51　人造心脏

仍是液态。这种保存方法是低温而不是冷冻，且升温后器官仍能复活。这种方法在动物器官实验中已获得一定的成功，但保存人体器官还有许多问题需要解决。

由于供体器官不易获得，美国在1993年有2800人因得不到合适的人体器官而死亡，其他国家也有类似情况。1995年，英国有人设想将人的DNA移到猪胚胎中，猪长大后由于人的基因的作用，可使其器官能与人的免疫作用协调，避免移植后人体的排斥反应。这种方法称为"转基因器官移植"，如这一方法能实现，那么用于移植的人体器官短缺问题有望缓解。

随着生物技术和分子生物学、现代纺织技术的进步。一些科学家和工程师开始研究人造器官和人造人体组织。

1943年，荷兰医生科尔夫（Kolff, Willem Johan 1911—2009）制成第一个人工肾脏，这实质是一个很大的模仿肾的透析功能的装置，病人的血液流过这一装置，血液内的有毒物质能透过胶膜被滤走，而血球和蛋白质不能通过。这个装置可以临时替代人的肾脏让受损肾脏康复。20世纪50年代后由于高分子材料的出现，这一装置得到许多改进，变得小而轻，使用更为灵便。1960年后，美国医生发明了可以装入人体连通动脉、静脉的连接器，用这个连接器再与人造肾脏相连，可以定期对病人进行血液透析治疗，完全取代了肾的作用。到20世纪70年代已有几千人使用这一装置。

1966年后，美国有人开始研制一种可以代替血液的液体。1967年宾夕法尼亚大学教授斯洛维特（Sloviter, Henry Allan 1914—2003）制成乳状全氟化碳，称为"复苏DA"。这种乳白色的乳化液可以与血液混合，由于担心会使血凝堵塞毛细血管，所以很长时间没有临床使用。1979年4月，日本人首次成功地使用了这种人造血，证明了人造血临床使用的可靠性。中国在1980年后也制成氟化碳人造血。这类人造血虽有输氧功能，但尚不具备输送养分功能。

人造心脏是20世纪80年代初开发成功的。一开始仅是设计了用两根长管与体外的一个机器相连，借助机器维持心脏跳动的是一个人工血泵和心肺循环装置。在心脏手术时它可以临时取代心脏功能，使病人在血液正常循环的状态下，实行无血心脏手术。1982年12月2日进行了首例塑料人造心脏的移植手术，病人在术后存活112天。移植这种人工心脏的病人，最长的存活了620天。1993年又开发成一种新型的人造心脏，这种心脏用金属与塑料的合成制品与牛心包组织制成，分体内与体外两部分。体内部分安有气泵和驱动装置，有手掌大小，安装在病人腹部，用导线与安有电子泵和操作系统的体外部分相连接。这种人造心脏仅有左心房的功能，可以促成血液的体内循环。由于通过该心脏的血液易凝结，因此病人需按时服抗凝药，以防因血凝而导致供血不足或心脏梗死。

人造的髋关节出现较早。在1960年，英国医生用塑料臼和金属球为病人替换髋关节，后来广泛使用的是钛铬合金制造的人造髋关节，此外还出现了各种人工关节假肢，供先天或事故致残的病人使用。

## 第十节　信息战时代的军事技术

### 一　导弹与制导武器

第二次世界大战期间，德国布劳恩研制的 V1 火箭实际上属于巡航导弹，V2 属于弹道导弹。战后由于东西方两大政治阵营的对立，在军备竞赛中，导弹技术得到突飞猛进的发展，已经成为一种全新的武器系统。

第二次世界大战后，苏联加快了洲际导弹的研制。早在 1946 年，苏联的洲际导弹的概念就诞生了，因为苏联的空军很快就意识到在潜在的苏美冲突中，他们不仅要依靠 V2 短程导弹，还要依赖远程导弹。苏联政府于 1949 年批准了中程弹道导弹的研制，1954 年洲际导弹的研制获得批准。当美国意识到要研制洲际导弹时，苏联已经试射了第一枚导弹。作为研制洲际导弹的第一步，美国开始用布劳恩的 V2 火箭技术研制一种名为红石（Redstone）的中程弹道导弹。

苏联研制的 T2 型火箭，是苏联的中程弹道导弹，也是洲际导弹的基础。到 1957

图 8—52　苏联的洲际导弹（1957）

年，一种新型火箭 T3 研制成功，在负载 2 吨多的情况下，发射高度到达 211 公里。这种火箭实际上是世界上第一枚洲际导弹。

1957 年 8 月 7 日，美国的冯·布劳恩成功发射了丘比特 C 火箭，飞行高度达到了 960 公里。在哈萨克斯坦秋拉塔姆的一个僻远的火箭基地，苏联的火箭工程人员科罗廖夫（Королёв，Сергей Павловеч 1907—1966）小组已经完成发射第一枚洲际导弹的准备，1957 年 8 月 26 日，苏联宣布于 8 月 3 日发射了第一枚超远程、洲际、多级弹道导弹。

20 世纪 60 年代，美苏重点研制了战略弹道导弹和巡航导弹，由于导弹仍以液氧作为氧化剂的液体推进剂为

图 8—53　科罗廖夫

主, 发展只能是地基, 即从地面上发射。巡航导弹体积庞大, 速度不高, 易于被拦截击落。所研制的空空、地空等战术导弹反应时间长, 只能应对敌方的大型、速度较慢的轰炸机、侦察机, 而且推进剂只能在发射时临时加注。

20 世纪 60 年代后由于研制出可存储的液体和固体推进剂, 美国研制成北极星潜射导弹, 大力神 II、民兵 II 洲际导弹, 苏联研制出 SS-N-6 潜射导弹及 SS-7-11 系列洲际导弹。这些导弹在命中率、可靠性方面均有很大提高, 舰空、地空等短程防空导弹也很快装备部队。1967 年中东战争后, 反舰导弹在苏、法等国首先发展起来, 空空导弹已具备远距离拦截和全天候作战的能力。这一时期的导弹飞行速度和命中率大为提高。70 年代后美苏致力于提高导弹的突防能力、命中率和反应时间, 扩展型号以增强适应能力展, 陆基、水基、空基导弹全面投入实用。由于高性能的固体推进剂研制的成功, 采用这种推进剂的小型导弹, 如美制响尾蛇（Sidewinder）、苏制 AA9、法制 R500 等不但重量轻、体积小、机动性强, 而且能够攻击高速, 同时释放电子干扰的飞机。

20 世纪 80 年代后, 导弹技术进入了所谓的第四代, 近程、中程、远程及洲际等各种射程, 防空、反潜、反坦克、反辐射、反卫星、反舰等各种攻击标的以及在各种发射点如陆基、地下、水下、空中的导弹均被研制成功并被部署。

在反导方面, 20 世纪 60 年代后, 美国率先研制成功爱国者反导系统, 苏联研制成功

图 8—54　爱国者反导系统

S300 系统, 更发展了导弹的隐形与抗干扰能力。

在导弹制导技术的影响下, 美、英、苏等国迅速研制了各种精确制导武器, 如激光制导炮弹、制导炸弹, 使轰炸已不再是狂轰滥炸, 而是定点清除, 这既可以最大限度地避免平民伤亡和财产损失, 也可以极大地降低战争费用。到 20 世纪末, 各国研制的制导武器有五六百种之多, 所采用的主要制导方式有卫星制导、激光制导、红外制导、雷达制导、复合制导等。此外, 毫米波制导、多模复合制导、凝视红外成像制导等一批先进的制导技术已经成熟。

美国更在 1983 年开始实施对导弹拦截的"星球大战计划", 确定地基、空基和天基三种导弹预警和拦截方式相结合的立体化导弹防御体系, 保守的防御目标是至少消灭同时来袭的 5000 个导弹的 40%。

早在 1962 年，美国利用贝尔电话实验室研制的奈基－宙斯反弹道导弹拦截系统（Nike Zens anti Misslle System），成功地拦截了一枚洲际弹道导弹。1963 年，美国使用了更为先进的相控阵雷达和高速拦截等组成的奈斯 X 系统，该系统可以应对高密度来袭导弹群和真伪弹识别。

1990 年，美国将"星球大战计划"改为应对有限打击的全球防御系统，该系统由国家导弹防御体系（NMD）、战区导弹防御体系（TMD）和全球导弹防御体系组成。自 1997 年到 2000 年间，进行了多次来袭导弹拦截试验。随着航天技术、电子技术、计算机技术和导弹技术的进步，战争的形式已从第二次世界大战及其后的控制制空权向 20 世纪末的控制"制天权"发展，立体化战争的范围已扩展到全球及其近地太空。

### 二　新概念武器

由于第二次世界大战后高新技术的突飞猛进，一批与常规武器不同的新概念武器在发达国家开始研发。"新概念武器"指工作原理、结构、功能各方面与传统武器不同，或功能相同但工作原理、结构并不同的一类武器的总称。已设计或在研的有定向能武器、动能武器、计算机病毒、次声武器等多种。

美国 20 世纪 90 年代的"星球大战计划"，就提出在空间用激光武器、粒子束武器、动能武器对敌方导弹、卫星进行拦截打击的设想。

美国 1975 年开始研制激光武器，1997 年 10 月 17 日，美国用强激光将离地400 公里的在轨卫星 MST1-3 击毁，成功地展示了激光武器的卓越功能。

激光武器有瞬间发射、命中率极高、不受电子干扰的优点，但获取高能量激光的手段较为困难。事实上，早在 1960 年红宝石激光器问世之后，美、苏等国即开始研究激光武器。

作为定向能武器的另一种是粒子束武器，它靠粒子加速器发射带电的粒子束或中性粒子束，经聚焦和瞄准，依靠粒子束的高能量和电荷迁移效应摧毁目标物或使目标物失去功能。此外还有以极高能量发射的电磁脉冲、微波武器等。

动能武器是指利用高速飞行的非爆炸性单体，撞击对方目标的武器，20 世纪90 年代已投入试用，主要用于攻击卫星。

发达国家利用其先进的科技手段和雄厚的财力，在许多新概念武器的研制方面都有突破，但其保密性很强，作为公开的历史记载与描述可能是多年以后的事。

# 第九章　中国近现代的技术发展

## 第一节　洋务运动

### 一　中学为体，西学为用

清朝即"大清帝国"系起源于中国东北的属于阿尔泰—通古斯语系的满族所

**图 9—1　林则徐**

创建，满族先人在商周时称肃慎，汉朝时称挹娄，南北朝时称勿吉，隋唐时称靺鞨，辽金宋时称女真，1616 年建州女真①首领努尔哈赤（爱新觉罗·努尔哈赤 1559—1626）统一女真各部，建"大金"，史称"后金"。1636 年皇太极（爱新觉罗·皇太极 1592—1643）改女真为满洲，1644 年攻入山海关灭亡明朝创建"大清帝国"。

清朝虽然经历康熙（爱新觉罗·玄烨 1654—1722）、乾隆（爱新觉罗·弘历 1711—1799）二帝的"盛世"，但自雍正（爱新觉罗·胤禛 1678—1735，1723 年即位）起，

一直自认为是个"物产丰盛、无所不有"的"天朝大国"，拒绝海外通商，长年闭关锁国。乾隆之后，朝政日渐腐败，到 19 世纪初开始衰落。

两次鸦片战争的失败，清朝许多有识之士开始认识到西方的"船坚炮利"的威力，设法了解西方学习西方，即"师夷"。林则徐（1785—1850）在担任钦差大臣主持广州禁烟期间，主持编译了介绍西方地理、科学技术和政治社会的《四洲志》《华事夷言》，一批介绍西方科学技术、地理社会的著作也开始大量出版，如《红毛英吉利考略》（江文泰，1841）、《海录》（杨炳，1842）、《英吉利记》（萧令裕，1842）、《海国图志》（魏源，1844）。其中魏源（1794—1857）是近代中国开眼看世界的一位先驱人物。他在《四洲志》的基础上，大量增补、扩充材料，编成《海国图志》一书。他在《海国图志》序言中说："是书何以作？曰：

---

① 明朝时，女真分成三部分：建州女真、海西女真和海东女真。海东女真尚处于原始状态，以渔猎为生，又称野人女真。

为以夷攻夷而作，为以夷款夷而作，为师夷之长技以制夷而作。"提出了"师夷之长技以制夷"的主张，即学习西方的科学技术来抵御西方对中国的侵略。他指出："西洋之长技有三：一曰战舰，二曰火器，三曰养兵练兵之法。""人但知船炮为西夷之长技，而不知西夷之长技不徒船炮也。"他认为，西方资本主义国家之所以富强，除拥有一支装备精良的军队外，更重要的是由于建立起一套近代化的工业。为此，他建议设立造船厂和火器局，制造轮船、机器以及各种器物，如"量天尺、

图9—2　焚毁后的圆明园遗迹（1860）

千里镜、龙尾车（水泵）、风锯、水锯、火轮机、火轮车、自来火、自转碓、千万秤之属，凡有益民用者，皆可于此造之。"并提出允许民间自由设厂，凡有利于国计民生的先进技术都应该学习，以达到"尽得西洋之长技为中国之长技"的目的。这些由进步的知识官吏和知识分子倡导的"师夷"精神和向封闭的清朝介绍西方先进文化的活动，开启了了解西方、学习西方的先河，为后来从国家层面进一步学习西方先进科学技术，学习西方的治国方略奠定了思想基础。

作为"师夷"的实践，是19世纪60年代后兴起的洋务运动。

图9—3　克虏伯公司为清政府培养炮手

19世纪，是中西方文化冲突与融合的时期。洋务运动之前，虽然西方传教士曾致力于向中国介绍西方近代科学知识，但是对中国传统文化影响并不大，所译书籍流传不广。19世纪中叶后，西方科学文化向中国的急速渗透，中西文化的冲突剧烈展开。这一冲突体现的是专制主义与民主政治、妄自独尊与世界主义、儒家文化与基督文明的冲突。自秦统一中国后，历代统治者对起源于先秦的各家学说择其有利于专制统治的加以发挥补充，到19世纪已形成一套维护专制社会的行之有效的伦理纲常和道德规范，而西方近代社会形成后，特别是经历法国大革命之后，自由民主的政治理念加上近代科学的求真务实，以及市场

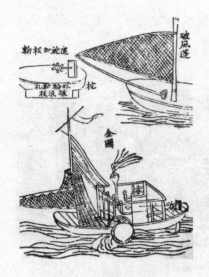

图9—4 《海国图志》插图

经济的追求个人利益、追求法制的思想是反封建反专制的，西方的文化一旦在中国流行，会直接危及清廷的专制体制。既要维护自己已有的体制，又要学习西方先进科学技术和文化，已成为摆在当政者面前必须解决的一大难题。林则徐的学生冯桂芬（1809—1874）于1861年写成《校邠庐议》一书，他提出"以中国之伦常名教为原本，辅以诸国富强之术"。后来概括为"中学为体，西学为用。"于是"中学为体，西学为用"、"天不变道亦不变"成为洋务运动的主导思想。

洋务运动实际上是中国人在外来压力之下，自主地引进并发展科学技术的一次技术救国的尝试，尽管抱残守缺的顽固势力犹自死守"祖宗之法"、"圣贤之言"而拒绝一切变革，但是西方近代科学技术所展现出的巨大威力，已经严重地动摇了中国人的传统技术观。随着西方近代技术被移植，近代工业技术在中国的兴起，工业化的早期尝试已经开始。

图9—5 吴淞铁路通车（1876）

## 二 西方技术的引进与近代企业的创办

洋务运动领导人物主要有总理衙门大臣恭亲王奕訢（1833—1898）、大学士瓜尔佳·桂良（1785—1862）、内阁学士瓜尔佳·文祥（1818—1876）。地方官吏有两江总督曾国藩（1811—1872）闽浙总督左宗棠（1812—1885）、直隶总督李鸿章（1823—1901）、湖广总督张之洞（1837—1909）。洋务运动以引进西方武器生产制造技术开始，不久即扩展至采矿冶金、机械制造、船舶制造以及轻工纺织各方面。

洋务运动历时 30 余年，不但创办了近代化的陆军、海军，并开办了安庆军械所（曾国藩，1861）、江南制造局（李鸿章，1861）、福州船政局（左宗棠，1866）、天津机器局（完颜崇厚，1867）等一批近代化的军工企业。

19 世纪 70 年代后，洋务派在"求富"的口号下，大力兴办民用工业，以"稍分洋人之利"。到 90 年代，洋务派共创办了 20 多个民用工业企业，其中比较重要的有：1872 年和 1880 年李鸿章在天津先后设立的开平矿务局和电报总局；1890 年张之洞在湖北开办的汉阳铁厂、大冶铁矿和江西萍乡煤矿即汉冶萍公司。

图 9—6　李鸿章

李鸿章曾指出："臣惟认古今之国势必先富而后强，尤以先富民生而国本乃可益固。"

随着洋务运动的开展，西方的蒸汽机和机器体系、化工技术、枪炮和轮船制造技术、采矿和冶金技术等被大量引入中国。洋务运动令中国社会风气大开，"崇本抑末"的传统理念遭到批判，人们对"奇技淫巧"产生了日益浓厚的兴趣，"末业"的地位正在发生变化。于是，继洋务派兴办工业之后，19 世纪 70 年代，一些有钱的地主官僚和商人也开始开办一些小型的近代工厂，从事民用产品的生产，这是中国民族资本工业的起点。

1866 年，上海发昌机器厂开始使用车床，成为中国民族资本主义机器工业的发端。

图 9—7　湖北兵工厂（张之洞，1891）

1872 年，南洋华侨商人陈启沅（1834—1903）在广东省南海县开办使用蒸汽机的继昌隆缫丝厂，在他的带动下，广东的南海、顺德一带在短短的 20 多年时间内，就出现了五六十家机器缫丝厂，发展成为民族资本缫丝机器工业的一大中心。

在棉毛纺织业方面，最早的一家大概要算道台朱鸿度与盛宣怀（1844—1916）于 1894 年在上海合办的裕源纱

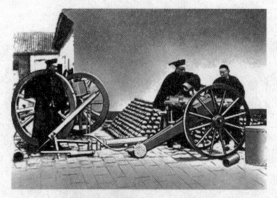

图9—8 上海洋炮局制造的短炸炮

厂，该厂全部采用英国机器进行生产。19世纪80年代，淮系官僚杨宗濂（1832—1905）、汇丰银行买办吴懋鼎（1850—？）等人创办了无锡第一家纺织厂业勤纱厂、天津第一家毛纺织厂。

在机器制造业方面，甲午战争以前，机器制造企业有十余家都集中在上海。其中，船舶修造业最多，约有9家。

在火柴制造业方面，1879年，华侨卫省轩在佛山文昌沙独资创办中国第一家火柴厂巧明火柴厂，生产舞龙牌火柴。随后，又有人在上海、重庆、厦门、广州、太原等地设立了火柴厂。在1894年以前，共有火柴厂12家。中国传统的取火方式是用火石打火，这些工厂生产的火柴是来自西方的黄磷火柴，当时称为"洋火"。

在面粉业方面，1878年，创办上海轮胎招商局的巨商朱其昂（？—1878）在天津创办贻来牟机器磨坊。1887年，福州面粉厂建成。1893年，天津商人在通州创办机器磨坊。1894年，北京也出现了一家机器磨坊。甲午战争以前，机器工业大多出现在上海、广东一带。

在采煤业方面，从19世纪70年代末期到80年初期，曾经出现了一个本国资本开办机器采煤业的高潮。安徽池州、湖北荆门、山东峄县枣庄、广西富川贺县、直隶临城等煤矿，都是在这一时期兴办的。这些煤矿的机器设备均购自国外，有的还聘请了外国技师。

在造纸业方面，1889年，广东设立宏远堂机器造纸公司。1891年，上海设立伦章造纸厂。

在印刷业方面，上海、广州、杭州、北京等地，曾设立新式印刷厂十多家。其中，规模比较大的是1882年设立于上海的同文书局，有石印机12架，职工500人。

在公用事业方面，1890年，美籍华人黄秉常集资40万美元，从美国威斯汀豪斯电气公司购买了两台100马力的发动机和两台1000伏特的交流发电机，于1890年成立广州电灯公司，聘请了美

图9—9 福州船政局建造的全钢甲军舰平远号

国人任总工程师，雇用工人 100 余。此外，广州和汉口都酝酿过创办自来水公司。

除了以上行业外，在制茶、制糖、制药、制玻璃、制煤饼、制汽水、碾米等方面，也出现了一些民族资本企业。

表 9—1　　　　　　　　　　洋务运动时期开办的一些重要工业企业

| 年份 | 创办人 | 名称 | 主要产品 |
|---|---|---|---|
| 1862 | 李鸿章 | 上海洋炮局（机械局） | 兵器 |
| 1864 | 曾国藩 | 南京军机所 | 船舶、武器 |
| 1865 | 李鸿章 | 南京洋式机械局 | 兵器 |
| 1865 | 曾国藩、李鸿章 | 上海江南制造局 | 枪炮、钟表、农机 |
| 1866 | 左宗棠 | 福州船政局（马尾造船厂） | 船舶 |
| 1866 | 李鸿章 | 天津机器局、金陵机器局 | 枪炮、子弹 |
| 1871 | 左宗棠 | 兰州机器局 | 枪炮 |
| 1872 | 李鸿章 | 轮船招商局（官商合办） | 船舶 |
| 1877 | 李鸿章 | 开平矿务局 | 煤炭 |
| 1877 | 丁宝桢 | 四川机器局 | 兵器 |
| 1880 | 左宗棠 | 兰州织呢厂 | 毛纺织 |
| 1882 | 李鸿章 | 上海机器织布局 | 棉布 |
| | | 金陵火药制造局 | 弹药 |
| 1890 | 张之洞 | 汉冶萍公司（汉阳铁厂、大冶铁矿、萍乡煤矿） | 煤炭、铁矿、钢铁 |

1890 年后，一些外商企业开始进入中国，如 1893 年的上海电力公司、上海鸿源纺织公司，以及中外合资企业如中东铁路公司。事实上，到 19 世纪末，近代的钢铁、煤炭、造船、纺织、机械、武器制造等工业企业均在中国兴办起来。

在洋务运动中，洋务派为了培养自己的人才，1862 年后，设立京师同文馆、上海方言馆、福州船政学堂、天津

图 9—10　首批赴美留学的幼童

水师学堂等 20 多所近代学校，向欧美派出留学生，同时还派出官员出国考察，鼓励士商出国学习。

到 19 世纪末 20 世纪初，一批近代企业在中国的许多城市中兴起，一批西方

科学技术书籍被翻译引进，更有不少早期留学外国的人士回国，其中不少人对近代中国科学技术事业发展做出贡献，如1881年94名留美学生回国，成为船政局、上海机器局、天津水师的重要技术骨干力量。这批人后任内阁总理1人，任职外交部14人（其中3人为大使），矿业工程师6人，教育界5人（大学校长2人），海军界18人（海军总司令1人、军官17人），电报局16人（电报局长1人），铁路17人（铁路局长4人、工程师6人），还有在海关、卫生界、新闻界任职的和从商的。

图9—11　汉阳铁厂（1895）

图9—12　哈尔滨火车站（中东铁路，1900）

洋务运动虽然存在不少弊端，而且其起源也是在民族存亡的关头不得已而为之的被动之举，但是从历史主义角度看，洋务运动是中国近代历时最久、规模最大的近代化实践活动，是中国走向世界的先声，不但引进了当时世界上先进的生产力，也引起了生产关系的巨大变革，动摇了中国传统的"重农抑商"观念，更培育出一批与资本主义生产方式相适应的企业家、工程师、知识分子和产业工人。

在洋务运动中，西方一些先进技术开始引进，1894年，引进的贝塞麦转炉和西门子马丁平炉炼钢设备正式投产（汉阳制铁所），其高炉容积达477.5立方米、每日可炼8炉生铁，仅汉阳制铁所1908年年产钢66410吨，两年后达119396吨，国内自销16800吨，出口日本23700吨，出口美国3800吨。事实上，到19世纪末，近代企业在中国发展是较快的，仅上海1866—1891年，由华人开办的机械制造方面的企业就有23家，到辛亥革命前，已建成铁路9000多公里，京沈、京汉、津浦、中东几条铁路均已通车。

在东北地区，由沙俄与清政府合资修建的中东铁路自 1898 年开工后，历时 5 年建成东至绥芬河，西至满洲里，南由哈尔滨至大连全长 2500 公里的铁路，使经济落后的东三省很快进入了近代化历程，促成哈尔滨、长春、鞍山、大连的建市和相关工业的兴起。至第二次世界大战结束时，东北的铁路网总长已达 12000 多公里。

图 9—13 济南火车站（胶济铁路，1908）

胶济铁路的修建也促进了山东半岛的经济发展，相伴也带进了西方的先进技术。

正是因为有了洋务运动，才有了中国近代产业。洋务运动自觉地引进西方先进的生产技术，同时也带来了先进的生产关系。从林则徐、魏源的引进洋炮、仿制战舰的"师夷"，到冯桂芬的"中学为体，西学为用"，洋务派的"采西学"、"制洋器"、"师其所长、夺其所恃"，一脉相承，反映了中华民族在空前的民族危机面前，开始挣脱传统意识的羁绊，为求民族之生存与发展而艰苦奋进的勇气和决心。

图 9—14 北京前门火车站（20 世纪初）

### 三 清末的"新政"与"实业救国"

从北洋海军全军覆没的中日甲午战争，到清廷支持义和团攻打外国领事馆引发的八国联军进北京，迫于来自外部和内部的巨大压力，为了维系自己的统治，清政府被迫推行"新政"。1901 年 1 月，慈禧太后（1835—1906）以光绪帝的名义下谕开始推行新政。

1901 年 7 月，改总理衙门为外务部。

1903 年开始，改革军制，裁汰绿营，编练新军。

1901—1905 年，清政府陆续采取了废八股、废科举、设学堂、派留学生出国和在清政府成立学部管理全国学堂等措施。

1903 年 9 月成立商部，制订了《奖励公司章程》《商会简明章程》等规章制度，在这些规章中支持自由发展实业，奖励资本家兴办企业，国家承担了保护投资者利益的责任。

同一时期，"实业救国"开始成为许多有识之士的重要救亡理念，其中一个典型代表人物是具有报国思想和受西方文化启迪的张謇。

张謇（1853—1926）于 1894 年中状元，授翰林院修撰，然而在目睹了清王朝的专制和腐败、经历了甲午战败和帝国主义瓜分狂潮之后，他认为，要挽救中国，"除掉振兴工商业决没有第二个办法"。由此促使他投身于为封建士大夫一向鄙视的工商实业。

自 1898 年起，张謇陆续创办或参与投资了大生纱厂、通海垦牧公司、大达轮船公司以及面粉、冶炼、发电、港口等等一批近代工业企业。此外，他还举办教育文化事业，把实业、教育称为"富强之大本"。张謇毅然放弃仕途而投资近代工业，是向传统价值观念的一次挑战。同是状元出身的孙家鼐、陆润洋等人也在甲午战后投资办厂，随后一批具有功名地位的士人纷纷投身工商实业。这反映了旧式士大夫在新时代来临之际思想观念开始发生重大转变，对人生理想有了新的选择。

## 第二节　中华民国时期西方技术在中国的移植

### 一　从民国初年到抗日战争前夕

中华民国成立不久，国民政府即颁布《普通教育暂行办法》，对清末教育体

制进行了重大改革，将教育分为初等、中等、高等三级，时任教育总长的蔡元培（1868—1940）提出"国民教育、实利主义教育、公民道德教育、世界观教育、美感教育"的"五育"并举方式，批判了清末的"忠君、尊孔、尚公、尚武、尚实"的封建教育思想。

这一时期，经历了"新民运动"和"新文化运动"之后，传统的孔孟之道和宗教迷信受到批判，科学和民主的思想得到宣扬。从中国近代史的角度，可以将新文化运动看作中国近代向现代的转变时期，是科学启蒙时期，是一次思想上观念上的变革时期。

图 9—15　蔡元培

但总体来看，中国近现代的技术发展，原创性的发明

不多，更多的是西方技术因时、因地制宜的移植。

清末出国的大批留学生回国，为清末和民国初年中国的技术发展做出重大贡献。第一批工程技术人才以容闳（1828—1912）为代表，他除了引进各种西方机械外，还带领留学生出国学习。留学生中学习工程技术者居多。在政体腐败、经济落后、经济基础薄弱的条件下，正是这批人的卓绝努力，使西方近代技术开始大批向中国移植。

（一）造船业

1866 年 4 月，中国近代自行设计的第一艘轮船黄鹄号在南京长江下水。该船载重 25 吨，长 55 尺，顺水时速 25 里，耗银 800 两。由徐寿（1818—1884）负责机械制造，华衡芳（1833—1902）绘图，计算和动力设计。

1868 年，江南制造局（即后来的江南造船厂）的恬吉号下水，载重 500 吨，329 马力，长 185 英尺。

江南造船厂当时已拥有 545～600 尺干船坞 3 座，年造船能力 3 万吨，但在 1865—1911 年仅造船 151 艘，排水 31530 吨，中间停产 30 年，1912—1937 年造船 599 艘，

图 9—16　徐寿

总排水 204935 吨，其中 1919—1921 年为美国造 4 艘 14750 吨的远洋运输船，主机 3400 马力，长 443 英尺，时速 13 海里。除日本外，该厂是远东唯一可以制造万吨远洋轮船的造船厂。

（二）铁路

英国铁路工程师史蒂芬森（Stephenson，George 1781—1848）于 1864 年到上海时，曾建议中国修筑铁路。但是当时无人能理解。甚至英人于 1874 年在上海修筑的第一条铁路，清政府也以 28.5 万两白银收购，1877 年将钱付清后居然立即令人拆除，平了路基，将设备全部沉入湖中。后来由于唐山开滦煤矿的开采，于 1879 年总算建成长 18 里标准轨距的唐胥运煤专用铁路，此后不久，在中国兴起了修筑铁路的热潮。至辛亥革命前，除外资外，中国自己修筑铁路 5449 公里，铁路工程师主要是留美生和天津武备学堂铁道班、山海关铁路学堂、芦汉铁路学堂的毕业生，其中留美生詹天佑（1861—1919）于 1909 年完成了路况十分复杂全长 360 里的京张铁路的修筑，并组建了"中

图 9—17　詹天佑

华工程师学会"。

1912—1927 年修筑铁路 3723 公里，1928—1941 年又修筑铁路 5915 公里。同时，沿线建有许多车辆厂、维修厂。唐山机车厂 1903 年即制成 260 式机车，至 1941 年共生产机车 62 辆。到 1937 年，全国共有机车 1339 辆，客车 2476 辆，货车 17294 辆。

（三）桥梁

到 1935 年，建成铁路桥总长 8 万米以上，其中最长的是长 3010 米的平汉路黄河桥，该桥于 1903 年开工，1905 年建成，单式桁架 102 孔。由茅以升（1896—1989）主持建造的钱塘江公路铁路双层桥是中国桥梁史的典范。该桥于 1935 年 4 月开工，1937 年 9 月 26 日建成，桥长 1453 尺，下层为铁路，上层公路，桥墩为钢筋混凝土结构，桥梁为合金钢制造，耗资 165 万美元。但仅用了 3 个月，因日军入侵被迫炸毁，光复后又重新修复。

图 9—18　茅以升

同时，公路桥发展也很快。到 1940 年底，全国公路总长 21205.9 公里，公路桥 7286 座，总长 86618.7 米。在形式上既有传统的拱桥，也有吊链桥、钢桁架桥、悬索桥，不少桥为航运方便还设有可开动的钢桁架。

（四）水利

中国近代水利工程是民国后开始的，1917 年永定河泛滥后，北洋政府于 1918 年 3 月在天津成立了以曾担任过民国第一任民选总理的熊希龄（1870—1937）为会长的"顺直水利委员会"，负责天津地区海河流域的测绘、防洪、河道取直等水利工程。1928 年改组为"华北水利委员会"。至 1937 年，设立雨量站、水文站、水标站多处，整治了永定河、龙凤河、子牙河，完成了海河放淤工程和滹沱河、桑干河灌溉工程。

1922 年，民国政府创设"扬子江水利委员会"，对长江进行了较为完整的测绘工作，设水文站 247 处，完成吴淞江虞姬墩 2000 余米的截弯取直工程，建成太湖通长江的两处河闸，开始系统地开展导淮工程和珠江水利工程。

1933 年黄河发大水后，民国政府成立了"黄河水利委员会"。该委员会完成了黄河下游的地形测量，设立 10 余座水文站，完成了多次黄河决堤的堵口工程。注重沿河特别是上游的植树，共植树 1200 万棵。

1930 年民国政府在陕西开展"关中八惠"灌溉工程，到 1944 年灌溉面积达 138 万亩，使关中成为中国重要的产粮区。

为培养水利工程人员，1915 年在南京成立了河海工程专科学校。1935 年，在南京又成立了中央水工实验所，开始了科学系统的水利工程实验工作。

（五）化工

在制碱方面，1916 年蒙古制碱公司已开始用石灰苛化天然碱生产苛性钠，1918 年山东鲁丰化工机器制碱厂，采用卢布兰法生产纯碱。1914年，范旭东（1884—1945）在塘沽一个农村开始研究制精盐的方法，1915 年久大精盐工厂开始投产，到 1931 年，年产精盐 400 万担。1917 年又筹办永利碱厂，1920 年侯德榜（1890—1974）在该厂设计用索尔维法以盐制碱的工艺，于 1924

图 9—19　侯德榜

年 8 月 13 日投产，生产的红三角牌纯碱获得国际市场的好评。之后侯德榜进一步研究成功世界上最先进的联合制碱法，既产碱又产氨，后被范旭东命名为"侯式制碱法"。在侯德榜主持下，永利硫酸铵厂于 1937 年 2 月投产。留学美国的化工学家孙学悟（1888—1952）在 1922 年将原久大盐业公司化学实验室扩建为"黄河化学工业研究社"，为永利和久大两个企业从事化学研究并进行国内化工资源调查和分析。久大盐业公司、永利碱厂和黄海化学工业研究社成为中国近代化学工业的典范。

在制酸方面，两广硫酸厂于1929 年开始采用铅室法制造硫酸。1934 年，天津利中硫酸厂采用南开大学应用化学所设计的流程，开始用硫铁矿制造浓硫酸。上海天原电化厂

图 9—20　天津永利碱厂

用电解法生产供制造味精的盐酸。

（六）电气

早在 1882 年，英国人在上海就安装一台 12 千瓦的发电机，供照明用。1905年京师电灯公司创立，安装了 2 台 75 千瓦交流发电机、1 台 150 千瓦交流发电机，为北京城内提供照明用电。到 1911 年，全国共有发电设备总容量 27000 多千瓦，到 1936 年，上升为 851165 千瓦。但是配电电压、频率均较混乱。抗战时期，西南水力发电得到发展。

上海华生电器制造厂自 1916 年即开始生产电器开关、变压器、电风扇、交流发电机等，其中交流发电机可达 200 千伏安。益中机电瓷电公司生产高压变压器、高压瓷瓶。华成电器制造厂生产 0.5～100 马力感应电动机。抗战期间，昆明中央机器厂生产出 200 千瓦的燃用煤气的发电机。

（七）电信

1879 年大沽至天津的有线电报开通。到 1912 年，有线电报线路 5 万多公里，到 1936 年，已有架空有线电报线路 9.5 万多公里，地下电缆 200 多公里，水底电报电缆 6850 公里。中国自办的城市电话始于 1900 年的南京电报局，仅装电话 14 部，之后，电话业务迅速发展起来。同时，无线电报也发展起来，到 1943 年，计有 1 千瓦以上大型无线电报机 23 部，50 瓦以上中型机 101 部。

（八）机械

江南制造局在 1867—1904 年，除制造枪械、火药、轮船外，还生产了各种机床，如车床、刨床、锯床、钻床、汽锤、剪板机、卷板机以及起重机、抽水机等。机械制造业发展较快的是上海，到 1933 年计有中国人自办的机械厂 456 家，工人 8000 余人。到 1936 年，柴油机、煤油机、蒸汽机、交直流发电机、电动机、各种机床，以及纺织机械、粮食加工机械、矿用机械、印刷机械均能自行制造。部分机械国产化年代如下：蒸汽机（1876）、煤气内燃机（1910）、柴油机（1918）、电动机（1923）、车床（1877）、钻床（1910）、刨床（1925）、铣床（1925）、自动织机（1923）、织袜机（1912）、造纸机（1926）、卷烟机（1901）。

图 9—21 航空邮票（1921）

（九）航空

美籍华人冯如（1883—1912）在美国于 1910 年制成的飞机在 700 英尺高度飞行了 20 英里。其后不少人研制飞机，1923 年，广州飞机修理厂设计制造各种飞机 60 多架，抗日战争中制成驱逐机。其他飞机工厂仿制了一批驱逐机、轰炸机、运输机、水上飞机等。1936 年，在清华大学航空研究所建成中国首个风洞，直径 5 英尺，气流每秒 53.6 米，性能良好。中国在清朝末年即派人去国外学习飞机制造和驾驶技术，1910 年，留日学生李宝焌（1887—1912）、刘佐成（1884—1943）在北京制成中国第一架飞机。辛亥革命后，各时期的民国政府亦十分重视发展航空事业，1918 年北洋军阀在福州马尾设"飞机工程处"。1920 年广东革命政府建立航空局，同年成立广州大沙飞机修理厂，制造羊城系列飞机 10 余架。30 年代建成中央杭州飞机制造公司、南京飞机制造厂，清华大学设航空馆和航空工程系。日本侵华期间，中国进口飞机达 2300 架。到 1950 年前，已经开辟有 50 多条航线。

在沿海城市和沿长江的许多城市中，机械、纺织、电器、轻工、水泥、化工等近现代的企业得到充实和发展。

这一时期，出现了一批重要的科学技术成果。1929 年，裴文中（1904—

1982）等人在北京周口店发现距今 50 万年的较为完整的北京猿人头盖骨化石，
1933 年，又在周口店山顶洞发现了距今 5 万年的"山
顶洞人"头盖骨化石三具，由此开始了中国古人类学
的研究。1926 年气象学家竺可桢（1890—1974）提出
中国气候的脉动说。李四光（1889—1971）创立地质
力学，提出中国存在第四冰川纪，并于 1936 年在庐山、
黄山发现冰川遗迹。

图 9—22　裴文中

## 二　日本侵华战争时期

几乎与中国洋务运动同时起步的日本，通过明治维
新，采取全盘西化的策略，在"殖产兴业"、"富国强兵"、"文明开化"的口号
下，实行强有力的全国动员，武力镇压了"武士"的起义，自上而下推行改革，
迅速地从一个封闭的封建小国，到 19 世纪末跻身西方列强之中成为帝国主义强
国。由于日本国内资源贫乏，市场狭小，其进一步发展只有向海外开拓。1895 年
通过日俄战争，从俄国手中夺去了中国东北的大部分控制权，进一步吞并了朝鲜，
割去了台湾。1931 年日本关东军阴谋制造"九一八"事变，炸死东北军阀张作
霖，很快占领东北全境，扶植伪"满洲
国"（1932—1945）。6 年后发动卢沟桥
事变，开始向中国全境的侵略，历时八
年的抗日战争由此爆发。

图 9—23　西南联大

1937 年 8 月，国民政府教育部以北
大、清华、南开三校为基础在长沙组建
临时大学，次年迁至昆明，改称西南联
合大学。以北平师大、北平大学和北洋
工学院为骨干在西安组建另一所临时大
学，次年迁至陕南城固，改称西北联合
大学。这两所大学在抗日战争的 8 年间，坚持教育和科学研究，为抗战和战后特
别是新中国的建设培养出大批人才，吴有训（1897—1977）、王竹溪（1911—
1983）、张贻惠（1886—1946）、赵忠尧（1902—1998）等一批著名的物理学家、
教育家在这两所学校执教。西南联大在 8 年间培养了数千名学生，2000 多人毕
业。其中杨振宁（1922—）、李政道（1926—）、黄昆（1919—2005）、朱光亚
（1924—2011）、邓稼先（1924—1986）、吴仲华（1917—1992）、林家翘
（1916—2013）等都是西南联大培养出的著名的科学家。

许多内地工厂内迁至重庆、贵阳等西南地区，在十分艰苦的情况下，坚持生

产，支援抗日。

图 9—24　耕种图邮票

在陕甘宁地区，中国共产党领导的抗日根据地在缺乏设备、缺乏技术力量，物质十分短缺的情况下，开办各种工场，生产民用品的同时还生产枪支弹药。中共中央将到边区的科研人员、知识分子组织起来，于 1939 年创办"自然科学院"，培养科学技术人才。该学院在新中国成立后搬至北京，改名为北京工业学院，后改名为北京理工大学。1940 年 2 月又成立陕甘宁边区自然科学研究会，早年参加同盟会后担任延安大学校长的教育家吴玉章（1878—1966）当选为会长，他在致辞中指出："新民主主义就是民主政治加上科学的新经济建设。"朱德（1886—1976）在学会成立一周年的祝词中说，科学是促进工农各业发达，提高生产能力，开发和正确利用资源和进行有效的企业管理的伟大力量。可见中国共产党的主要领导人很早即对科学的社会功能有明确的认识。

与关内的情况不同的是在日伪统治下的东北地区。1932 年，在日本关东军一手策划下，成立了伪"满洲国"，清朝末代皇帝溥仪（1906—1967）任傀儡皇帝。日本军国主义为了战争的需要，加紧东北地区的开发和建设，至抗战胜利前，东北地区的钢铁产量和煤炭产量均占全国总产量的 70% 以上，铁路通车里程占 50% 以上，其实力仅次于美国、英国和德国，而居世界第 4 位。可惜抗战胜利后，苏军将其许多重要战略物资作为战利品掠回苏联，并对许多厂矿设施进行了大规模的破坏。其中，沈阳地区 50 多个工厂被拆毁，机床、电机、化工机械、变压器被拆走；鞍山地区 25 个工厂的设备全部被拆走，动用火车车皮 2890 辆，民工 60 万人；抚顺地区的采煤、炼油设施，大连机械厂的 90% 设备，石油、化工以及其它各工厂设备几乎全部被拆走。据 1946 年美国派往东北的一个调查委员会估计，苏军拆走的设备价值 9 亿美元，如重建需 20 亿美元，各类工业设备的损失大体是：电力 71%，煤矿 90%，钢铁 100%，铁路 80%，化工 100%，机械 35%……①

## 第三节　中华人民共和国工业化基础的确立

### 一　经济恢复与苏联援华

第二次世界大战结束后不久，就发生了以苏联为首的社会主义阵营（苏联、

---

① 详见董光璧《中国近现代科学技术史》，湖南教育出版社 1995 年版，第 508 页。

中国、蒙古、朝鲜、北越、罗马尼亚、保加利亚、阿尔巴尼亚、波兰、东德）和以美国为首的帝国主义阵营（美国、英国、法国、西德、意大利等资本主义各国）严重的对立，世界进入了"冷战"时代。

中华人民共和国成立后，中共中央坚决捍卫以苏联为首的社会主义阵营，坚持学习苏联的工业化经验。1952年工农业产值比1949年增长77.5%，年均递增率达21.1%。

图9—25　苏联援建的原子能反应堆
（1958）

继三年经济恢复时期之后，中国真正进入高速发展的早期工业化时期，即第一个五年计划时期。在初期，技术基础还相当落后，中央政府将引进苏联及东欧的技术作为迅速奠定工业化基础的主要手段。以156个工程项目为核心，全面引进苏联及东欧的技术、人才和管理方式，而且确定了优先发展生产资料的生产即重化工业，使中国在"一五"期间，建立了一批大型的骨干企业，工业生产能力得到很大的提高。

此间，中国向苏联派出考察的专家1000多人，实习生2000多人。苏联向中国派出几千人次的专家指导科学技术工作，向中国提供科技资料8400多项，其中包括如T54式坦克、米格15歼击机等当时苏联最先进的兵器技术的全套图纸资料。派出800多专家到中国高

图9—26　中苏友好宣传画

校任教，帮助中国开设新专业150个，建立实验室500多个。1950—1953年，中国向苏联及东欧社会主义国家派出留学生和研究生1700多人，1954—1956年派出留学生4600多人，研究生1200余人。[①]

在第一个五年计划期间，国家坚持优先发展重工业，严格实行计划经济，在中央的强力推进下，第一个五年计划提前一

图9—27　开发大庆油田誓师大会

---

① 见董光璧《中国近现代科学技术史》，湖南教育出版社1995年版，第176页。

图 9—28　南京长江大桥（1968）

年完成，使中国的工业化基础得以初步确立。

在历史上，长江一直是阻碍中国南北交通的一大屏障，1955 年在苏联援助下开始修筑武汉长江大桥，1957 年建成通车。第二座长江大桥——南京长江大桥于 1960 年动工，1968 年建成。

1960 年大庆油田的开发成功，使中国迅速从一个贫油国成为石油可以自给自足的产油大国。

"四个现代化"这一国家长远发展目标在 50 年代初已见端倪。1954 年国务院总理周恩来（1898—1976）在全国人大一届一次会议上的《政府工作报告》中，提出建设"现代化的工业、现代化的农业、现代化的交通运输业和现代化的国防"的口号。1962 年，国家主席刘少奇（1898—1969）在《1961—1972 年经济技术发展设想》中，进一步提出了对"四个现代化"的完整表述："工业现代化、农业现代化、科学技术现代化和国防现代化。"1956 年，国务院组织几百个中国科学家和近百个苏联专家，历经半年多时间编制了《一九五六——一九六七年科学技术发展远景规划纲要》，提出国家建设急需解决的 57 项科学技术任务和 616 个中心问题，要求在 12 年内在某些急需和重要科学技术部门接近和赶上世界先进水平。

### 二　重点项目的推进

"文化大革命"初期，全民热衷大批判、大辩论、大鸣大放的空洞的政治运动，国民生产几乎陷入无政府主义状态。1969 年中共九大之后，国内形势相对稳定，工农业生产有所恢复，许多工农业产品的产量超过 1966 年。到 1971 年，全国出现一次盲目上大项目的热潮，1972 年，中共中央召开了"全国科学技术工作会议"，形成《全国科学技术工作会议纪要》，这是"文革"中批"左"的一次努力，1973 年周恩来总理提出要用 43 亿美元引进国外化肥、化纤、石油、电站等大项目。

中共中央为了克服在"批林批孔"运动中造成的混乱，于 1974 年提出"抓革命、促生产"的号召。其间，由于"珍宝岛事件"中苏发生了边境冲突，毛泽东（1893—1976）等中共中央领导认为中苏间有可能发生更大规模的战争，为了应对这一情况，仿照抗日战争时期的办法，发动东北边境地区大搞土武器的试制与生产。1971 年后，又为了应对国外电子工业的迅速发展，在技术力量十分缺乏，许多技术专家"靠边站"的情况下，又搞了一次全民性的大办电子工业，一时多晶硅提炼、单晶硅切片、光刻以及晶体管、电容电阻的生产在一批非电子工业如奶粉厂、陶瓷厂中兴办起来。这两场以群众运动形式开展的技术跃进，都因缺乏基本的技术力量以失败而告终。

　　早在 1958 年，中国即制造成功第一台万吨远洋货轮跃进号，可惜在首次航行中即触礁沉没。同年，中国第一座试验性原子反应堆建成运转。1960 年中苏关系彻底破裂，苏联中止与中国合作，撤走专家和相关资料，中国科技界开始了以"自力更生"、"没有条件创造条件也要上"为特征的"自主研发"，然而在许多方面，主要还是模仿苏联的。自 1958 年开始仿制苏联 C15 型的地空导弹，1964 年 12 月定型，

图 9—29　东方红 1 号人造地球卫星
（1970 年 4 月 24 日发射）

1965 年 1 月 10 日发射成功。中国第一颗原子弹于 1964 年 10 月 16 日试爆成功，1967 年 7 月 17 日第一颗氢弹空爆成功，1970 年 4 月 24 日成功地发射了第一颗人造地球卫星，1971 年又发射第一颗科学实验卫星。1980 年 5 月 18 日发射了代号为 580 甲的东风 5 洲际导弹，射程达 9070 千米。原子弹、导弹、人造地球卫星的研制成功，使中国跻身国际军事大国之列。

### 三　改革开放与科学技术的全面发展

1976 年毛泽东去世后，10 月 6 日在华国锋（1921—2008）、叶剑英（1897—

图 9—30　全国科学大会（1978）

1986）等人的领导下，"四人帮"（江青、张春桥、姚文元、王洪文）迅速垮台，持续 10 年之久的"文化大革命"终于结束。纠正"文化大革命"给全国政治、经济、文化、科学技术各方面带来的影响，纠正多年来的极"左"思潮、教条主义和个人崇拜成为当时一项重要任务。1977 年 5 月在邓小平（1904—1997）、叶剑英、陈云（1905—1995）等人的支持下，在理论界开展了关于实践是检验真理标准的大讨论，由此使人们的思想得到解放，实事求是的思想和作风得以发扬。

为了纠正"文革"时期对科学技术事业的影响，在华国锋的提议下，全国科学大会于 1978 年 3 月 12 日在北京召开。邓小平在会上作了一个长篇讲话，提出"全面实现农业、工业、国防和科学技术现代化，把我们的国家建设成为社会主义的现代化强国，是我国人民肩负伟大的历史使命。"指出："四个现代化，关键是科学技术的现代化。"

全国科学大会的召开，对于扭转"文革"时期对科学技术事业和知识分子的错误认识起了重要作用，郭沫若（1892—1976）欢呼为"科学的春天"。在全国科学大会的感召下，多年受精神压抑、肉体摧残的广大科技工作者为之一振，报效祖国、投身现代化事业的热情空前高涨，在全国范围内出现了学习科技知识学习外语的热潮。

1978 年 12 月 18—22 日，中共中央十一届三中全会召开，进一步确立了解放思想，实事求是的思想路线，决定把党和国家的工作中心转移到社会主义现代化建设上来和实行改革开放，国民经济开始了全面的调整、改革、整顿、提高。

图 9—31  大哥大传呼机传入中国

20 世纪 80 年代初，中共中央开始了全面平反冤假错案，调整社会政治关系，为错划的右派分子、地主富农分子、原国民党起义投诚人员进行了彻底平反，调整落实了知识分子政策和民族政策，由此解放了一大批中高级知识分子，其中不少是科技界的权威专家。中共中央及时提出"科学技术面向经济建设，经济建设依靠科学技术"以及"科学、技术与经济社会协调发展"的发展方针，1984 年后又做出了经济体制、科技体制、教育体制改革的决定，开始对社会领域全面改革。在这基础上，邓小平提出到 20 世纪末，国民经济总产值（GNP）翻两番的战略目标。

当时许多人特别是各部门的领导干部。对国际上科学技术及其社会状况所知甚少，对什么是"现代化"也缺乏切实的认识，对此，国务院于 1983 年 11 月 3

日及时召开了"注意研究世界新技术革命与我国对策"的高级别研讨会，继而于1984年3月20日又召开第二次研讨会，时任中共总书记的胡耀邦（1915—1989）提出努力学习现代化科学技术知识，向愚昧做斗争的指示。这两次研讨会对于党政干部进一步解放思想、开阔视野，从理论上认识世界高新技术及由此引起的产业革命形势起了重要作用。使大家认识到，搞四个现代化，搞经济建设必须了解世界科学技术发展状况，要抓住时机博采众国之长，创出一条自己的发展道路。

图9—32　中关村电子一条街

20世纪80年代后，国家的科技事业进入迅速稳步的发展时期，1978年，国家开始恢复高考制和研究生培养制度，1982年后每年都有大批的本科生和研究生毕业，其中大部分是理工科及农林医科的学生，为国家的科技事业输入了大批新生力量。同时出国留学形成高潮，公派、自费生大批进入许多国际名牌大学中深造，不少学成归国的年轻学者成为各领域的骨干力量。

大批科研院所摆脱了多年来的"政治挂帅"、"为无产阶级专政服务"、"又红又专，以红带专"等极"左"思想的束缚，一切按科学规律办事，一切为国家四个现代化服务成为科研的主导思想。科技体制改革更进一步放开了行政对科研的限制，一批学有专长的科研人员"下海"创办高新技术企业，北京"中关村"成为最早由科技人员主导的高新技术园区。80年代后期，经济开发区、工业园区、高技术园区在全国许多城市中迅速创办起来，从国外引进的资金、技术以及国内的科学技术成果在这里得到有效的转化，成为国家重要的高新技术基地。同时，国家加大对传统技术的改造，在交通运输方面，效率低、环境污染严重的蒸汽机车被柴油机车、电力机车取代。一批进口汽车和国产新型汽车取代了传统的解放牌卡车和上海牌轿车，集装箱运输成为大批量运输的主要方式。

图9—33　深海采油

图9—34　发射神州飞船

中共中央和国务院为国家科学技术的统筹规划和迅速发展，制订并实施了《"六五"科学技术攻关计划》（1982）、《1986—2000年全国科学技术发展规划》（1983），1986年国家实施了发展"短平快"的技术项目，依靠科学技术进步促进地方经济发展为目的的《星火计划》。1986年3月，中央批准实施以发展生物技术、航天技术、信息技术、自动化技术、新能源技术、新材料技术和先进防御技术七个领域的高新技术发展的《高技术研究发展计划》即"863"计划。1987年7月国家科委开始实施发展高技术的《火炬计划》，成立了在其指导下的53个国家级高新技术产业开发区。1992年国家科委组织实施了以30项基础性重大研究项目为内容的《攀登计划》。这些计划的实施为中国20世纪90年代后的科学技术、教育、经济的顺利发展奠定了良好的基础。

### 四　可持续发展战略的实施

1989年，联合国环境署第5届理事会通过了《关于可持续发展的声明》，1992年，在巴西召开的联合国环境与发展会议上通过了《里约宣言》和《21世纪议程》后，中国从1992年8月起，国家计委、国家科委组织了国务院52个部门、300余名专家开始编写《中国21世纪议程——中国21世纪人口、环境与发展白皮书》（以下简称《议程》）。1994年3月25日，国务院第16次常务会议审议通过了该《议程》。

《议程》共设20章、78个方案领域，分为可持续发展总体战略、社会可持续发展、经济可持续发展、资源的合理利用与环境保护4个部分，并提出了极具操作性的关于中国可持续发展的战略与决策，将可持续发展作为国家发展的基本国策，这是对多年传统工业化思想的重要突破，是中国经济发展与社会、环境协调的重要方略，对以后国家技术观产生了重要影响。

20世纪90年代是中国经济稳步增长的十年，也是传统工业向新的信息产业急剧转变的十年。其中一个重要的表现是在国家以及地方经济发展的技术选择上。

技术选择指一个部门或地区，根据发展的需要（包括社会的需求）对技术发展战略乃至由此而决定对限制与发展的技术门类、技术路线的选择。中国80年代后技术选择的转变是经历了一个过程的。

20 世纪 80 年代，为了发展经济、迅速弥补因十年"文革"造成的国民经济损失，克服短缺经济，提高国力以应对世界科学技术、经济的新发展趋势，国家主要领导人曾提出"有水快流"的发展思想，即一切以提高产品产量、提高 GDP 为主要目标。各级党政机关的工作重点也转向经济建设，社会生产力得到迅速的解放和提高，多年的短缺经济得以缓解，在短短的几年内生产的基本资料即可以满足社会的需求，取消了基本生活用品粮食、布匹、食油、肉类的凭票计划供应制，随后几年出现了许多农产品生产过剩、仓储困难的情况。工业产品产量逐年大增，乙烯、煤炭等过去几十年都按计划供应的工业原料也出现生产过剩。

在环境保护方面，新中国成立后在很长时间内缺乏环保意识，反而常将破坏生态喻为"人定胜天"的壮举。当西方已开始重视环境治理时，我们还认为西方的生产是为资本家的，因此生产是盲目的，所以才会造成环境的破坏，我们的生产是为人民的，不存在破坏环境、破坏生态问题。当 1973 年西方石油危机时，我们非常庆幸没有淘汰环境污染严重的蒸汽机车。到 20 世纪 80 年代初国内学术界开始大量介绍国外环保的有关情况，国家科委及中国科学院系统也印发大量有关环保的资料，政府部门开始重视环境、资源与能源问题。

图 9—35　植树造林

20 世纪 90 年代后，国家加强了对环境的治理和保护，坚决履行联合国环境与发展大会通过的《21 世纪议程》，对环境保护加大了投资力度，从"八五"的 1306 亿元，上升到"九五"的 4500 亿元，关停大批污染严重的企业。退耕还林、还草也在全国范围内展开。

作为当代社会的主要能源石油，虽然国家投入大量力量勘探、开发，然而到 2000 年左右从 40 年前的基本可以自给降到自给率仅为 70%，2005 年后对进口石油依赖度达 50% 以上，而世界各主要优质油田早已被埃克森、美孚、道达及菲纳埃尔夫、英国石油及雪佛龙、德士占等一些石

图 9—36　退耕还林

油巨头所垄断。在21世纪中，石油问题又是一个制约中国经济发展的"瓶颈"，节约能源是中国今后技术选择的重要前提。因此，20世纪90年代国家在基本技术路线方面，提出发展"节能环保型"技术取代传统的能耗大、环境污染严重的技术发展路线。将污染严重的企业搬迁出人口密集的市区，这在北京、大连、上海、沈阳等地已基本完成。

在一些传统工业城市中，传统的老工业企业大部分已关闭，而一批节能环保型的具有较高附加值的技术大部分以"高新技术"的名义，在各地的高技术开发区或经济开发区得到迅速发展。经过多年的媒体宣传和政策引导与限制，到20世纪90年代中期后，各地区各企业在技术选择上已基本达成共识，即以"节能环保"型技术作为优先选择的目标。对新技术新产品乃至新企业的评价方面，环保问题、节约能源与资源问题均成为重要的指标。

总体来看，20世纪90年代后由于实行了可持续发展战略，在人与自然关系得到一定改善的基础上，保证了国民生产速度以每年7%以上的速度在增长，这为21世纪国家经济社会发展奠定了良好的基础。

然而，上述措施所引发的一个更为严重的环境问题已初现端倪，即搬迁到乡镇农村的大量能耗大、环境污染严重的企业，会在更大范围内造成新的环境污染，许多农田、河流甚至地下水被严重污染，这不但伤及乡镇居民和农民，造成"癌症村"的出现，其受污染的农副产品也会使城市居民受到更大的伤害。这一问题在其他欠发达国家和地区也存在，节能环保型的技术选择路线与强制的社会统制相结合，有可能是解决这一问题的有效途径。

图9—37　世博会中国馆（上海，2010）

# 第十章　技术文明与技术评价

## 一　从农业文明到工业文明

人类从渔猎、游牧到定居从事农业生产后，农业文明即开始形成，自然经济是其主要的经济形态，以农为本、以粮为纲，生活的必需品几乎都能自给，因此具有很强的封闭性和发展的惰性。生产散在于各农户，生产安排与管理受自然状况的约束。由于技术水平低下，一切生产活动靠天靠自然，使得社会整体经济状况不可能有大的发展，温饱生活成为人们追求的基本生存目标。

在农业社会中所培育出的小农经济思想，是农本主义的基础。农本主义几乎渗透社会各方面，农本主义技术观成为农业社会技术发展的根本指导思想，它左

图 10—1　传统工厂区的大气污染

右统治者制定技术政策和技术承担者的技术实践活动，对于人类社会的稳定发展曾起过重要作用。由于生产力低下，对自然索取的不多，人口增殖不快，人与自然的关系相对还是和谐的。所谓的人工自然仅存之于那些适合耕种、气候适宜的平原地区。农民用休耕法、轮作制及农家肥料维持地力。

18 世纪英国的工业革命（产业革命），是近代社会（或称为资本主义社会、工业社会）形成的标志，大英帝国凭借与工业革命相伴随发生的近代第一次技术革命而成为世界上最发达的工业国，他们用先进的技术富国强兵，用先进的市场经济体制繁荣经济，用先进的枪炮征服世界。英国的成功为欧洲各国树立了榜样。19 世纪后，工业化在欧洲各国展开，那些最先实行工业化的国家到 19 世纪末大都发展成为经济强国，大力发展制造业成为各国发展经济的主要手段。

富足的资源和一定数量的人口是工业经济发展的基础。美国、俄国（苏联）由于其领土广阔、资源丰富、人口适中而成为"后来居上"的国家。

图 10—2  沙尘暴

在发达的工业社会中，生产的增长远高于人口的增长，产品供过于求的情况远多于"供不应求"，人们得益于工业生产所提供的生活必需品的丰富，而使生活条件不断改善。社会分配状况造成巨大的贫富差距，但总体上绝对贫困向相对贫困转化，社会的富裕有可能保证社会福利的不断完善。

工业社会是继农业文明后的一个更高级的社会形态，如果说第一产业即采掘、种植养殖业是从自然界获取最初级物质，以满足人的基本生存条件的话，那么工业社会则是以对从地球上获取的资源进行加工，制造出人类所需的生产、生活用品，并以增加产品附加值以获取更多经济利益为目的。为扩展产品的市场占有率而追求产品的"物美价廉"，机械化、电气化、批量生产、规模效益成为社会生产的基本方向，只有这样才能达到投入少产出多的效果。制造业产值、就业人数很快超过附加值极低的第一产业，工业资本成为获利最快的产业资本。同时，随着技术的不断进步，从事生产劳动的人的劳动强度在降低，所要求的个人技能在弱化。而围绕这一生产目的和方式的变化，人口的集中、城市化已成为一种社会潮流。

工业社会以大量生产、大量消耗，不计资源储量和环境为代价，追求的是产值与利润，国家贫富以 GNP 作为标准。到 20 世纪末，一些欠发达国家迅速崛起，石油消耗大增，石油已经成为各国经济发展瓶颈，"石油大战"已成为一场持久的国际性的非武装化"战争"。同时，由于当代经济是建立在大量消耗化石能源基础上的，其排放物对大气、水质造成的污染越来越严重，气候变暖、臭氧层破坏、气象异常、冰川加速融化、海平面升高、厄尔尼诺频发等已使人类生存的环境正经历着一场巨变。物资的大量生产，势必消耗大量的资源。这在人口数量不多的过去，并非什么了不起的大问题。可是今天，地球上有 70 亿居民在生活着，要满足如此众多人口的生活需要，没有足够的资源保障是不可想象的。很显然，地球上可资利用的资源储量是有限的，如果大量消耗下去，用不了多久就会枯竭。这是当代人类必须正视的一个严峻问题。

到目前为止，地球是茫茫宇宙中唯一一个适合生物生存的星球，这个星球的一切条件使生物得以繁衍进化，生物与环境在这一漫长的进化中形成了一种互相依存的制约关系而达到一种动态平衡。近百年来，这种平衡关系由于人的特殊活动形式而正在被打破，人为地造成原始自然环境的改变，一切不适应这种环境改变的物种只能消亡。加之人口的增多，以其自身所掌握的先进的科学技术手段，

图 10—3 干涸的土地

强行侵占了其他生物的生存空间，大批原始森林、草地被毁，大量的江河被截，大批的湖泊湿地被排干成为农田，大面积的农田饱含各种化肥和农药，大量农药、化肥残留物以及工业废水渗入地下或排入江河湖海中……可以说，我们今天的生活是以"牺牲环境，破坏生态"换来的。

在 300 余年的工业社会历史中，虽然已经使全世界的面貌发生了巨大变化，然而其弊端愈益凸显。

第一，工业社会中注重的是以制造加工业为主导的工业生产，追求的是高效率、大型化、批量化，很少考虑地球资源、能源与环境问题，由此造成遍及全球的自然资源枯竭、能源短缺、环境恶化、生态失衡等全球性问题。

第二，在工业社会中，人们追求的是技术至上主义，出现了"专家治国论"、"技术统治论"等社会思潮，由此造成了人与自然的对立，因为单纯追求 GNP 而加速了自然资源特别是不可再生资源的消耗，强化了人作为自然征服者的意识，使自然界按人的意志发生变化。在中国则有"人定胜天"、"愚公移山"、"敢教日月换新天"等忽视自然、忽视自然规律、按人的主观意识去改造自然的群众运动。由于中国人口众多，这种由政府倡导的"运动"对自然的破坏是十分巨大的。

第三，在工业社会中培养出大量丧失生产资料、离开工作岗位就无法生存的技能单一、开创力缺乏而依附力极强的人群，由此造成对传统工厂制度的过分依

赖，成为社会变革的障碍。更培养出一批不顾自然环境、不顾社会发展，善于企业经营和社会钻营的企业主。这些人都在以不同的表达方式对社会的进步，对人与自然的和谐发展起到阻碍作用，由此加剧了人与自然、社会与自然的对立。

图 10—4 生存

图 10—5 粮食问题

第四，南北差距加大。一般将发达的富裕国家称为"北"，因为其大部分位于北半球，欠发达、不发达的国家称为"南"，因为其大部分位居南半球。人均 GNP 超过 1 万美元的国家，一般人口增长缓慢，生活富裕、环境治理较好，中产阶级占主流，贫穷人口少且属于"相对贫困"，但是更多的欠发达和不发达国家，人口多且增长迅速，生活水平低下，更多的人是在为基本生存而奔波，环境破坏严重，既无钱治理已终遭到破坏的环境，又为了基本的生存还在不断地去破坏环境和资源。这种贫富差距在 20 世纪后半叶愈来愈大。

第五，作为工业主义技术观延伸而形成的技术至上主义思潮，极易造成社会对某些高新技术的过分期望而导致过度的投资行为。特别是媒体过分夸大宣传而造成人心理的错误认同，会使某些技术门类受到过多的社会关注而造成社会资金、人才的过分集中，忽略了该类技术在技术体系中恰当的地位与角色，一旦产品达到过饱和状态，就会使该项技术泡沫化，由泡沫技术导致泡沫经济而引发经济危机，这在近现代的经济史上已出现过多次。

在此情况下，有人反对将技术定义为"改造"自然，强调要"顺应"自然。如果将"顺应"理解为遵从自然规律那是正确的，将"顺应"理解为一种反技术的思潮则是错误的。人类的生存必须"改造"自然，否则只能回到"洪水横流，泛滥于天下，草木昌茂，禽兽繁殖，五谷不登，禽兽逼人"（《孟子·卷三》）的原始社会。技术的主体是人，显然，技术的负面影响只能由人通过理性地运作去克服。

**二 对技术评价的社会思潮**

近百年来，由于技术的迅速进步，技术的社会及文化功能日益显著，由此引起了许多哲学家、社会学家、经济学家、历史学家、政治学家对技术的关注，他们的技术思想一旦为民众所接受，就有可能形成为社会思潮。这种社会思潮会在一定程度上对当政者或企业管理者产生影响，从而制约技术的发展方向和速度。

**（一）从漠视技术论到技术乐观主义**

漠视技术论指人们不能有意识地去认识或理解技术的社会功能，把经常从事的技术活动，看作是日常生活的一种本能性的想当然行为，不存在对技术的歌颂与排斥。这种技术论在人类早期渔猎、农牧社会里普遍存在，持续几百万年之久。人类早期以淳朴无知的状态生活在自然中，对生活除了简单的吃喝外没有更多的要求，缺乏对技术的主动认识，缺乏对技术进步与改革的主动要求，这也是人类早期社会发展缓慢，在一些与世隔绝的地域（如澳大利亚、中南非洲）的土著居民直到近代殖民者发现他们时，一直生活在石器时代的原因。

随着社会的缓慢进化，在前工业时代的社会里，人类的自我意识得到加强，技术逐渐被一部分人所重视，富裕人家或统治阶级对生活条件的改善开始有了新的追求，技术与艺术相结合，工匠们创造出无比灿烂的古代技术文明，权力与文化的结合为技术的创新提供了契机。在这一过程中出现了持两种截然不同态度的人群：掌握一技之长的工匠，往往把所掌握的技术视为自身及家族赖以生存的手段，采取秘而不传外人的神秘态度；一些拥有文化或权势的统治者，却视技术为"雕虫小技"，视生产第一线的掌握技术的人为"下里巴人"，而对技术采取蔑视态度。

文艺复兴后的欧洲，人们开始摆脱一切听从神祇安排的现实苦行，一种渴望新生活、渴望变化的思想开始形成。经历商业革命、海上探险、海外殖民扩张后，新兴的市民阶层很快成为主宰社会的资产阶级，他们完全有别于传统的封建主和农民，追求超额利润、扩展实业成为其梦寐以求的目的，由此为近代技术的进步发展、为工业革命的产生提供了坚实的社会基础。

英国的工业革命在不到100年的时间里，彻底改变了社会面貌，生产由手工工具转为机器，机器的轰鸣，人群的集中，商品的大批量生产，社会财富的大量创造，使得社会前进步伐空前加快。到19世纪下半叶，电报、电话、火车、汽车、轮船的发明进一步加速了通信和交通运输的发展，生产力又一次得到飞速的提高。城市开始大型化，社会生产在机械化的基础上又出现了电气化，人们的生活、工作条件有了进一步的改善。在这一情况下，人们开始对技术产生了近似于迷信的乐观主义态度，由此，技术乐观主义思潮在19世纪末开始出现。这一思潮的雏形起源于英国工业革命之初，在社会上出现了对新技术强烈追求的态度，英国国会不准技术工人出国，对外国实行技术封锁，而欧洲大陆国家则千方百计地窃取技术情报，一些传统业者纷纷放弃本职工作去从事技术发明与改革，甚至贵族、神职人员也不例外。

技术乐观主义是对技术实践的社会价值发展持肯定和乐观态度的社会思潮，技术乐观主义者认为，人类只要掌握了技术，就可以把握自己的命运并决定人类自身的发展，人类利用技术可以征服自然，使人类成为自然的主宰，可以解决一切社会问题并创造无比美好的未来社会。1877 年，德国的卡普（Ernst, Kapp 1808—1896）在《技术哲学纲要》一书中，把技术视为文化、道德和知识进步及人类自我拯救的手段。这种思潮在 19 世纪末出现后，一直延续到 20 世纪，在这一思潮的影响下，形成了技术决定论和专家治国论两种新的社会思潮。

技术决定论认为技术的存在与发展具有自身的独立性，技术变迁决定社会的变迁，技术的水平和状态决定并支配着人类的精神、文化与社会，无论技术所存在的社会条件如何，"技术规则"决定社会形态。而专家治国论者进一步试图将社会的治理权交由技术专家，强调技术专家在管理方面的特点、优势，倡导技术专家参与社会的管理和计划、规划工作。这一思潮起源于美国，在 1929 年世界经济危机期间广为流行，1935 年美国实行新政后这一思潮在美国逐渐淡化，但在其他国家一直流行并经常影响到许多国家政要人物的人选。

技术决定论是比技术乐观主义影响更为深远的社会思潮，它片面地夸大了技术的正面效应而忽视、否认其负面作用，甚致将其绝对化。这种机械思维模式是人类在工业社会的鼎盛时期形成的，对技术无止境的追求又促进了技术实践的广泛化和技术的飞速进步，而这又反过来加深并扩展了其影响。由此产生的专家治国论，改变了传统的政治家治国理念，然而由于技术范围的广泛性，使得某一技术行业的专家很难摆脱其专业束缚，不可能全方位地去指导社会的健康发展。

（二）从技术自主论到技术悲观主义

图 10—6　埃吕尔

技术自主论是技术乐观主义思潮的另类派生物。这种思潮认为，技术发展是一种独立的无法控制的力量，一种技术发明一旦被社会所接受，就会产生一种难以控制的惯性。持乐观态度的人把技术发展看作一种无法避免的进步的革命力量，持怀疑态度的人也不得不屈服于因该类技术发展而造成的社会生产与生活的变化。这一思潮在 20 世纪中叶又有了新发展，1964 年法国哲学家埃吕尔（Ellul, Jacques 1912—1994）在《技术社会》一书中，认为技术已经成为自主的，它将服从自身的法则，并抛弃一切传统。技术已经发展到不受人类的理性目标所控制的地步，技术具有自律性，人成了技术的囚犯，"技术发展具有如此的特点，技术不断地扩展自身，变得强大，变成无所不包的怪物。"①

几乎与技术自主论同时或更早一些，对新技术的悲观和忧虑而导致了反技术主义思潮的产生。早在 18 世纪法国启蒙运动时期，哲学家卢梭（Rousseau，Jean-Jacques 1712—1778）在《人类不平等的起源》一书中，就认为技术的发展对人类只会产生负面影响，导致人的本性的堕落和道德的败坏。最早的反技术主义的实践者是英国产业革命初期的纺织工，他们唯恐纺纱机、织布机的发明夺去他们的手工作坊市场，他们自发地组织起来，烧毁工厂、拆毁机器。当史蒂芬森（Stephenson，George 1781—1848）的火车在英国行驶时，受到贵族们的强烈反对，迫使英国国会制定《红旗法》，规定机动车行驶时，车前应有一手持红旗的人骑马开道。西方始终有人坚持传统反对新技术，坚持用马耕地，进而追求"田园生活"倡导回归"伊甸园"。在生态学领域出现了人类中心主义与非人类中心主义之争。20 世纪末，纯粹的反技术主义开始被一种新的技术选择思想所取代，即反对的是那些高能耗、高污染以及对社会及自然会产生重大负面作用的技术，如大规模杀伤性武器，传统的造纸技术、取暖技术等。

图 10—7　冒着黑烟行进中的蒸汽机车

技术恐惧及反技术主义的一个重要延伸是技术悲观主义。这一思潮形成于 20 世纪上半叶，是一种比技术恐惧和反技术主义影响更为深远而持久的社会思潮，其根基是技术决定论。

① ［荷］E. 舒尔曼：《科技文明与人类未来》，东方出版社 1997 年版，第 123—126 页。

最早提出这一观点的是德国哲学家雅斯贝尔斯（Jaspers，Karl Theodor 1883—1969）。他在资本主义危机的 1931 年出版的著作《现代人》中，认为技术的发展正在使人类社会出现一种悲剧性变化，它使人丧失人格和个性，使人的存在失去意义，使作为人类本性的自由、创造性正在消失。

20 世纪中叶，传统工业化模式由于无限制地追求经济高速增长，无限制地追求物欲，无节制地浪费资源和能源，商品拜物教和国民生产总值拜物教盛行，追求高消费、高浪费的生活方式，造成了资源的浪费、人口的膨胀、生态的破坏和许多难以克服的社会问题，人们开始关注因技术无节制地发展所产生的后果。

1972 年，罗马俱乐部提出的研究报告《增长的极限》中提出，如果按现有的技术经济增长趋势继续下去，人类将面临可怕的后果。技术悲观主义者从技术决定论的角度出发，认为现代工业技术发展的内在逻辑必然会在全世界范围内导致相同的社会后果，如果维持现有的人口增长率和资源消耗速度，世界将因资源枯竭、环境污染和食品短缺而走向崩溃，由此出现经济"零"增长及人口"零"增长理论。

技术悲观主义者的观点与结论不是凭空想像的，而是在对发达国家与欠发达国家的工业化过程的认真分析与调查中产生的，技术悲观主义具有很强的价值合理性，它对于国际社会共同关注环境与资源问题产生了深刻影响，促进了可持续发展观的形成。

（三）从适当技术论到生态技术主义

在工业化的过程中，富国追求更富，穷国也以发达国家走过的道路为例奋起直追，他们不惜破坏环境、破坏资源以取得经济的迅速增长。然而经历若干年后，南北差距不是在缩小而是在加大，这在 20 世纪后 40 年中表现得极为明显。

在这一背景下，对技术实践的评价观开始出现变化，形成了适当技术论或中间技术论、替换技术论。这一理论由英国学者克拉克（Clark，Robin）于 20 世纪 70 年代首创，后为英国的杰克逊（Jekson，D.）进一步发展，杰克逊在《替换技术论，技术变革的政治学》一书中，提出技术选择应着力于尽量使用可再生能源与资源，尽量降低不可再生能源、资源的使用，生产以满足人的需要而非产值指标为目的，尽量降低对环境的干扰，在区域内自给自足，消除人的异化与剥削。这是人类对自工业革命以来技术发展的社会作用进行反思的结果，它既不将技术看作是拯救者和决定人类命运之物，也不将其视为造成社会与自然困境的承担者，不承认技术的自主性发展，反映出人类对技术实践的态度已趋于成熟。

自 19 世纪末，随着技术实践的深化而产生的种种社会问题、环境问题，传统的技术实践评价理念发生动摇，一些新的社会思潮开始出现。特别是 20 世纪后半叶，由于传统工业化模式的弊端和负面影响已愈来愈严重，一种注重生态注重环境以使人类社会可持续发展的生态技术主义思潮开始出现，它希望依靠技术设计者和应用者的智慧和自觉性，创造以生态为中心的技术，以此进行的技术实践的关键，在于提前解决环境污染问题、尽量节省能源和采用可再生资源。

追求绿色食品、绿色农业、清洁生产、防止大气水质污染等观念均是在这一时期出现的。

发达国家经历了20世纪50—60年代付出沉重代价对污染不堪的环境治理之后，保护生态保护环境的呼声迫使政府采取坚决措施规范生产与消费行为，对本国生产的食品及进口食品均有严格的验检标准和程序，对环境污染严重、耗能大的企业坚决取缔。这类企业在发达国家已经不可能再存在，而向欠发达国家迁移，其后果是广大的原本环境破坏不算严重的欠发达国家和地区因此出现了严重的资源与环境问题。在这些国家中，由于缺乏社会统制的成功经验与条例，在狭隘的功利主义的驱使下，资源的无政府主义采掘以及因缺乏意识和资金去控制或处理污染物的排放，使得资源浪费与环境污染问题以更快、更广的势态发展着。

人类为了生存就必须从事生产，必须利用技术去创造财富，这是一种本能性行为。人是有理性的，在技术的选择上是完全可以自控的。技术选择的前提是技术评价，近几十年所形成的可持续发展观在联合国的倡导下几乎为国际社会普遍接受，美国世界观察研究所的布朗（Brown，Lester Russel 1934—）在其《建设一个持续发展的社会》一书中，从保护森林、草原、渔场和耕地，控制人口增长，回收原材料，有效地开发各种资源和改变价值观念等方面，描绘了可持续发展社会的形态。美国生态经济学家、世界银行的赫尔曼·戴利（Herman E. Daly 1938—）则将生态安全标准定为："社会使用可再生资源的速度，不得超过可再生资源的更新速度；社会使用不可再生资源的速度，不得超过作为其替代品的可持续利用的可再生资源的开发速度；社会排放污染物的速度，不得超过环境对污染物的吸收能力。"[①]

生态技术主义是在可持续发展观指导下形成的，是人类在工业社会发展中经历种种磨难后的理性产物，在这一技术实践社会评价观的指导下，人们开始普遍注重生产与环境、资源的关系，许多国家以立法的方式，规范人们的生产与生活行为，节能环保已成为生产技术的首要评价标准。

现在，人类前景问题已经成为国际社会共同关心的问题，人类已经到了必须理智地认识自身、认识自然、认识未来的时候了。

---

① 王军：《可持续发展》，中国发展出版社1998年版，第150页。

# 主要参考文献

Edited By Robert Uhlig. James Dysons History of Great Inventions. Constable. London. 2001.

Robert Uhlig. History of Great Inventions. Constable& Robinson Ltd London 2001.

Tim Furniss. The History Space Vehicles Amber Books Ltd. London，2001.

Salim. al-Hassana. 1001 Inventions Muslim Heriage in Our World. PUBLISHED BY FSTC Ltd. 2007.

David Abbort. The Biographical Dictionary of Scientists. Frederick Muller Ltd. London. 1985.

А. А. Зворыкин，И. И. Осьмова，В. И. Черныщев，С. В. Шухардин. История Техники. Москва Издтельство общество экономика. 1962.

А. А. Беликент. История Энергетической Техники. Москва. Издтельство общество экономика. 1978.

В. М. Розин. Философия Техники от египетских пирамид до виртуальных реальностей，Москва NOTA BENE，2001.

А. А. Кузин. Техника и развитие общества. Издательство《Знание》. Москва, 1970.

［日］藪内清:《科学史からみた中国文明》，NHKブックス，1982 年。

［日］工学研究会編:《工学と技術の課題——その目指すとてろ》，東京理工図書，1978 年。

［日］星野芳郎: "技術革新のシューマ"，《星野芳郎著作集》第 2 巻，勁草書房，1979 年。

［日］山崎俊雄，木本忠昭:《電氣の技術史》，オーム社，1983 年。

［日］掘口拾己，村田治郎:《建筑史》，オーム社，1983 年。

［日］中山秀太郎:《技術史入門》，オーム社，1979 年。

［日］山崎俊雄，木本忠昭，大昭正則等:《科学技術史概論》，オーム社，1984 年。

［日］伊東俊太郎，阪本賢三，山田慶兒，村上陽一郎:《科学史技術史事典》，弘文堂，1983 年。

［日］ロジャー・ブリッジマン:《1000の発明・発現の図鑑》，小口高、鈴木良次、諸田昭夫監訳，丸善株式会社，2003 年。

［日］E. J. ホームヤート:《煉金術の歴史》，大昭正則監訳，朝倉書店，2004 年。

［日］城阪俊吉:《エレクトロニクスを中心として年代別科学技術史》，日刊工業新聞社，2001 年。

［日］城阪俊吉:《科学技術史の裏通り》，日刊工業新聞社，1988 年。

［日］中村邦光，溝口元:《科学技術の歴史》，（株）アイ・ケイコーポレーション，2005 年。

［日］川北稔:《工業化の歴史的前提》，岩波書店，1983 年。

［英］辛格、威廉姆斯等：《技术史》（7 卷），陈昌曙、姜振寰等译，上海科技教育出版社 2005 年版。

［英］亚·沃尔夫：《十六、十七世纪科学、技术与哲学史》，周昌忠等译，商务印书馆 1997 年版。

［英］亚·沃尔夫：《十八世纪科学、技术与哲学史》，周昌忠等译，商务印书馆 1997 年版。

［英］彼得·詹姆斯：《世界古代发明》，颜可维译，世界知识出版社 1999 年版。

［美］乔治·巴萨拉：《技术发展简史》，周光发译，复旦大学出版社 2000 年版。

［美］G. W. A. 达默：《电子发明》，李超云等译，科学出版社 1985 年版。

［苏］H. A. 阿波京：《计算机发展史》，张修译，上海科学技术出版社 1984 年版。

［意］卡斯蒂廖尼：《医学史》，程之范等译，广西师范大学出版社 2003 年版。

［美］詹姆斯·E. 麦克莱伦第三，哈罗德·多恩：《世界史上的科学技术》，王明阳译，上海科技教育出版社 2003 年版。

［罗马］维特鲁威：《建筑十书》，高履泰译，中国建筑工业出版社 1986 年版。

［古希腊］希波克拉底：《希波克拉底文集》，赵洪钧、武鹏译，安徽科学技术出版社 1990 年版。

［德］鲁道夫·吕贝尔特：《工业化史》，戴鸣钟等译，上海译文出版社 1983 年版。

［美］安德鲁·芬伯格：《技术批判理论》，韩连庆等译，北京大学出版社 2005 年版。

［美］冈特·绍伊博尔德：《海德格尔分析时代的技术》，宋祖良译，中国社会科学出版社 1993 年版。

［美］刘易斯·芒福德：《技术与文明》，陈允明、王克仁、李华山译，中国建筑工业出版社 2009 年版。

［英］赫·韦尔斯：《世界史纲》，吴文藻、谢冰心等译，人民出版社 1982 年版。

［美］Ph. L. 拉尔夫等：《世界文明史》，赵丰等译，商务印书馆 1999 年版。

［美］唐纳德·卡根等：《西方的遗产》，袁永明等译，上海人民出版社 2009 年版。

［美］玛格丽特·L. 金：《欧洲文艺复兴》，李平译，上海人民出版社 2008 年版。

［法］保尔·芒图：《十八世纪产业革命》，杨人梗等译，商务印书馆 1997 年版。

［美］T. M. 汉弗莱：《美洲史》，民主与建设出版社 2004 年版。

［法］P. 布瓦松纳：《中世纪欧洲生活和劳动》，潘源来译，商务印书馆 1985 年版。

［美］C. E. 布莱克：《日本和俄国的现代化》，周师铭等译，商务印书馆 1992 年版。

［法］安田朴：《中国文化西传欧洲史》，耿升译，商务印书馆 2000 年版。

［意］贝奈戴拉·克罗齐：《历史学的理论和实际》，傅任敢译，商务印书馆 1997 年版。

［英］A. 汤恩比：《历史研究》，刘北诚等译，上海人民出版社 2000 年版。

［美］蕾切尔·卡逊：《寂静的春天》，吕瑞兰、李长生译，吉林人民出版社 1997 年版。

［荷］E. 舒尔曼：《科技时代与人类未来》，李小兵、谢京生、张峰等译，东方出版社 1995 年版。

许良英、李佩珊等：《20 世纪科学技术简史》，科学出版社 2000 年版。

北京化工学院化工史编写组：《化学工业发展简史》，科学技术文献出版社 1985 年版。

顾诵芬、史超礼：《世界航空发展史》，河南科学技术出版社 1998 年版。

顾诵芬、史超礼：《世界航天发展史》，河南科学技术出版社 2000 年版。

刘戟峰、赵阳辉、曾华锋：《自然科学与军事技术史》，湖南科技出版社 2003 年版。

卢嘉锡、杜石然：《中国科学技术史》（通史卷），科学出版社 2003 年版。

吴熙敬、汪广仁、吴坤仪：《中国近现代技术史》，科学出版社 2000 年版。

杜石然、范楚玉等：《中国科学技术史稿》（修订版），北京大学出版社 2012 年版。

潘吉星：《中国古代四大发明——源流、外传及世界影响》，中国科学技术大学出版社 2002
　　年版。

闻人军：《〈考工记〉译注》，上海古籍出版社 2008 年版。

潘吉星：《宋应星〈天工开物〉译注》，上海古籍出版社 2008 年版。

姜振寰：《世界科技人名辞典》，广东教育出版社 2001 年版。

姜振寰：《哲学与社会视野中的技术》，中国社会科学出版社 2005 年版。

姜振寰：《技术哲学概论》，人民出版社 2009 年版。

# 事项索引

# 人名索引

# B

## C

304

210

**哈恩**（Hahn, Otto 1879—1968）德国物理学家，提出"核裂变"术语。 347

**哈尔**（Hare, Robert 1781—1858）美国化学家，用焦炭制电石（碳化钙）。 342

**哈格里夫斯**（Hargreaves, James 1720—1778）英国木匠，发明"珍妮机"（多轴纺纱机）。 183

**哈里森**（Harrison, John 1693—1776）英国钟表匠，发明航海天文钟，后又发明"腕表"。 152

**哈里森**（Harrison, Joseph Jr. 1810—1874）美国工程师，发明车轴均衡机构。 212

**哈利**（Harley, William Sylvester 1880—1943）美国工匠，和戴维森共同研制摩托车。 298

**哈维**（Harvey, William 1578—1657）英国医学家，创立血液循环理论。 66

**海德格尔**（Heidegger, Martin 1889—1976）德国哲学家，存在主义哲学创始人。 3

**海厄特**（Hyatt, John Wesley 1837—1920）美国化学家，发明赛璐珞和模塑技术。 409

**海克尔**（Haeckel, Ernst 1834—1919）德国生物学家、进化论者，著有《自然创造史》。 15

**海兰**（Heyland, Alexander Heinrich 1869—1943）德国电学家，确立异步电机动作特性函数关系的"圆图"。 261

**海赛姆**（Ibn al - Haytham 即 Alhazen 约 965—1040）阿拉伯中世纪数学家、自然科学家和哲学家，研究凸面镜和玻璃球体。 160

**韩彦直**中国南宋植物学家，著《桔录》，最早关于柑桔的专著。 114

**汉考克**（Hancock, Thomas 1786—1865）英国化学家，发明橡胶塑炼机和切片机。 283

**汉莫拉比**（Hammurabi B. C. 1792—B. C. 750）巴比伦王国第六任国王，在任期间王国空前发展。 40

**汉武帝**（B. C. 156 - B. C. 87）刘彻，中国西汉第七位皇帝，政治家、诗人。 80

**豪**（Howe, Elias 1819—1867）美国发明家，发明缝纫机。 307

**豪**（Howe, Frederick Webster 1822—1891）美国技师，设计的铣床作为商品销售。 201

**豪斯菲尔德**（Hounsfield, Sir Godfrey Newbold 1919—2004）英国工程师，与科马克研制电子计算机体层摄影仪（CT）。 416

**豪斯纳**（Haussner, Konrad）德国枪械技师，设计野战炮。 304

**荷耶尔曼**（Hoyermann, Gerhard 1835—1911）德国农业化学家，提出将冶炼含磷较高的生铁产生的炉渣作为磷肥。 286

**赫茨**（Herz, Edmund Ritter von 1891—1964）德国化学家，制得猛炸药黑索金。 300

**赫尔曼**（Herrmann, Caspar 1871—1934）美国平板印刷工匠，与鲁贝尔合作发明将金属印版经橡胶辊转印的方法。 340

**赫拉克斯**（Horrocks, John 1768—1804）英国技师，与拉德克利夫共同改进卡特赖特的织布机。 185

**赫里奥特**（Herriott, Donald R. 1928—2007）美国发明家，与贾凡、贝内特制成氦氖激光器。 402

**赫罗菲洛斯**（Herophilos 活跃于 B. C. 3 世纪）古希腊外科医生，尝试人体解剖，被誉为解剖学之祖。 59

**赫洛特**（Hellot, Jean 1685—1765）英国化学家，提出印染机理的机械说。 206

## K

## L

## N

## P

# S

306

## Z